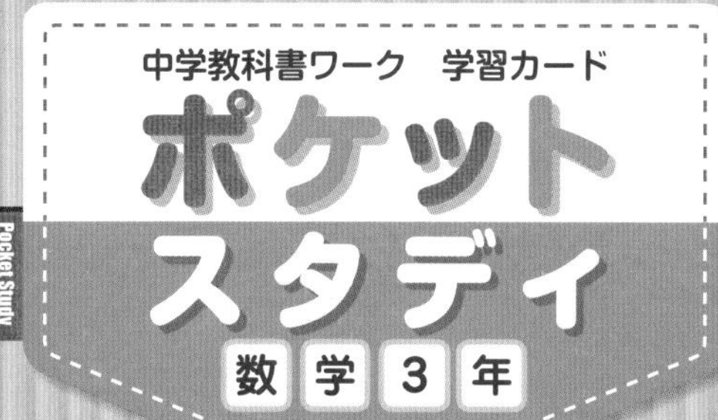

1 かっこをはずす

次の計算をすると？

$3x(2x-4y)$

2 乗法公式1

次の式を展開すると？

$(x+3)(x-5)$

3 乗法公式2 3

次の式を展開すると？

$(x+6)^2$

4 乗法公式4

次の式を展開すると？

$(x+4)(x-4)$

5 共通な因数をくくり出す

次の式を因数分解すると？

$4ax-6ay$

6 因数分解1'

次の式を因数分解すると？

$x^2-10x+21$

7 因数分解2' 3'

次の式を因数分解すると？

$x^2-12x+36$

8 因数分解4'

次の式を因数分解すると？

x^2-100

9 式の計算の利用

$a=78$, $b=58$のとき，次の式の値は？

$a^2-2ab+b^2$

分配法則を使って展開する！

$3x(2x-4y)$

$=3x\times 2x-3x\times 4y$ ← 分配法則！

$=6x^2-12xy$…答

使い方

- ミシン目で切り取り，穴をあけてリングなどを通して使いましょう。
- カードの表面が問題，裏面が解答と解説です。

$(x\pm a)^2=x^2\pm 2ax+a^2$

$(x+6)^2$

$=x^2+\underbrace{2\times 6}_{6の2倍}\times x+\underbrace{6^2}_{6の2乗}$

$=x^2+12x+36$…答

$(x+a)(x+b)=x^2+(a+b)x+ab$

$(x+3)(x-5)$

$=x^2+\underbrace{\{3+(-5)\}}_{和}x+\underbrace{3\times(-5)}_{積}$

$=x^2-2x-15$…答

できるかぎり因数分解する！

$4ax-6ay$

$=2\times 2\times a\times x-2\times 3\times a\times y$ → 2aをかっこの外に

$=2a(2x-3y)$…答

$(x+a)(x-a)=x^2-a^2$

$(x+4)(x-4)$

$=\underbrace{x^2-4^2}_{(2乗)-(2乗)}$

$=x^2-16$…答

$x^2\pm 2ax+a^2=(x\pm a)^2$

$x^2-12x+36$

$=x^2-\underbrace{2\times 6}_{6の2倍}\times x+\underbrace{6^2}_{6の2乗}$

$=(x-6)^2$…答

$x^2+(a+b)x+ab=(x+a)(x+b)$

$x^2-10x+21$

$=x^2+\underbrace{\{(-3)+(-7)\}}_{和が-10}x+\underbrace{(-3)\times(-7)}_{積が21}$

$=(x-3)(x-7)$…答

因数分解してから値を代入！

$a^2-2ab+b^2=(a-b)^2$ ← はじめに因数分解

これにa，bの値を代入すると，

$(78-58)^2=20^2=400$…答

$x^2-a^2=(x+a)(x-a)$

x^2-100

$=\underbrace{x^2-10^2}_{(2乗)-(2乗)}$

$=(x+10)(x-10)$…答

10 平方根を求める

次の数の平方根は？

(1) 64　　(2) $\dfrac{9}{16}$

11 根号を使わずに表す

次の数を根号を使わずに表すと？

(1) $\sqrt{0.25}$　　(2) $\sqrt{(-5)^2}$

12 $a\sqrt{b}$ の形に

次の数を$a\sqrt{b}$の形に表すと？

(1) $\sqrt{18}$　　(2) $\sqrt{75}$

13 分母の有理化

次の数の分母を有理化すると？

(1) $\dfrac{1}{\sqrt{5}}$　　(2) $\dfrac{\sqrt{2}}{\sqrt{3}}$

14 平方根の近似値

$\sqrt{5}=2.236$として，次の値を求めると？

$\sqrt{50000}$

15 根号をふくむ式の計算

次の計算をすると？

$(\sqrt{5}+\sqrt{3})(\sqrt{5}-\sqrt{3})$

16 平方根の考えを使う

次の２次方程式を解くと？

$(x+4)^2=1$

17 ２次方程式の解の公式

２次方程式$ax^2+bx+c=0$の解は？

18 因数分解で解く(1)

次の２次方程式を解くと？

$x^2-3x+2=0$

19 因数分解で解く(2)

次の２次方程式を解くと？

$x^2+4x+4=0$

$\sqrt{a^2}=\sqrt{(-a)^2}=a\,(a\geqq 0)$

(1) $\sqrt{0.25}=\sqrt{0.5^2}=\mathbf{0.5}$

$0.5\times0.5=0.25$

(2) $\sqrt{(-5)^2}=\sqrt{25}=\mathbf{5}$

$(-5)\times(-5)=25$

…答

分母に根号がない形に表す

(1) $\dfrac{1}{\sqrt{5}}=\dfrac{\sqrt{5}}{\sqrt{5}\times\sqrt{5}}=\dfrac{\sqrt{5}}{5}$

(2) $\dfrac{\sqrt{2}}{\sqrt{3}}=\dfrac{\sqrt{2}\times\sqrt{3}}{\sqrt{3}\times\sqrt{3}}=\dfrac{\sqrt{6}}{3}$

…答

乗法公式を使って式を展開

$(\sqrt{5}+\sqrt{3})(\sqrt{5}-\sqrt{3})$

$=(\sqrt{5})^2-(\sqrt{3})^2$

$=5-3$

$=\mathbf{2}$…答

$(x+a)(x-a)=x^2-a^2$

2次方程式の解の公式を覚える

2次方程式 $ax^2+bx+c=0$の解は

$$x=\frac{-b\pm\sqrt{b^2-4ac}}{2a}$$…答

$x^2+2ax+a^2=(x+a)^2$で因数分解

$x^2+4x+4=0$

$(x+2)^2=0$

$x+2=0$

$x=-2$…答 ←解が1つ

左辺を因数分解

$x^2=a\rightarrow x$はaの平方根(へいほうこん)

答 (1) 8と−8 (2) $\dfrac{3}{4}$と$-\dfrac{3}{4}$

(1) $8^2=64$, $(-8)^2=64$

(2) $\left(\dfrac{3}{4}\right)^2=\dfrac{9}{16}$, $\left(-\dfrac{3}{4}\right)^2=\dfrac{9}{16}$

根号の中を小さい自然数にする

答 (1) $3\sqrt{2}$ (2) $5\sqrt{3}$

(1) $\sqrt{18}=\sqrt{3^2\times2}=3\sqrt{2}$

$\sqrt{3^2}\times\sqrt{2}=3\times\sqrt{2}$

(2) $\sqrt{75}=\sqrt{5^2\times3}=5\sqrt{3}$

$\sqrt{5^2}\times\sqrt{3}=5\times\sqrt{3}$

$a\sqrt{b}$の形にしてから値を代入

$\sqrt{50000}=\sqrt{5\times10000}$

$=\sqrt{5}\times\sqrt{100^2}$

$=\sqrt{5}\times100$

$=2.236\times100=\mathbf{223.6}$…答

$(x+m)^2=n\rightarrow x+m=\pm\sqrt{n}$

$(x+4)^2=1$

$x+4=\pm1$

$x+4$が1の平方根

$x=-4+1$, $x=-4-1$

$x=-3$, $x=-5$…答

$x^2+(a+b)x+ab=(x+a)(x+b)$で因数分解

$x^2-3x+2=0$

左辺を因数分解

$(x-1)(x-2)=0$

$AB=0$ならば$A=0$または$B=0$

$x-1=0$または$x-2=0$

$x=1$, $x=2$…答

20 関数の式を求める

yはxの２乗に比例し，
$x=1$のとき，$y=3$です。
yをxの式で表すと？

21 関数$y=ax^2$のグラフ

㋐～㋒の関数のグラフは
①～③のどれ？

㋐$y=-x^2$　㋑$y=2x^2$
㋒$y=-3x^2$

22 変域とグラフ

関数$y=-x^2$のxの変域が
$-2\leqq x\leqq 1$のとき，
yの変域は？

23 変化の割合

関数$y=x^2$について，xの値が
1から2まで増加するときの
変化の割合は？

24 相似な図形の性質

△ABC∽△DEFのとき，
xの値は？

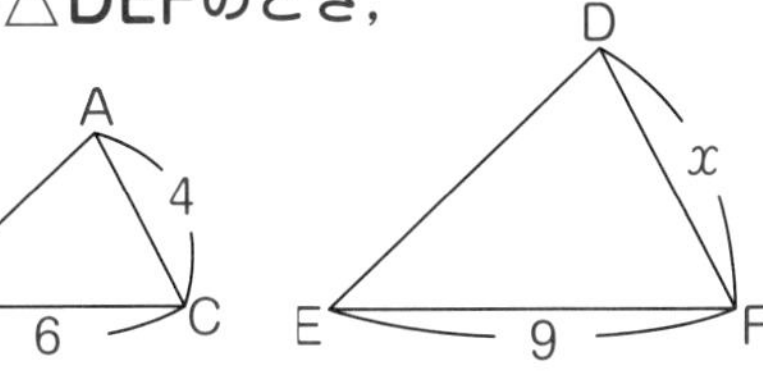

25 相似な三角形(1)

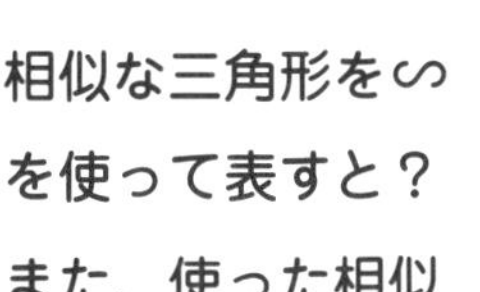

相似な三角形を∽
を使って表すと？
また，使った相似
条件は？

26 相似な三角形(2)

相似な三角形を∽
を使って表すと？
また，使った相似
条件は？

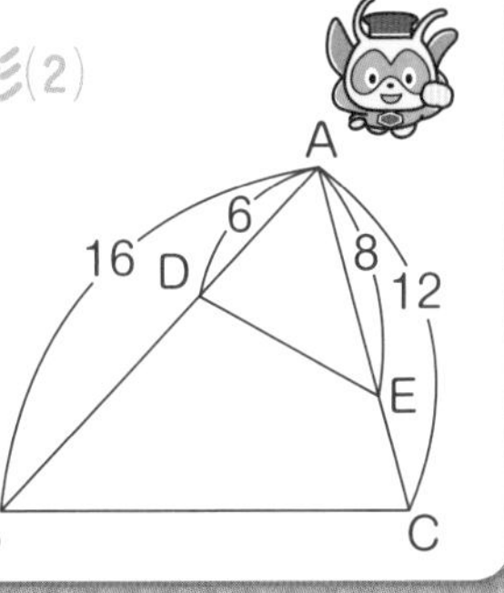

27 三角形と比

DE//BCのとき，
x，yの値は？

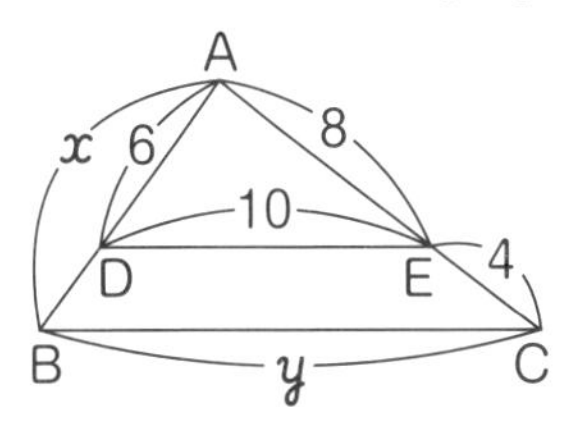

28 中点連結定理

３点E，F，Gがそれぞれ
辺AB，対角線AC，
辺DCの中点であるとき，
EGの長さは？

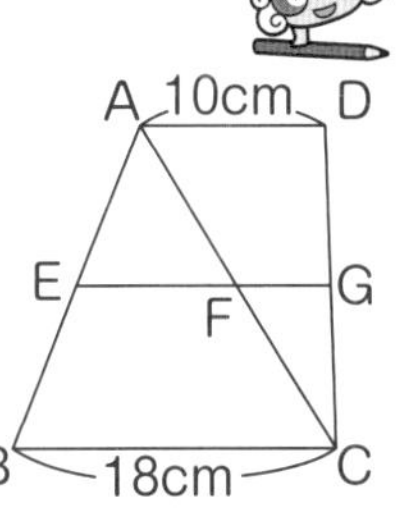

29 面積比と体積比

２つの円柱の相似比が２：３のとき，
次の比は？

(1)　表面積の比
(2)　体積比

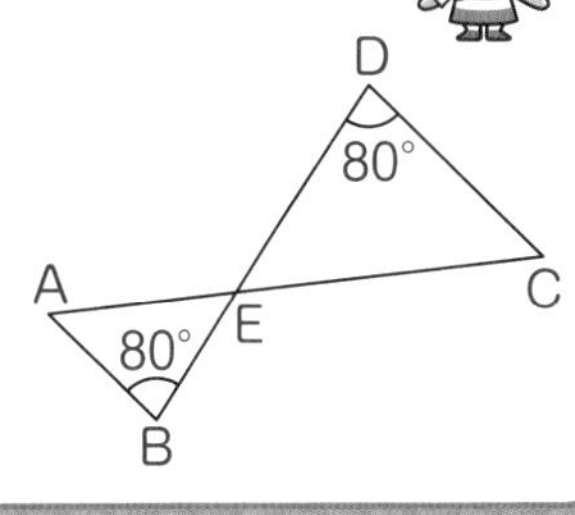

グラフの開き方を見る

答 ア②，イ①，ウ③

y ① $a>0$ $a<0$ O x ② ③

グラフは，$a>0$のとき上，$a<0$のとき下に開く。
aの絶対値が大きいほど，グラフの開き方は小さい。

変化の割合は一定ではない！

答 3

・$(変化の割合)=\dfrac{(y の増加量)}{(x の増加量)}$

$\dfrac{2^2-1^2}{2-1}=\dfrac{3}{1}=3$

2組の等しい角を見つける

答 △ABE∽△CDE

2組の角がそれぞれ等しい。

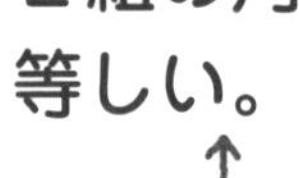

↑

∠B＝∠D，∠AEB＝∠CED

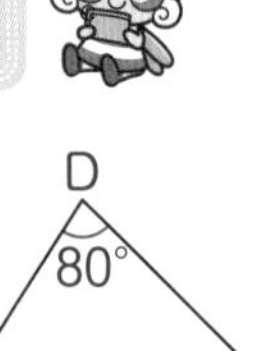

DE//BC→AD：AB=AE：AC=DE：BC

・$6:x=8:(8+4)$

$8x=72$　$x=9$…答

・$10:y=8:(8+4)$

$8y=120$　$y=15$…答

A x 6 8 10 D E 4 B y C

表面積の比は2乗，体積比は3乗

答 (1)　4：9　　(2)　8：27

・表面積の比は相似比の2乗

$\to 2^2:3^2=4:9$

・体積比は相似比の3乗

$\to 2^3:3^3=8:27$

$y=ax^2$とおいて，x，yの値を代入！

答 $y=3x^2$

・$y=ax^2$とおいて，

$x=1$，$y=3$を代入すると，

$3=a\times 1^2$　$a=3$

yがxの2乗に比例

↓

$y=ax^2$

yの変域は，グラフから求める

答 $-4\leqq y\leqq 0$

・$x=0$のとき，$y=0$で最大

・$x=-2$のとき，

$y=-(-2)^2=-4$で最小

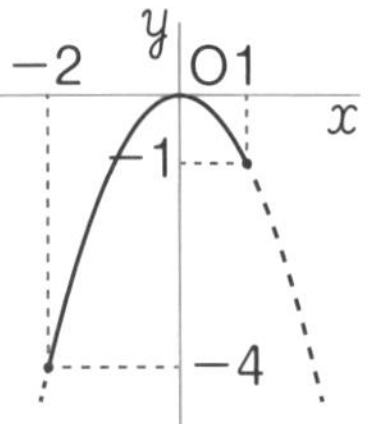

対応する辺の長さの比で求める

・BC：EF＝AC：DFより，

$6:9=4:x$

$6x=36$

$x=6$…答

相似な図形の対応する部分の長さの比はすべて等しい！

長さの比が等しい2組の辺を見つける

答 △ABC∽△AED

2組の辺の比とその間の角がそれぞれ等しい。

↑

AB：AE＝AC：AD＝2：1

∠BAC＝∠EAD

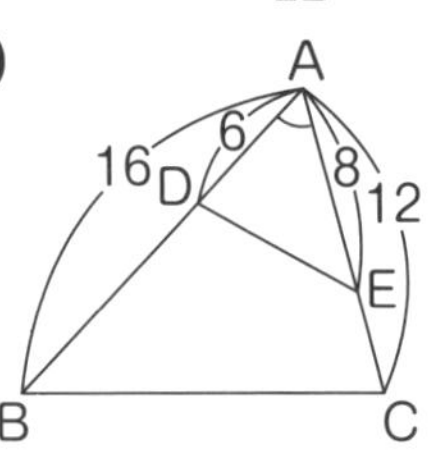

中点を結ぶ→中点連結定理

答 14cm

・$EF=\dfrac{1}{2}BC=9cm$

・$FG=\dfrac{1}{2}AD=5cm$

・$EG=EF+FG=14cm$

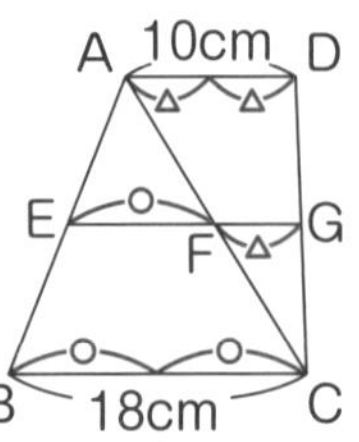

30 円周角の定理

$\angle x$，$\angle y$の大きさは？

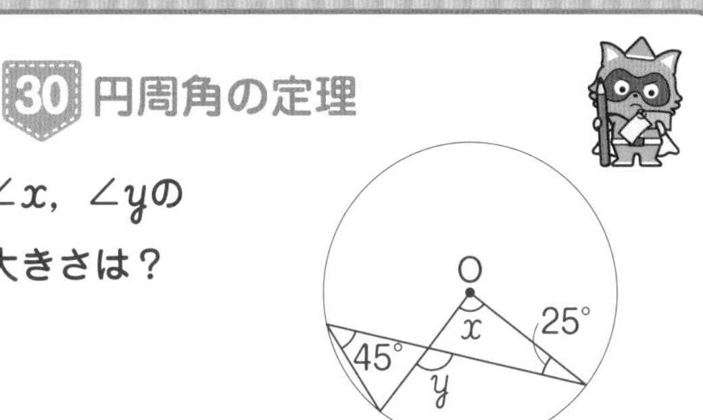

31 直径と円周角

$\angle x$の大きさは？

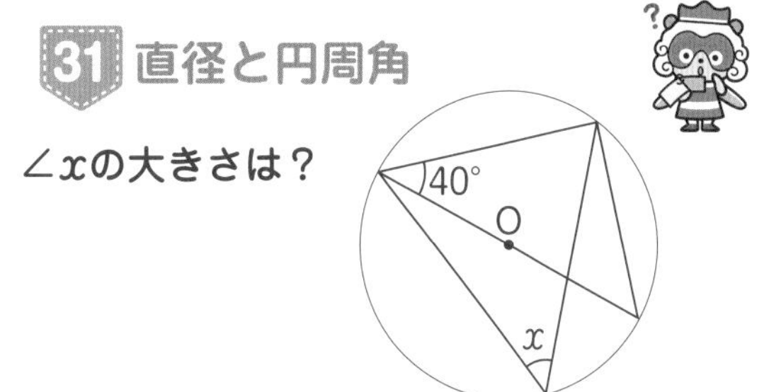

32 円周角の定理の逆

4点A，B，C，Dは1つの円周上にある？

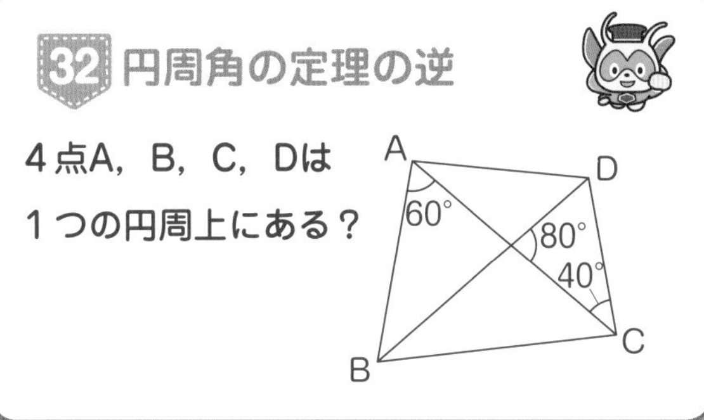

33 相似な三角形を見つける

∠ACB＝∠ACDのとき，△DCEと相似な三角形は？

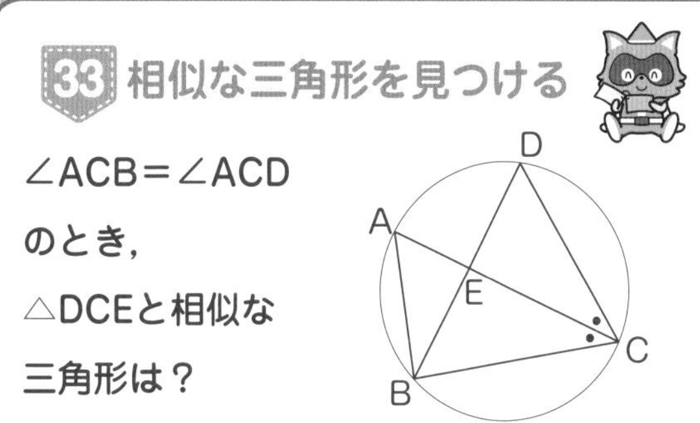

34 三平方の定理

x，yの値は？

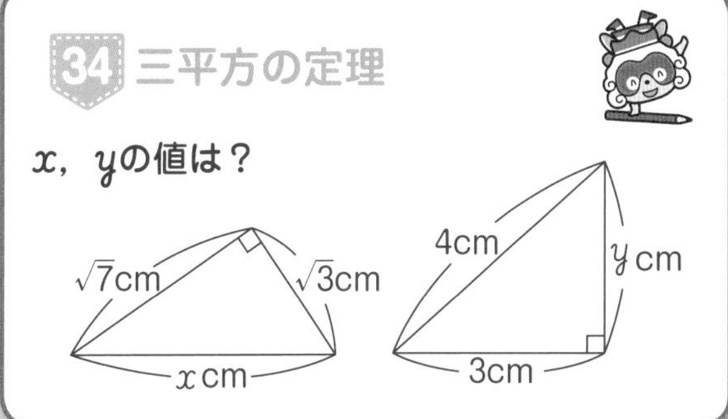

35 特別な直角三角形

x，yの値は？

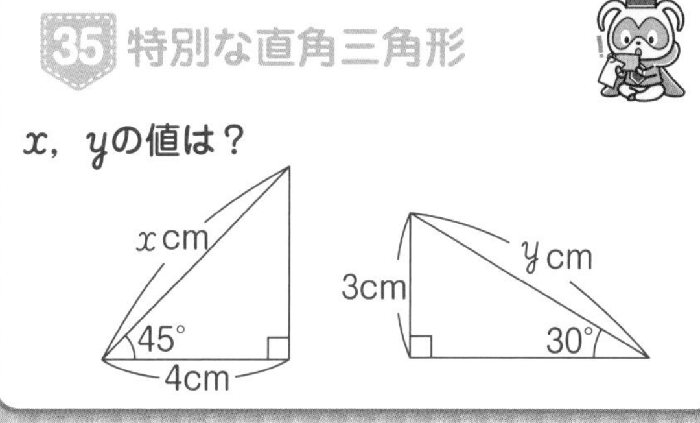

36 正三角形の高さ

1辺の長さが8cmの正三角形の高さは？

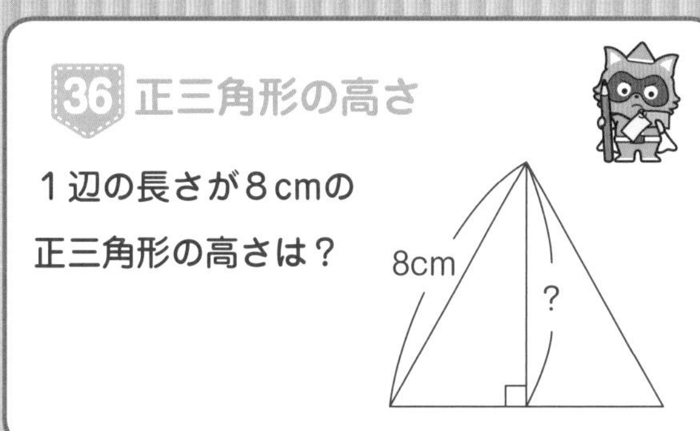

37 直方体の対角線の長さ

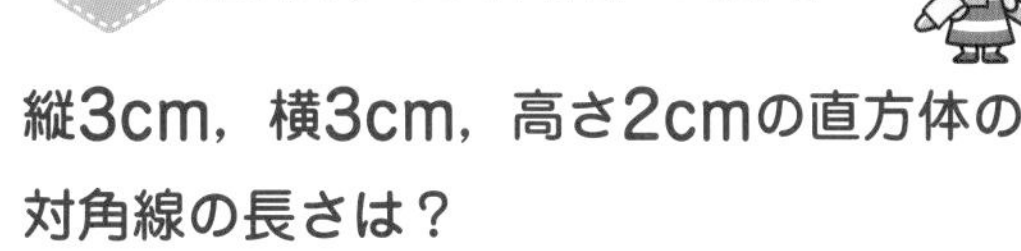

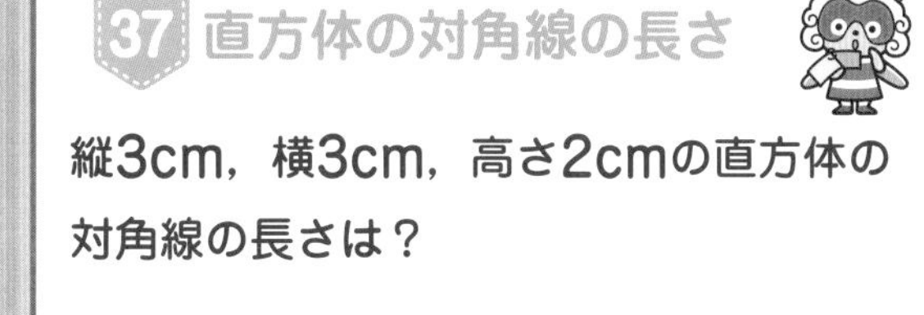

縦3cm，横3cm，高さ2cmの直方体の対角線の長さは？

38 全数調査と標本調査

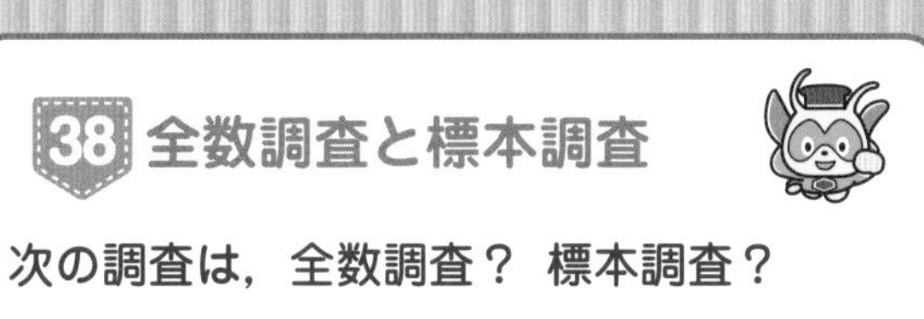

次の調査は，全数調査？ 標本調査？

(1) 河川の水質調査

(2) 学校での進路調査

(3) けい光灯の寿命調査

39 母集団と標本

ある製品100個を無作為に抽出して調べたら，4個が不良品でした。

この製品1万個の中には，およそ何個の不良品があると考えられる？

半円の弧に対する円周角は 90°

答 $\angle x = 50°$

・△ACDの内角の和より，

$\angle x = 180° - (40° + 90°)$

$= 50°$

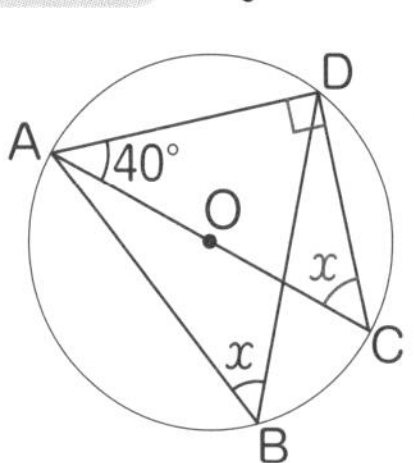

円周角は中心角の半分！

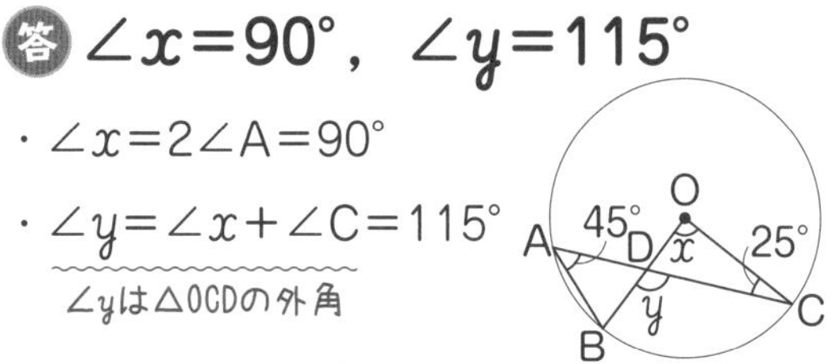

答 $\angle x = 90°$，$\angle y = 115°$

・$\angle x = 2\angle \mathrm{A} = 90°$

・$\angle y = \angle x + \angle \mathrm{C} = 115°$

∠yは△OCDの外角

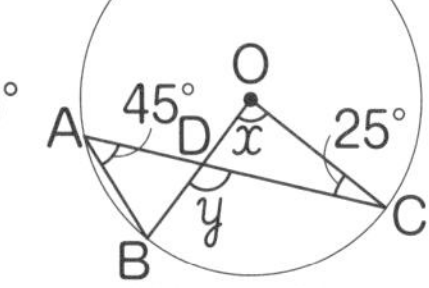

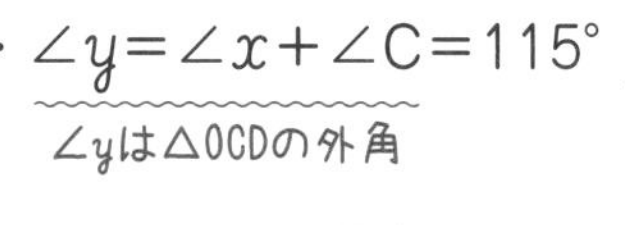

等しい角に印をつけてみよう！

答 △ABEと△ACB

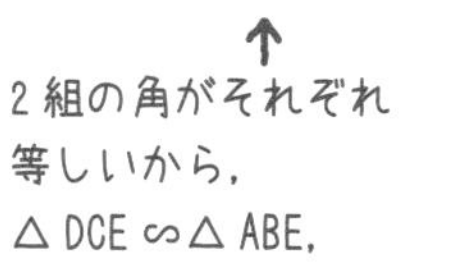

2組の角がそれぞれ
等しいから，
△DCE∽△ABE，
△DCE∽△ACB

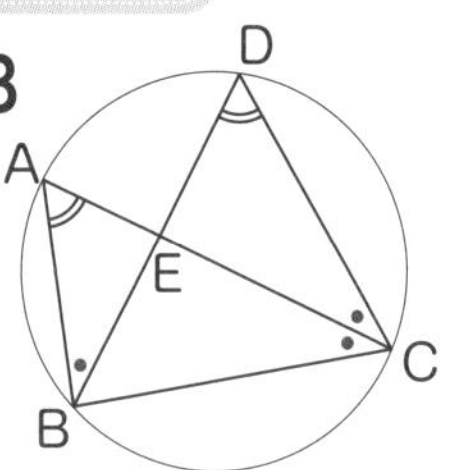

円周角の定理の逆←等しい角を見つける

答 ある

2点A，Dが直線BCの
同じ側にあって，
∠BAC＝∠BDCだから。

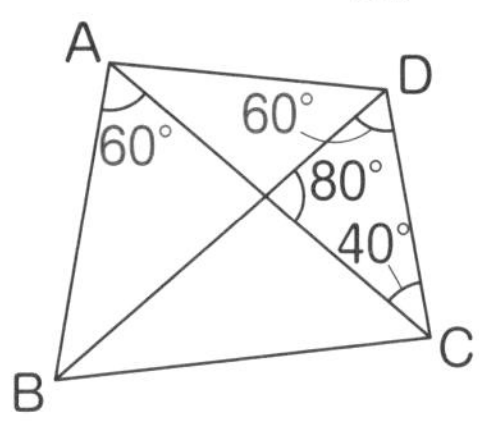

特別な直角三角形の３辺の比

答 $x = 4\sqrt{2}$，$y = 6$

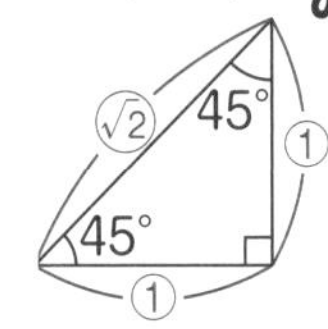

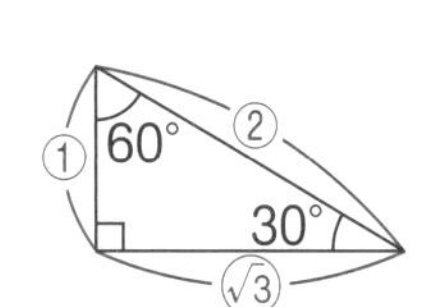

$a^2 + b^2 = c^2$（三平方の定理）

・$x^2 = (\sqrt{7})^2 + (\sqrt{3})^2 = 10$

$x > 0$より，$x = \sqrt{10}$…**答**

・$y^2 = 4^2 - 3^2 = 7$

$y > 0$より，$y = \sqrt{7}$…**答**

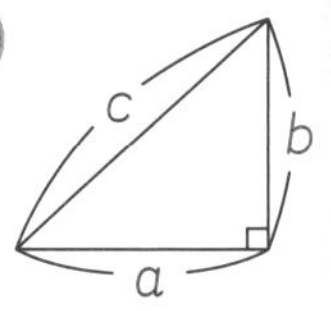

右の図で，$\mathrm{BH} = \sqrt{a^2 + b^2 + c^2}$

答 $\sqrt{22}$ cm

・対角線の長さ

$= \sqrt{3^2 + 3^2 + 2^2}$

縦　横　高さ

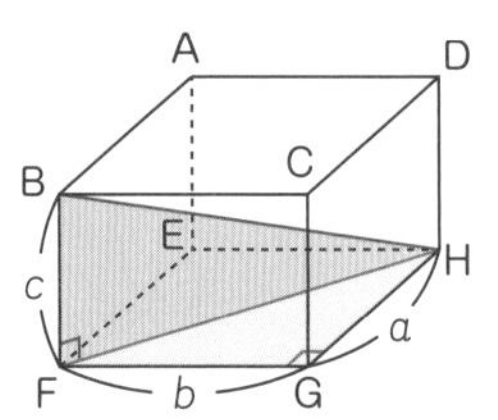

右の図の△ABH で考える

答 $4\sqrt{3}$ cm

・$\mathrm{AB} : \mathrm{AH} = 2 : \sqrt{3}$だから

$8 : \mathrm{AH} = 2 : \sqrt{3}$

$\mathrm{AH} = 4\sqrt{3}$

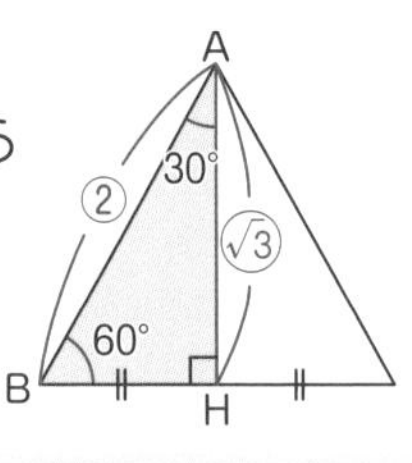

母集団の数量を推測する

答 およそ400個

・不良品の割合は$\frac{4}{100}$と推定できるから，この製品１万個の中の不良品は，およそ$10000 \times \frac{4}{100} = 400$（個）と考えられる。

全数調査と標本調査の違いに注意！

答（1）　標本調査　（2）　全数調査

（3）　標本調査

・全数調査…集団全部について調査

・標本調査…集団の一部分を調査して全体を推測

日本文教版
数学3年 もくじ

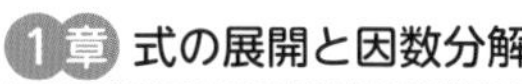

確認のワーク ステージ1　1節　式の展開
1　単項式と多項式の乗法，除法　2　式の展開

例1 単項式と多項式の乗法，除法
教 p.12，13 → 基本問題 1 2

次の計算をしなさい。

(1)　$5a(2b-3)$　　(2)　$(3x^3-27x)\div 3x$

考え方 (1)　単項式（たんこうしき）と多項式の乗法は，分配法則を使って計算する。

(2)　多項式を単項式でわる計算は，除法を乗法になおして計算する。

分配法則

$a(b+c)=ab+ac$

$(a+b)c=ac+bc$

解き方

(1)　$5a(2b-3)$

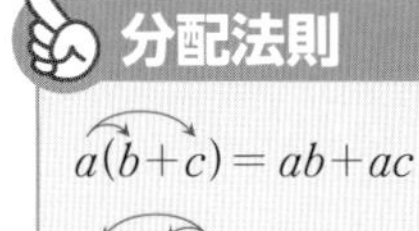

$=5a\times 2b-5a\times 3$

$=$ ①

分配法則を使う。

(2)　$(3x^3-27x)\div 3x$

$=(3x^3-27x)\times$ ②

$=\dfrac{3x^3}{3x}-\dfrac{27x}{3x}$

$=$ ③

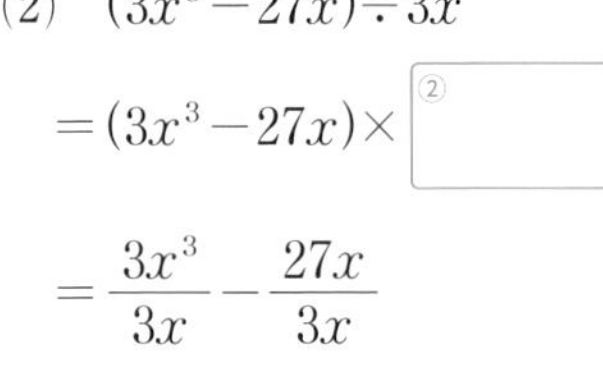

わる数の逆数をかける。

例2 式の展開
教 p.14，15 → 基本問題 3

次の式を展開しなさい。

(1)　$(3x-2)(2y+3)$　　(2)　$(a+3)(3a-2)$

(3)　$(x+4)(x-y+2)$

考え方 (1)　$(a+b)(c+d)=ac+ad+bc+bd$ にあてはめる。

(2)　展開した式に同類項があるときは，同類項をまとめる。

(3)　$x-y+2$ を1つの文字とみて，分配法則を使って計算する。

たいせつ

単項式と多項式，または多項式と多項式の積の形でかかれた式を，単項式の和の形にかき表すことを，もとの式を展開（てんかい）するという。

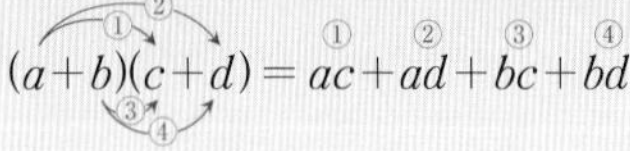

積の形 ─展開→ 和の形

解き方

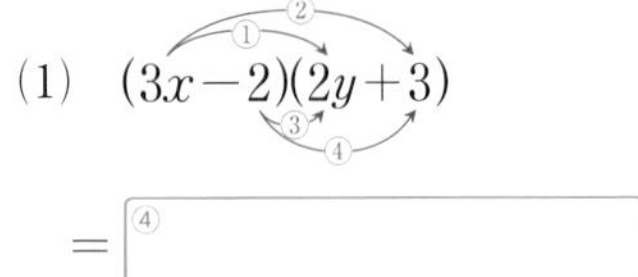

$=$ ④

(2)　$(a+3)(3a-2)$

$=$ ⑤ $-2a$ $+9a$ -6

同類項

$=$ ⑥

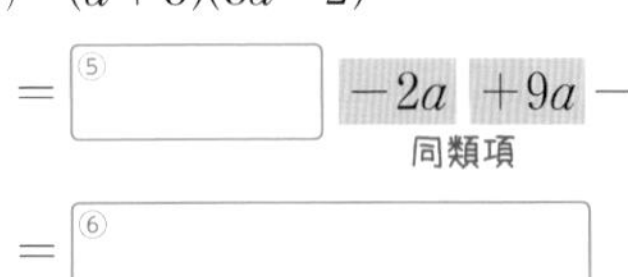

(3)　$(x+4)(x-y+2)$

$=x(x-y+2)+4(x-y+2)$

$=x^2-xy+2x+4x-4y+8$

$=$ ⑦

基本問題

解答 p.1

1 単項式と多項式の乗法　次の計算をしなさい。

教 p.12 問1

(1) $7a(2b-7)$　　(2) $-3x(5x-2y)$

(3) $(3a+9b)\times\frac{1}{3}c$　　(4) $-5x(x-2y+3)$

負の符号があるときは符号の変化に注意する。

$(+)\times(-)$ ⇨ $(-)$

$(-)\times(-)$ ⇨ $(+)$

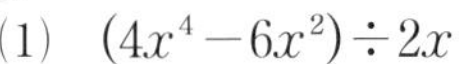

2 単項式と多項式の除法　次の計算をしなさい。

教 p.13 問2, 問3

(1) $(4x^4-6x^2)\div 2x$　　(2) $(-3a^3+12a^2-15a)\div 3a$

(3) $(2a^3-6a^2+4a)\div(-2a)$　　(4) $(12x^2-6xy+24x)\div\frac{6}{5}x$

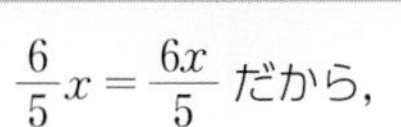

$\frac{6}{5}x=\frac{6x}{5}$ だから，

$\frac{6}{5}x$ の逆数は，

$\frac{5}{6x}$ になる。

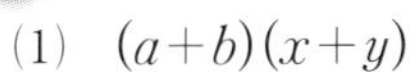

3 式の展開　次の式を展開しなさい。

教 p.15 問2～4

(1) $(a+b)(x+y)$　　(2) $(3a+2b)(c-d)$

(3) $(x+1)(2x+5)$　　(4) $(3x-2y)(x+5y)$

(5) $(3a+2b)(a-3b)$　　(6) $(-3x+2y)(5x+2y)$

(7) $(x-2)(x+y-5)$　　(8) $(a-b+3)(a-4)$

左ページの例の答え　① $10ab-15a$　② $\frac{1}{3x}$　③ x^2-9　④ $6xy+9x-4y-6$　⑤ $3a^2$　⑥ $3a^2+7a-6$　⑦ $x^2-xy+6x-4y+8$

1節 式の展開 3 $(x+a)(x+b)$ の展開 4 $(x+a)^2$, $(x-a)^2$ の展開 5 $(x+a)(x-a)$ の展開

例1 $(x+a)(x+b)$ の展開

教 p.16, 17 → 基本問題 1

次の式を展開しなさい。

(1) $(x+1)(x+7)$　　(2) $(y+2)(y-3)$

考え方 公式①を使う。

(1)は公式の a に 1, b に 7 をあてはめる。

(2)は公式の a に 2, b に -3 をあてはめる。

【$(x+a)(x+b)$ の展開】公式①

$(x+a)(x+b)=x^2+(a+b)x+ab$

解き方 (1) $(x+1)(x+7)$

$=x^2+(1+7)x+1\times7$　← xの係数は $1+7$, 定数項は 1×7

$=$ ①

(2) $(y+2)(y-3)$

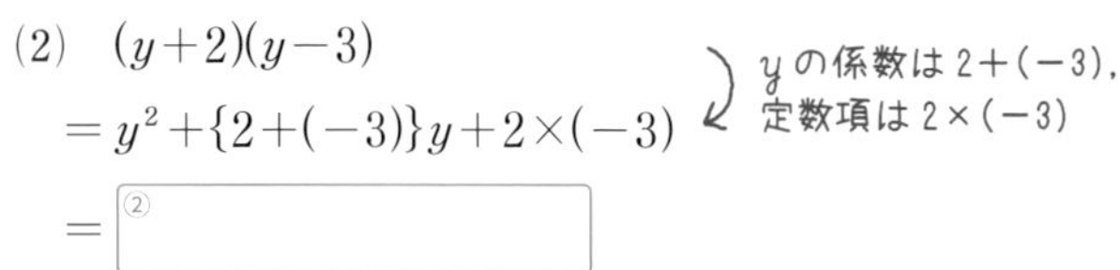

$=y^2+\{2+(-3)\}y+2\times(-3)$　← yの係数は $2+(-3)$, 定数項は $2\times(-3)$

$=$ ②

x の係数はたし算, 定数項はかけ算で求められるね。

例2 $(x+a)^2$, $(x-a)^2$ の展開

教 p.18, 19 → 基本問題 2 3

次の式を展開しなさい。

(1) $(x+3)^2$　　(2) $(y-4)^2$

考え方 (1) 公式②を使う。a に 3 をあてはめる。

(2) 公式③を使う。a に 4 をあてはめる。

【和, 差の平方の展開】

公式② $(x+a)^2=x^2+2ax+a^2$

公式③ $(x-a)^2=x^2-2ax+a^2$

解き方 (1) $(x+3)^2$

$=x^2+2\times3\times x+3^2$　← xの係数は 3 の 2 倍, 定数項は 3 の 2 乗。

$=$ ③

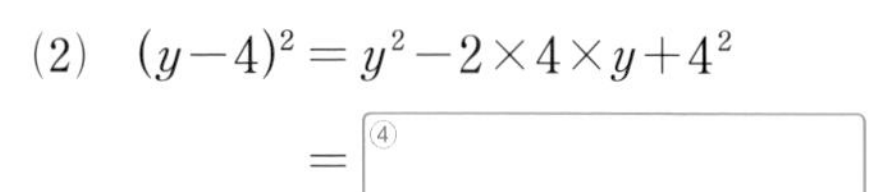

(2) $(y-4)^2=y^2-2\times4\times y+4^2$

$=$ ④

(2)は公式③が使えるけど, 公式②で, $a=-4$ と考えても展開できるね。

例3 $(x+a)(x-a)$ の展開

教 p.20 → 基本問題 4

$(x+2)(x-2)$ を展開しなさい。

考え方 公式④を使う。a に 2 をあてはめる。

【和と差の積の展開】公式④

$(x+a)(x-a)=x^2-a^2$

公式①～④を乗法公式という。

解き方 $(x+2)(x-2)$

$=x^2-2^2$

$=$ ⑤

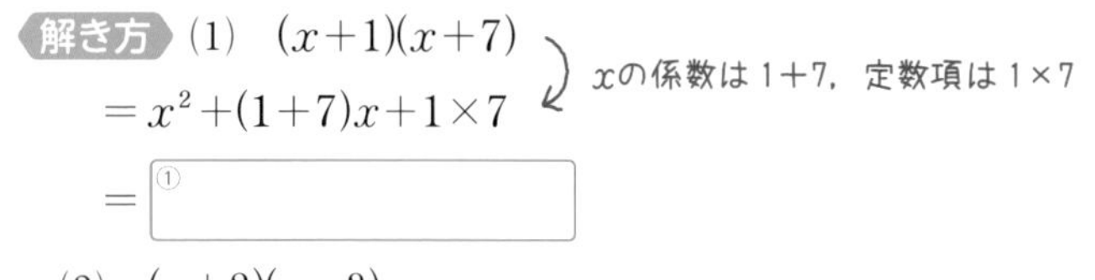

基本問題

解答 p.2

1 $(x+a)(x+b)$ の展開　次の式を展開しなさい。

教 p.17 問1～4

(1)　$(x+5)(x+8)$　　(2)　$(a-6)(a+2)$

(3)　$(y+7)(y-3)$　　(4)　$(b-2)(b-9)$

(5)　$(a+15)(a-6)$　　(6)　$(x-12)(x+5)$

ここがポイント

$(x+a)(x-b)$ は，
$(x+a)\{x+(-b)\}$ と考えて，
公式1をあてはめる。
$(x+a)(x-b)$
$=x^2+(a-b)x-ab$
と覚えてもよい。

2 $(x+a)^2$ の展開　次の式を展開しなさい。

教 p.19 問2

(1)　$(x+6)^2$　　(2)　$(a+9)^2$

(3)　$(y+3)^2$　　(4)　$(5+b)^2$

知ってると得

$(x-a)^2$ は $(x+a)^2$ で a が負のときと考えて，公式2だけ覚えておいてもよい。
$(x-3)^2$
$=x^2+2\times(-3)\times x+(-3)^2$
$=x^2-6x+9$

3 $(x-a)^2$ の展開　次の式を展開しなさい。

(1)　$(x-1)^2$　　(2)　$(a-4)^2$

(3)　$(y-7)^2$　　(4)　$(-8+x)^2$

ミス注意

$(x-a)^2$ を展開した最後の項は $+a^2$ で，$-a^2$ としないように注意しよう。

4 $(x+a)(x-a)$ の展開　次の式を展開しなさい。

教 p.20 問2

(1)　$(x+7)(x-7)$　　(2)　$(a-5)(a+5)$

(3)　$(4+y)(4-y)$　　(4)　$\left(\frac{1}{4}-b\right)\left(\frac{1}{4}+b\right)$

たいせつ

$(A+B)(A-B)$ の展開は A，B の順序をきちんと守ること。
$(3+x)(3-x)=x^2-3^2$
はまちがい。

左ページの例の答え　① x^2+8x+7　② y^2-y-6　③ x^2+6x+9　④ $y^2-8y+16$　⑤ x^2-4

1節 式の展開
6 乗法公式の活用

例1 乗法公式を活用した数の計算

教 p.21 → 基本問題1

乗法公式を使って，次の計算をしなさい。

(1) 101×99　　(2) 51^2

考え方 計算しやすい数を使うことを考える。

(1) 100 を使う式になおす。公式④を使い，x に 100，a に 1 をあてはめる。

(2) 50 を使う式になおす。公式②を使い，x に 50，a に 1 をあてはめる。

解き方 (1) $101\times99=(100+1)\times(100-1)$

$=100^2-1^2=10000-1$

$=$ ①

(2) $51^2=(50+1)^2=50^2+2\times1\times50+1^2$

$=2500+100+1$

$=$ ②

乗法公式

① $(x+a)(x+b)=x^2+(a+b)x+ab$

② $(x+a)^2=x^2+2ax+a^2$

③ $(x-a)^2=x^2-2ax+a^2$

④ $(x+a)(x-a)=x^2-a^2$

例2 乗法公式を活用した式の展開，計算

教 p.22 → 基本問題2

(1)の式を展開し，(2)の式を計算しなさい。

(1) $(3x-4y)^2$　　(2) $(a+1)(a+5)+(a+3)(a-3)$

考え方 式の形をよく見て，どの公式を使うか判断する。

解き方 (1) $(3x-4y)^2$

3xと4yを，それぞれ1つの文字とみて，公式③を使う。

$=(3x)^2-2\times4y\times3x+(4y)^2$

$=$ ③

(2) $(a+1)(a+5)+(a+3)(a-3)$

前半は公式①，後半は公式④を使う。

$=\{a^2+(1+5)a+1\times5\}+(a^2-3^2)$

$=(a^2+6a+5)+(a^2-9)$

$=$ ④

例3 項が 3 つある多項式どうしの乗法

教 p.23 → 基本問題3

$(a+b+8)(a-b+8)$ を展開しなさい。

解き方 $(a+b+8)(a-b+8)$

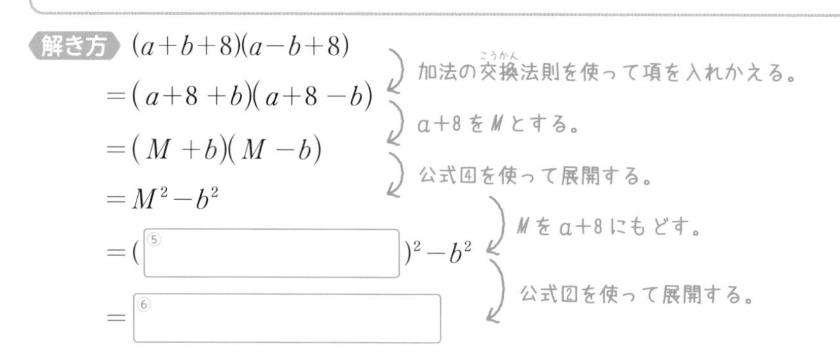

$=(a+8+b)(a+8-b)$　← 加法の交換(こうかん)法則を使って項を入れかえる。

$=(M+b)(M-b)$　← $a+8$ を M とする。

$=M^2-b^2$　← 公式④を使って展開する。

$=($ ⑤ $)^2-b^2$　← M を $a+8$ にもどす。

$=$ ⑥　← 公式②を使って展開する。

基本問題

解答 p.2

1 乗法公式を活用した数の計算　乗法公式を使って，次の計算をしなさい。

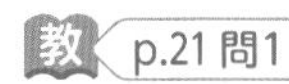

(1)　398×402　　(2)　103×105

(3)　89^2　　(4)　52^2

覚えておこう

数の計算に乗法公式を使うときは，計算しやすい数を使うことを考える。

(2)　103×105

$=(\underline{100}+3)(\underline{100}+5)$

$=100^2+(3+5)\times100+3\times5$

2 乗法公式を活用した式の展開，計算　(1)(2)の式を展開し，(3)(4)の式を計算しなさい。

教 p.22 問3, 問4

(1)　$(2x-3y)^2$

(2)　$(3a+2)(3a-2)$

(3)　$(x+2)(x-2)+(x+4)^2$

(4)　$(a+3)(a-4)+(a-9)^2$

知ってると得

乗法公式をあてはめるとき，$2x$ や $3y$ などの単項式を X や Y など1つの文字でおきかえるとわかりやすい。

ミス注意

乗法公式を利用して展開したあと，同類項をまとめて計算することを忘れないように。

3 項が3つある多項式どうしの乗法　次の式を展開しなさい。

教 p.23 問6

(1)　$(x+y-5)^2$

(2)　$(a-b-c)^2$

(3)　$(x-y+1)(x+y+1)$

(4)　$(a+b+5)(a+b-8)$

ここがポイント

(3)　加法の交換法則を使って項を入れかえる。

$(x+1-y)(x+1+y)$

$x+1$ を M とし，公式を使って展開する。

M をもとにもどし，さらに公式を使って展開する。

$(M-y)(M+y)$

$=M^2-y^2$

$=(x+1)^2-y^2$

左ページの例の答え　① 9999　② 2601　③ $9x^2-24xy+16y^2$　④ $2a^2+6a-4$　⑤ $a+8$　⑥ $a^2+16a+64-b^2$

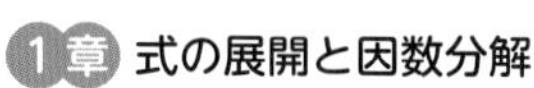

解答 p.3

1節　式の展開

1 次の計算をしなさい。

(1) $3a(2a^2-5)$　　(2) $(3x^4-x^3y+7)\times(-2xy^2)$

レベルUP (3) $(12a-15b+9c)\times\dfrac{2}{3}a$　　(4) $(4a^3-6a^2b+8a^2)\div(-2a^2)$

(5) $(4a^2+6a)\div\dfrac{2}{3}a$　　(6) $(9x^2-6xy-3x)\div\dfrac{3}{4}x$

2 次の式を展開しなさい。

(1) $(x-5)(y+2)$　　(2) $(4x-2y)(2x+5y)$　　(3) $(3a-1)(2-b)$

よく出る **3** 次の式を乗法公式を使って展開しなさい。

(1) $(x+4)(x+7)$　　(2) $(x+5)(x-8)$　　(3) $(a-7)(a-3)$

(4) $(7-a)^2$　　(5) $(a+b)^2$　　(6) $(8+a)(8-a)$

(7) $\left(x+\dfrac{2}{5}\right)\left(x+\dfrac{3}{5}\right)$　　(8) $\left(b+\dfrac{3}{4}\right)^2$　　(9) $\left(y-\dfrac{1}{2}\right)^2$

よく出る **4** 次の式を乗法公式を利用して展開しなさい。

(1) $(5x-2y)^2$　　(2) $(2a+7)^2$　　(3) $(2a+3b)(2a-3b)$

(4) $(5x-7y)(5x+7y)$　　(5) $(7a+5)(7a-8)$　　(6) $(3x+1)(3x-2)$

1 分配法則を使って計算する。除法は逆数をかける乗法になおして計算する。

3 乗法公式①〜④を使って展開する。

4 $5x$ や $2a$ などの単項式を X や Y など1つの文字でおきかえるとわかりやすい。

5 乗法公式を使って，次の計算をしなさい。

(1)　82×78　　(2)　101^2　　(3)　69^2

6 乗法公式を活用して，(1)(2)の式を計算し，(3)(4)の式を展開しなさい。

(1)　$(x+1)^2-(x+2)(x+5)$　　(2)　$2(3a-b)^2-(a-3b)(a+3b)$

(3)　$(a+b+8)(a+b-5)$　　(4)　$(x+y-3)^2$

7 1辺の長さが2 cmより長い正方形があります。この正方形の縦を1 cmのばし，横を1 cm短くした長方形をつくるとき，もとの正方形と新しい長方形の面積は，どちらがどれだけ広いですか。

1 次の計算をしなさい。

(1)　$(9a^2+6ab)\div(-3a)$　〔愛媛〕　(2)　$(9a^2b-15a^3b)\div3ab$　〔滋賀〕

(3)　$5x(y-6)$　〔山口〕　(4)　$x(x+2y)-(x+3y)(x-3y)$　〔和歌山〕

(5)　$(x+4)^2-(x-5)(x-4)$　〔神奈川〕　(6)　$(2x-1)^2-(x+3)(x-6)$　〔京都〕

(7)　$(2x-3)(x+2)-(x-2)(x+3)$　〔愛知〕　(8)　$(x+4)^2+(x+5)(x-5)$　〔愛媛〕

2 $a=\dfrac{7}{6}$ のとき，$(3a+4)^2-9a(a+2)$ の式の値（あたい）を求めなさい。　〔静岡〕

5 10の倍数のような計算しやすい数が利用できる式に変形する。

6 (3)(4)　共通している多項式を M など1つの文字でおきかえるとわかりやすい。

7 正方形の1辺を a cmとして，2つの図形の面積を a を使った式で表して比べる。

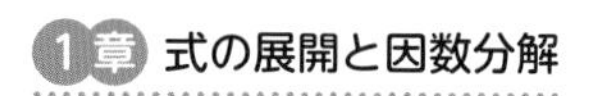

2節 因数分解
1 因数分解　2 乗法公式をもとにする因数分解

例1 共通な因数をくくり出す因数分解

教 p.26, 27 → 基本問題 1

次の式を因数分解しなさい。

(1) $ax+ay$　(2) a^2+2ab　(3) $2x^2-6xy$

考え方 共通な因数をかっこの外にくくり出す。

解き方 (1) $ax+ay$

$=a\times x+a\times y$

$=a($ ① $)$

(2) a^2+2ab

$=a\times a+2\times a\times b$

$=a($ ② $)$

(3) $2x^2-6xy$

$=2\times x\times x-2\times 3\times x\times y$

$=2x($ ③ $)$

2とxが共通なので，$2x$をくくり出す。

たいせつ

1つの多項式がいくつかの単項式や多項式の積の形に表せるとき，そのおのおのの式を，もとの多項式の因数（いんすう）という。

また，1つの多項式をいくつかの因数の積の形に表すことを，もとの多項式を因数分解するという。

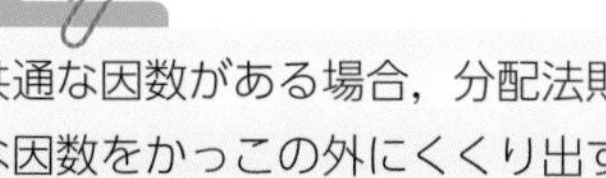

覚えておこう

多項式の各項に共通な因数がある場合，分配法則を使って，共通な因数をかっこの外にくくり出すことができる。

$$ma+mb=m(a+b)$$

例2 乗法公式1をもとにする因数分解

教 p.28, 29 → 基本問題 2

次の式を因数分解しなさい。

(1) x^2+5x+6　(2) x^2+3x-4

考え方 x^2+mx+n →「積が n，和が m」となる2数を見つける。

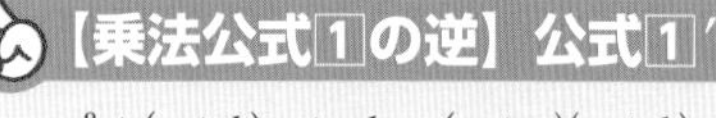

$$x^2+(a+b)x+ab=(x+a)(x+b)$$
和　積

解き方 (1) x^2+5x+6 →積が 6，和が 5

積が 6	1×6	$(-1)\times(-6)$	2×3	$(-2)\times(-3)$
和が 5	×	×	○	×

$x^2+5x+6=(x+$ ④ $)(x+$ ⑤ $)$

(2) x^2+3x-4 →積が -4，和が 3

積が -4	$1\times(-4)$	$(-1)\times4$	$2\times(-2)$
和が 3	×	○	×

$x^2+3x-4=(x-$ ⑥ $)(x+$ ⑦ $)$

因数分解した式を展開すると，もとの式になるか確かめられるね。

基本問題

解答 p.4

1 共通な因数をくくり出す因数分解　次の式を因数分解しなさい。

教 p.27 問3, 問4

(1) $3xy+2yz$　　(2) a^2-3ab

(3) $5ax-ay$　　(4) $4ax-5bx+3cx$

(5) $7x^2+7xy$　　(6) $3ab-9ab^2$

(7) $5a^2+15ab-20a$　　(8) $8xy-4y^2-10y$

共通な因数はすべてくくり出さなければならない。
$6x^2y-2xy$ の場合,
$2\times3\times x\times x\times y-2\times x\times y$
となるので，共通因数は $2xy$ だから,
$6x^2y-2xy=xy(6x-2)$
ではなく
$6x^2y-2xy=2xy(3x-1)$
となる。

2 乗法公式1をもとにする因数分解　次の式を因数分解しなさい。

教 p.28, 29 問1～5

(1) $x^2+10x+9$　　(2) $x^2+9x+14$

(3) $y^2+8y+15$　　(4) $a^2+7a+12$

(5) x^2-5x+4　　(6) x^2-5x+6

(7) $y^2-9y+20$　　(8) $a^2-13a+36$

(9) x^2+7x-8　　(10) $x^2-2x-15$

(11) y^2-y-12　　(12) $a^2+a-110$

(13) $a^2-19a+48$　　(14) $x^2-5x-24$

ここがポイント

x^2+mx+n ⇨ 積が n, 和が m となる2数を見つけるときは，積が n となる2数をまず考え，その中から和が m になる2数をさがすと，見つけやすい。

知ってると得

符号を考えることで2数が，見つけやすくなる。
(a, b, m, n は正の数)
x^2+mx+n のとき
$(x+a)(x+b)$
x^2-mx+n のとき
$(x-a)(x-b)$
x^2+mx-n のとき
$(x+a)(x-b)$　$(a>b)$
x^2-mx-n のとき
$(x-a)(x+b)$　$(a>b)$

左ページの例の答え　① $x+y$　② $a+2b$　③ $x-3y$　④ 2　⑤ 3　⑥ 1　⑦ 4　(④, ⑤は順不同)

確認のワーク ステージ1　2節 因数分解
2 乗法公式をもとにする因数分解　3 いろいろな因数分解

例1 乗法公式2，3，4をもとにする因数分解

教 p.30 → 基本問題1

次の式を因数分解しなさい。

(1) $x^2+8x+16$　(2) x^2-6x+9　(3) x^2-9

考え方 公式2′〜4′にあてはめて因数分解する。

解き方

(1) $x^2+8x+16=(x+$ ① $)^2$　←公式2′（半分，2乗）

(2) $x^2-6x+9=(x-$ ② $)^2$　←公式3′（半分，2乗）

(3) $x^2-9=x^2-3^2=(x+$ ③ $)(x-$ ④ $)$　←公式4′

【乗法公式2〜4の逆】

$x^2+2ax+a^2=(x+a)^2$　…公式2′（半分，2乗）

$x^2-2ax+a^2=(x-a)^2$　…公式3′（半分，2乗）

$x^2-a^2=(x+a)(x-a)$　…公式4′

例2 いろいろな因数分解

教 p.31，32 → 基本問題2

次の式を因数分解しなさい。

(1) $9x^2-4y^2$　(2) $3x^2+12xy+12y^2$

(3) $(x+1)^2-8(x+1)+12$　(4) $xy+2x+y+2$

解き方 (1) $3x$ と $2y$ を1つの文字とみなして公式を使って因数分解する。

$9x^2-4y^2=(3x)^2-(2y)^2=($ ⑤ $)($ ⑥ $)$

$3x$ を x，$2y$ を a とみなして公式4′ $x^2-a^2=(x+a)(x-a)$ を使う。

(2) 共通な因数をくくり出してから公式を使って因数分解する。

$3x^2+12xy+12y^2=3(x^2+4xy+4y^2)=3($ ⑦ $)^2$

共通な因数である3をくくり出す。　(　)の中に公式2′ $x^2+2ax+a^2=(x+a)^2$ を使う。

(3) $x+1$ を M として公式を使って因数分解する。

$(x+1)^2-8(x+1)+12=M^2-8M+12=(M-6)(M-2)$

$x+1$ を M とする。　公式1′ $x^2+(a+b)x+ab=(x+a)(x+b)$ を使う。

$=(x+1-6)(x+1-2)=($ ⑧ $)($ ⑨ $)$

M を $x+1$ にもどす。　かっこの中の同類項をまとめる。

(4) x をふくむ項とふくまない項に分けて考える。

$xy+2x+y+2=(xy+2x)+(y+2)$

$=x\times(y+2)+1\times(y+2)$

$=($ ⑩ $)(y+2)$

y をふくむ項とふくまない項に分けて因数分解することもできる。

基本問題

解答 p.5

1 乗法公式2，3，4をもとにする因数分解　次の式を因数分解しなさい。

教 p.30 問7〜9

(1) x^2+2x+1　(2) $x^2+10x+25$

(3) $a^2-20a+100$　(4) $a^2-14a+49$

(5) y^2-64　(6) b^2-121

思い出そう

公式2′
$x^2+2ax+a^2=(x+a)^2$
公式3′
$x^2-2ax+a^2=(x-a)^2$
公式4′
$x^2-a^2=(x+a)(x-a)$
どの公式にあてはまるのか見きわめる。

2 いろいろな因数分解　次の式を因数分解しなさい。

教 p.31, 32 問1〜4

(1) $x^2+10xy+25y^2$　(2) $16a^2-8ab+b^2$

(3) $81a^2-4b^2$　(4) $4x^2-16y^2$

(5) $2x^2+12x+18$　(6) $5a^2-40a+60$

(7) $(a+3)x+(a+3)y$　(8) $(x+y)^2-16$

(9) $(x+1)^2-3(x+1)-10$　(10) $(a-2)^2-8(a-2)+12$

(11) $xy+4x+y+4$　(12) $ab-5a-b+5$

ここがポイント

単項式を 1 つの文字とみなして公式を使う。
(1) $x^2+10xy+25y^2$
$=x^2+2\times5y\times x+(5y)^2$
共通な因数があるときは，まず共通な因数をくくり出す。さらに因数分解ができないか確かめる。
(4) $4x^2-16y^2$
$=4(x^2-4y^2)$
因数分解できる
多項式を 1 つの文字とみなして公式を使う。
(9) $(x+1)^2-3(x+1)-10$
M とする
$=M^2-3M-10$
x をふくむ項とふくまない項に分けて考える。
(11) $xy+4x+y+4$
$=(xy+4x)+(y+4)$
$=x\times(y+4)+1\times(y+4)$

3 因数分解の利用　公式4′を使って，次の計算をしなさい。

教 p.32 問5

(1) 65^2-35^2　(2) 26^2-24^2

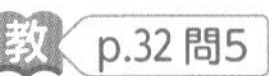

$x^2-a^2=(x+a)(x-a)$ の x と a に数字をあてはめれば，計算できるね。

左ページの例の答え　①4　②3　③3　④3　⑤$3x+2y$　⑥$3x-2y$　⑦$x+2y$　⑧$x-5$　⑨$x-1$　⑩$x+1$
（⑤と⑥，⑧と⑨は順不同）

確認のワーク ステージ1
3節 文字式の活用
1 数の性質を見いだし証明しよう　2 図形の性質の証明

例1 数の性質の証明

教 p.34, 35 → 基本問題 1 2

連続する 2 つの奇数（きすう）の積に 1 をたした数は，その 2 つの奇数の間の偶数（ぐうすう）を 2 乗した数になることを証明しなさい。

考え方 文字を使った式で表して証明する。

解き方 n を整数とすると，連続する 2 つの奇数は $2n-1$,

$2n+$ ①[　　] と表される。

連続する 2 つの奇数の積に 1 をたした数は，

$(2n-1)(2n+$ ①[　　]$)+1=$ ②[　　]$+1$

$=4n^2=($ ③[　　]$)^2$

③[　　] は 2 つの奇数の間の偶数だから，連続する 2 つの奇数の積に 1 をたした数は，その 2 つの奇数の間の偶数を 2 乗した数になる。

奇数は 2×(整数)+1
偶数は 2×(整数)
で表すことができたね。

例2 図形の性質の証明

教 p.36 → 基本問題 3

右の図のように，半径 r の円形の池の周囲に，幅（はば） $2a$ の道があります。この道の真ん中を通る円の周の長さを ℓ とするとき，この道の面積 S は，$S=2a\ell$ の式で表されることを証明しなさい。

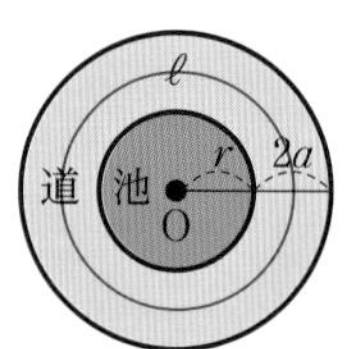

考え方 S と ℓ を r と a を使った式で表して，S と $a\ell$ を比べる。

解き方 道の面積 S は，次のような計算で求められる。

$S=\pi($ ④[　　]$)^2-\pi r^2$

$=\pi(r^2+4ar+4a^2)-\pi r^2$

$=$ ⑤[　　] ……①

また，道の真ん中を通る円の周の長さ ℓ は，半径が $r+a$ の円の周の長さだから

$\ell=2\pi($ ⑥[　　]$)=2\pi r+2\pi a$

よって　$2a\ell=2a(2\pi r+2\pi a)$

$=$ ⑤[　　] ……②

①，②より　$S=$ ⑦[　　]

ここがポイント
道の面積は，道と池を合わせた面積から池の面積をひいて求める。
それぞれの面積は，
(円の面積)$=\pi\times$(半径)^2
にそれぞれの半径を表す文字の式をあてはめて求める。

基本問題

解答 p.5

1 数の性質の証明　連続する 2 つの奇数の 2 乗の差は，ある数の 4 倍になることを証明します。 教 p.34, 35

(1)　n を整数として，小さい方の奇数を $2n+1$ と表すとき，大きい方の奇数を n を使って表しなさい。

(2)　2 つの奇数の 2 乗の差は，ある数の 4 倍になることを，(1)の 2 つの奇数を使って証明し，ある数を求めなさい。

覚えておこう

ある数の 4 倍になることを証明するには，連続する 2 つの奇数の 2 乗の差を式に表し，その式を 4×(整数)の形に変形すればよい。

2 数の性質の証明　ある 3 の倍数を $3n$ とするとき，$3n$ に 2 をたした数と，$3n$ から 2 をひいた数の積に 4 をたした数は，$3n$ を 2 乗した数になることを証明しなさい。 教 p.34, 35

ある数の 2 乗になることを証明するには，2 つの数の積を式に表して，(ある数)^2 の形に変形すればいいね。

3 図形の性質の証明　右の図のように，縦の長さが $2x$，横の長さが x の池の周囲に，幅 a の道があります。
この道の真ん中を通る線の長さを ℓ とするとき，この道の面積 S は，$S=a\ell$ の式で表されることを証明しなさい。 教 p.36 問1

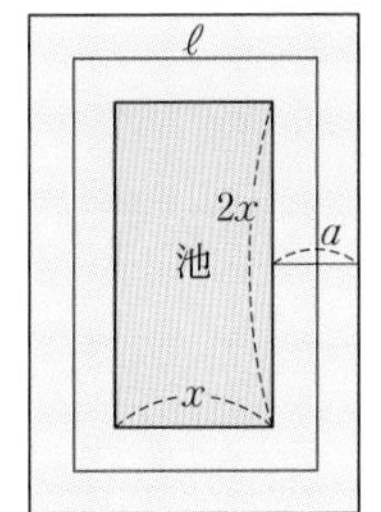

ここがポイント

まず，道の面積 S を x と a を使った式で表す。次に，線の長さ ℓ を x と a を使った式で表し，$a\ell$ を x と a を使った式で表す。そして，S と $a\ell$ を比べる。

左ページの例の答え　① 1　② $4n^2-1$　③ $2n$　④ $r+2a$　⑤ $4\pi ar+4\pi a^2$　⑥ $r+a$　⑦ $2a\ell$

解答 p.6

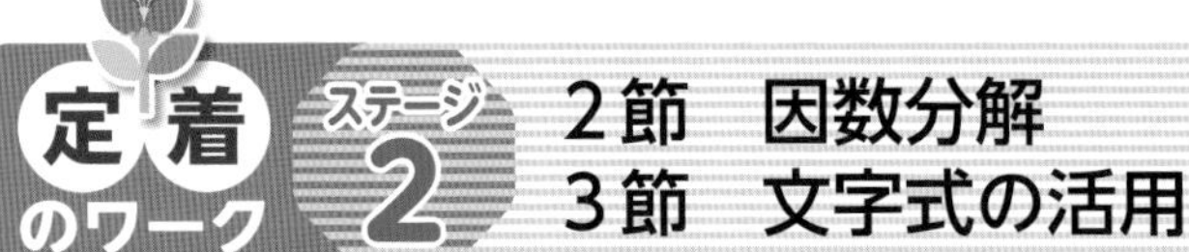

2節 因数分解
3節 文字式の活用

よく出る **1** 次の式を因数分解しなさい。

(1) $2x^2y-6xy$　　(2) $4a^2b-2ab^2+8ab$

(3) $x^2-37x+36$　　(4) $a^2-13a-48$

(5) $a^2+10a+25$　　(6) $x^2-22x+121$

(7) $25a^2-4b^2$　　(8) $18ab^2-98ac^2$

(9) $2a^2b-24ab+72b$　　(10) $x^2+xy-12y^2$

(11) $(x+2)^2-3(x+2)-10$　　(12) $ab-6a-b+6$

2 次の計算をくふうしてしなさい。

(1) 165^2-35^2　　(2) 199^2

(3) $250\times47-43\times250$　　(4) $9+57\times6+57\times57$

3 連続する 2 つの整数の 2 乗の和は奇数になることを証明しなさい。

4 5 でわって 3 あまる数と，それより 6 小さい数の積に 9 をたすと，ある数の 2 乗になることを証明しなさい。

1 複雑な式では，共通な因数をくくり出す。→公式にあてはめる。と考える。
2 10 の倍数のような計算しやすい数が利用できる式に変形する。
4 n を整数とすると，5 でわって 3 あまる数は $5n+3$ と表せる。

5 下の図の 2 つの図形 A と図形 B の面積は等しいことを示しなさい。

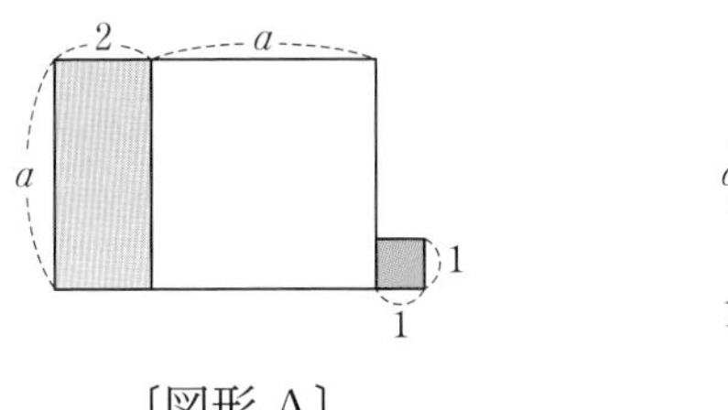

〔図形 A〕

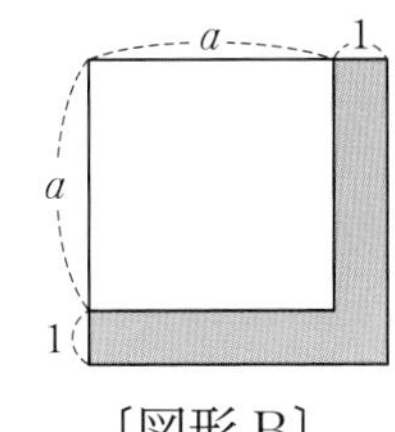

〔図形 B〕

6 右の図のように，半径 r の円形の池の周囲に，幅(はば) $3a$ の道があります。この道の真ん中を通る円の周の長さを ℓ とするとき，この道の面積 S を a と ℓ を使った式で表しなさい。

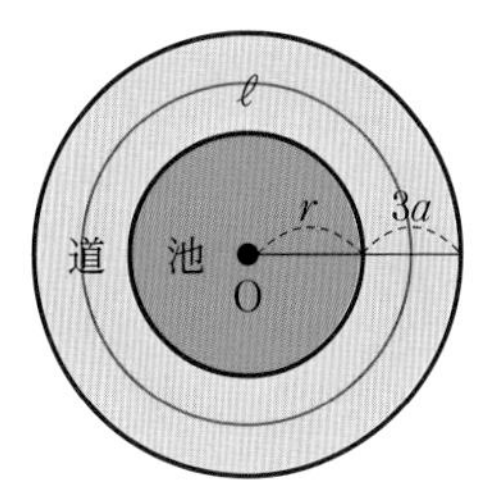

入試問題をやってみよう！

1 次の式を因数分解しなさい。

(1) x^2+6x+8 〔長崎〕 (2) $a^2+4a-45$ 〔山口〕

(3) $x^2+9x-36$ 〔佐賀〕 (4) $2x^2-18$ 〔北海道〕

(5) $(x+3)(x-5)+2(x+3)$ 〔千葉〕 (6) $(x-4)^2+8(x-4)-33$ 〔神奈川〕

2 $a=30$，$b=-23$ のとき，$(a-2b)^2-2(a-2b)-24$ の値を求めなさい。 〔京都〕

5 それぞれの面積を a を使った式で表して比べる。
2 はじめから a，b に数を代入するのではなく，式を簡単な形にしてから代入する。

解答 p.7

実力判定テスト ステージ3 式の展開と因数分解

40分 /100

1 次の計算をしなさい。 3点×4（12点）

(1) $3a(2a+3b)$ （　　　）

(2) $-2x(x-3y)$ （　　　）

(3) $(4x^2+6xy)\div(-2x)$ （　　　）

(4) $(8x^2y+12xy^2-16xy)\div\frac{4}{5}xy$ （　　　）

2 次の式を展開しなさい。 3点×4（12点）

(1) $(x-3)(y+5)$ （　　　）

(2) $(2a-1)(3b+2)$ （　　　）

(3) $(2x+1)(x-2)$ （　　　）

(4) $(a+2b)(2a-3b)$ （　　　）

3 次の式を展開しなさい。 3点×4（12点）

(1) $(x+6)(x-7)$ （　　　）

(2) $(y+8)^2$ （　　　）

(3) $(b-5)^2$ （　　　）

(4) $(x+7)(x-7)$ （　　　）

4 次の計算をしなさい。 3点×6（18点）

(1) $(3x+2)(3x-4)$ （　　　）

(2) $(2a-5b)^2$ （　　　）

(3) $(x+2)(x-9)-(3+x)(3-x)$ （　　　）

(4) $(7a-5b)(7a+5b)$ （　　　）

(5) $(a-b+1)^2$ （　　　）

(6) $(x-y+4)(x-y-3)$ （　　　）

目標 ❶，❷，❸，❺は基本問題なので確実に解けるようにしよう。乗法公式をきちんとあてはめる。

自分の得点まで色をぬろう！

がんばろう！ もう一歩 合格！

0 60 80 100点

5 次の式を因数分解しなさい。 3点×10(30点)

(1) a^2b-2ab^2

( )

(2) $3x^2-9xy+6x$

( )

(3) $x^2+5x-24$

( )

(4) $x^2-6x-16$

( )

(5) $x^2+14x+49$

( )

(6) $4a^2-12a+9$

( )

(7) $4a^2-81b^2$

( )

(8) $(a+2)^2-5(a+2)+6$

( )

(9) $(x-y)^2+10(x-y)+25$

( )

(10) $ab-a-b+1$

( )

6 くふうして，次の計算をしなさい。 3点×2(6点)

(1) 105^2

( )

(2) 27^2-23^2

( )

7 連続する3つの整数があります。最小の数と最大の数の積に1を加えると，真ん中の数の2乗になることを証明しなさい。 (5点)

8 奇数とその奇数の2倍に4をたした数の積に2を加えると，ある数の2乗を2倍した数になることを証明しなさい。 (5点)

アプリ【どこでもワーク計算編】をやって，さらに力をつけよう！

ステージ1

1節　平方根
1　2乗すると a になる正の数　2　2乗すると a になる数

例1 平方根の表し方

教 p.44, 45 → 基本問題 2 3

次の数の平方根を求めなさい。

(1)　64　　(2)　5　　(3)　0.01

考え方 2乗すると(1)　64, (2)　5, (3)　0.01 になる数を考える。

解き方 (1)　$8^2=64$, $(-8)^2=64$

したがって，64の平方根は

①[　　] と ②[　　] である。

(2)　5の平方根も正と負の2つある。正の方は $\sqrt{5}$，負の方は $-\sqrt{5}$ で，まとめて表すと ③[　　] である。

(3)　$0.1^2=0.01$, $(-0.1)^2=0.01$

したがって，0.01の平方根は0.1と -0.1 で，まとめて表すと ④[　　] である。

たいせつ

2乗する（平方する）と a になる数を a の平方(へいほう)根(こん)という。$x^2=a$ にあてはまる x の値(あたい)が，a の平方根である。

16 ―平方根を求める→ 4, -4 ／ ←2乗する（平方する）―

(正) a ―平方根を求める→ $\sqrt{a}$ (正), $-\sqrt{a}$ (負) ／ ←2乗する（平方する）―

正の数 a の平方根は2つあり，絶対値が等しく，符号(ふごう)は異なる。

記号 $\sqrt{\ }$ を根号(こんごう)といい，「ルート」と読む。

$\sqrt{3}$, $-\sqrt{3}$ をまとめて表すときは，$\pm\sqrt{3}$ とかき，「プラスマイナスルート3」と読む。

例2 平方根の2乗

教 p.45 → 基本問題 4

次の数を求めなさい。

(1)　$(\sqrt{2})^2$　　(2)　$(-\sqrt{11})^2$　　(3)　$(\sqrt{0.3})^2$

考え方 $(a\text{の平方根})^2=a$　である。

解き方 (1)　$\sqrt{2}$ は2の平方根だから，$(\sqrt{2})^2=$ ⑤[　　]

(2)　$-\sqrt{11}$ は11の平方根だから，$(-\sqrt{11})^2=$ ⑥[　　]

(3)　$\sqrt{0.3}$ は0.3の平方根だから，$(\sqrt{0.3})^2=$ ⑦[　　]

覚えておこう

0の平方根は0だけである。
正の数も負の数も2乗すれば必ず正の数になるから，負の数には，その平方根はない。

例3 根号を使わない平方根の表し方

教 p.45 → 基本問題 5

次の数を根号を使わないで表しなさい。

(1)　$\sqrt{9}$　　(2)　$\sqrt{(-5)^2}$

考え方 a が正の数のとき，$\sqrt{a^2}=a$, $\sqrt{(-a)^2}=\sqrt{a^2}=a$

解き方 (1)　$\sqrt{9}=\sqrt{3^2}=$ ⑧[　　]

(2)　$\sqrt{(-5)^2}=\sqrt{25}=\sqrt{⑨[\quad]^2}=$ ⑩[　　]

負の数を2乗すると正の数になるから，符号に注意だね。

基本問題

解答 p.8

1 根号と近似値 電卓の $\sqrt{\ }$ キーを使って $\sqrt{5}$ の値を，小数第 3 位を四捨五入した近似値で表しなさい。

教 p.43 問2

ここがポイント
四捨五入などで求めた，真の値に近い，およその値を**近似値**（きんじち）という。

2 平方根の表し方 次の数の平方根を求めなさい。

教 p.44 問1

(1) 81　　(2) 0.25

(3) $\frac{1}{4}$　　(4) 121

$a>0$ のとき，a の平方根は正と負の 2 つある。
負の方の平方根を忘れないこと。

3 平方根の表し方 次の数を根号を使って表しなさい。

教 p.45 問2

(1) 17 の平方根　　(2) 13 の平方根の正の方

(3) 19 の平方根の負の方　　(4) 101 の平方根

覚えておこう
$a>0$ のとき，a の平方根は $\pm\sqrt{a}$ である。正の方は $\sqrt{a}$，負の方は $-\sqrt{a}$ である。

4 平方根の 2 乗 次の数を求めなさい。

教 p.45 問3

(1) $(\sqrt{7})^2$　　(2) $(-\sqrt{10})^2$

(3) $(\sqrt{0.4})^2$　　(4) $\left(\sqrt{\frac{1}{2}}\right)^2$

たいせつ
$\sqrt{a}$ は「2 乗すると a になる正の数」だから，$(\sqrt{a})^2$ は「2 乗すると a になる正の数」を 2 乗すること。よって，$(\sqrt{a})^2=a$

5 根号を使わない平方根の表し方 次の数を根号を使わないで表しなさい。

教 p.45 問4

(1) $\sqrt{49}$　　(2) $-\sqrt{9}$

(3) $\sqrt{\frac{1}{4}}$　　(4) $\sqrt{(-3)^2}$

$\sqrt{(-5)^2}=-5$ は誤り。
$\sqrt{(-5)^2}$ は「2 乗すると $(-5)^2=25$ になる**正の数**」のことである。
$-\sqrt{(-5)^2}=-5$ は正しい。

左ページの **例** の答え　①8　②−8　③$\pm\sqrt{5}$　④±0.1　⑤2　⑥11　⑦0.3　⑧3　⑨5　⑩5　（①，②は順不同）

確認のワーク ステージ1

1節 平方根
3 平方根の大小　4 有理数と無理数

例1 2つの数の大小

教 p.47 → 基本問題1

次の各組の2つの数の大小を，不等号を使って表しなさい。

(1) 3 と $\sqrt{10}$　　(2) $\sqrt{24}$ と $\sqrt{23}$

考え方 2つの数を2乗して，その大小を比べる。

解き方 (1) 2つの数をそれぞれ2乗すると，

$3^2=9$，$(\sqrt{10})^2=10$　$9<10$ だから $\sqrt{9}<\sqrt{10}$

すなわち 3 ① $\sqrt{10}$

(2) 2つの数をそれぞれ2乗すると，$(\sqrt{24})^2=24$，$(\sqrt{23})^2=23$

$24>23$ だから $\sqrt{24}$ ② $\sqrt{23}$

覚えておこう

2つの正の数 a，b について

$a<b$ ならば $\sqrt{a}<\sqrt{b}$

例2 3つの数の大小

教 p.47 → 基本問題2

次の数のうち，2と3の間にあるものはどれか答えなさい。

$\sqrt{2}$　$\sqrt{3}$　$\sqrt{6}$　$\sqrt{10}$

考え方 それぞれの数を2乗して，2^2，3^2 と大小を比べる。

解き方 $\sqrt{2}$，$\sqrt{3}$，$\sqrt{6}$，$\sqrt{10}$ と2，3をそれぞれ2乗すると

$(\sqrt{2})^2=2$，$(\sqrt{3})^2=3$，$(\sqrt{6})^2=6$，$(\sqrt{10})^2=10$，$2^2=4$，$3^2=9$

上の値で，4< ③ <9 だから，2と3の間にあるのは ④

例3 有理数と無理数

教 p.48，49 → 基本問題3

次の数を，有理数と無理数に分けなさい。

$\sqrt{10}$　0.3　$\sqrt{36}$　$\dfrac{\sqrt{25}}{\sqrt{49}}$　$\dfrac{5}{3}$　$-\sqrt{6}$

考え方 分数の形に表せるかどうか確かめる。

解き方 $0.3=\dfrac{3}{10}$，$\dfrac{\sqrt{25}}{\sqrt{49}}=\dfrac{\sqrt{5^2}}{\sqrt{7^2}}=\dfrac{5}{7}$ である。

また，$\sqrt{36}=\sqrt{6^2}=6=\dfrac{6}{1}$ と表すことができる。一方，$\sqrt{10}$，$-\sqrt{6}$ は分数で表せない。

したがって，

有理数は ⑤ ，

無理数は ⑥ である。

たいせつ

a を整数，b を0でない整数とするとき，$\dfrac{a}{b}$ のように分数の形に表すことができる数を有理数(ゆうりすう)といい，有理数でない数を無理数(むりすう)という。

- 数
  - 有理数
    - 整数
      - 正の整数（自然数）
      - 0
      - 負の整数
    - 整数でない有理数
      - 有限小数
      - 循環(じゅんかん)小数
  - 無理数……循環しない無限小数

基本問題

解答 p.8

1 2つの数の大小　次の各組の2つの数の大小を，不等号を使って表しなさい。

教 p.47 問1

(1)　5，$\sqrt{26}$　　　(2)　$\sqrt{10}$，$\sqrt{11}$

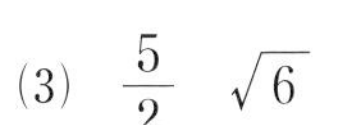

(3)　$\frac{5}{2}$　$\sqrt{6}$　　　(4)　$-\sqrt{15}$　-4

ここがポイント

$\sqrt{a}$ と $\sqrt{b}$ の大きさを比較するときは，2乗して a と b の大きさを比べればよい。
2つの正の数 a，b について $a<b$ ならば $\sqrt{a}<\sqrt{b}$ である。

2 3つの数の大小　次の問いに答えなさい。

教 p.47 問2，問3

(1)　次の数のうち，4と5の間にあるものをすべて選びなさい。

$\sqrt{13}$　　$\sqrt{18}$　　$\sqrt{23}$　　$\sqrt{28}$

(2)　右の数直線上の点A～Dは次の数のどれかを表しています。それぞれの点がどの数を表しているか答えなさい。

A　B　C　D
-4　-3　-2　-1　0　1　2　3　4

$\sqrt{15}$　　$-\sqrt{10}$　　$-\sqrt{0.6}$　　$\sqrt{\frac{4}{5}}$

ミス注意

4と5の間にあることを調べるとき，$\sqrt{13}$ や $\sqrt{18}$ を2乗した値が，4と5の間にあるかどうかを調べるのは誤り。4^2 と 5^2 の間にあるかどうかを調べなければならない。

3 有理数と無理数　次の数について，答えなさい。

教 p.49 問1，問2

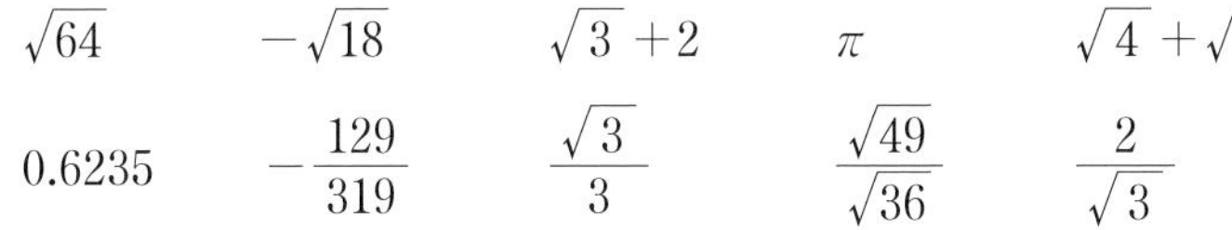

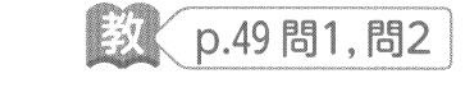

$\sqrt{64}$　　$-\sqrt{18}$　　$\sqrt{3}+2$　　π　　$\sqrt{4}+\sqrt{9}$

0.6235　　$-\frac{129}{319}$　　$\frac{\sqrt{3}}{3}$　　$\frac{\sqrt{49}}{\sqrt{36}}$　　$\frac{2}{\sqrt{3}}$

(1)　有理数と無理数に分けなさい。

(2)　小数で表したときに循環小数になるものを選びなさい。

覚えておこう

無理数に有理数を加えたりひいたりしたもの，無理数に0以外の有理数をかけたりわったりした数も無理数である。π も分数で表せないので，無理数である。

たいせつ

分数を小数で表すと，小数第何位かで終わる有限小数か，0.272727…のように，いくつかの数字を決まった順にくり返す循環小数になる。

左ページの例の答え　①＜　②＞　③6　④$\sqrt{6}$　⑤0.3，$\sqrt{36}$，$\frac{\sqrt{25}}{\sqrt{49}}$，$\frac{5}{3}$　⑥$\sqrt{10}$，$-\sqrt{6}$

解答 p.9

1節　平方根

1 次の数の平方根を求めなさい。

(1) 900　(2) 169　(3) 289　(4) 324

(5) 0.04　(6) 1.44　(7) $\dfrac{16}{49}$　(8) $\dfrac{81}{256}$

2 次の数の平方根を根号を使って表しなさい。

(1) 65　(2) 107　(3) 0.9　(4) $\dfrac{7}{13}$

よく出る **3** 次の数を求めなさい。

(1) $(\sqrt{13})^2$　(2) $(-\sqrt{14})^2$　(3) $(\sqrt{0.8})^2$　(4) $\left(\sqrt{\dfrac{3}{10}}\right)^2$

(5) $-\sqrt{81}$　(6) $\sqrt{(-3.2)^2}$　(7) $-\sqrt{0.16}$　(8) $\sqrt{0.0049}$

(9) $\sqrt{\dfrac{49}{81}}$　(10) $\sqrt{\dfrac{169}{900}}$　(11) $\sqrt{(-9)^2}$　(12) $\sqrt{3^2\times5^2}$

よく出る **4** 次の文章で，正しいものには○をつけなさい。また，誤りのあるものは×をつけて，下線の部分を正しくなおしなさい。

(1) 121 の平方根は $\underline{11}$ である。　(2) $\sqrt{(-5)^2}$ は $\underline{-5}$ に等しい。

(3) $(-\sqrt{10})^2$ は $\underline{10}$ に等しい。

5 次の各組の 2 つの数の大小を不等号を使って表しなさい。

(1) $\sqrt{18}$　$\sqrt{17}$　(2) $\sqrt{48}$　7　(3) -5　$-\sqrt{25.1}$

1 大きい数の平方根を求めるときは，**素因数分解**を使ってどんな数の平方なのか考える。
3 $(-\sqrt{a})^2$，$-\sqrt{a^2}$，$\sqrt{(-a)^2}$ の符号の違いに気をつける。
5 $\sqrt{a}$ と $\sqrt{b}$ の大きさを比較するときは，2 乗して a と b の大きさを比べればよい。

6 次の問いに答えなさい。

(1) 5, $\sqrt{29}$, $\sqrt{23}$ の3つの数の大小を，不等号を使って表しなさい。

レベルUP (2) 次の数を小さい順にならべなさい。

$\sqrt{5}$, 1.5, $\sqrt{6}$, $\sqrt{2}$, 2.5, $\sqrt{3}$

レベルUP **7** $6<\sqrt{a}<6.5$ にあてはまる整数 a の個数を求めなさい。

8 右の㋐～㋒の中に，分数，有理数，無理数のいずれかを入れなさい。

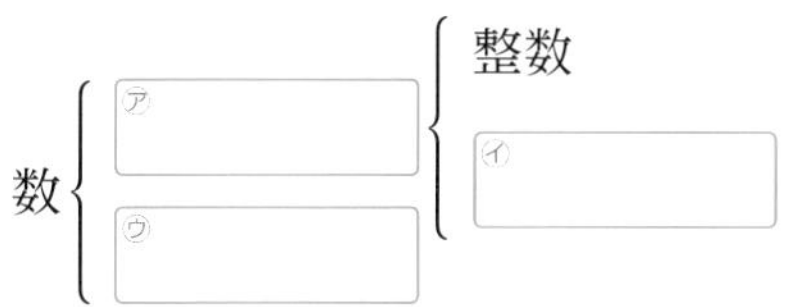

9 次の数の中から無理数をすべて選びなさい。

$\sqrt{\dfrac{3}{5}}$, $\dfrac{8}{15}$, $-\sqrt{7}$, 4.6, $\sqrt{64}$, $\sqrt{2.5}$, 0, $-\dfrac{100}{3}$, $\sqrt{48}$, $\dfrac{2}{\sqrt{3}}$, $\sqrt{16}+\sqrt{49}$

入試問題をやってみよう！

1 次の問いに答えなさい。

(1) $4.5^2=20.25$ であり，$4.6^2=21.16$ です。これらのことから，$\sqrt{21}$ を小数で表したときの小数第1位の数を求めなさい。 ［大阪］

(2) $\sqrt{45}$ に最も近い自然数を求めなさい。 ［沖縄］

(3) 大小2つのさいころを同時に投げるとき，大きいさいころの出た目を a，小さいさいころの出た目を b とします。このとき $\sqrt{10a+b}$ が整数となる確率を求めなさい。 ［富山］

6 **7** 3つ以上の数のときも，2乗して大きさを比べればよい。

9 有理数は，$\dfrac{a}{b}$（a は整数，b は0でない整数）のように分数の形に表せる。

2節 根号をふくむ式の計算
1 根号のついた数の性質

例1 根号のついた数の積と商

教 p.52 → 基本問題1

次の数を $\sqrt{a}$ の形にしなさい。

(1) $\sqrt{3}\times\sqrt{7}$　　(2) $\sqrt{15}\div\sqrt{5}$

考え方 (1) $\sqrt{a}\times\sqrt{b}=\sqrt{ab}$,

(2) $\sqrt{a}\div\sqrt{b}=\dfrac{\sqrt{a}}{\sqrt{b}}=\sqrt{\dfrac{a}{b}}$ を使って変形する。

解き方 (1) $\sqrt{3}\times\sqrt{7}=\sqrt{3\times7}=$ ①

(2) $\sqrt{15}\div\sqrt{5}=\dfrac{\sqrt{15}}{\sqrt{5}}=\sqrt{\dfrac{15}{②}}=$ ③

たいせつ

a と b が正の数のとき,

$\sqrt{a}\times\sqrt{b}=\sqrt{ab}$　$\dfrac{\sqrt{a}}{\sqrt{b}}=\sqrt{\dfrac{a}{b}}$

例2 $\sqrt{a}$ の形への変形

教 p.52 → 基本問題2

次の数を $\sqrt{a}$ の形にしなさい。

(1) $2\sqrt{3}$　　(2) $\dfrac{\sqrt{20}}{2}$

考え方 (1) $a\sqrt{b}=\sqrt{a^2}\times\sqrt{b}=\sqrt{a^2b}$,

(2) $\dfrac{\sqrt{b}}{a}=\dfrac{\sqrt{b}}{\sqrt{a^2}}=\sqrt{\dfrac{b}{a^2}}$ を使って変形する。

解き方 (1) $2\sqrt{3}=\sqrt{④}\times\sqrt{3}=$ ⑤

(2) $\dfrac{\sqrt{20}}{2}=\dfrac{\sqrt{20}}{\sqrt{4}}=\sqrt{\dfrac{⑥}{4}}=$ ⑦

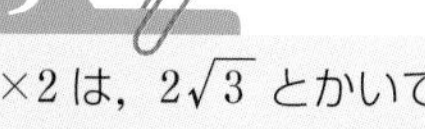

$2\times\sqrt{3}$, $\sqrt{3}\times2$ は, $2\sqrt{3}$ とかいて, 「2 ルート 3」と読む。

例3 $a\sqrt{b}$ の形への変形

教 p.52, 53 → 基本問題3

次の数を, 根号の中ができるだけ小さい自然数となるようにして, $a\sqrt{b}$ または $\dfrac{\sqrt{b}}{a}$ の形にしなさい。

(1) $\sqrt{8}$　　(2) $\sqrt{0.05}$

考え方 根号の中に a^2 の形をつくって, a を根号の外に出す。

解き方 (1) $\sqrt{8}=\sqrt{4\times2}=\sqrt{2^2\times2}=$ ⑧ $\sqrt{2}$

(2) $\sqrt{0.05}=\sqrt{\dfrac{5}{100}}=\sqrt{\dfrac{5}{⑨^2}}=$ ⑩

たいせつ

a と b が正の数のとき,

$\sqrt{a^2\times b}=a\sqrt{b}$

$\sqrt{\dfrac{b}{a^2}}=\dfrac{\sqrt{b}}{a}$

基本問題

解答 p.10

1 根号のついた数の積と商　次の数を $\sqrt{a}$ の形にしなさい。

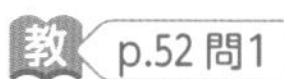
教 p.52 問1

(1) $\sqrt{4}\times\sqrt{5}$　　(2) $\sqrt{5}\times\sqrt{2}$

(3) $\dfrac{\sqrt{12}}{\sqrt{6}}$　　(4) $\sqrt{24}\div\sqrt{8}$

ミス注意

$\sqrt{2}\times\sqrt{3}$ は 6 ではない。$\sqrt{\ }\times\sqrt{\ }$ だから $\sqrt{\ }$ がなくなるというように考えてはいけない。計算は法則どおりに行わなければならない。

2 $\sqrt{a}$ の形への変形　次の数を $\sqrt{a}$ の形にしなさい。

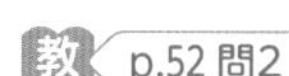
教 p.52 問2

(1) $4\sqrt{5}$　　(2) $5\sqrt{3}$

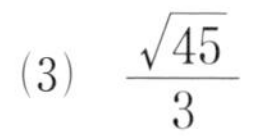

(3) $\dfrac{\sqrt{45}}{3}$　　(4) $\dfrac{\sqrt{50}}{5}$

覚えておこう

$a\sqrt{b}=\sqrt{a^2}\times\sqrt{b}=\sqrt{a^2b}$

$\dfrac{\sqrt{b}}{a}=\dfrac{\sqrt{b}}{\sqrt{a^2}}=\sqrt{\dfrac{b}{a^2}}$

3 $a\sqrt{b}$ の形への変形　次の数を，根号の中ができるだけ小さい自然数になるようにして，$a\sqrt{b}$ または $\dfrac{\sqrt{b}}{a}$ の形にしなさい。

教 p.53 問3, 問4

(1) $\sqrt{12}$　　(2) $\sqrt{40}$

(3) $\sqrt{300}$　　(4) $\sqrt{125}$

(5) $\sqrt{\dfrac{11}{25}}$　　(6) $\sqrt{\dfrac{7}{49}}$

(7) $\sqrt{0.51}$　　(8) $\sqrt{0.3}$

ここがポイント

(6) 約分を先にすると $a\sqrt{b}$ の形にできない。約分せずに，$49=7^2$ を利用する。

(7)(8) $\sqrt{\ }$ の中が小数のときは，$\sqrt{\dfrac{a}{10^2}}$ や $\sqrt{\dfrac{a}{10^4}}$ などの形になおして考える。

$$\sqrt{\frac{a}{10^2}}=\frac{\sqrt{a}}{10}$$

$$\sqrt{\frac{a}{10^4}}=\frac{\sqrt{a}}{10^2}$$

左ページの例の答え　① $\sqrt{21}$　② 5　③ $\sqrt{3}$　④ 4　⑤ $\sqrt{12}$　⑥ 20　⑦ $\sqrt{5}$　⑧ 2　⑨ 10　⑩ $\dfrac{\sqrt{5}}{10}$

2節 根号をふくむ式の計算
2 根号をふくむ式の乗法と除法 3 根号をふくむ式の加法と減法

例1 根号をふくむ式の乗法と除法

教 p.54 → 基本問題 1

次の計算をしなさい。

(1) $\sqrt{3}\times 2\sqrt{6}$ (2) $3\sqrt{14}\div\sqrt{2}$ (3) $3\sqrt{6}\times\sqrt{7}\div\sqrt{3}$

考え方 $\sqrt{a}\times\sqrt{b}=\sqrt{ab}$, $\sqrt{a^2b}=a\sqrt{b}$,

$\sqrt{a}\div\sqrt{b}=\dfrac{\sqrt{a}}{\sqrt{b}}=\sqrt{\dfrac{a}{b}}$, $\sqrt{\dfrac{b}{a^2}}=\dfrac{\sqrt{b}}{a}$ を利用して計算する。

解き方 (1) $\sqrt{3}\times 2\sqrt{6}=\sqrt{3}\times 2\times\sqrt{6}=2\times\sqrt{3\times 2\times 3}$

$=2\times\sqrt{3^2\times 2}=2\times$ ① $\sqrt{2}=$ ②

(2) $3\sqrt{14}\div\sqrt{2}=\dfrac{3\sqrt{14}}{\sqrt{2}}=3\times\sqrt{\dfrac{14}{2}}=$ ③

(3) $3\sqrt{6}\times\sqrt{7}\div\sqrt{3}=\dfrac{3\sqrt{6}\times\sqrt{7}}{\sqrt{3}}=\dfrac{3\sqrt{42}}{\sqrt{3}}=$ ④

覚えておこう

根号をふくむ式の計算では，根号の中をできるだけ小さい自然数にする。

根号をふくむわり算は，逆数を使ってかけ算になおせばいいね。

例2 分母の有理化

教 p.55 → 基本問題 2 3

次の数の分母を有理化しなさい。

(1) $\dfrac{\sqrt{3}}{\sqrt{2}}$ (2) $\dfrac{\sqrt{3}}{2\sqrt{5}}$

考え方 分母にある根号のついた数を，分母と分子にかけて，分母を根号のない形にする。

解き方 (1) $\dfrac{\sqrt{3}}{\sqrt{2}}=\dfrac{\sqrt{3}\times\sqrt{2}}{\sqrt{2}\times\sqrt{2}}=$ ⑤

(2) $\dfrac{\sqrt{3}}{2\sqrt{5}}=\dfrac{\sqrt{3}\times\sqrt{5}}{2\sqrt{5}\times\sqrt{5}}=$ ⑥

たいせつ

分母を根号のない形にすることを，分母を有理化(ゆうりか)するという。
計算の結果，分母が根号をふくむときは，有理化したものを答えとする。

例3 根号をふくむ式の加法と減法

教 p.56, 57 → 基本問題 4

次の計算をしなさい。

(1) $5\sqrt{3}-2\sqrt{5}-\sqrt{3}$ (2) $4\sqrt{3}+\sqrt{75}-\sqrt{12}$

解き方 (1) $5\sqrt{3}-2\sqrt{5}-\sqrt{3}=5\sqrt{3}-\sqrt{3}-2\sqrt{5}$

$=(5-1)\sqrt{3}-2\sqrt{5}=$ ⑦

(2) $4\sqrt{3}+\sqrt{75}-\sqrt{12}=4\sqrt{3}+$ ⑧ $\sqrt{3}-$ ⑨ $\sqrt{3}$

$=(4+$ ⑧ $-$ ⑨ $)\sqrt{3}=$ ⑩

ここがポイント

文字式の同類項と同じように，根号の中の数が同じものはまとめて，式を簡単にすることができる。

$m\sqrt{a}+n\sqrt{a}=(m+n)\sqrt{a}$

$m\sqrt{a}-n\sqrt{a}=(m-n)\sqrt{a}$

基本問題

解答 p.10

1 根号をふくむ式の乗法と除法 次の計算をしなさい。

教 p.54, 55 問1, 問2

(1) $5\sqrt{10}\times\sqrt{2}$　(2) $-3\sqrt{3}\times3\sqrt{6}$

(3) $\sqrt{24}\times\sqrt{18}$　(4) $5\sqrt{21}\div\sqrt{7}$

(5) $-\sqrt{48}\div2\sqrt{3}$　(6) $(-\sqrt{5})\div(-\sqrt{20})$

(7) $6\sqrt{3}\times\sqrt{10}\div\sqrt{5}$　(8) $\sqrt{27}\div\sqrt{2}\times\sqrt{6}$

覚えておこう

$\sqrt{3}\times2\sqrt{6}=2\sqrt{18}$ のままにせずに，$\sqrt{\ }$ の中はできるだけ小さい自然数にする。
分数の計算の答えをできるだけ約分しておくのと同じである。

2 分母の有理化 次の数の分母を有理化しなさい。

教 p.55 問3

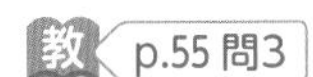

(1) $\dfrac{\sqrt{7}}{\sqrt{2}}$　(2) $\dfrac{1}{\sqrt{6}}$　(3) $\dfrac{2\sqrt{5}}{\sqrt{12}}$

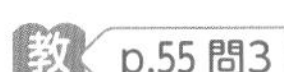

分母を先に $a\sqrt{b}$ の形になおすと，有理化するときにかける数が小さくてすむ。

3 分母の有理化をふくむ計算 次の計算をしなさい。

教 p.55 問4

(1) $\sqrt{3}\div\sqrt{5}$　(2) $\sqrt{12}\div\sqrt{42}\times\sqrt{8}$

4 根号をふくむ式の加法と減法 次の計算をしなさい。

教 p.56, 57 問1～問4

(1) $4\sqrt{3}-3\sqrt{3}$　(2) $5\sqrt{5}+3+4\sqrt{5}$

(3) $7\sqrt{2}-4\sqrt{3}-2\sqrt{2}$　(4) $\sqrt{125}+\sqrt{20}-\sqrt{45}$

(5) $\sqrt{20}+\sqrt{5}$　(6) $\sqrt{18}-\sqrt{32}+5\sqrt{7}$

たいせつ

根号の中の数が同じものだけをまとめる。
(2) $5\sqrt{5}+3+4\sqrt{5}$ の計算では，$5\sqrt{5}$ と $4\sqrt{5}$ だけをまとめる。

左ページの例の答え　① 3　② $6\sqrt{2}$　③ $3\sqrt{7}$　④ $3\sqrt{14}$　⑤ $\dfrac{\sqrt{6}}{2}$　⑥ $\dfrac{\sqrt{15}}{10}$　⑦ $4\sqrt{3}-2\sqrt{5}$　⑧ 5　⑨ 2　⑩ $7\sqrt{3}$

2節 根号をふくむ式の計算
4 根号をふくむ式のいろいろな計算　5 平方根の活用
6 測定値と誤差

例1 根号をふくむ式のいろいろな計算

教 p.58，59 → 基本問題 1

次の計算をしなさい。

(1) $\sqrt{3}(3\sqrt{2}+\sqrt{6})$　(2) $\sqrt{18}+\dfrac{4}{\sqrt{2}}-\sqrt{32}$

考え方 (1) 分配法則を利用する。
(2) $a\sqrt{b}$ の形や，有理化した形にしてまとめる。

解き方 (1) $\sqrt{3}(3\sqrt{2}+\sqrt{6})=\sqrt{3}\times3\sqrt{2}+\sqrt{3}\times\sqrt{6}$

$=3\sqrt{3\times2}+\sqrt{3^2\times2}=3\sqrt{①\square}+②\square\sqrt{2}$

(2) $\sqrt{18}+\dfrac{4}{\sqrt{2}}-\sqrt{32}=3\sqrt{2}+\dfrac{4\times\sqrt{2}}{\sqrt{2}\times\sqrt{2}}-③\square\sqrt{2}$

$=(3+④\square-4)\sqrt{2}=⑤\square$

覚えておこう
分配法則や1章で出てきた乗法公式は，根号をふくむ式の計算にも利用できる。また，先に $a\sqrt{b}$ の形や，有理化した形にすると，計算しやすくなることがある。

例2 平方根の積と自然数

教 p.59 → 基本問題 2

$\sqrt{45}\times\sqrt{a}$ の値を，できるだけ小さい自然数にします。整数 a の値を求めなさい。

考え方 $\sqrt{45}$ を，根号の中ができるだけ小さい自然数となるように変形して考える。

解き方 $\sqrt{45}=\sqrt{3^2\times5}=3\sqrt{5}$ だから，$\sqrt{45}\times\sqrt{a}=3\sqrt{5}\times\sqrt{a}$

したがって，$\sqrt{a}=\sqrt{5}$ のとき，$\sqrt{45}\times\sqrt{a}$ の値(あたい)は最も小さい自然数になる。

ゆえに，$a=⑥\square$

例3 式の値

教 p.60 → 基本問題 3

$x=\sqrt{5}+3$ のとき，x^2-6x+9 の値を求めなさい。

考え方 計算しやすいように，$x^2-2ax+a^2=(x-a)^2$ の公式を使って式を変形してから，x の値を代入する。

解き方 $x^2-6x+9=(⑦\square)^2=\{(\sqrt{5}+3)-3\}^2=(\sqrt{5})^2=⑧\square$

例4 近似値の求め方

教 p.60 → 基本問題 4

$\sqrt{3}=1.732$ として，$\sqrt{300}$，$\sqrt{0.03}$ の近似値をそれぞれ求めなさい。

考え方 与えられた $\sqrt{3}$ が入った形に変形する。

解き方 $\sqrt{300}=10\sqrt{3}=⑨\square\times1.732=⑩\square$

$\sqrt{0.03}=\sqrt{\dfrac{3}{100}}=\dfrac{\sqrt{3}}{10}=\dfrac{1.732}{10}=⑪\square$

$\sqrt{300}=100\times\sqrt{3}=100\times1.732$

$\sqrt{0.03}=\dfrac{\sqrt{3}}{100}=\dfrac{1.732}{100}$

としないように。

基本問題

解答 p.11

1 根号をふくむ式のいろいろな計算 次の計算をしなさい。 教 p.58, 59 問1〜問3

(1) $2\sqrt{2}(3\sqrt{2}-\sqrt{6})$　(2) $(4\sqrt{7}-\sqrt{15})\div\sqrt{3}$

(3) $(\sqrt{5}-1)(\sqrt{5}-2)$　(4) $(\sqrt{2}+1)^2$

(5) $\sqrt{18}-\dfrac{4}{\sqrt{2}}$　(6) $\dfrac{2\sqrt{3}}{5}+\dfrac{2}{\sqrt{3}}$

思い出そう

分配法則

$a(b+c)=ab+ac$

$(a+b)c=ac+bc$

乗法公式

$(x+a)(x+b)$

$=x^2+(a+b)x+ab$

$(x+a)^2=x^2+2ax+a^2$

$(x-a)^2=x^2-2ax+a^2$

$(x+a)(x-a)=x^2-a^2$

2 平方根の積と自然数 $\sqrt{3}\times\sqrt{a}$ の値が自然数になる整数 a の値を 3 つ求めなさい。 教 p.59 問4

ここがポイント

$\sqrt{3}\times b\sqrt{3}=b\times3$ を利用して，b の値を 3 つ考える。

3 式の値 $x=\sqrt{3}-5$ のとき，次の式の値を求めなさい。 教 p.60 問1

(1) $x^2+10x+25$　(2) x^2-25

知ってると得

もとの式に代入しても求められるが，計算が複雑になる。計算しやすい形に式を変形してから代入する。

4 近似値の求め方 $\sqrt{7}=2.646$, $\sqrt{70}=8.367$ として, 次の数の近似値をそれぞれ求めなさい。 教 p.60 問2

(1) $\sqrt{700}$　(2) $\sqrt{7000}$

(3) $\sqrt{0.7}$　(4) $\sqrt{0.07}$

覚えておこう

$\sqrt{100\times a}=\sqrt{10^2\times a}=10\sqrt{a}$,

$\sqrt{\dfrac{a}{100}}=\sqrt{\dfrac{a}{10^2}}=\dfrac{\sqrt{a}}{10}$

を使って計算する。

5 真の値と誤差 四捨五入で求めた長さが 15.2 cm であるとき，その真の値を a cm として，a の範囲を記号 ≦, ＜ を使って表しなさい。

このとき，誤差の絶対値は最大でいくらですか。 教 p.63 問1

たいせつ

近似値から真の値をひいた値を誤差(ごさ)という。15.2 の 1, 5, 2 のように，信頼してよい数字を有効数字(ゆうこうすうじ)という。

左ページの例の答え　① 6　② 3　③ 4　④ 2　⑤ $\sqrt{2}$　⑥ 5　⑦ $x-3$　⑧ 5　⑨ 10　⑩ 17.32　⑪ 0.1732

解答 p.11

2節　根号をふくむ式の計算

1 次の問いに答えなさい。

(1)　次の数を $\sqrt{a}$ の形にしなさい。

㋐　$3\sqrt{15}$　　㋑　$2\sqrt{0.2}$　　㋒　$\dfrac{\sqrt{35}}{7}$

(2)　次の数を，根号の中ができるだけ小さい自然数になるようにして，$a\sqrt{b}$ または $\dfrac{\sqrt{b}}{a}$ の形にしなさい。

㋐　$\sqrt{108}$　　㋑　$\sqrt{\dfrac{27}{64}}$　　㋒　$\sqrt{0.18}$

(3)　次の数の分母を有理化しなさい。

㋐　$\dfrac{21}{\sqrt{7}}$　　㋑　$\dfrac{5}{\sqrt{1200}}$　　㋒　$\dfrac{\sqrt{50}}{\sqrt{45}}$

2 次の計算をしなさい。

(1)　$\sqrt{27}\times\sqrt{32}\div\sqrt{12}$　　(2)　$\sqrt{18}\div2\sqrt{3}\times3\sqrt{6}$

(3)　$\sqrt{24}+\sqrt{28}-\sqrt{96}-\sqrt{175}$　　(4)　$\sqrt{12}+\dfrac{5\sqrt{3}}{2}-\dfrac{\sqrt{48}}{8}$

(5)　$\dfrac{5}{2\sqrt{3}}-\dfrac{3}{\sqrt{27}}+\dfrac{3\sqrt{3}}{2}$　　(6)　$\sqrt{21}\times\sqrt{3}-\dfrac{14}{\sqrt{7}}$

よく出る **3** 次の計算をしなさい。

(1)　$\sqrt{6}(2\sqrt{3}-5\sqrt{2})$　　(2)　$(4\sqrt{3}-3\sqrt{6})\div2\sqrt{3}$

(3)　$(\sqrt{5}+\sqrt{2})(\sqrt{5}-2\sqrt{2})$　　(4)　$(3-\sqrt{6})^2$

(5)　$(\sqrt{10}-\sqrt{7})(\sqrt{10}+\sqrt{7})$　　(6)　$\sqrt{2}(3-4\sqrt{2})+3\sqrt{2}$

(7)　$(2+\sqrt{5})^2-(\sqrt{5}-2)(\sqrt{5}+4)$　　(8)　$(\sqrt{5}+3\sqrt{2})(\sqrt{5}-3\sqrt{2})-(4-3\sqrt{2})^2$

1 (1)(2)　$a\sqrt{b}=\sqrt{a^2b}$　(3)分母を先に $a\sqrt{b}$ の形にすると，有理化するときにかける数が小さくてすむ。
2 先に $a\sqrt{b}$ の形や，分母を有理化した形にすると，計算しやすくなる。
3 分配法則や１章で出てきた乗法公式は，根号をふくむ式の計算にも利用できる。

4 $\sqrt{80}\times\sqrt{a}$ の値を，できるだけ小さい自然数にします。整数 a の値を求めなさい。

よく出る **5** $\sqrt{5}=2.236$，$\sqrt{50}=7.071$ のとき，次の値を求めなさい。

(1) $\sqrt{500}$　(2) $\sqrt{5000}$　(3) $\sqrt{0.5}$

6 $x=2\sqrt{2}+4$ のとき，次の式の値を求めなさい。

(1) $x^2-8x+16$　(2) $x^2+2x-24$　(3) $4x^2-64$

7 正方形の 1 辺の長さと，その対角線の長さの比は $1:\sqrt{2}$ になります。直径が 30 cm の丸太から，切り口ができるだけ大きな正方形になるように，角材を切り出します。$\sqrt{2}=1.41$ として，切り口の正方形の 1 辺の長さを求め，1 cm 未満を切り捨てた近似値で答えなさい。

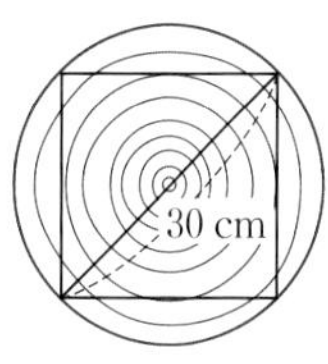

入試問題をやってみよう！

1 次の計算をしなさい。

(1) $\sqrt{32}-\sqrt{18}+\sqrt{2}$　〔和歌山〕

(2) $\sqrt{3}(\sqrt{5}-3)+\sqrt{27}$　〔愛知〕

(3) $\dfrac{42}{\sqrt{7}}+\sqrt{63}$　〔静岡〕

(4) $(\sqrt{7}-2\sqrt{5})(\sqrt{7}+2\sqrt{5})$　〔三重〕

(5) $(\sqrt{2}-\sqrt{6})^2+\dfrac{12}{\sqrt{3}}$　〔長崎〕

(6) $(3\sqrt{2}-1)(2\sqrt{2}+1)-\dfrac{4}{\sqrt{2}}$　〔愛媛〕

2 $x=\sqrt{6}+2$，$y=\sqrt{6}-2$ のとき，x^2y-2xy の値を求めなさい。　〔京都〕

3 理科の授業で月について調べたところ，月の直径は，3470 km であることがわかりました。この直径は，一の位を四捨五入して得られた近似値です。月の直径の真の値を a km として，a の範囲を不等号を使って表しなさい。また，月の直径を，四捨五入して有効数字 2 けたとして，整数部分が 1 けたの小数と 10 の累乗の積の形で表しなさい。　〔静岡〕

4 $\sqrt{80}$ を，根号の中ができるだけ小さい自然数となるように変形して考える。

6 もとの式に代入しても求められるが，式を変形してから代入する方が計算しやすい。

7 正方形の 1 辺の長さを x cm とすると，$x:30=1:\sqrt{2}$ である。

解答 p.12

平方根

/100

1 次の数を求めなさい。

3点×4（12点）

(1) 144 の平方根

(2) $\dfrac{9}{16}$ の平方根の負の方

(3) $(-\sqrt{11})^2$

(4) $-\sqrt{(-5)^2}$

2 次の各組の数を，小さい順にならべなさい。

3点×3（9点）

(1) 2.4　$\sqrt{6}$

(2) 7　$3\sqrt{5}$　$\sqrt{50}$

(3) -3　$-2\sqrt{3}$　$-\sqrt{10}$

3 次の数は，有理数か無理数か答えなさい。

3点×4（12点）

(1) $\sqrt{8}$

(2) 3.14

(3) $\dfrac{\sqrt{3}}{5}$

(4) $\dfrac{\sqrt{9}}{\sqrt{4}}$

4 $\sqrt{3}=1.732$，$\sqrt{30}=5.477$ のとき，次の値を求めなさい。

3点×4（12点）

(1) $\sqrt{0.3}$

(2) $\sqrt{30000}$

(3) $\dfrac{30}{\sqrt{3}}$

(4) $\sqrt{750}$

5 次の問いに答えなさい。

4点×2（8点）

(1) $8<\sqrt{a}<8.2$ にあてはまる整数 a の値をすべて求めなさい。

(2) $2\sqrt{2}<a<\sqrt{90}$ にあてはまる整数 a の個数を求めなさい。

目標 ❶～❸，❼，❽は基本問題である。全問正解をめざしたい。

自分の得点まで色をぬろう!

かんばろう! | もう一歩 | 合格!

0 60 80 100点

6 $\sqrt{180}\times\sqrt{a}$ の値をできるだけ小さい自然数にします。整数 a の値を求めなさい。 （4点）

（　　　　）

7 次の計算をしなさい。 4点×8（32点）

(1) $(-\sqrt{18})\times\sqrt{24}$

（　　　　）

(2) $3\sqrt{6}\times4\sqrt{3}\div2\sqrt{2}$

（　　　　）

(3) $2\sqrt{27}+\sqrt{48}-3\sqrt{75}$

（　　　　）

(4) $\dfrac{\sqrt{3}}{2}(2\sqrt{2}-\sqrt{3})+\sqrt{24}$

（　　　　）

(5) $\dfrac{\sqrt{8}}{2}-\dfrac{10}{\sqrt{5}}+\dfrac{\sqrt{6}}{\sqrt{3}}$

（　　　　）

(6) $(\sqrt{3}-\sqrt{2})(\sqrt{6}+\sqrt{8})$

（　　　　）

(7) $(2\sqrt{5}+1)^2-\sqrt{80}$

（　　　　）

(8) $(\sqrt{20}-\sqrt{3})^2+(\sqrt{7}+\sqrt{5})(\sqrt{7}-\sqrt{5})$

（　　　　）

8 $a=\sqrt{5}-1$ のとき，a^2+2a-3 の値を求めなさい。 （5点）

（　　　　）

9 次の測定値を有効数字3けたと考えて，整数部分が1けたの小数と10の累乗の形で表しなさい。 3点×2（6点）

(1) 6570 km

（　　　　）

(2) 42000 L

（　　　　）

アプリ【どこでもワーク計算編】をやって，さらに力をつけよう！

2章

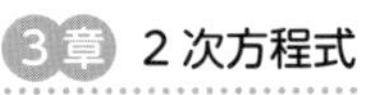

1節　2次方程式
1　2次方程式の解　2　因数分解による解き方

例1　2次方程式の解

教 p.70 → 基本問題 ❶❷

次の2次方程式で，3は解であるか調べなさい。

(1)　$x^2+5x+6=0$　　(2)　$x^2-6x+9=0$

考え方　$x=3$ のとき，方程式が成り立てば解である。

解き方 (1)　$x=3$ のとき，x^2+5x+6 の値は，

[①　　]$^2+5\times3+6=9+15+6=30$

したがって，3は解で [②　　]。

(2)　$x=3$ のとき，x^2-6x+9 の値は，

$3^2-6\times3+9=9-18+9=0$

したがって，3は解で [③　　]。

たいせつ

すべての項を左辺に移項して整理すると，
$ax^2+bx+c=0$ のように
(x の2次式)$=0$ の形になる方程式を，
x についての2次方程式という。
2次方程式を成り立たせる文字の値を，
その2次方程式の解という。
2次方程式の解をすべて求めることを，
その2次方程式を解くという。

例2　因数分解による解き方

教 p.72，73 → 基本問題 ❸❹

次の方程式を解きなさい。

(1)　$x^2-5x+6=0$　　(2)　$x^2-36=0$　　(3)　$x^2-12x+36=0$

考え方　左辺を因数分解して，$A\times B=0$ ならば $A=0$ または $B=0$ であることを利用する。

覚えておこう

2つの数や式 A，B について，
$A\times B=0$ ならば
$A=0$ または $B=0$ である。
2次方程式の左辺が因数分解できるとき，この性質を使って解を求めることができる。

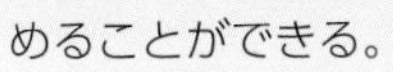

解き方 (1)　$x^2-5x+6=0$

$(x-2)(x-3)=0$　（因数分解する。）

$x-2=0$　または　$x-3=0$

$x=2$，$x=$ [④　　]

答　$x=2$，$x=$ [④　　]

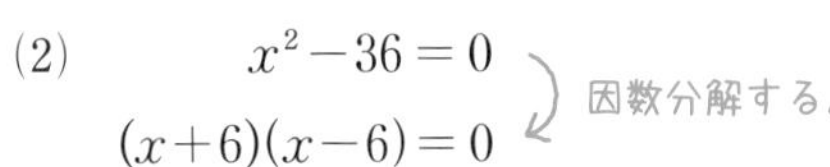

(2)　$x^2-36=0$

$(x+6)(x-6)=0$　（因数分解する。）

[⑤　　]$=0$　または [⑥　　]$=0$　　$x=$ [⑦　　]，$x=6$

答　$x=$ [⑦　　]，$x=6$　　($x=\pm6$　と答えてもよい。)

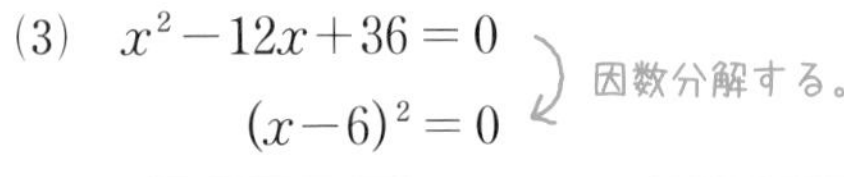

(3)　$x^2-12x+36=0$

$(x-6)^2=0$　（因数分解する。）

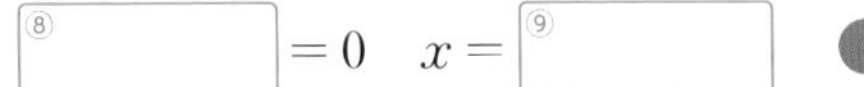

[⑧　　]$=0$　$x=$ [⑨　　]

答　$x=$ [⑨　　]

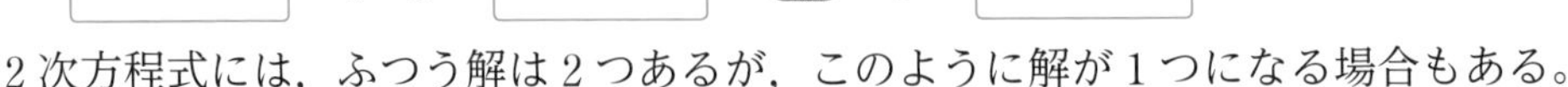

2次方程式には，ふつう解は2つあるが，このように解が1つになる場合もある。

基本問題

解答 p.13

1 2次方程式　次の方程式のうち，2次方程式はどれか番号で答えなさい。

教 p.70 問2

① $x^2=1$　② $4x+5=2x$　③ $2x^2-3x=4$

④ $9x^2=(3x-2)^2$　⑤ $x(3-x)=0$　⑥ $5x=x^2+10$

たいせつ
すべての項を左辺に移項して整理すると，$ax^2+bx+c=0$ $(a \neq 0)$ の形になるものを2次方程式という。

2 2次方程式の解　次の2次方程式で，〔　〕の中の数はその解であるか調べなさい。

教 p.71 問5

(1) $x^2-13x+30=0$ 〔-3〕　(2) $x^2+x-6=0$ 〔3〕

(3) $(x-2)^2=0$ 〔$\frac{1}{2}$〕　(4) $3x^2-4x+1=0$ 〔$\frac{1}{3}$〕

ここがポイント
〔　〕の中の数を式に代入して，2次方程式が成り立てば，その数は2次方程式の解である。

3 因数分解による解き方　次の方程式を解きなさい。

教 p.72 問1

(1) $(x-1)(x+6)=0$　(2) $(a+2)(a+3)=0$

(3) $x(x-10)=0$　(4) $(a-3)^2=0$

覚えておこう
2つの数や式 A，B について，$A \times B=0$ ならば $A=0$ または $B=0$ である。

4 因数分解による解き方　次の方程式を解きなさい。

教 p.73 問2，問3

(1) $x^2+4x=0$　(2) $2a^2-6a=0$

(3) $x^2+6x+5=0$　(4) $a^2-4a+3=0$

(5) $x^2-64=0$　(6) $a^2+a=30$

(7) $x^2+8x+16=0$　(8) $a^2=10a-25$

思い出そう
因数分解の公式
$ma+mb=m(a+b)$
$x^2+(a+b)x+ab=(x+a)(x+b)$
$x^2+2ax+a^2=(x+a)^2$
$x^2-2ax+a^2=(x-a)^2$
$x^2-a^2=(x+a)(x-a)$

式を移項・整理をして，(左辺)$=0$ の形にしてから因数分解する。

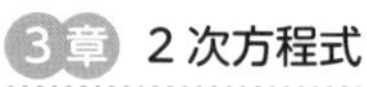

確認のワーク ステージ1

1節 2次方程式
3 平方根の考え方を使った解き方

例1 2次方程式 $ax^2+c=0$

教 p.74 → 基本問題1

次の方程式を解きなさい。

(1) $x^2-4=0$　　(2) $3x^2-18=0$

考え方 2次方程式が $x^2=a$ の形になるとき，x^2 の平方根を求めると，$x=\pm\sqrt{a}$ になる。

解き方 (1) $x^2-4=0$

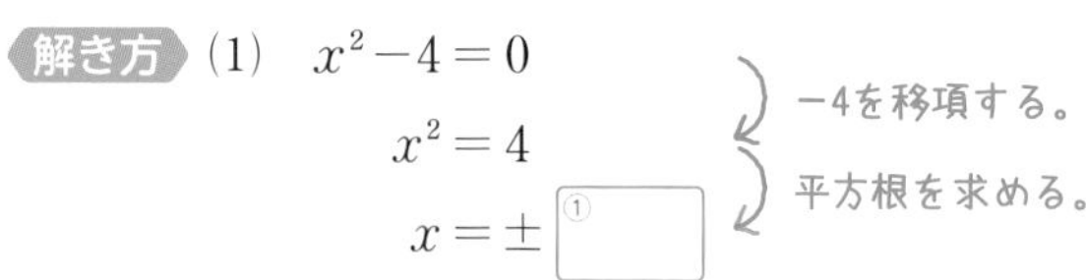

$x^2=4$

$x=\pm$ ①

2次方程式 $ax^2+bx+c=0$ で $b=0$ のときに使えるね。

(2) $3x^2-18=0$　−18を移項する。

$3x^2=18$　両辺を3でわる。

$x^2=6$　平方根を求める。

$x=$ ②

例2 2次方程式 $(x+▲)^2=●$

教 p.74 → 基本問題2

方程式 $(x-3)^2=2$ を解きなさい。

考え方 $x-3=M$ とすると，$M^2=a$ の形になるので，平方根の考え方を利用する。

解き方 $(x-3)^2=2$　$x-3$ を M とする。

$M^2=2$　平方根の考え方を使う。

$M=$ ③

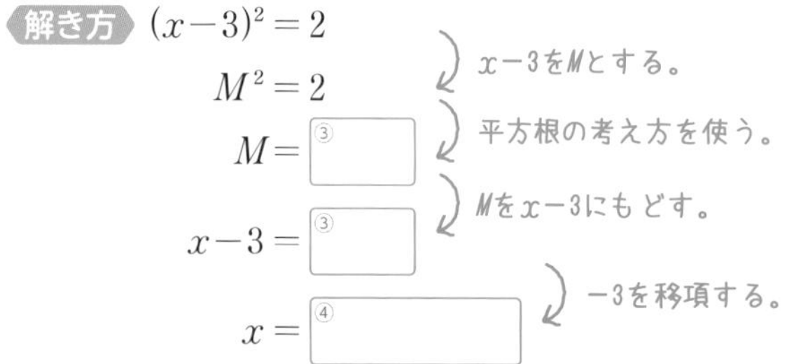

$x-3=$ ③

$x=$ ④

ミス注意

$(x-3)^2$ と x^2-3 はちがう。

$(x-3)^2=2$

$x^2=2+3$

$x=\pm\sqrt{5}$

としないように。

例3 2次方程式 $x^2+bx+c=0$

教 p.75 → 基本問題3

方程式 $x^2-4x+1=0$ を解きなさい。

考え方 $x^2-2ax+a^2=(x-a)^2$ を利用して，$(x+▲)^2=●$ の形にして，例2の方法を利用する。

解き方 $x^2-4x+1=0$　1を移項する。

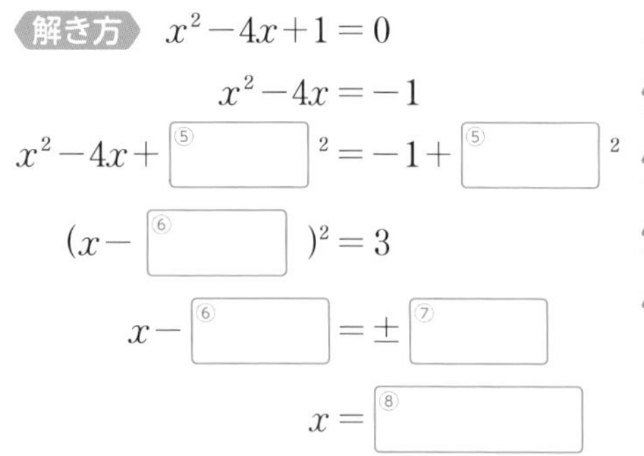

$x^2-4x=-1$　両辺に 2^2 をたす。

x^2-4x+ ⑤ $^2=-1+$ ⑤ ^{2}　左辺を $(x+▲)^2$ の形にする。

$(x-$ ⑥ $)^2=3$　平方根の考え方を使う。

$x-$ ⑥ $=\pm$ ⑦

$x=$ ⑧

ここがポイント

因数分解ができない2次方程式は，$(x+▲)^2=●$ の形に変形し，例2の方法を利用して解くことができる。

基本問題

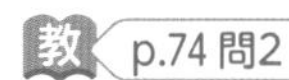

1 2次方程式 $ax^2+c=0$　次の方程式を解きなさい。　教 p.74 問2

(1)　$x^2-10=0$　　(2)　$a^2-20=0$

(3)　$x^2-27=0$　　(4)　$3x^2-27=0$

(5)　$2a^2-24=0$　　(6)　$4x^2-9=0$

$x^2=a(a>0)$ の解は a の平方根だから，必ず正と負の 2 つある。$x=\sqrt{a}$ だけでは誤り。

3章

2 2次方程式 $(x+▲)^2=●$　次の方程式を解きなさい。　教 p.75 問3

(1)　$(x-3)^2=5$　　(2)　$(x+7)^2=3$

(3)　$(x+3)^2=12$　　(4)　$(x-4)^2=9$

(5)　$(x-2)^2-3=0$　　(6)　$(x+3)^2-4=0$

式を文字でおきかえることになれてきたら，それは省略してもよい。

$(x-3)^2=5$

$x-3=\pm\sqrt{5}$

3 2次方程式 $x^2+bx+c=0$　次の方程式を解きなさい。(1)は □ にあてはまる数を入れなさい。　教 p.75 問4〜問6

(1)

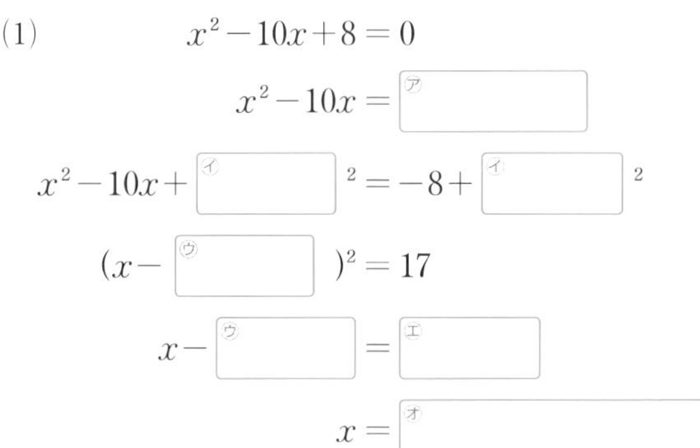

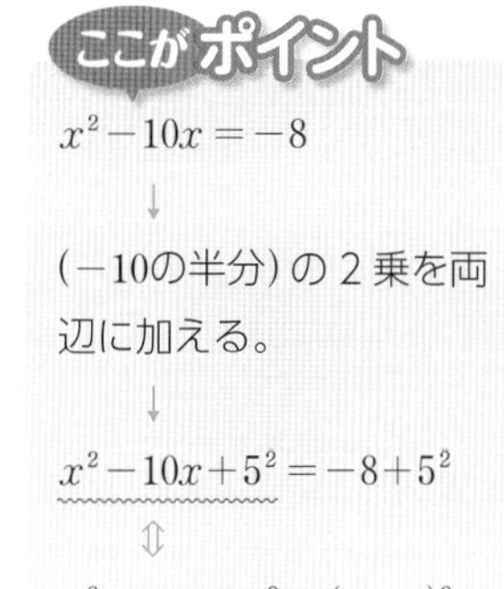

(2)　$x^2-8x+9=0$　　(3)　$x^2+12x+13=0$

左ページの例の答え　① 2　② $\pm\sqrt{6}$　③ $\pm\sqrt{2}$　④ $3\pm\sqrt{2}$　⑤ 2　⑥ 2　⑦ $\sqrt{3}$　⑧ $2\pm\sqrt{3}$

ステージ1 1節 2次方程式
4 2次方程式の解の公式　5 いろいろな2次方程式

例1 解の公式

教 p.76〜78 → 基本問題 1 2

次の方程式を解きなさい。

(1) $x^2-8x+1=0$　　(2) $2x^2+3x-5=0$

考え方 解の公式に (1) $a=1$, $b=-8$, $c=1$

(2) $a=2$, $b=3$, $c=-5$ をそれぞれ代入する。

2次方程式の解の公式

2次方程式 $ax^2+bx+c=0$ の解は

$$x=\frac{-b\pm\sqrt{b^2-4ac}}{2a}$$

解き方 (1) $x=\dfrac{-(-8)\pm\sqrt{(-8)^2-4\times1\times1}}{2\times1}=\dfrac{8\pm\sqrt{60}}{2}$

$=\dfrac{8\pm2\sqrt{15}}{2}=$ ①

(2) $x=\dfrac{-3\pm\sqrt{3^2-4\times2\times(-5)}}{2\times2}=\dfrac{-3\pm\sqrt{9+40}}{4}=\dfrac{-3\pm7}{4}$

$x=\dfrac{-3+7}{4}$ または $x=\dfrac{-3-7}{4}$　　$x=$ ②, $x=$ ③

例2 いろいろな2次方程式

教 p.79 → 基本問題 3

方程式 $(x+2)(x+4)=3$ を解きなさい。

考え方 $ax^2+bx+c=0$ の形に変形してから，因数分解や解の公式を使う。

解き方

$(x+2)(x+4)=3$

左辺を展開する。

$x^2+6x+8=3$

$ax^2+bx+c=0$の形にする。

x^2+6x+ ④ $=0$

左辺を因数分解する。

$(x+1)(x+5)=0$

$x=$ ⑤, $x=$ ⑥

例3 2次方程式の係数の求め方

教 p.79 → 基本問題 4

x についての2次方程式 $x^2+ax-18=0$ の解の1つが2であるとき，a の値（あたい）を求めなさい。

考え方 2次方程式に $x=2$ を代入して，a についての方程式をつくる。

解き方 $x^2+ax-18=0$ に $x=2$ を代入すると

$2^2+2a-18=0$

$2a=$ ⑦

$a=$ ⑧

求めた a を代入した2次方程式を解いて，解の1つが2になるかどうかで答えがあっているか確認できるね。

基本問題

解答 p.14

1 解の公式 次の方程式を解きなさい。

(1) $x^2+3x+1=0$　　(2) $2x^2+9x+3=0$

(3) $x^2+4x-7=0$　　(4) $3x^2+7x+2=0$

(5) $10x^2+3x-1=0$　　(6) $3x^2-4x-3=0$

たいせつ

2 次方程式 $ax^2+bx+c=0$ の解は

$$x=\frac{-b\pm\sqrt{b^2-4ac}}{2a}$$

根号の中はできるだけ小さい自然数にする。また，約分できるときは約分もして，できるだけ簡単な形にする。

2 解の公式 2 次方程式 $ax^2+bx+c=0$ の解 $x=\dfrac{-b\pm\sqrt{b^2-4ac}}{2a}$ の求め方を説明しなさい。

教 p.76

3 いろいろな 2 次方程式 次の方程式を解きなさい。

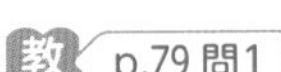

(1) $(x-8)(x+2)=-24$　　(2) $(x+4)^2=2x+14$

ここがポイント

$ax^2+bx+c=0$ の形に変形してから，因数分解や解の公式を使う。

(3) $x^2+7(x+3)=9$　　(4) $(x+4)^2-5(x+4)+6=0$

知ってると得

(4)は $(x+4)$ を M として因数分解できることを利用して，解を求めることができる。

4 2 次方程式の係数の求め方 x についての 2 次方程式 $x^2+ax+36=0$ の解の 1 つが 4 です。

教 p.79 問2

(1) a の値を求めなさい。

(2) この方程式のもう 1 つの解を求めなさい。

覚えておこう

2 次方程式の x に解を代入すると，a についての方程式ができる。
求めた a の値を方程式にあてはめ，その方程式を解くと，与えられた解ともう 1 つの解が求められる。

左ページの例の答え　① $4\pm\sqrt{15}$　② 1　③ $-\frac{5}{2}$　④ 5　⑤ -1　⑥ -5　⑦ 14　⑧ 7（②と③，⑤と⑥は順不同）

確認のワーク ステージ1

2節 2次方程式の活用
1 2次方程式の活用

例1 連続する数の問題

教 p.81 → 基本問題 1

連続する2つの正の整数があります。それぞれを2乗した数の和が113であるとき，これらの整数を求めなさい。

考え方 小さい方の整数をxとして，xについての方程式をつくる。

解き方 小さい方の整数をxとすると，大きい方の数は$x+1$と表される。

それぞれを2乗した数の和が113だから

x^2+ ① $^2=113$　　$2x^2+2x-112=0$

$x^2+x-56=0$　　$(x+8)(x-7)=0$

$x=$ ② または $x=7$

xは正の整数だから，$x=$ ② は問題にあわない。

$x=7$のとき，2つの整数は7, ③ となり，問題にあう。

答 2つの整数は7と ③

例2 面積の問題

教 p.82 → 基本問題 2 3

縦が20 m，横が25 mの長方形の花だんに，右の図のように幅(はば) x mの道を縦と横につくり，残りの花だんの面積を300 m^2にします。この道幅を求めなさい。

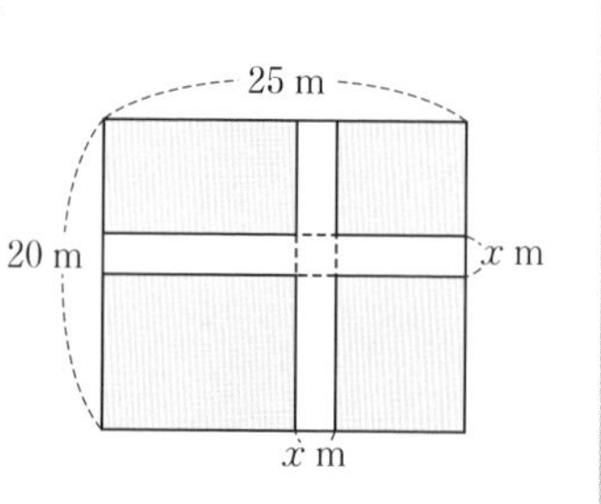

考え方 右の図のように花だんを移動して，1つの長方形にして考える。

解き方 花だんを1つの長方形にすると，縦は$(20-x)$m，横は$(25-x)$mと表せるので，花だんの面積は，$(20-x)(25-x)$ m^2と表される。

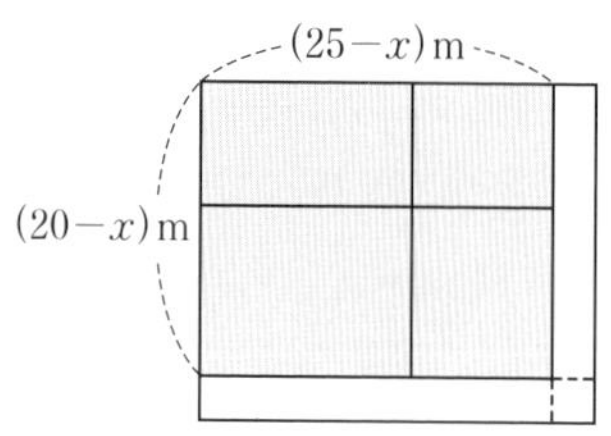

$(20-x)(25-x)=300$

$x^2-45x+500=300$

x^2-45x+ ④ $=0$

$(x-5)(x-$ ⑤ $)=0$　　$x=5$, $x=$ ⑤

道幅は20 mよりせまいから，$x=$ ⑤ は問題にあわない。

$x=5$は問題にあう。

基本問題

解答 p.15

1 整数の問題　ある正の数に 7 を加えて，これをもとの数にかけると 60 になるとき，この正の数を求めなさい。

教 p.81 問1

ミス注意

方程式を解いて求めた解が，問題の「ある正の数」の条件にあっているか確かめる。

2 面積の問題　次の問いに答えなさい。

教 p.82 問2

(1)　縦が 15 m，横が 18 m の長方形の土地に，右の図のような同じ幅の道をつくり，残りの土地の面積を 180 m^2 にします。この道幅を求めなさい。

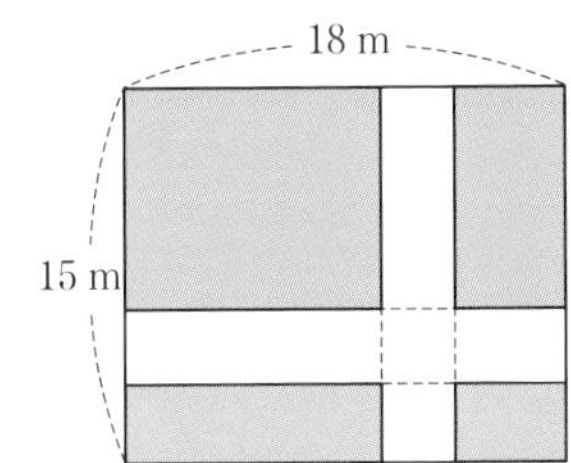

知ってると得

土地を移動すると，残りの土地を 1 つの長方形にすることができる。

(2)　横が縦の 3 倍である長方形の土地に，右の図のような一定の幅の道をつくったところ，残りの土地の面積は 396 m^2 になりました。もとの土地の縦と横の長さを求めなさい。

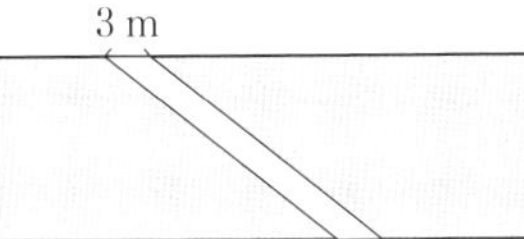

ここがポイント

(1)　道幅を x m とすると，長方形にした残りの土地の縦の長さは $(15-x)$ m，横の長さは $(18-x)$ m と表すことができる。

(2)　もとの土地の縦の長さを x m とすると横の長さは $3x$ m と表すことができる。

3 面積の問題　1 辺が 10 cm の正方形 ABCD で，AP＝DQ となる点 P，Q を，それぞれ辺 AD，DC 上にとります。△PQD の面積が 12 cm^2 となるのは，AP が何 cm のときか求めなさい。

教 p.83 問4，問5

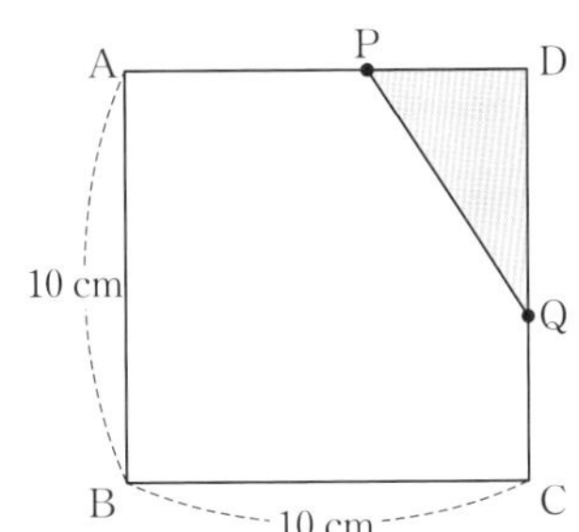

覚えておこう

AP＝DQ＝x cm とすると，PD は $(10-x)$ cm と表すことができる。

左ページの例の答え　① $(x+1)$　② -8　③ 8　④ 200　⑤ 40　⑥ 5

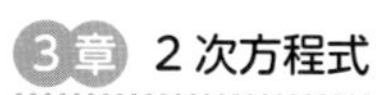

解答 p.15

1節 2次方程式　2節 2次方程式の活用

1 次の方程式のうち 2次方程式はどれか番号で答えなさい。

① $5x+6=x$　② $x^2-3=0$　③ $4x^2=(2x+3)^2$

④ $3x^2-5x+1=0$　⑤ $2x+3=3x^2-2$　⑥ $(x-5)^2=25$

よく出る **2** 次の方程式を解きなさい。

(1) $2(x-1)(x+3)=0$　(2) $-x(x+6)=0$

(3) $x^2-3x+2=0$　(4) $x^2-144=0$

(5) $a^2+5a=6$　(6) $(x-1)^2=25$

(7) $(3x+1)^2-18=0$　(8) $x^2+x-3=0$

(9) $3x^2-4x-2=0$　(10) $(x+1)(x+2)=12$

(11) $x(x-3)=6$　(12) $2x^2-8x+7=x^2+2$

レベルUP **3** x の2次方程式 $x^2+ax+6=0$ の1つの解が -2 であるとき，次の問いに答えなさい。

(1) a の値を求めなさい。

(2) もう1つの解を求めなさい。

4 ある正の数を2乗すると，2倍したときよりも63大きくなるといいます。この正の数を求めなさい。

2 因数分解を使ったり，$M^2=$●の形にして，平方根の考え方を利用したりする。それらができないときは，解の公式を使う。

3 (1) 2次方程式に $x=-2$ を代入すると，a についての方程式ができる。

5 ある正の整数に 1 を加えてから 2 乗するところを，1 を加えたあと 2 乗するのを忘れたため，正しい答えより 110 だけ小さくなりました。はじめの正の整数を求めなさい。

よく出る **6** 連続する 2 つの正の整数があります。小さい方の数を 2 乗した数は，大きい方の数を 7 倍した数より 1 大きいといいます。小さい方の数を求めなさい。

7 縦が 4 cm，横が 5 cm の長方形があります。この長方形の縦と横を同じ長さだけ短くして，面積をもとの長方形の半分にします。何 cm 短くすればよいか求めなさい。

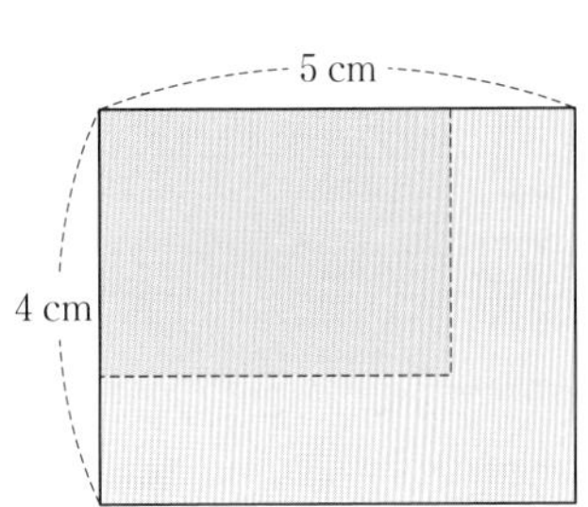

よく出る **8** 長さ 20 cm の針金を右の図のように折り曲げて，針金を 3 辺とする長方形（残りの 1 辺は点線の部分）の面積を 42 cm^2 にします。針金の両端（りょうはし）から何 cm のところを折ればよいか答えなさい。針金の太さは考えないものとします。

42 cm^2

入試問題をやってみよう！

1 x についての 2 次方程式 $x^2-5x+a=0$ の解の 1 つは 2 です。

(1) a の値を求めなさい。〔愛媛改〕

(2) もう 1 つの解を求めなさい。

2 2 つの数の和は 15 で，それぞれの平方の和は 117 であるといいます。この 2 つの数を求めなさい。〔千葉〕

5 ある正の整数を x として，条件を方程式に表す。方程式を解いて求めた解が，問題の条件にあっているか確かめる。

8 両端から x cm のところで折ったとき，長方形の縦の長さと横の長さを x を使って表す。

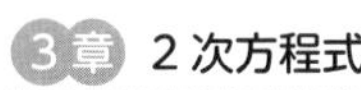

解答 p.16

2次方程式

40分

/100

1 次の2次方程式の中から，-3 を1つの解とするものを選び，記号で答えなさい。（3点）

㋐ $x^2-9=0$　㋑ $(x-3)^2=0$　㋒ $x^2-3=0$　㋓ $x^2+4x=-3$

（　　　）

2 次の方程式を解きなさい。 4点×10（40点）

(1) $(x+4)(x-5)=0$ （　　　）

(2) $x(x-2)=0$ （　　　）

(3) $(x-7)^2=0$ （　　　）

(4) $(x-2)(2x-1)=0$ （　　　）

(5) $5x^2=3x$ （　　　）

(6) $x^2+12x=-36$ （　　　）

(7) $x^2-2x-15=0$ （　　　）

(8) $49+x^2-14x=0$ （　　　）

(9) $x^2=5x+6$ （　　　）

(10) $-8x-12=x^2$ （　　　）

3 次の方程式を解きなさい。 4点×6（24点）

(1) $2x^2-128=0$ （　　　）

(2) $(x+4)^2=13$ （　　　）

(3) $x^2+7x+3=0$ （　　　）

(4) $2x^2-4x-5=0$ （　　　）

(5) $4x^2+9x+5=0$ （　　　）

(6) $4x^2-8x+3=0$ （　　　）

目標 ①，②，③，⑥，⑧は基本問題なので確実に解けるようにしよう。

自分の得点まで色をぬろう！

がんばろう！ | もう一歩 | 合格！
0 60 80 100点

4 x の 2 次方程式 $x^2+ax+b=0$ の 2 つの解が -5，-8 のとき，a，b の値を求めなさい。（5点）

（　　　　）

5 x の 2 次方程式 $x^2+(a-17)x+a=0$ の 1 つの解が 2 であるとき，a の値と他の解を求めなさい。4点×2（8点）

（$a=$　　　，他の解　　　　）

6 ある正の整数を 4 倍した数は，もとの数の 2 乗より 12 小さいといいます。この整数を求めなさい。（5点）

（　　　　）

7 連続した 4 つの整数があります。それらの 4 つの数の和は，最も小さい数と最も大きい数との積に等しくなります。それらの 4 つの数を求めなさい。（5点）

（　　　　）

8 右の図の長方形 ABCD で，AP の長さが DQ の長さの 3 倍となる点 P，Q を，それぞれ辺 AD，DC 上にとります。△PQD の面積が $21\,\mathrm{cm}^2$ となるのは，DQ が何 cm のときか求めなさい。（5点）

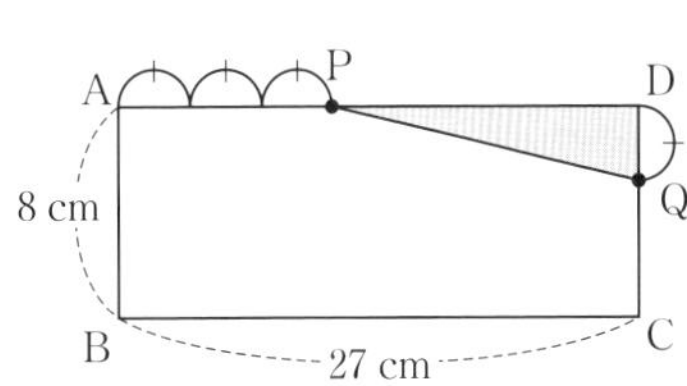

（　　　　）

9 右の図のように　縦 24 m，横 12 m の長方形の花だんの周りを同じ幅（はば）の道路で囲むことにしました。道路の面積を花だんの面積の半分にするとき，道路の幅を求めなさい。（5点）

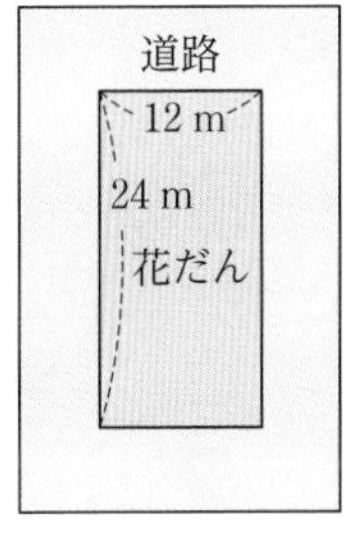

（　　　　）

アプリ【どこでもワーク計算編】をやって，さらに力をつけよう！

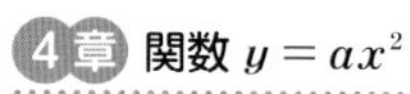

確認のワーク ステージ1　1節　関数 $y=ax^2$
1 2乗に比例する関数　2 関数 $y=ax^2$ の性質

例1 2乗に比例する関数

教 p.90〜92 → 基本問題 1 2

対角線の長さが x cm である正方形の面積を y cm^2 とします。
次の問いに答えなさい。

(1) 下の表を完成させなさい。

(2) y を x の式で表しなさい。

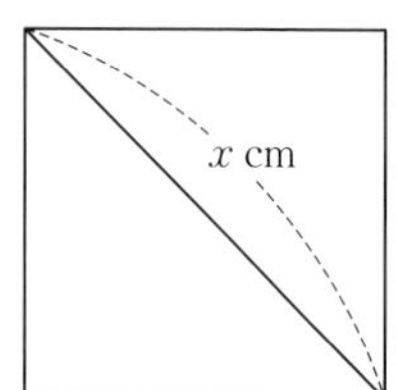

x	0	1	2	3	4	…	10	…
x^2	0	1	4	9	②	…	100	…
y	0	$\frac{1}{2}$	2	①	③	…	50	…

考え方 (1) y の値は正方形をひし形とみなして求める。
(2) y の値が x^2 の何倍になっているのか考える。

思い出そう
ひし形の面積 $=\frac{1}{2}\times$ 対角線 $\times$ 対角線

解き方 (1) $x=1$ のとき，$x^2=1^2=1$，$y=\frac{1}{2}\times 1^2=\frac{1}{2}$

$x=2$ のとき，$x^2=2^2=4$，$y=\frac{1}{2}\times 2^2=2$

$x=3$ のとき，$x^2=3^2=9$，$y=\frac{1}{2}\times 3^2=$ ①

$x=4$ のとき，$x^2=4^2=$ ②，$y=\frac{1}{2}\times 4^2=$ ③

(2) y の値が x^2 の ④ 倍になっているから，$y=$ ⑤

たいせつ
y が x の関数で，その関係が $y=ax^2$ の式で表されるとき，y は x の2乗に比例するという。このとき，a を比例定数という。

例2 関数 $y=ax^2$

教 p.93 → 基本問題 3

y が x の2乗に比例し，$x=2$ のとき $y=12$ です。

(1) y を x の式で表しなさい。

(2) $x=3$ のときの y の値を求めなさい。

(3) $y=75$ のときの x の値を求めなさい。

y が x の2乗に比例するときは，$y=ax^2$ と表せるね。

考え方 (2)(3) (1)で求めた式にわかっている値をあてはめて，x や y の値を求める。

解き方 (1) y が x の2乗に比例するから，比例定数を a とすると，$y=ax^2$

$x=2$ のとき $y=12$ だから，$12=a\times 2^2$　$a=$ ⑥　したがって　$y=$ ⑦

(2) $x=3$ のとき　$y=$ ⑥ $\times 3^2=$ ⑧

(3) $y=75$ のとき　$75=$ ⑥ $\times x^2$　$x=$ ⑨

基本問題

解答 p.17

1 2乗に比例する関数　次の関数のうち，y が x の2乗に比例するものはどれか，記号で答えなさい。

教 p.91 問3

㋐ $y=7x^2$　㋑ $y=4x$　㋒ $y=5x+3$

㋓ $y=\dfrac{x^2}{8}$　㋔ $y=-2x^2$　㋕ $y=\dfrac{1}{x}$

$y=ax$ の形の式は，x^2 に比例するのではなく，x に比例する。

2 2乗に比例する関数　次の(1)〜(4)のそれぞれの場合について，y を x の式で表しなさい。

教 p.91 問4

(1)　底面の1辺が x cm，高さが7 cm の正四角柱の体積を y cm^3 とする。

(2)　長さ x cm の針金を折り曲げてつくる正方形の面積を y cm^2 とする。

(3)　底面の円の半径が x cm，高さが5 cm の円柱の体積を y cm^3 とする。

(4)　ひし形の2本の対角線の長さの比が1：2のとき，長い方の対角線を x cm，ひし形の面積を y cm^2 とする。

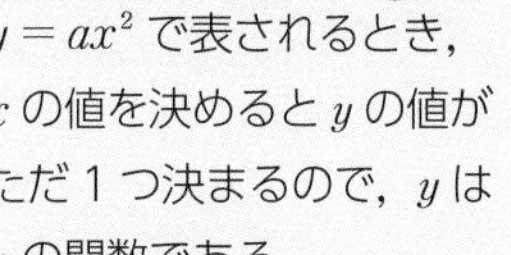

$y=ax^2$ で表されるとき，x の値を決めると y の値がただ1つ決まるので，y は x の関数である。

y は x に比例する
……$y=ax$

y は x の1次関数
……$y=ax+b$

y は x に反比例する
……$y=\dfrac{a}{x}$

y は x^2 に比例する
……$y=ax^2$

3 関数 $y=ax^2$　y が x の2乗に比例し，$x=6$ のとき $y=-12$ です。

教 p.93 問4, 問5

(1)　y を x の式で表しなさい。

(2)　$x=-2$ のときの y の値を求めなさい。

(3)　$y=-3$ のときの x の値を求めなさい。

ここがポイント

2乗に比例する関数は比例定数を a とすると　$y=ax^2$ と表される。
式を求めるには，わかっている x と y の値を使って a の値を求めればよい。

4章

左ページの例の答え　① $\dfrac{9}{2}$　② 16　③ 8　④ $\dfrac{1}{2}$　⑤ $\dfrac{1}{2}x^2$　⑥ 3　⑦ $3x^2$　⑧ 27　⑨ ±5

確認のワーク ステージ1

1節 関数 $y=ax^2$
3 関数 $y=x^2$ のグラフ　4 関数 $y=ax^2$ のグラフ

例1 関数 $y=x^2$ のグラフ

教 p.94, 95 → 基本問題 1

関数 $y=x^2$ について，次の問いに答えなさい。

(1) 右の表を完成させなさい。

(2) 右の表を利用してグラフをかきなさい。

x	-3	-2	-1	0	1	2	3
y					1	4	9

解き方 (1) $y=x^2$ に代入する。左から順に，

$y=(-3)^2=9$　　$y=(-2)^2=4$

$y=(-1)^2=1$　　$y=0^2=$ ①

(2) 7個の点 $(-3,\ 9)$，$(-2,\ 4)$

(②，1)，$(0,\ 0)$，$(1,\ 1)$

$(2,\ 4)$，$(3,\ 9)$ を座標平面にかき，

それらを曲線で結ぶ。

この曲線は ③ について対称である。

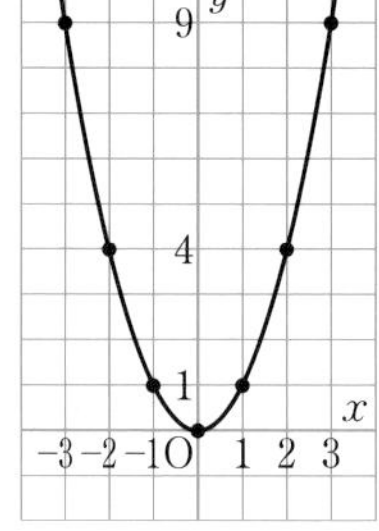

たいせつ

関数 $y=x^2$ のグラフ

1 y 軸について対称な曲線である。

2 原点を通り，上に開いた形で，x 軸より下側にはない。

3 x が増加するとき，$x<0$ の範囲では，y は減少する。$x>0$ の範囲では，y は増加する。

例2 関数 $y=ax^2$ のグラフ

教 p.96〜100 → 基本問題 1 2

関数 $y=-\frac{1}{4}x^2$ のグラフをかきなさい。

考え方 $y=-\frac{1}{4}x^2$ を通る計算しやすい点をとり，なめらかな曲線で放物線をかく。

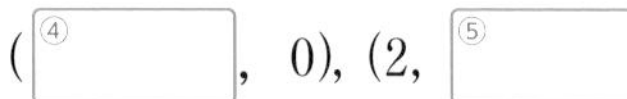

解き方 $x=0$，$x=2$，$x=4$ のときの

y の値を求めると，

(④，0)，(2，⑤)，

$(4,\ -4)$

これらの点を通る ⑥ になる。

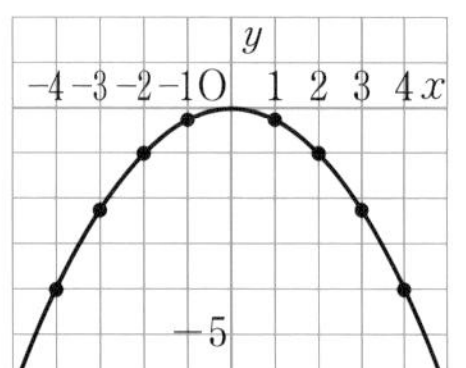

覚えておこう

関数 $y=ax^2$ のグラフ…原点を通り，y 軸について対称な放物線（ほうぶつせん）

1 $a>0$ のとき
上に開き，x 軸より下側にはない。

2 $a<0$ のとき
下に開き，x 軸より上側にはない。

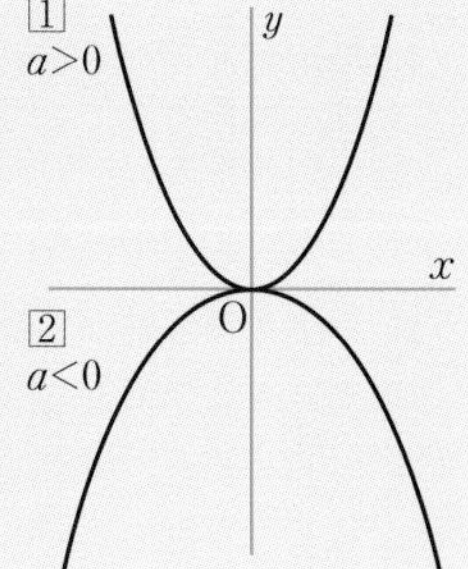

基本問題

1 関数 $y=ax^2$ のグラフ 次の関数のグラフをかきなさい。 教 p.96 問1, p.98 問5

(1) $y=2x^2$

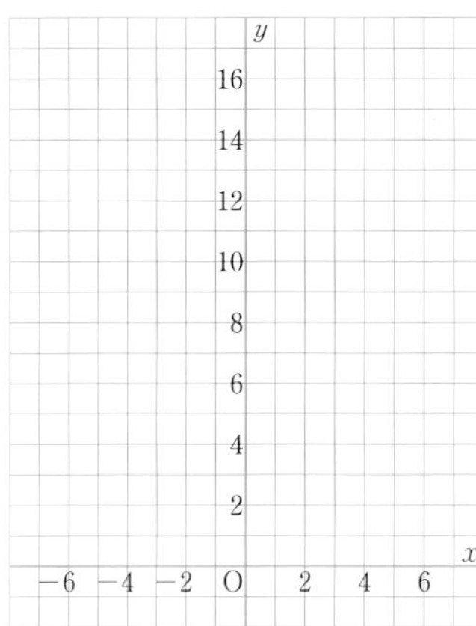

(2) $y=-\dfrac{1}{2}x^2$

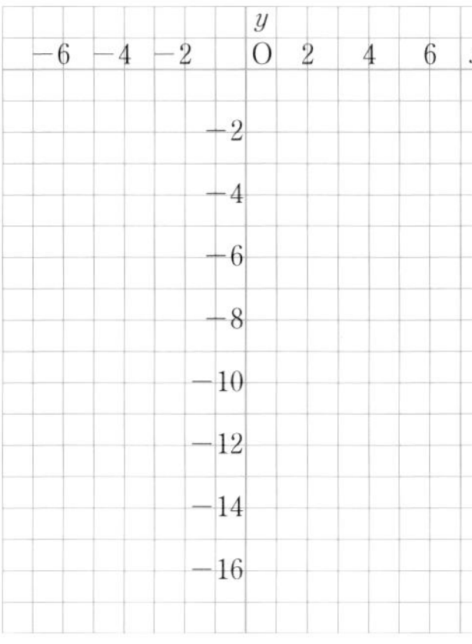

(3) $y=\dfrac{1}{3}x^2$

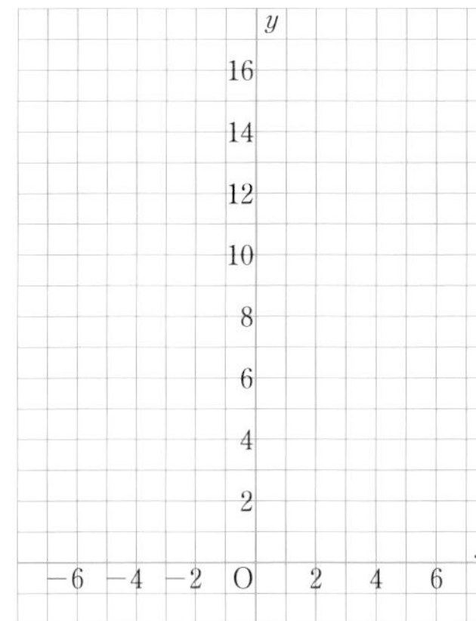

(4) $y=-\dfrac{3}{4}x^2$

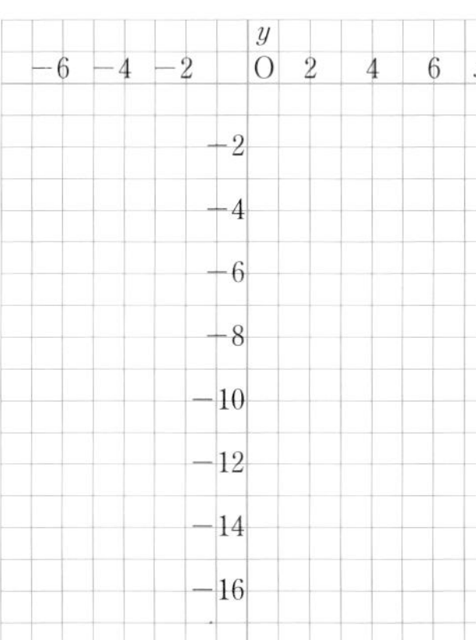

ここがポイント

グラフをかくときは次のことに注意する。

- 点を直線で結ばず，なめらかな曲線にする。
- 原点のところでとがらないように，なめらかに丸める。
- y 軸について対称（左右対称）にする。
- グラフの端は，途中(とちゅう)で切らないで，枠(わく)いっぱいまでかく。（さらにのびていく感じを出す。）

$y=ax^2$ は，$a>0$ のときは，x がどんな値でも $y \geqq 0$ だね。
$a<0$ のときは，x がどんな値でも $y \leqq 0$ だね。

4章

2 関数 $y=ax^2$ のグラフ 次の関数のグラフについて，下の問いに答えなさい。 教 p.98 問6, p.100 問7

㋐ $y=x^2$ ㋑ $y=-3x^2$ ㋒ $y=\dfrac{1}{3}x^2$ ㋓ $y=-\dfrac{1}{2}x^2$

(1) グラフを次のように分けるとき，あてはまるグラフを記号で答えなさい。

① 上に開いているもの ② 下に開いているもの

(2) グラフの開き方が大きいものから順に記号で答えなさい。

覚えておこう

関数 ax^2 では，a の絶対値が大きいほど，グラフの開き方は小さくなる。

たとえば，$y=\dfrac{1}{3}x^2$，$y=x^2$，$y=3x^2$ の順に開き方は小さくなり，$y=-\dfrac{1}{2}x^2$，$y=-x^2$，$y=-2x^2$の順に開き方は小さくなる。

左ページの例の答え ①0 ②−1 ③y 軸 ④0 ⑤−1 ⑥放物線（y 軸について対称な曲線）

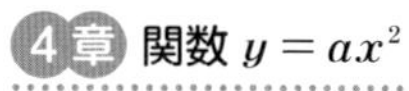

解答 p.18

1節 関数 $y=ax^2$

1 次の㋐～㋔の関数の中から，y が x の 2 乗に比例するものをすべて選び，記号で答えなさい。

㋐ $y=\frac{1}{3}x^2$　㋑ $y=5x-3$　㋒ $y=-3x^2$　㋓ $y=-\frac{x^2}{2}$　㋔ $y=2x$

2 底面が直角二等辺三角形で，等しい辺が x cm，高さが 4 cm の三角柱の体積を y cm^3 とします。

(1) y を x の式で表しなさい。

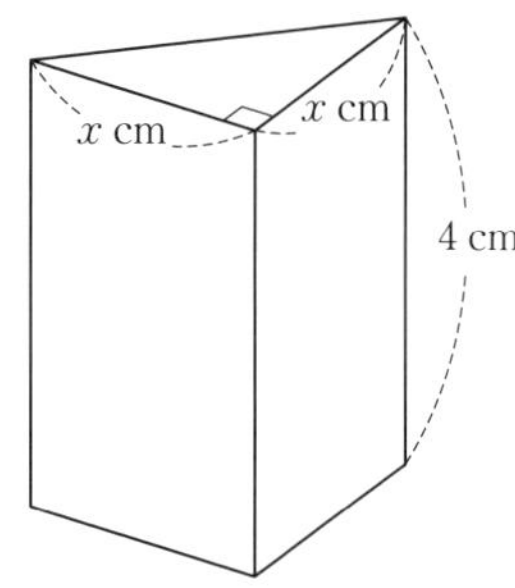

(2) x が 0 ではないとき，$\frac{y}{x^2}$ は x の値に関係なく一定です。

その値を求めなさい。

レベルUP (3) 底面の等しい辺の長さが 4 倍になると，体積は何倍になりますか。また，等しい辺の長さが $\frac{1}{3}$ 倍になると，体積は何倍になりますか。

よく出る **3** y が x の 2 乗に比例し，$x=6$ のとき $y=24$ です。

(1) y を x の式で表しなさい。

(2) $x=3$ のときの y の値を求めなさい。

(3) $y=54$ のときの x の値を求めなさい。

1 y が x の 2 乗に比例するものは，$y=ax^2$ の形で表される。

2 (3) $x=p$ のとき，$y=2p^2$　辺の長さを 4 倍にすると，その長さは $4p$ cm と表されるので，$4p$ を使って体積を表す式をつくり，$y=2p^2$ と比べる。

よく出る **4** 次の関数のグラフをかきなさい。

(1)　$y=x^2$

(2)　$y=-2x^2$

(3)　$y=\dfrac{1}{4}x^2$

(4)　$y=-\dfrac{1}{2}x^2$

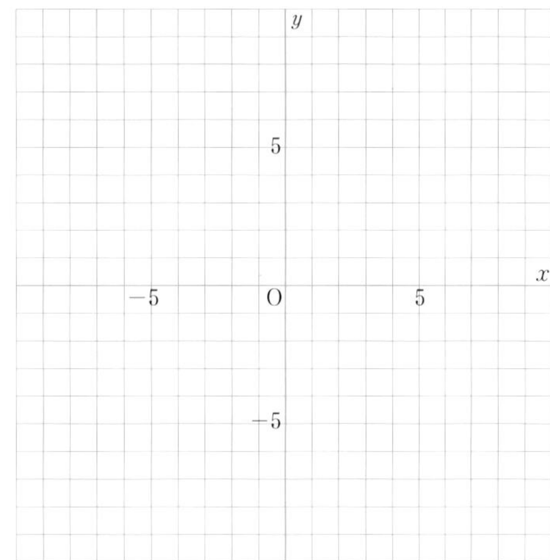

入試問題をやってみよう！

1 $x<0$ の範囲で，x の値が増加すると対応する y の値も増加する関数を，次の㋐～㋕からすべて選びなさい。〔京都〕

㋐　$y=2x$　　㋑　$y=-2x$　　㋒　$y=2x-1$

㋓　$y=-2x+1$　　㋔　$y=2x^2$　　㋕　$y=-2x^2$

2 次の問いに答えなさい。

(1)　関数 $y=ax^2$ のグラフが，点 (3, 18) を通るとき，a の値を求めなさい。〔佐賀〕

(2)　関数 $y=ax^2$ は，$x=2$ のとき $y=8$ です。$x=3$ のときの y の値を求めなさい。〔山口〕

(3)　関数 $y=-7x^2$ のグラフ上に y 座標が -28 である点があります。この点の x 座標を求めなさい。〔滋賀〕

3 (1)　$y=ax^2$ に $x=6$，$y=24$ を代入し，a の値を求める。
(2)(3)　(1)で求めた式に与えられた値を代入し，x や y の値を求める。

4 さまざまな x に対する y の値を求め，その値の組を座標平面にかきこみ，曲線で結ぶ。

1節 関数 $y=ax^2$ 5 関数 $y=ax^2$ の値の変化 6 関数 $y=ax^2$ の変化の割合
2節 関数の活用 1 関数 $y=ax^2$ の活用 2 関数のグラフの活用
3 放物線と直線のいろいろな問題

例1 y の変域・変化の割合

教 p.102〜106 → 基本問題 1 2

関数 $y=-x^2$ について，x の変域が $-1 \leqq x \leqq 3$ のとき，y の変域を求めなさい。また，x の値(あたい)が 1 から 3 まで増加するときの変化の割合を求めなさい。

解き方 $-1 \leqq x \leqq 3$ の範囲では，関数 $y=-x^2$ は右のようなグラフになる。したがって，y の変域は，① $\leqq y \leqq$ ② である。

また，$x=1$ のとき $y=-1$，$x=3$ のとき $y=-9$ だから，変化の割合は

$$\frac{(y\text{の増加量})}{(x\text{の増加量})}=\frac{-9-(-1)}{3-1}=\frac{-8}{2}=\text{③}$$

である。

関数 $y=ax^2$ が，x の変域に 0 をふくむとき，
$a>0$ のとき
$x=0$ のとき，y は最小値 0
$a<0$ のとき
$x=0$ のとき，y は最大値 0

思い出そう

$$(\text{変化の割合})=\frac{(y\text{の増加量})}{(x\text{の増加量})}$$

例2 関数 $y=ax^2$ の活用

教 p.108，109 → 基本問題 3

斜面(しゃめん)をボールが転がるとき，転がる距離(きょり)は，転がり始めてからの時間の 2 乗に比例します。ボールが転がり始めてから 2 秒間に転がる距離が 8 m のとき，転がり始めてから x 秒間に転がる距離を y m として，y を x の式で表しなさい。また，転がり始めてから 8 秒間に転がる距離を求めなさい。

考え方 y は x の 2 乗に比例するから，$y=ax^2$ の式を利用する。

解き方 y は x の 2 乗に比例するから，比例定数を a とすると $y=ax^2$

$x=2$ のとき $y=8$ だから　$8=a\times 2^2$　$a=2$　したがって，$y=$ ④

$x=8$ のとき，$y=2\times 8^2=$ ⑤

答 $y=$ ④，⑤ m

例3 放物線と直線

教 p.112 → 基本問題 4

右の図のように，関数 $y=ax^2$ のグラフと関数 $y=x+4$ のグラフが，2 点 A，B で交わっています。交点 A の x 座標が -2 であるとき，a の値を求めなさい。

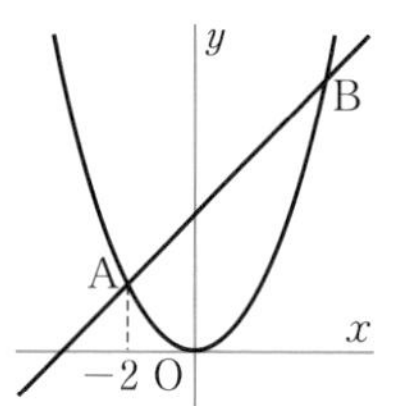

考え方 $y=x+4$ を使って交点の座標を求め，$y=ax^2$ に代入する。

解き方 点 A は関数 $y=x+4$ のグラフ上の点だから　$x=-2$ のとき

$y=(-2)+4=$ ⑥　　したがって，点 A の座標は $(-2,$ ⑥ $)$

点 A は関数 $y=ax^2$ のグラフ上の点で $x=-2$ のとき $y=2$ だから，

$2=a\times(-2)^2$　$a=$ ⑦

答 $a=$ ⑦

基本問題

解答 p.19

1 y の変域　関数 $y=\frac{1}{2}x^2$，$y=-\frac{1}{2}x^2$ で，x の変域が(1)〜(3)のときの y の変域をそれぞれ求めなさい。

教 p.103 問2, 問3

(1)　$-4 \leqq x \leqq -2$　　(2)　$2 \leqq x \leqq 4$　　(3)　$-2 \leqq x \leqq 4$

ここがポイント

x の変域に 0 がふくまれるときは，
$a>0$ のとき
→ y の最小値は 0
$a<0$ のとき
→ y の最大値は 0

2 変化の割合　関数 $y=2x^2$ について，次の場合の変化の割合を求めなさい。

教 p.105 問2, 問3

(1)　x が -5 から 1 だけ増加する。
(2)　x が 5 から 1 だけ増加する。
(3)　x の値が 2 から 4 まで増加する。
(4)　x の値が -6 から -2 まで増加する。

ミス注意

(1)で　x が -5 から 1 増加すると，$x=-4$，$y=32$ となるから，変化の割合は $\frac{32}{-4}=-8$ とするのは誤り。
変化の割合は，$\frac{y\text{の値}}{x\text{の値}}$ ではない。

3 関数 $y=ax^2$ の活用　物が自然に落ちるとき，落ちる距離(きょり)は，落ち始めてからの時間の 2 乗に比例します。
物が落ち始めてから 3 秒間に落ちる距離は約 45 m です。

教 p.109 問2

(1)　落ち始めてから x 秒間に落ちる距離を y m として，y を x の式で表しなさい。

(2)　物が落ち始めてから 5 秒間に落ちる距離を求めなさい。

(3)　物が落ち始めてから 2 秒後から 4 秒後までの平均の速さは秒速何 m かを求めなさい。

覚えておこう

(平均の速さ)
$=\frac{(\text{進んだ道のり})}{(\text{かかった時間})}$
$=\frac{(y\text{の増加量})}{(x\text{の増加量})}$
求め方は，**変化の割合**と同じである。

4 放物線と直線　右の図のように，関数 $y=ax^2$ と $y=-x+4$ のグラフが 2 点 A，B で交わっています。
A の x 座標が -4 であるとき，a の値を求めなさい。

教 p.112 問1

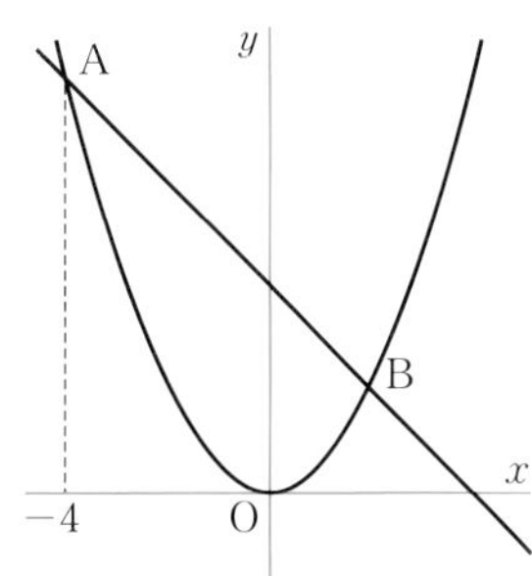

ここがポイント

$y=-x+4$ を利用して，A の座標を求める。
求めた座標を $y=ax^2$ に代入して，a の値を求める。

左ページの例の答え　① -9　② 0　③ -4　④ $2x^2$　⑤ 128　⑥ 2　⑦ $\frac{1}{2}$

確認のワーク ステージ1

2節 関数の活用
4 自動車が止まるまでの距離を考えよう 5 いろいろな関数

例1 自動車の停止距離

自動車の運転者が危険を感じてからブレーキがきき始めるまでに進む距離(きょり)を空走距離，ブレーキがきき始めてから止まるまでに進む距離を制動距離といい，この2つを合わせた距離を，停止距離といいます。空走距離は速さに比例し，制動距離は速さの2乗に比例します。ある自動車が時速40 kmで走っているとき，空走距離は12.8 m，制動距離も12.8 mでした。

(1) 時速 x km での空走距離を y m とするとき，y を x の式で表しなさい。
(2) 時速 x km での制動距離を y m とするとき，y を x の式で表しなさい。
(3) この自動車の時速70 kmでの停止距離を求めなさい。

考え方 (3) (1)(2)で求めた式から空走距離と制動距離を求めて，この2つを合わせる。

解き方 (1) 空走距離は速さに比例するから，$y=ax$ に $x=40$，
$y=12.8$ をあてはめて，$12.8=40a$ だから $a=$ ①
したがって，$y=$ ②

(2) 制動距離は速さの2乗に比例するから，$y=ax^2$ に $x=40$，
$y=12.8$ をあてはめて，$12.8=40^2a$ だから $a=$ ③
したがって，$y=$ ④

(3) (1)(2)で求めた式に $x=70$ を代入すると，空走距離は22.4 m，制動距離は39.2 mとなる。
したがって，停止距離は $22.4+39.2=$ ⑤ (m)

ここがポイント
y は x に比例
→ $y=ax$
y は x の2乗に比例
→ $y=ax^2$

例2 いろいろな関数

教 p.116 → 基本問題 1

1本の針金を2等分し，その2本の針金をまた2等分します。これを続けていくとき，切った回数と針金の本数の関係をグラフにかきなさい。

切った回数(回)	0	1	2	3	4	5	6	7	8
針金の本数(本)	1	2	4						

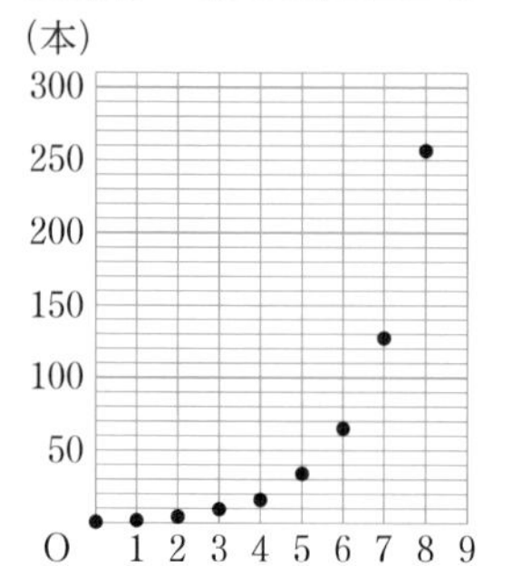

考え方 2等分すると，針金の本数は2等分する前の2倍になっている。

解き方 1回…$1\times2=2$(本) 2回…$2\times2=2^2=4$(本) 3回…$4\times2=2^2\times2=2^3=8$(本)
4回…$8\times2=2^3\times2=2^4=16$(本) 5回…$16\times2=2^5=32$(本)
6回…$2^6=$ ⑥ (本) 7回…$2^7=$ ⑦ (本) 8回…$2^8=$ ⑧ (本)

基本問題

解答 p.20

1 いろいろな関数　ある細菌(さいきん)は，1度分裂(ぶんれつ)した後10分間で成長し，また分裂します。つまり，1個の細菌が10分後には2個に，20分後には　$2\times2=4$（個）に，30分後には　$4\times2=8$（個）に増えていきます。1個の細菌がx分後にはy個の細菌になるとするとき，次の問いに答えなさい。

教 p.116 問1

ここがポイント
分裂すると，細菌の数は分裂する前の2倍になっている。何回分裂したのかに注目すると，細菌の数は，2を分裂の回数だけかければ求められる。

(1)　対応するx，yの値の関係を下の表にまとめました。㋐～㋒にあてはまる数を求めなさい。

x(分)	0	10	20	30	40	50	60
y(個)	1	2	4	8	㋐	㋑	㋒

(2)　細菌の数が100個をこえるのは何分後か求めなさい。

(3)　100分後には細菌の数は1024個になります。このようにして細菌が増えていくとき，200分後には細菌の数はおよそどれ位になりますか。下のア～エの中から選びなさい。

ア　約2000個　　　イ　約1万個
ウ　約10万個　　　エ　約100万個

100分から200分は，時間が2倍になっているが，時間が2倍になっても，細菌の数が2倍になるわけではない。

2 身のまわりの関数　A社の宅配料金は荷物の縦，横，高さの合計の長さに応じて決まり，右のグラフはその合計の長さと料金の関係を表したものです。

教 p.117 問2

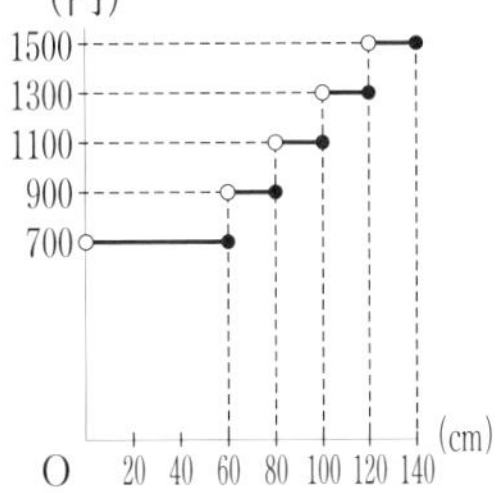

(1)　合計の長さが75 cmの荷物を送るときの料金を求めなさい。

(2)　1100円の料金で送ることができる荷物の合計の長さは，最大で何cmですか。

覚えておこう
グラフ中の•はその点をふくむことを，◦はその点をふくまないことを示している。
•には，「以上・以下」，◦には「より大きい・より小さい・未満」などの表現を使う。

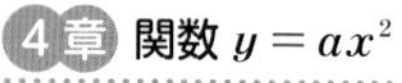

解答 p.20

1節 関数 $y=ax^2$
2節 関数の活用

よく出る **1** 関数 $y=\frac{1}{3}x^2$ について，x の変域が次のときの y の変域を求めなさい。

(1) $-3 \leqq x \leqq 3$　(2) $2 \leqq x \leqq 6$　(3) $-2 \leqq x \leqq 3$

よく出る **2** 次の関数で，x の変域が $-5 \leqq x \leqq 3$ のときの y の変域を求めなさい。

(1) $y=3x^2$　(2) $y=-x^2$

よく出る **3** 関数 $y=-3x^2$ について，x の値が次のように変化するときの変化の割合を求めなさい。

(1) -3 から 1 だけ増加する。　(2) 1 から 3 だけ増加する。

(3) 2 から 6 まで増加する。　(4) -4 から -1 まで増加する。

4 エスカレーターの段の上に立っている人は毎秒 1 m の速さで進みます。エスカレーターと同じ傾きをもつ斜面にボールをおくと，ボールは転がり始めてから 3 秒間に 1.5 m 転がります。

(1) 斜面においたボールが転がる距離は，転がり始めてからの時間の 2 乗に比例することがわかっています。転がり始めてからの時間を x 秒，転がった距離を y m として，y を x の式で表しなさい。

(2) エスカレーターと同じ高さから始まる斜面の始まりのところに，A さんが下りのエスカレーターに乗るのと同時に，ボールを置きます。A さんがエスカレーターに乗っている時間を x 秒，進んだ距離を y m として，A さんとボールが進むようすを右の図にグラフで表しなさい。

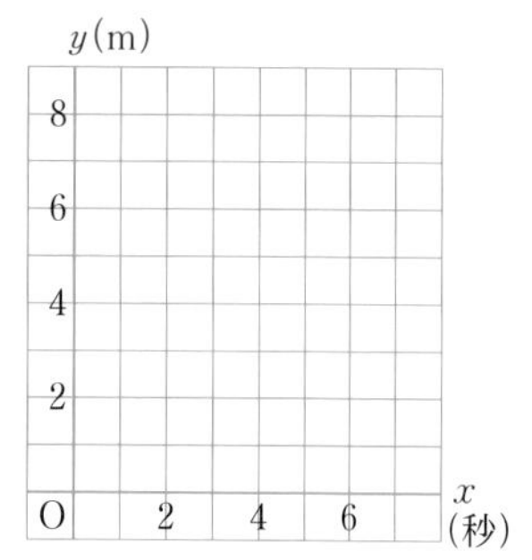

(3) A さんとボールの進んだ距離が同じになるのは，最初と，何秒後ですか。

1 **2** x の変域が 0 をふくむとき，その両端に対応する y の値が y の変域というわけではない。

4 (1) y は x の 2 乗に比例するので，$y=ax^2$ として，x と y の値を代入して a を求める。

(3) 進んだ距離が同じになるのは，A さんのグラフとボールのグラフの交点である。

5 右の図のように，関数 $y=ax^2$ のグラフと直線 ℓ が2点 A，B で交わっています。関数 $y=ax^2$ のグラフ上の点 A から原点 O までの変化の割合が 2 であるとき，次の問いに答えなさい。

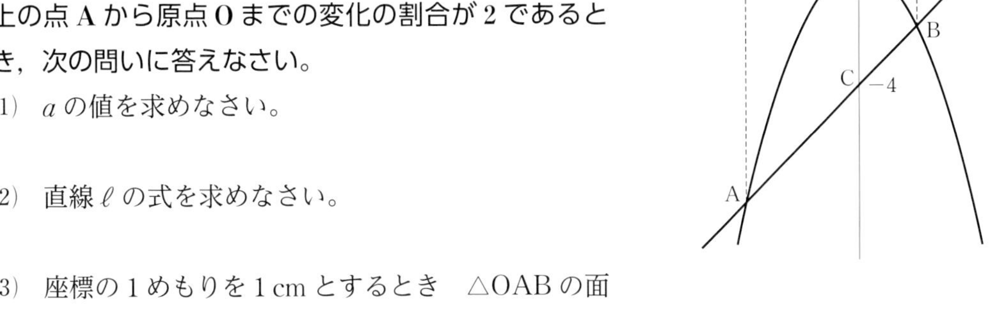

(1) a の値を求めなさい。

(2) 直線 ℓ の式を求めなさい。

(3) 座標の 1 めもりを 1 cm とするとき △OAB の面積を求めなさい。

レベルUP **6** 正の数 x について，x の小数第 1 位以下を切り捨てた数を y とします。例えば，$x=1.4$ のとき $y=1$，$x=2$ のとき $y=2$，$x=2.96$ のとき $y=2$ です。このような x と y の値の関係を表すグラフを，右の図にかきなさい。ただし，$0<x<5$ とします。

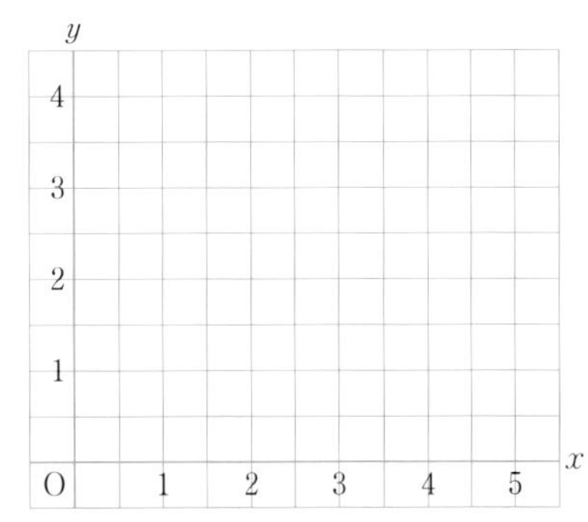

入試問題をやってみよう！

1 右の図のように，関数 $y=ax^2$（a は正の定数）……① のグラフ上に，2 点 A，B があります。点 A の x 座標を -2，点 B の x 座標を 4 とします。点 O は原点とします。次の問いに答えなさい。〔北海道〕

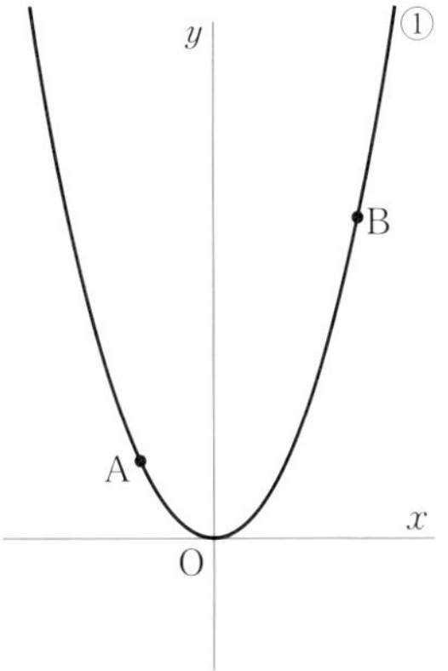

(1) $a=2$ とします。①について，x の変域が $-2 \leqq x \leqq 4$ のとき，y の変域を求めなさい。

(2) 2 点 A，B を通る直線の傾きが 1 となるとき，a の値を求めなさい。

(3) $a=1$ とします。点 B と y 座標が等しい y 軸上の点を C とします。①のグラフ上に点 P をとり，点 P の x 座標を t とします。△BCP の面積が 14 となるとき，t の値を求めなさい。ただし，$-2<t<4$ とします。

5 (1) a を使って点 A と原点 O の間の変化の割合を求める式をつくり，a の値を求める。
(3) 線分 OC を底辺として，A，B の x 座標の絶対値を高さとする。

6 ●と○をまちがえないように気をつける。

解答 p.21

実力判定テスト ステージ3 関数 $y=ax^2$

40分 /100

1 y が x の2乗に比例し，次の条件を満たすとき，それぞれ y を x の式で表しなさい。

4点×4（16点）

(1) $x=2$ のとき $y=-12$ である。　(　)

(2) $x=-6$ のとき $y=18$ である。　(　)

(3) グラフが点A$(-4,\ -16)$を通る。　(　)

(4) グラフが，$y=-\frac{1}{2}x^2$ のグラフと x 軸について対称である。　(　)

2 次の(1)，(2)のグラフは，関数 $y=ax^2$ のグラフです。それぞれ y を x の式で表しなさい。

4点×2（8点）

(1)
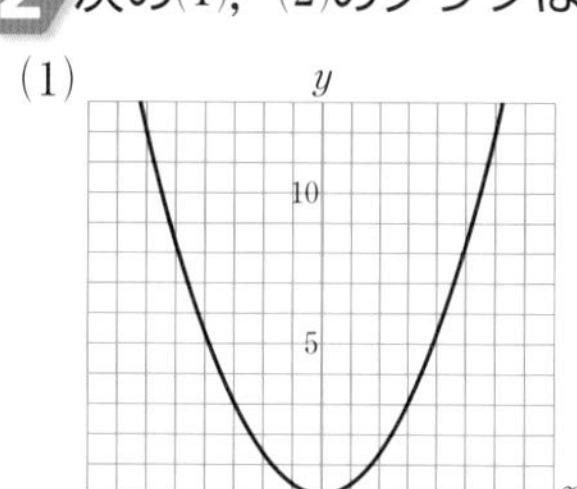

(2)
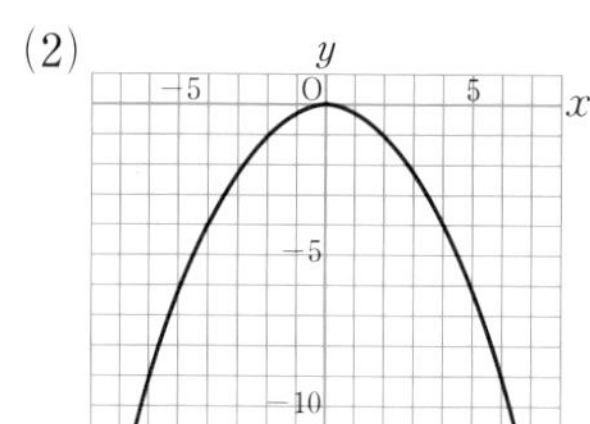

(1) (　)

(2) (　)

3 次の㋐〜㋘の関数の中から下の(1)〜(4)にあてはまるものをすべて選び，記号で答えなさい。

4点×4（16点）

㋐ $y=-2x$　㋑ $y=\frac{1}{2}x+5$　㋒ $y=x^2$　㋓ $y=-\frac{1}{2}x^2$

㋔ $y=2x^2$　㋕ $y=-2x^2$　㋖ $y=\frac{2}{3}x^2$　㋗ $y=-\frac{1}{2}x+5$　㋘ $y=-\frac{2}{3}x^2$

(1) 変化の割合が一定であるもの　(　)

(2) グラフが原点を通るもの　(　)

(3) $x<0$ の範囲で x が増加するとき，y が減少するもの　(　)

(4) x 軸について対称なものの組　(　)

4 次の関数で，x の変域が $-5 \leqq x \leqq 3$ のときの y の変域を求めなさい。　5点×2（10点）

(1) $y=x^2$　(　)

(2) $y=-3x^2$　(　)

5 関数 $y=-\frac{1}{2}x^2$ について　x の値が次のように変化するときの変化の割合を求めなさい。

5点×3（15点）

(1) 1から3まで　(　)

(2) -4 から0まで　(　)

(3) -5 から -1 まで　(　)

目標 ❶，❷，❸，❹，❺は基本問題なので確実に解けるようにしよう。

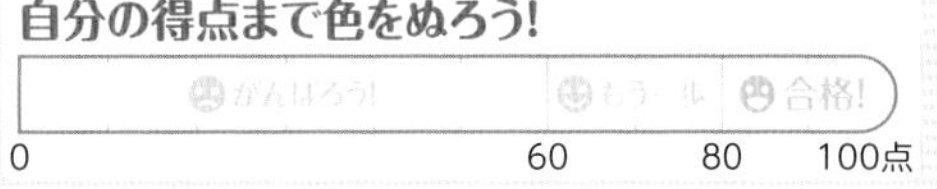

6 右の図の台形 ABCD で，点 P は辺 BA 上を B から A まで，点 Q は辺 BC 上を B から C まで，ともに毎秒 0.5 cm の速さで動きます。点 P，Q が同時に B を出発するとき，次の問いに答えなさい。　4点×5(20点)

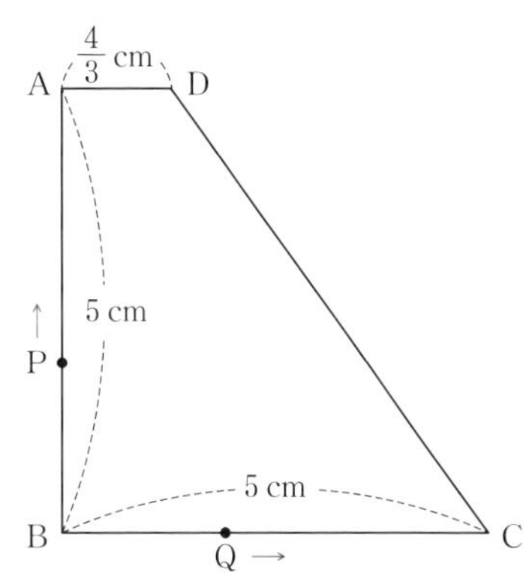

(1) 点 P，Q が同時に B を出発してから x 秒後の △BPQ の面積を y cm^2 とするとき，y を x の式で表し，x の変域も答えなさい。

(　　　　)(　　　　)

(2) 点 P，Q が同時に B を出発してから x 秒後の △APD の面積を y cm^2 とするとき，y を x の式で表しなさい。

(　　　　)

(3) △BPQ，△APD について，それぞれの x と y の関係を表すグラフをかきなさい。

y(cm^2)
10
5
O　5　10　x(秒)

(4) △BPQ と △APD の面積が等しくなるのは，点 P，Q が同時に B を出発してから何秒後ですか。

(　　　　)

7 下の表は，ある配送サービスの料金表です。　5点×3(15点)

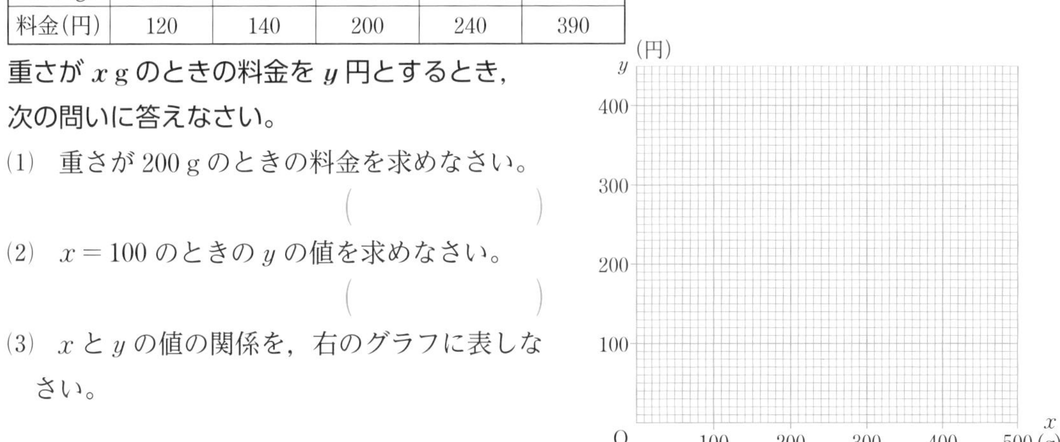

重さ(g)	50まで	100まで	150まで	250まで	500まで
料金(円)	120	140	200	240	390

重さが x g のときの料金を y 円とするとき，次の問いに答えなさい。

(1) 重さが 200 g のときの料金を求めなさい。

(　　　　)

(2) $x = 100$ のときの y の値を求めなさい。

(　　　　)

(3) x と y の値の関係を，右のグラフに表しなさい。

y(円)
400
300
200
100
O　100　200　300　400　500　x(g)

ステージ1 1節 相似な図形
1 図形の相似　2 相似の位置と相似比

例1 図形の相似・相似比

教 p.124〜127 → 基本問題 1 3

右の図の 2 つの四角形は相似(そうじ)です。

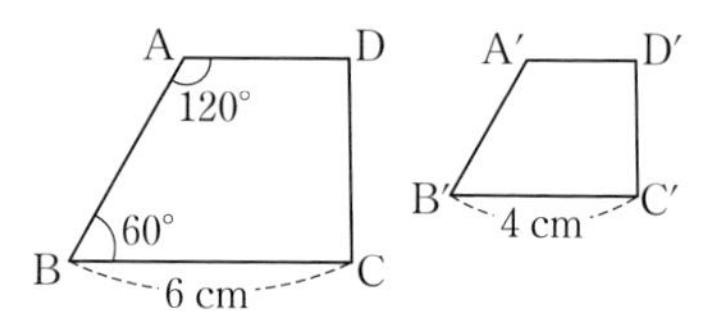

(1) 2 つの四角形が相似であることを，記号 ∽ を使って表しなさい。

(2) 頂点 B′，辺 CD，∠A′ に対応するものを答えなさい。

(3) 四角形 ABCD と四角形 A′B′C′D′ の相似比を求めなさい。

解き方 (1) 記号 ∽ を使って，対応する頂点の順にかく。

四角形 ABCD ∽ 四角形 ①[　　]

(2) 四角形 ABCD を縮小して四角形 A′B′C′D′ と同じ大きさにしてぴったり重なるものを，**対応する頂点，辺，角**という。頂点 B′ と重なるのは頂点 ②[　　]，辺 CD と重なるのは辺 ③[　　]，∠A′ と重なるのは ∠④[　　] である。

(3) 相似な 2 つの図形で，対応する辺の長さの比を相似比という。

対応する辺の長さの比は　BC : B′C′ = 6 : 4 = ⑤[　　]

たいせつ

2 つの図形があって，一方の図形を拡大または縮小したものと，他方の図形が合同であるとき，この 2 つの図形は相似であるという。

相似な図形の性質

1 相似な図形では，対応する線分の長さの比は等しい。

2 相似な図形では，対応する角の大きさは等しい。

例2 相似の位置

教 p.126〜127 → 基本問題 2

右の図の 2 つの三角形は相似の位置にあり，点 O は相似の中心です。

(1) OB : OB′ を求めなさい。

(2) AC : A′C′ を求めなさい。

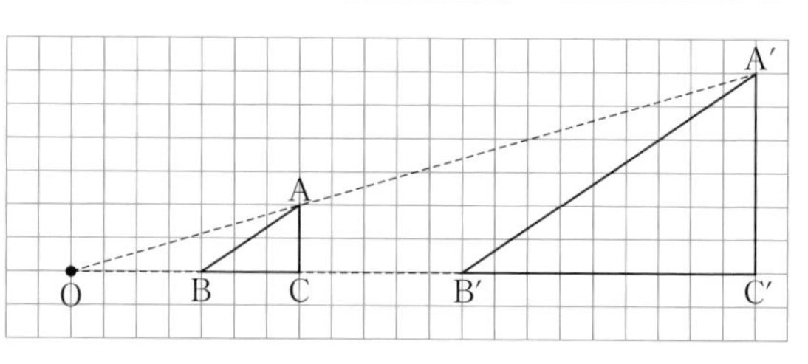

解き方 (1) めもりを読むと　OB = 4，OB′ = 12 だから

OB : OB′ = 4 : 12 = ⑥[　　]

(2) 相似の位置にある 2 つの図形は相似で，O から対応する点までの長さの比は，2 つの図形の相似比と等しくなる。

AC : A′C′ は相似比だから ⑦[　　] : ⑧[　　]

覚えておこう

A′
A
C
C′
O
B
B′

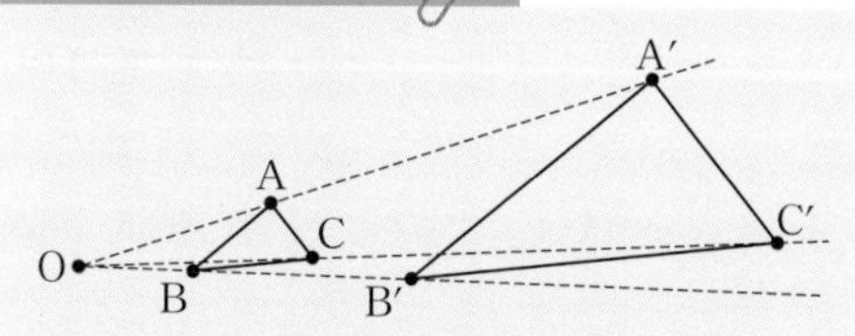

上のような 2 つの三角形で，

OA : OA′ = OB : OB′ = OC : OC′

のとき，2 つの三角形は相似の位置にあるといい，点 O を相似の中心という。

基本問題

解答 p.23

1 図形の相似　次の図の 2 つの四角形は相似です。

教 p.125 問2, 問3

(1)　2 つの四角形が相似であることを記号を使って表しなさい。

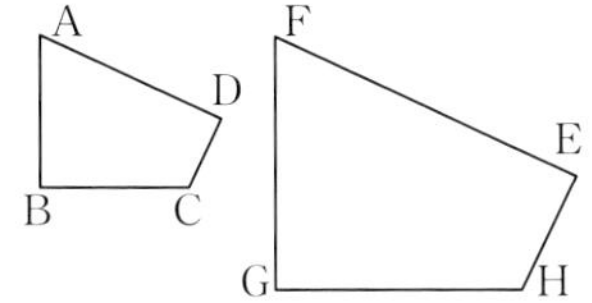

相似を表すときは，**対応する頂点の順番**にかく。

(2)　頂点 A，辺 GH，∠C に対応するものを答えなさい。

覚えておこう

縮小したり拡大したりすると重なり合うものを，**対応する頂点，辺，角**という。

2 相似の位置　次のそれぞれの図形を，点 O を相似の中心として 2 倍に拡大した図形をかきなさい。

教 p.127 問1

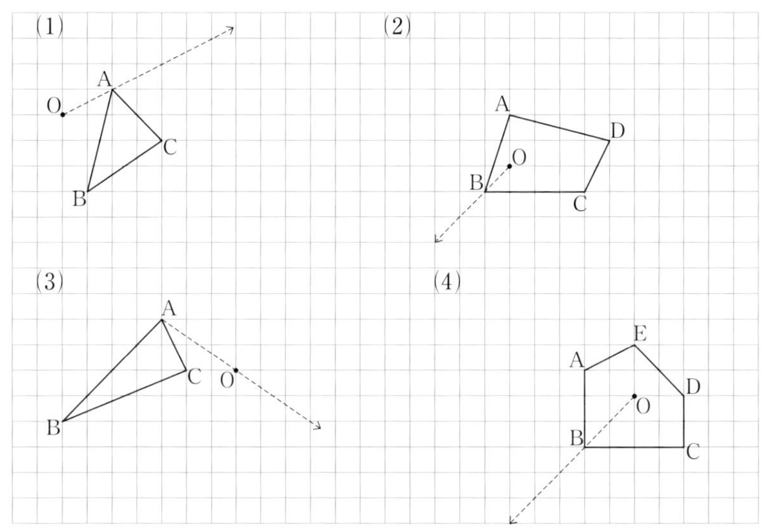

ここがポイント

点 O と各頂点を通る直線上に，O と頂点との間の 2 倍の距離に点をとる。

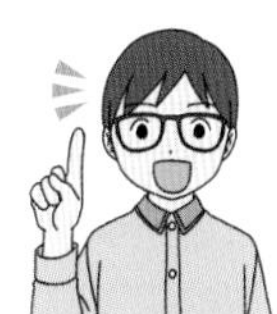

3 相似比　次の図形は，それぞれ相似です。相似比を求めなさい。

教 p.127 問2

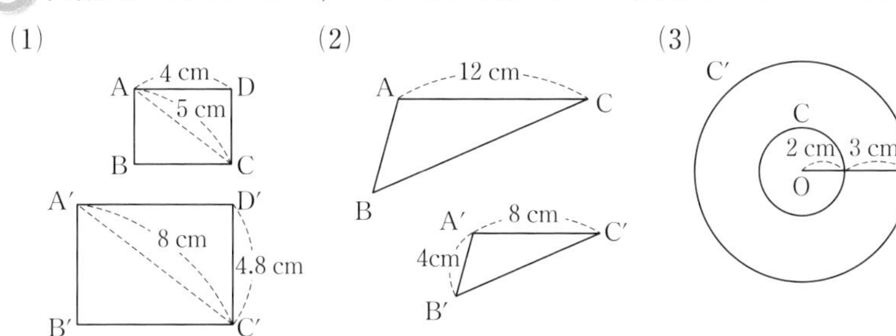

知ってると得

円の相似比は，半径の長さの比となる。

5章

左ページの例の答え　① A′B′C′D′　② B　③ C′D′　④ A　⑤ 3：2　⑥ 1：3　⑦ 1　⑧ 3

1節　相似な図形
4　三角形の相似条件

例1 三角形の相似条件

教 p.131，132 → 基本問題 1

次のそれぞれの2つの三角形は相似です。相似であることを記号∽を使って表し，その相似条件を答えなさい。

(1)

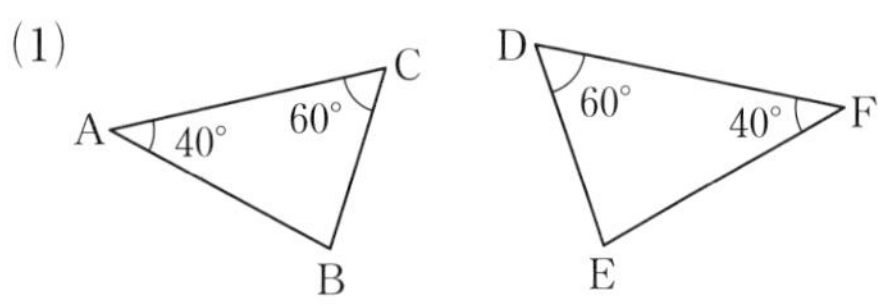

(2)

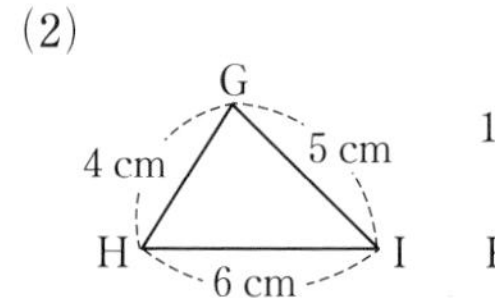

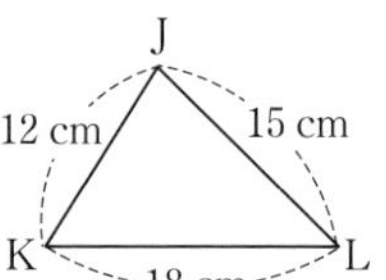

(3)

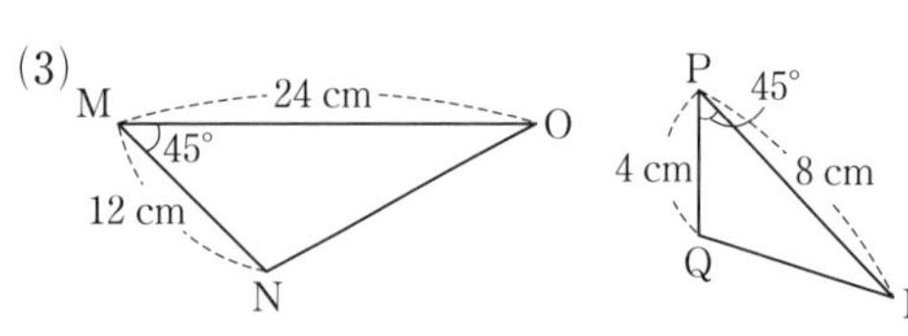

考え方 (1)は角の大きさ，(2)は辺の長さだけが与えられていることに注目する。

解き方 (1)　∠A＝∠F＝40°　∠C＝∠D＝60°

①［　　　］がそれぞれ等しいから　△ABC∽②［　　　］

(2)　GH：JK＝4：12＝1：3　HI：KL＝6：18＝1：3　IG：LJ＝5：15＝1：3

③［　　　］がすべて等しいから　△GHI∽④［　　　］

(3)　MN：PQ＝12：4＝3：1　MO：PR＝24：8＝3：1　∠M＝∠P＝45°

⑤［　　　］とその間の角がそれぞれ等しいから　△MNO∽⑥［　　　］

例2 三角形の相似条件

教 p.132 → 基本問題 2

次の図で，相似な三角形の組を，記号∽を使って表しなさい。また，その相似条件を答えなさい。

(1)

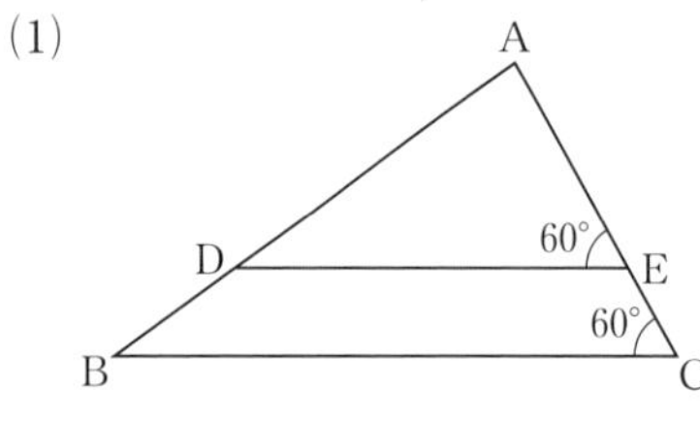

(2)

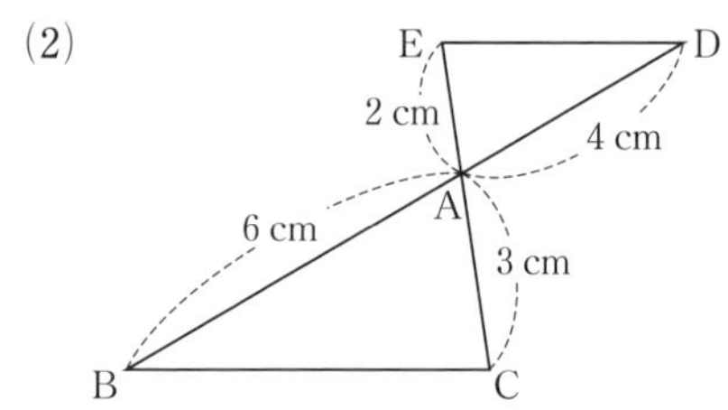

解き方 (1)　∠ACB＝∠AED＝60°

∠Aは共通　したがって，

⑦［　　　］がそれぞれ等しいから

△ABC∽⑧［　　　］

(2)　AB：AD＝6：4＝3：2　AC：AE＝3：2

∠BAC＝∠DAE（対頂角）

⑨［　　　］とその間の角がそれぞれ等しいから　△ABC∽⑩［　　　］

基本問題

解答 p.23

1 三角形の相似条件　次の図で，相似な三角形の組をすべて選び出し，記号 ∽ を使って表しなさい。また，その相似条件を答えなさい。

教 p.132 問3

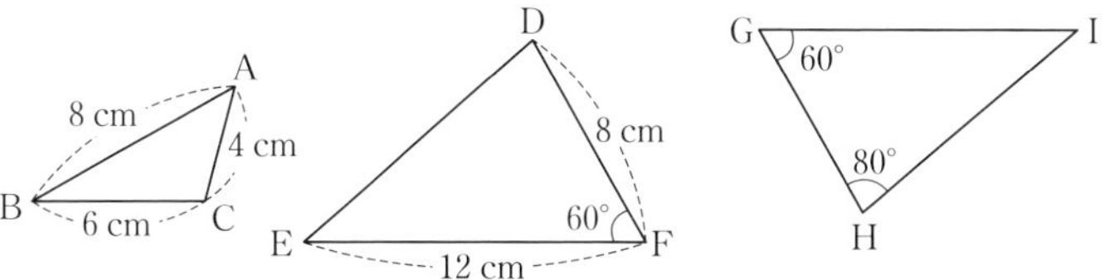

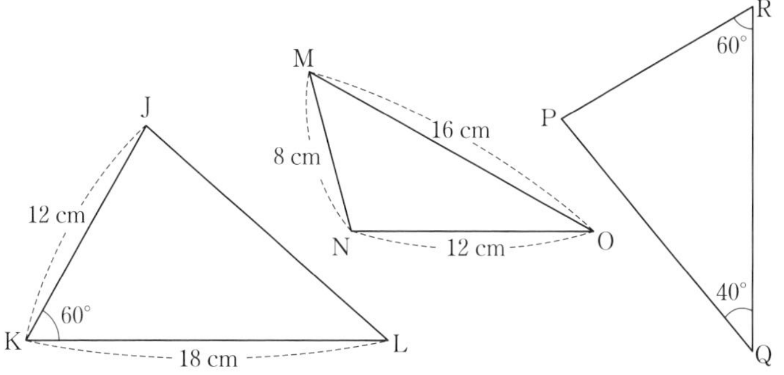

たいせつ

三角形の相似条件

・3 組の辺の比がすべて等しい。

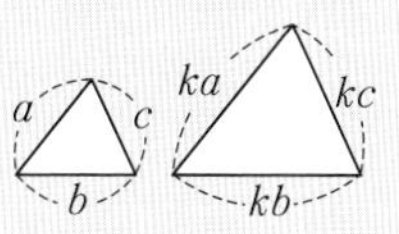

（相似比 1：k）

・2 組の辺の比とその間の角がそれぞれ等しい。

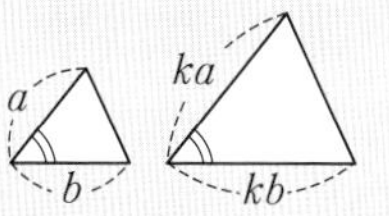

（相似比 1：k）

・2 組の角がそれぞれ等しい。

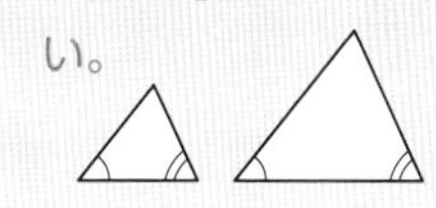

2 三角形の相似条件　次の図で，相似な三角形の組をそれぞれ見つけ，記号 ∽ を使って表しなさい。また，その相似条件を答えなさい。

教 p.132 問4

(1)

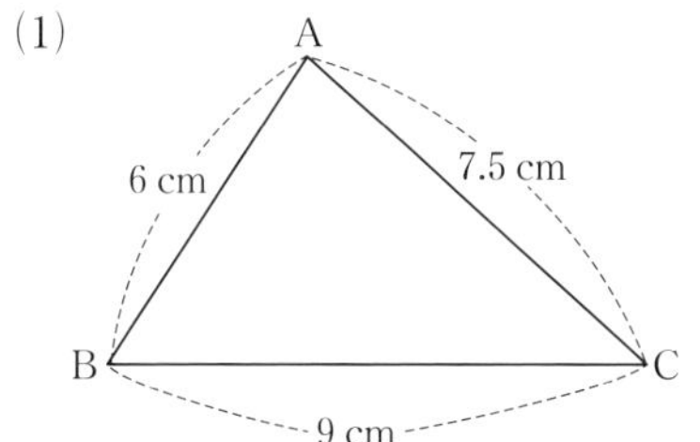

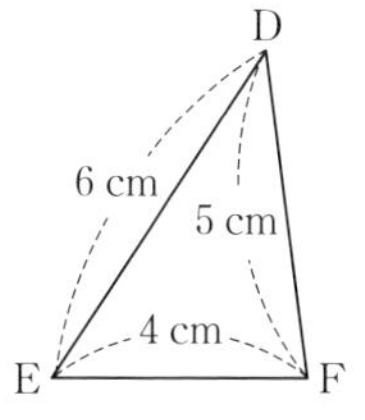

ここがポイント

(1)　△ABC と △FED で 3 組の辺の比を調べる。

(2)　∠DAE と ∠BAC は対頂角で等しい。

(3)(4)　∠Bは 2 つの三角形で共通である。

(2)

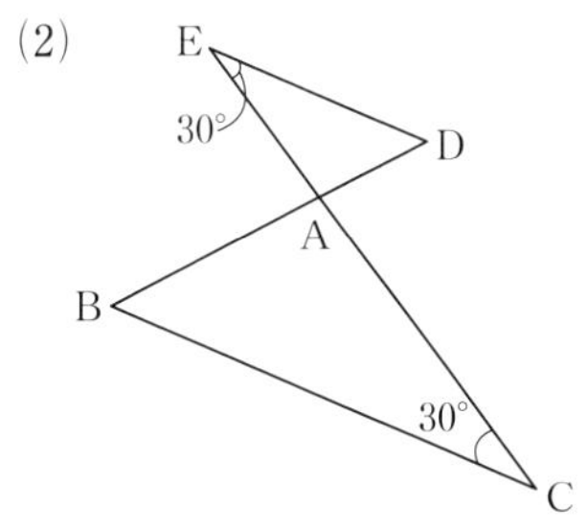

(3)

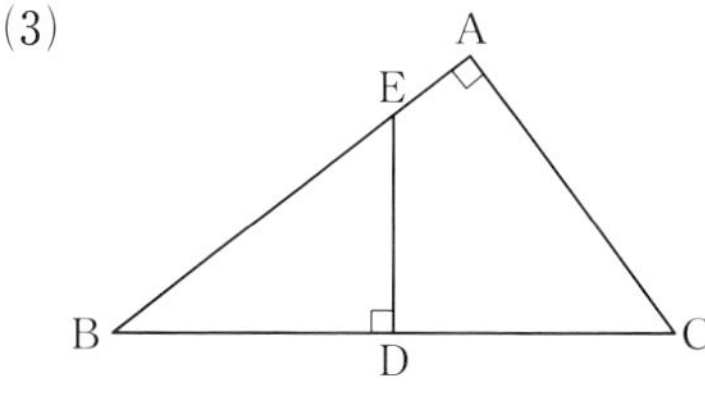

(4)

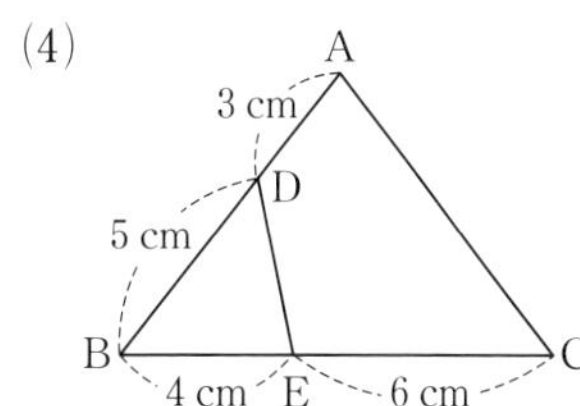

左ページの例の答え　①２組の角　②△FED　③３組の辺の比　④△JKL　⑤２組の辺の比　⑥△PQR　⑦２組の角　⑧△ADE　⑨２組の辺の比　⑩△ADE

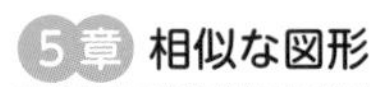

1節 相似な図形
5 相似の証明

例1 相似の証明

右の図の△ABC において∠BAD＝∠C であるとき，
△DBA∽△ABC であることを証明しなさい。

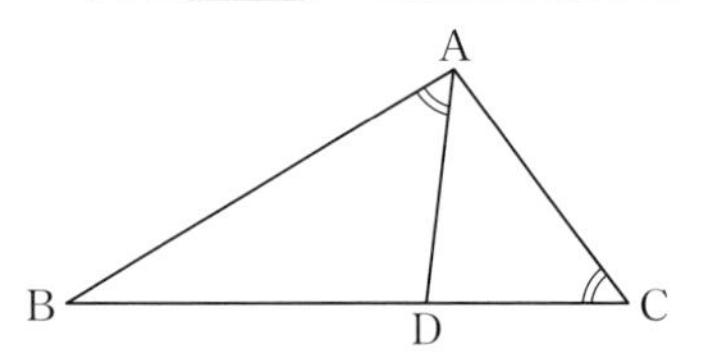

考え方 辺の長さが表されていないので，相似条件③を使うと見当をつける。

解き方 △DBA と△ABC において

∠B は ［①　　　］ …①

仮定から ∠［②　　　］＝∠［③　　　］…②

①，②より，［④　　　］がそれぞれ等しいから △DBA［⑤　　　］△ABC

三角形の相似条件

1. 3 組の辺の比がすべて等しい。
2. 2 組の辺の比とその間の角がそれぞれ等しい。
3. 2 組の角がそれぞれ等しい。

例2 相似の証明

教 p.133 → 基本問題2

右の図で△ABE∽△ACD であることを証明しなさい。

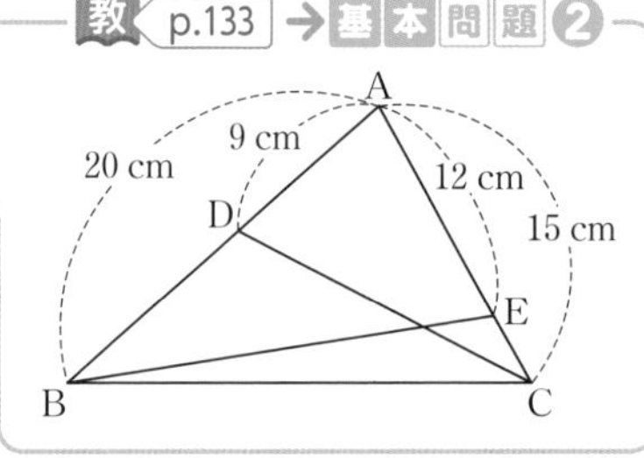

解き方 △ABE と△ACD において

AB：AC＝20：15＝4：3…①

AE：AD＝12：9＝［⑥　　　］…② ∠A は共通…③

①，②，③より，［⑦　　　］とその間の角がそれぞれ等しいから，△ABE∽［⑧　　　］

例3 相似の証明

教 p.134 → 基本問題3 4

右の図の∠A＝90° の△ABC において，辺 AB 上の点 D から辺 BC に垂線 DE をひきます。このとき，

BA：BE＝BC：BD であることを証明しなさい。

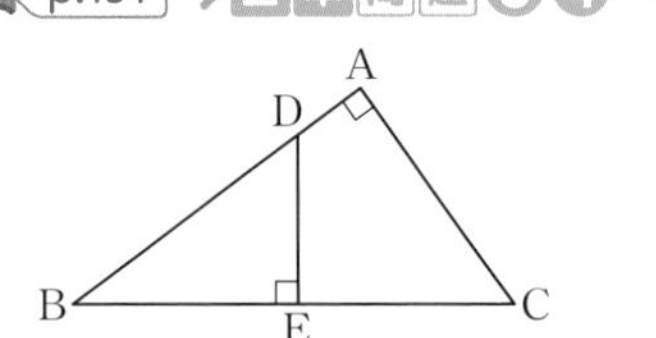
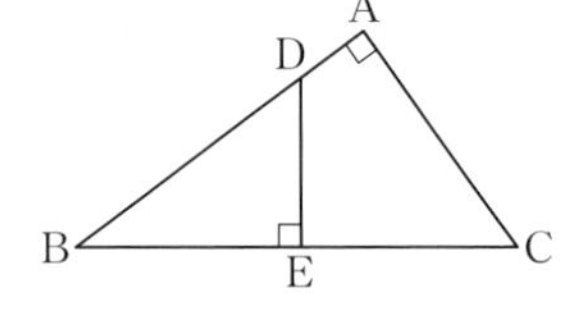

考え方 BA，BE，BC，BD を辺にもつ相似な三角形を見つける。相似条件③で 2 つの三角形の相似をいってから，対応する辺の長さで比例式をつくる。

思い出そう
相似な図形では，対応する線分の長さの比は等しい。

解き方 △ABC と△EBD において ∠B は［⑨　　　］…①

仮定から ∠A＝∠［⑩　　　］＝90° …②

①，②より，2 組の角がそれぞれ等しいから △［⑪　　　］∽△［⑫　　　］

△ABC と△EBD の［⑬　　　］する辺の比は等しいから BA：BE＝BC：BD

基本問題

解答 p.24

1 相似の証明　右の図で，

$\triangle AOC \backsim \triangle BOD$

であることを証明しなさい。

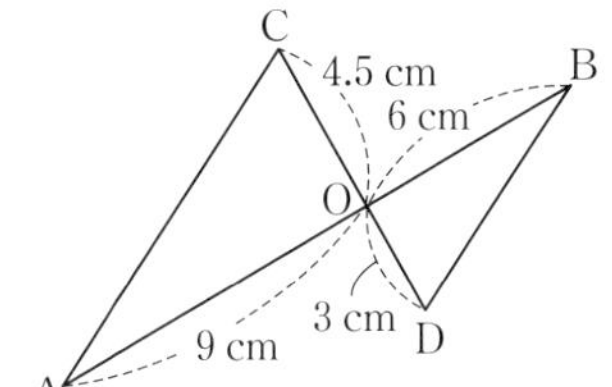

教 p.133 問1

ここがポイント
1組の角が対頂角で等しい。

2 相似の証明　右の図で，$\triangle AED \backsim \triangle ABC$ であることを証明しなさい。

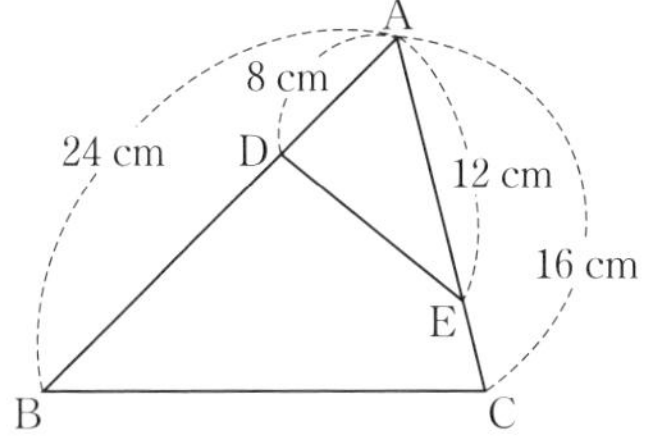

教 p.133 問2

たいせつ
条件に辺の長さがあるときは辺の比を調べてみよう。

3 相似の証明　右の図で，

DF：EF＝AF：BF

であることを証明しなさい。

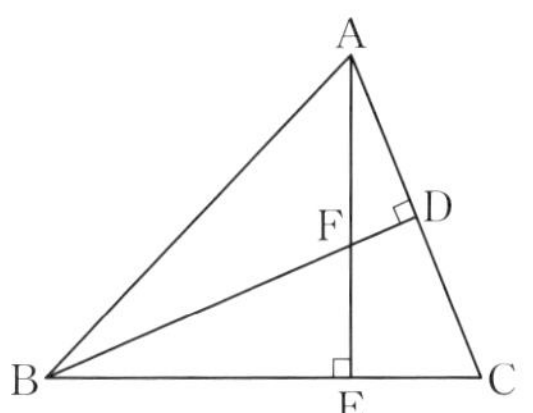

教 p.134 問3

ここがポイント
DF，EF，AF，BF を辺にもつ三角形の相似の証明をしてから，比例式をつくる。

4 相似の証明　右の図のように，$\angle A = 90°$ である直角三角形 ABC の頂点 A から，斜辺(しゃへん) BC に垂線 AD をひきます。

このとき，

BC：BA＝BA：BD

であることを証明しなさい。

教 p.134 問3

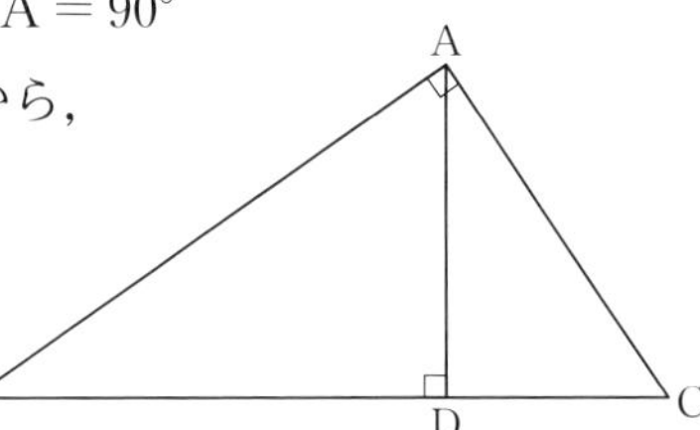

相似の証明では頂点は対応する順にかくようにしよう。

5章

左ページの例の答え
①共通　②BAD　③C　④2組の角　⑤∽　⑥4：3　⑦2組の辺の比
⑧△ACD　⑨共通　⑩DEB（BED）　⑪ABC　⑫EBD　⑬対応

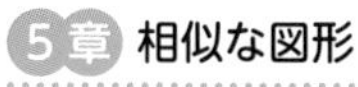

ステージ1

1節　相似な図形
3 相似な図形の性質の活用　6 縮図の活用

例1 相似な図形と比例式

教 p.128 → 基本問題 1 2

右の図で，△ABC∽△DEF であるとき，辺 AB，辺 DF の長さを求めなさい。

考え方　$a:b=c:d$ のとき $ad=bc$ を利用する。

解き方　AB : DE = BC : EF より，

AB = x cm とすると，$x:8=$ [①] : [②]　$x:8=3:2$

$2x=$ [③]　$x=$ [④]　答　AB = [④] cm

別解　△ABC の 2 辺 AB と BC の比と △DEF の 2 辺 DE と EF の比が等しいから，$x:18=8:12$ としてもよい。

BC : EF = AC : DF より，DF = y cm とすると，

[⑤] : [⑥] $=21:y$　$3:2=21:y$

$3y=$ [⑦]　$y=$ [⑧]　答　DF = [⑧] cm

比例式の性質

$a:b=c:d$ ならば
$ad=bc$ より，
両辺を cd でわると，
$\frac{a}{c}=\frac{b}{d}$ よって，
$a:c=b:d$ だから，
$a:b=c:d$ ならば
$a:c=b:d$

例2 相似な図形と比例式

教 p.129 → 基本問題 1 2

右の図で，四角形 ABCD∽四角形 EFGH であるとき，辺 EF の長さを求めなさい。

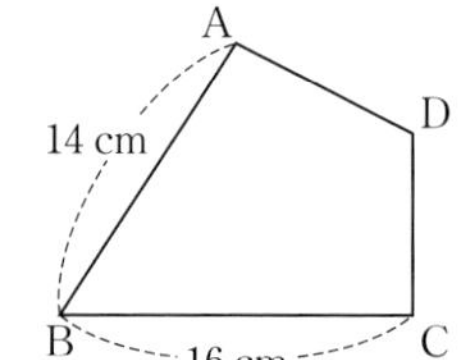

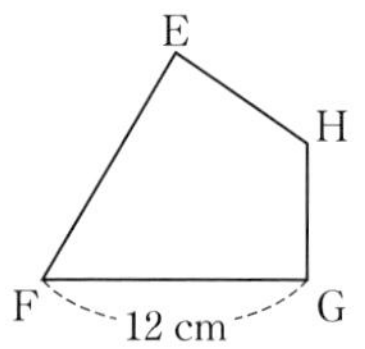

解き方　BC : FG = AB : [⑨] より，

EF = x cm とすると，$16:12=14:x$

$16x=12\times14$　これを解いて，$x=$ [⑩]　答　EF = [⑩] cm

例3 縮図の活用

教 p.135，136 → 基本問題 3

右の図は，縮尺 $\frac{1}{3000}$ の縮図です。A′B′ がビルの高さ AB に対応しているとき，ビルの高さ AB を求めなさい。

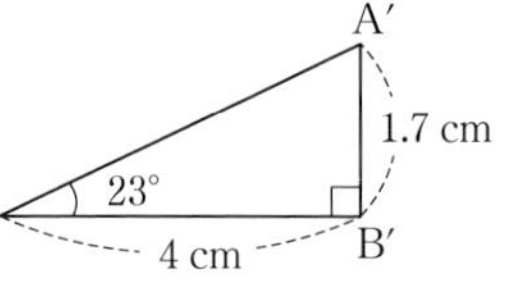

考え方　すべてが実際の長さの $\frac{1}{3000}$ になっている。

解き方　A′B′ の長さの 3000 倍がビルの高さである。

AB = [⑪] × 3000 = [⑫]

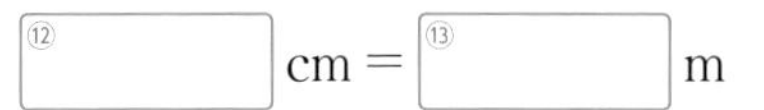
[⑫] cm = [⑬] m

答　[⑬] m

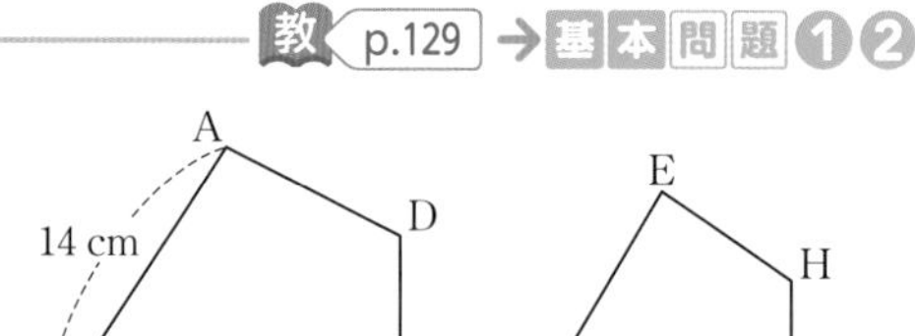

基本問題

解答 p.24

1 相似な図形と比例式　次の図で，△ABC ∽ △PQR であるとき，x の値(あたい)を求めなさい。

教 p.128 問1

(1)

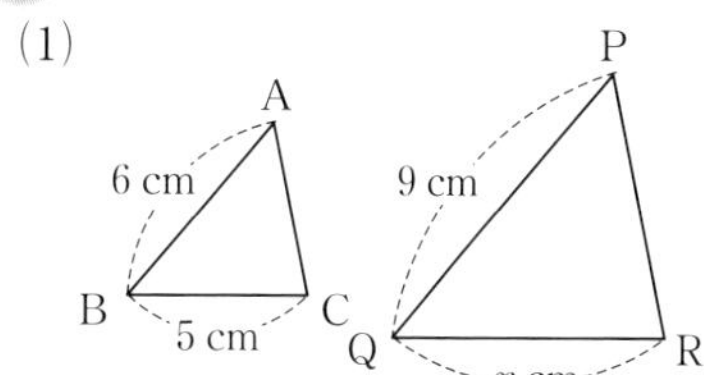

(2)

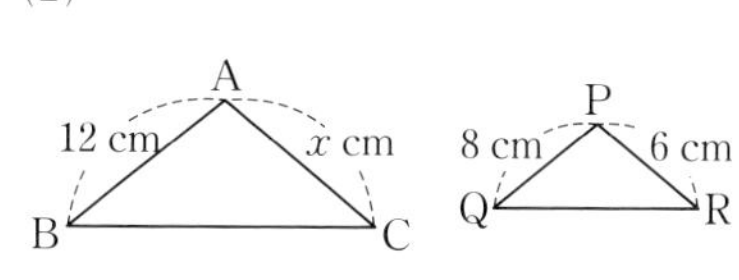

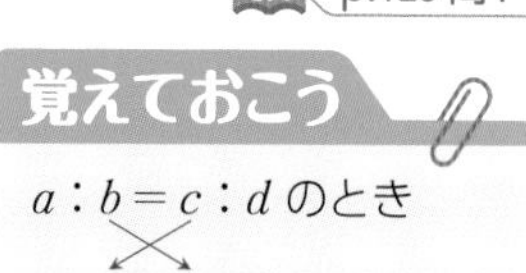

(3)

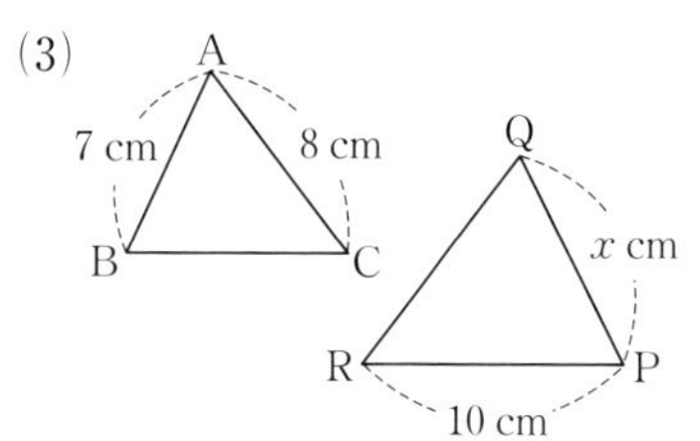

(4)

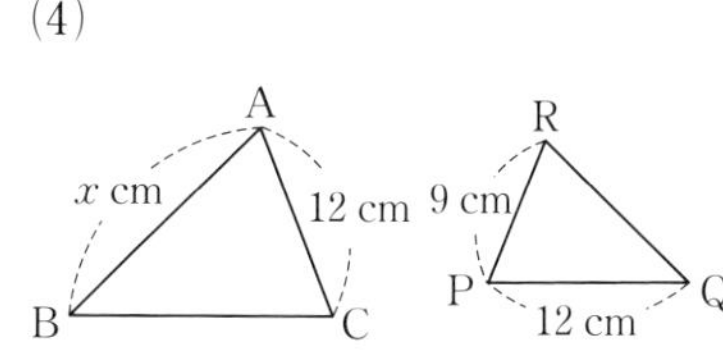

知ってると得

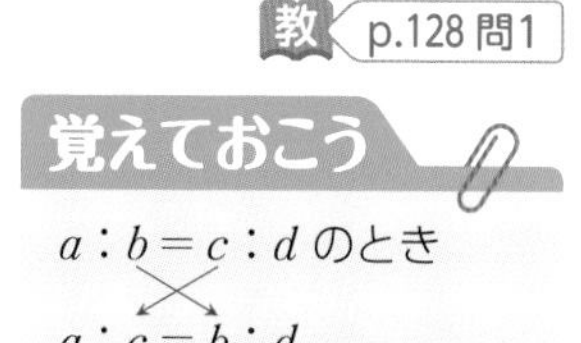

比例式を計算する場合，できるだけ簡単な比にしてから計算すると，計算ミスの防止にもなる。

2 相似な図形と比例式　ある時刻に，ポールの影(かげ)の長さは 7.5 m でした。このとき，高さ 1.6 m の鉄棒の影の長さは 2 m でした。ポールの高さを求めなさい。

教 p.129 問4

ここがポイント

ポールとその影，鉄棒とその影を 2 辺とする相似な三角形を考える。

3 縮図の活用　橋の長さ AB を求めるために，地点 A から 120 m 離(はな)れた地点 C を決めて，∠BAC，∠BCA の大きさを測り，A′C′ の長さを 5 cm として縮図をかくと，右の図のようになりました。A′, B′, C′ はそれぞれ地点 A, B，C に対応しています。
縮図で A′B′ の長さが 3.8 cm になるとき，橋の長さ AB は何 m ですか。

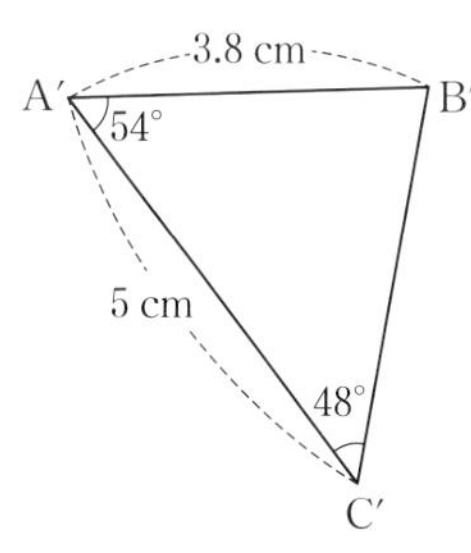

教 p.136 例1

ここがポイント

実際の距離と縮図での長さの両方がわかっているところから，縮尺を求める。

5章

左ページの例の答え　① 18　② 12　③ 24　④ 12　⑤ 18　⑥ 12　⑦ 42　⑧ 14　⑨ EF　⑩ $\frac{21}{2}$ (10.5)　⑪ 1.7　⑫ 5100　⑬ 51

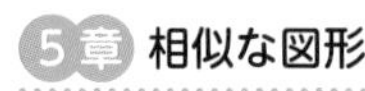

解答 p.25

1節 相似な図形

1 右の図で，四角形 ABCD を，点 O を相似の中心として $\frac{1}{2}$ に縮小した四角形 A′B′C′D′ を，点 O の右側にかきなさい。

O

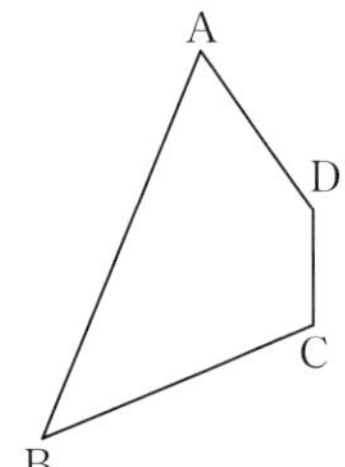

よく出る **2** 下のそれぞれの図において，次のことを答えなさい。

㋐相似な三角形を記号 ∽ を使って表す。 ㋑相似条件を答える。 ㋒ x の値を求める。

(1)

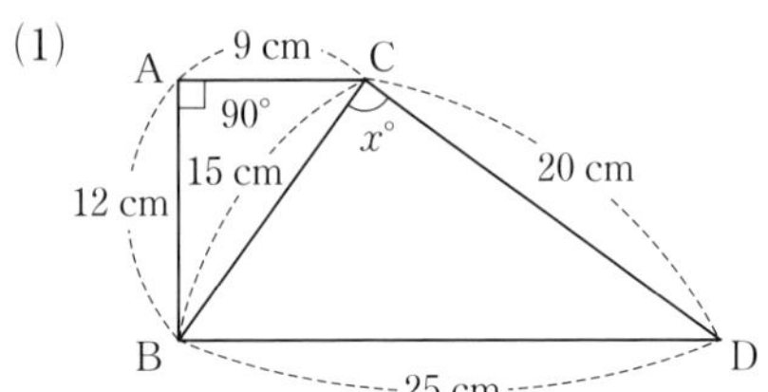

(2)

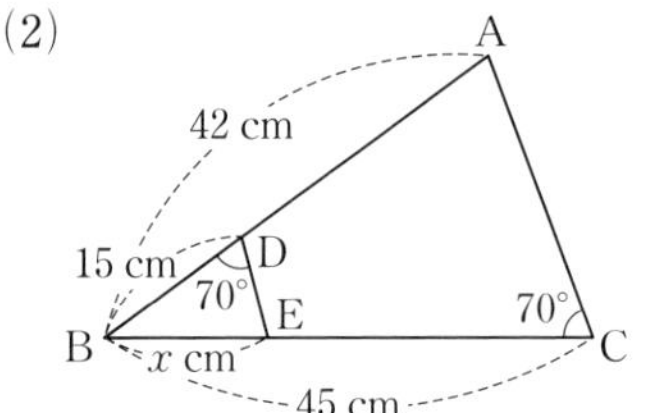

(3)

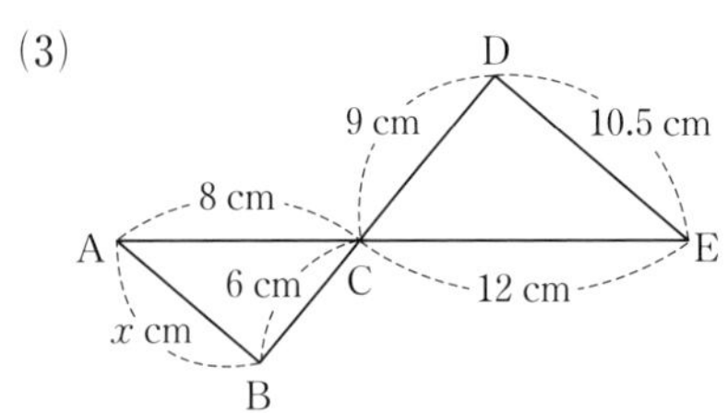

(4)

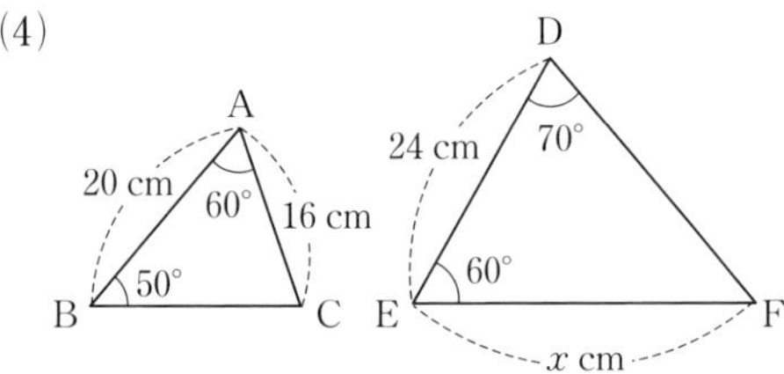

(5)

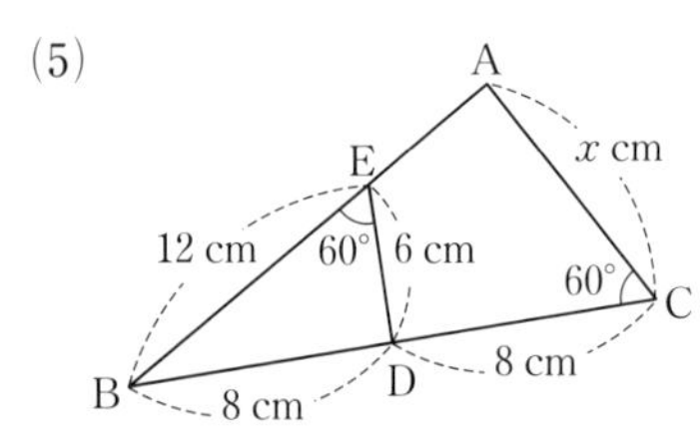

レベルUP (6)

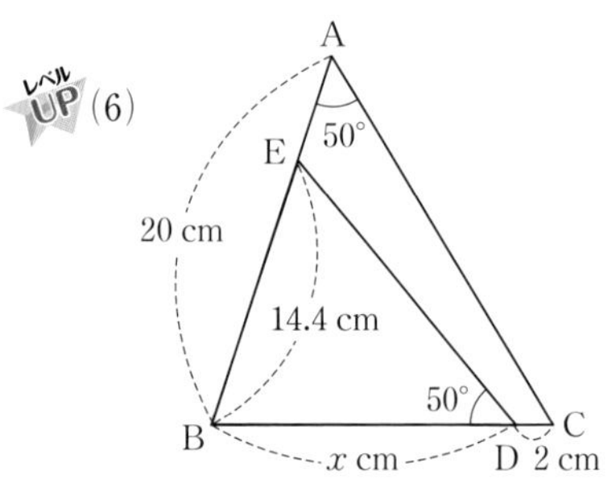

よく出る **3** 右の図で，∠BAC，∠ADB は直角です。

(1) △ABC と相似な三角形をすべてかきなさい。

(2) BD，CD の長さを求めなさい。

(3) AD の長さを求めなさい。

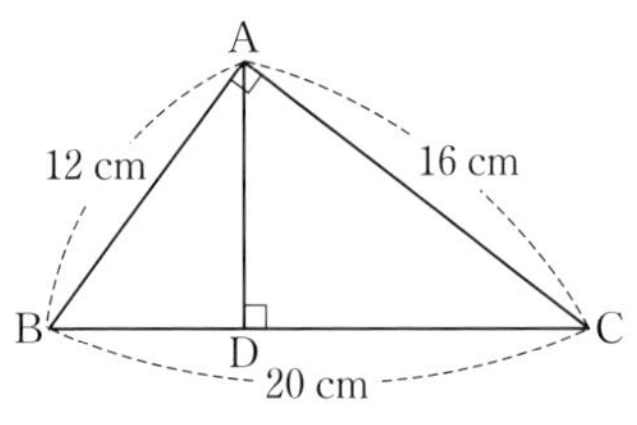

2 相似な三角形の対応する頂点をきちんと確認する。(2)(5)(6)では，2 つの三角形で ∠B が共通な角になっている。相似条件「2 組の角がそれぞれ等しい」が使える。

レベルUP **4** 右の図の△ABCにおいて，辺BC上に点Dをとって，∠DAB＝∠ACBとなるようにします。このとき，AC：DA＝AB：DBであることを証明しなさい。

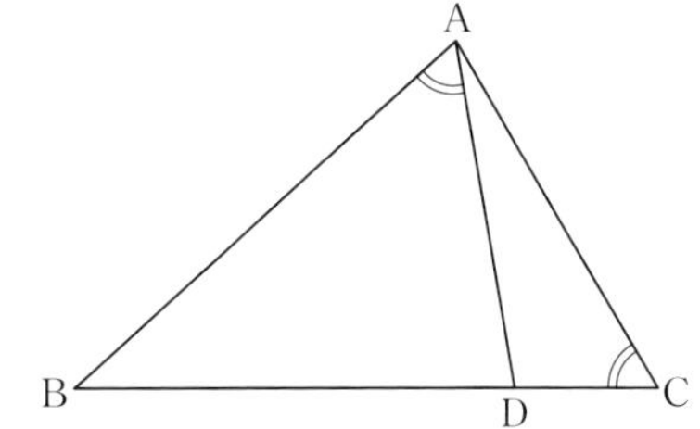

5 ポールの高さABを求めるために，ポールから6m離れた地点Cから，ポールの先端Aの水平方向に対する角度を測り，縮図をかくと右の図のようになりました。A′，B′，C′はそれぞれ地点A，B，Cに対応しています。この縮図の縮尺とポールの高さを答えなさい。

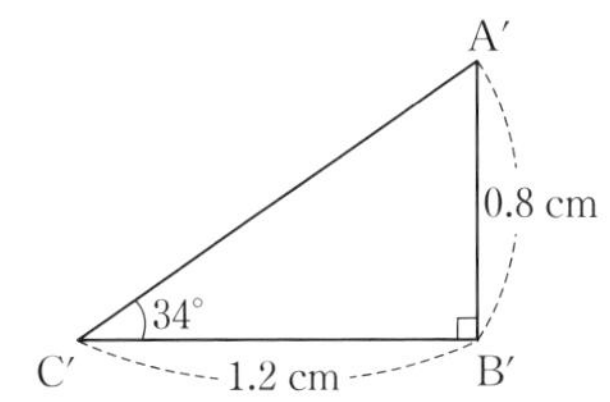

入試問題をやってみよう！

1 右図において，△ABCはAB＝AC＝11 cmの二等辺三角形で，頂角∠BACは鋭角です。Dは，Aから辺BCにひいた垂線と辺BCとの交点です。Eは辺AB上にあってA，Bと異なる点で，AE＞EBです。Fは，Eから辺ACにひいた垂線と辺ACとの交点です。Gは，Eを通り辺ACに平行な直線とCを通り線分EFに平行な直線との交点です。このとき，四角形EGCFは長方形です。Hは，線分EGと辺BCとの交点です。このとき，4点B，H，D，Cはこの順に一直線上にあります。

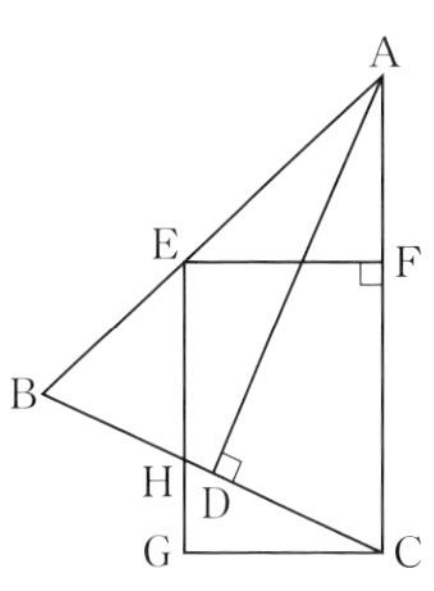

次の問いに答えなさい。〔大阪〕

(1) △AEFの内角∠AEFの大きさを$a°$とするとき，△AEFの内角∠EAFの大きさをaを用いて表しなさい。

(2) △ABD∽△CHGであることを証明しなさい。

(3) HG＝2 cm，HC＝5 cmであるとき，線分BDの長さを求めなさい。

4 AC，DA，AB，DBが使われている三角形を見つけ，相似を証明する。

1 (2) ∠ADB＝90°だから，∠ABD＝$b°$とすると∠BAD＝$(90-b)°$　また，△ABCは二等辺三角形，四角形EGCFは長方形だから，∠ACB＝∠ABC＝$a°$より，∠HCG＝$(90-b)°$と表される。

5章

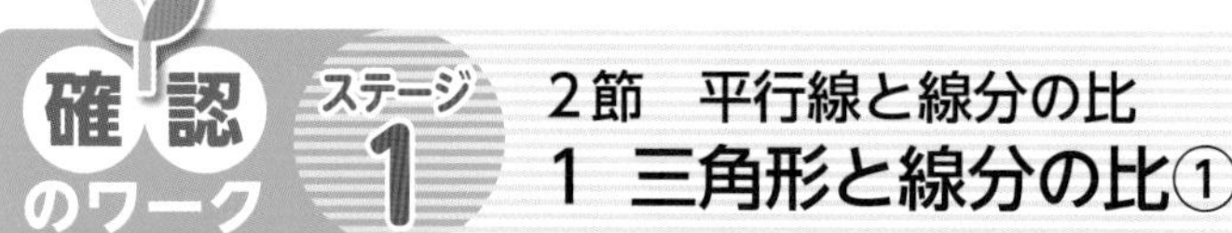

2節 平行線と線分の比
1 三角形と線分の比①

例1 三角形と線分の比①

教 p.138，139 → 基本問題 1

次の図で，DE // BC のとき，x の値(あたい)を求めなさい。

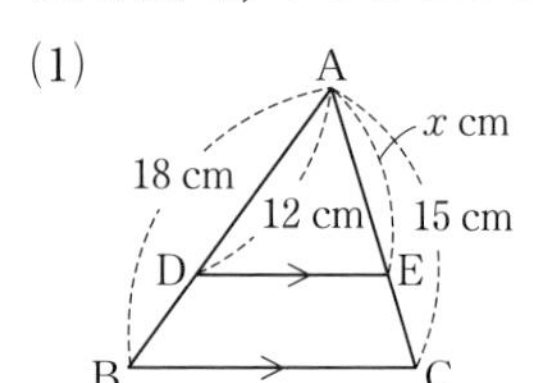

(1) A, 18 cm, 12 cm, x cm, 15 cm, D, E, B, C

(2)

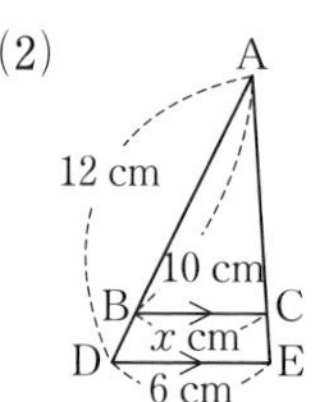

(3)

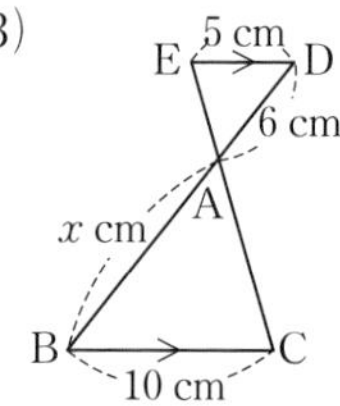

考え方 右の定理の[1]にあてはめて比例式をつくる。

解き方 (1) DE // BC より，

AD：AB＝AE：AC ←右の定理[1]より。

$12：18＝x：15$ ↷ $a:b=c:d$ ならば $ad=bc$

$18x＝180$

$x＝$ ①[　　]

(2) AD：AB＝DE：BC より，

$12：10＝6：x$

$12x＝60$　$x＝$ ②[　　]

(3) AD：AB＝DE：BC より，

$6：x＝5：10$　$5x＝60$　$x＝$ ③[　　]

定理 三角形と線分の比①

下の図で，DE // BC ならば

[1] AD：AB＝AE：AC
＝DE：BC

[2] AD：DB＝AE：EC

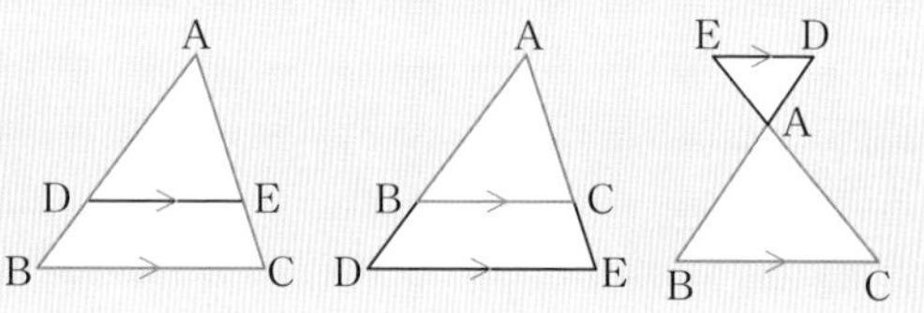

例2 三角形と線分の比①

教 p.139 → 基本問題 2 3

次の図で，DE // BC のとき，x の値を求めなさい。

(1)

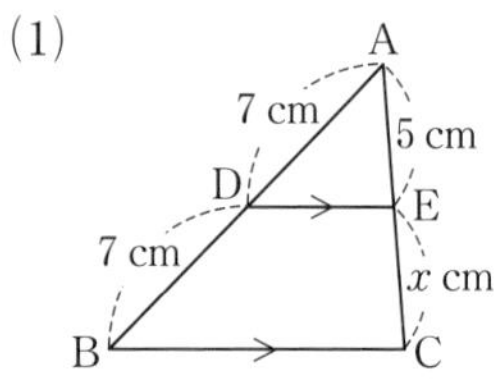

(2)

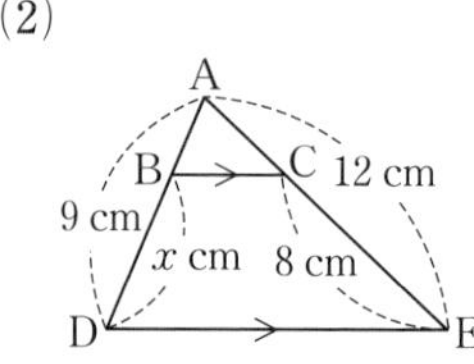

(3)

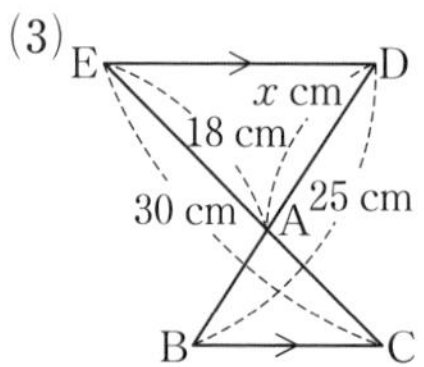

考え方 上の定理の[2]の AD：DB＝AE：EC にあてはめる。

解き方 (1) DE // BC より，AD：DB＝AE：EC

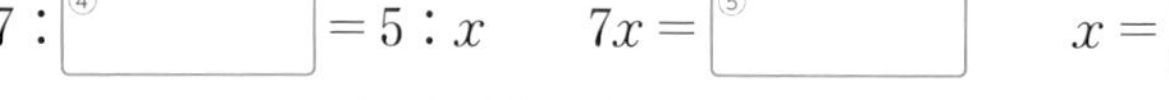

$7：$ ④[　　] $＝5：x$　$7x＝$ ⑤[　　]　$x＝$ ⑥[　　]

(2) $9：x＝12：$ ⑦[　　]　これを解いて，$x＝$ ⑧[　　]

(3) $x：25＝$ ⑨[　　] $：30$　これを解いて，$x＝$ ⑩[　　]

対応する辺の比例式を使ってもよい。
(3)では，△ABC∽△AED としないこと。
△ABC∽△ADE である。

基本問題

解答 p.26

1 三角形と線分の比① 右の図で，DE // BC，AD：AB＝3：5 のとき，次の問いに答えなさい。

教 p.138 例1

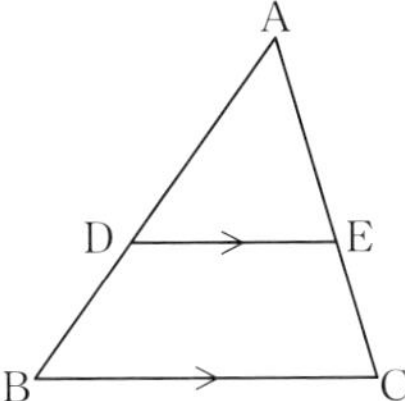

(1) AE：AC を求めなさい。

(2) AE：EC を求めなさい。

(3) DE：BC を求めなさい。

知ってると得

三角形と線分の比の定理を忘れたら，相似な三角形にもどって，対応する辺の比を考えればよい。

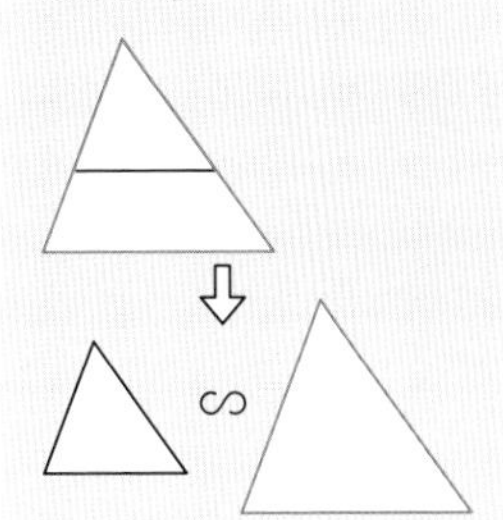

2 三角形と線分の比① 次の図で，DE // BC のとき，x，y の値を求めなさい。

教 p.139 問3

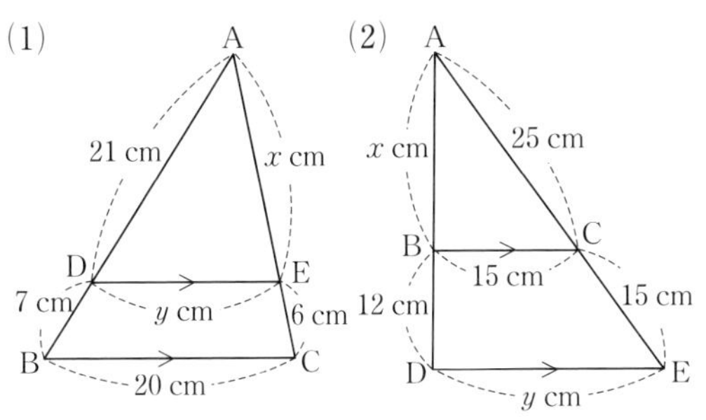

覚えておこう

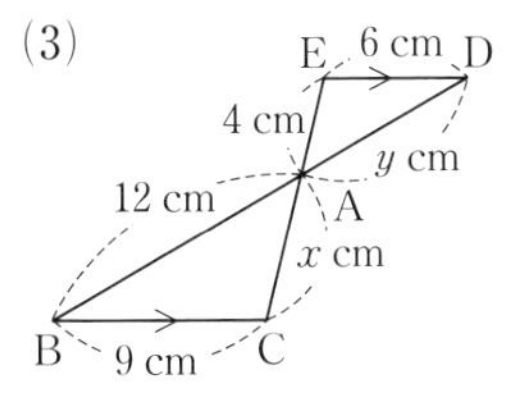

平行線は等しい比の線分をつくる。

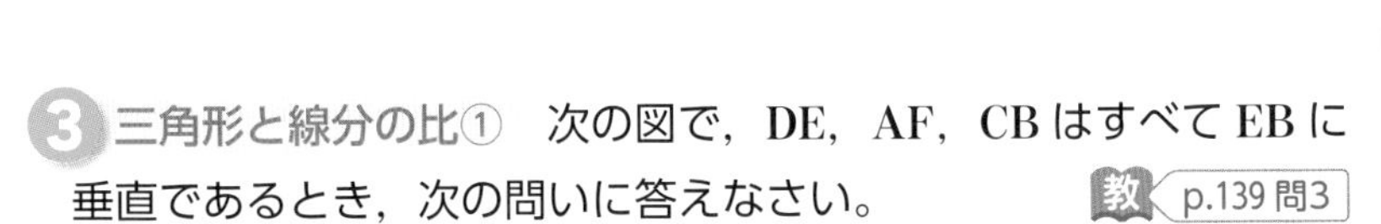

3 三角形と線分の比① 次の図で，DE，AF，CB はすべて EB に垂直であるとき，次の問いに答えなさい。

教 p.139 問3

(1) EA：AC を求めなさい。

(2) EF：EB を求めなさい。

(3) AF の長さを求めなさい。

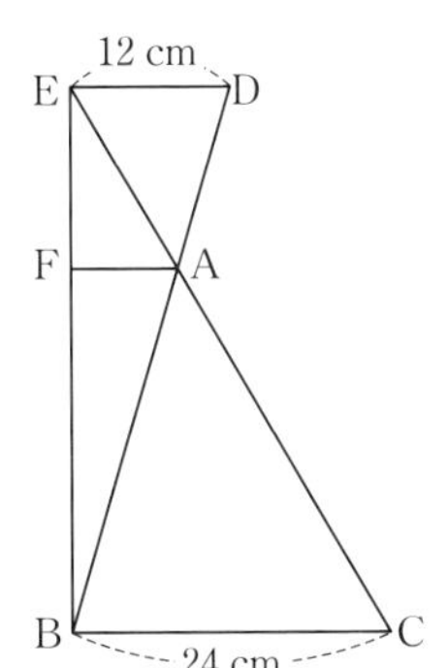

ここがポイント

DE，AF，CB は同位角が等しい（90°）から平行である。

左ページの例の答え ①10 ②5 ③12 ④7 ⑤35 ⑥5 ⑦8 ⑧6 ⑨18 ⑩15

確認のワーク ステージ1
2節 平行線と線分の比
2 三角形と線分の比② 3 平行線と線分の比

例1 三角形と線分の比②

教 p.140 → 基本問題 1 2

右の図で，AB = 9 cm，AD = 6 cm，AC = 12 cm，AE = 8 cm である。
このとき，DE // BC となることを証明しなさい。

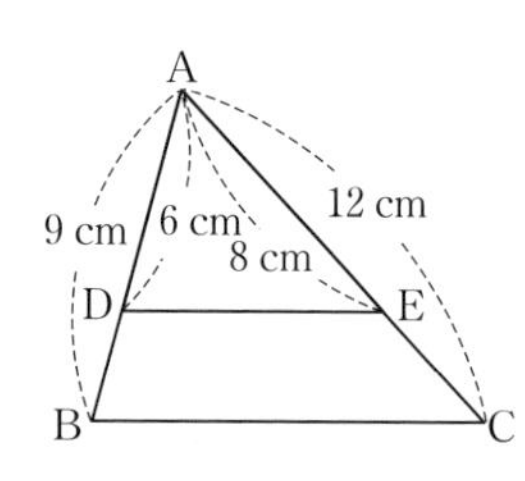

考え方 2つの三角形が相似であることをいってから，対応する角が等しいことを使う。

解き方 △ADE と △ABC において，

AD : AB = 6 : 9 = ①［　　］…㋐

AE : AC = 8 : 12 = ①［　　］…㋑

㋐，㋑より，AD : AB = AE : AC…①

∠A は ②［　　］…②

①，②より，2組の辺の比と ③［　　］がそれぞれ等しいから，△ADE ∽ ④［　　］

したがって，∠ADE = ⑤［　　］

相似な図形の対応する角は等しい。

⑥［　　］が等しいから，⑦［　　］

定理 三角形と線分の比②

下の図で，
1 AD : AB = AE : AC ならば DE // BC
2 AD : DB = AE : EC ならば DE // BC

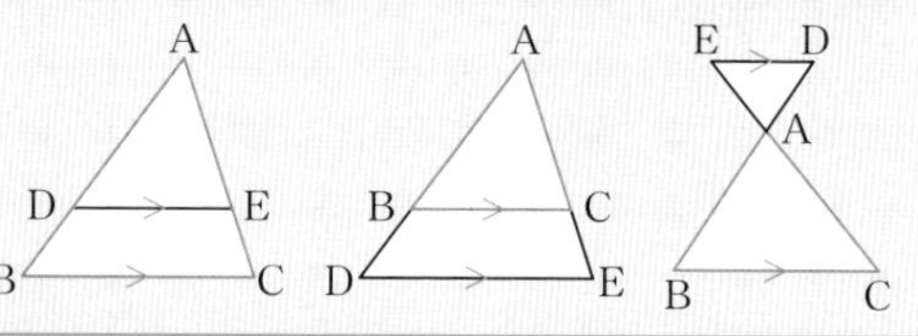

例2 平行線と線分の比

教 p.142 → 基本問題 3

次の図で，直線 a，b，c は平行です。x の値を求めなさい。

(1)
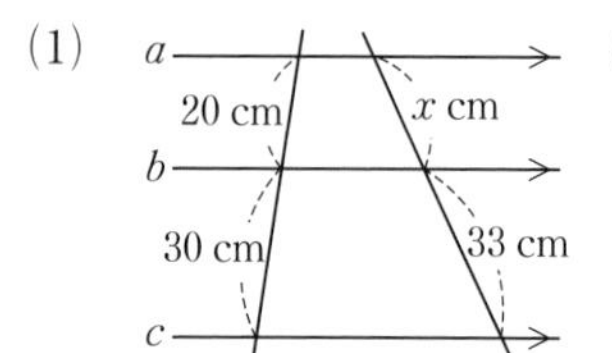

(2)
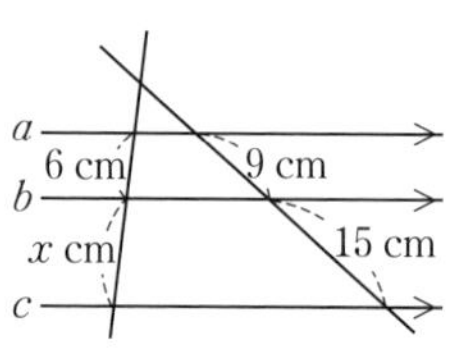

考え方 平行線と線分の比の定理にあてはめて考える。

解き方 (1) $a \parallel b \parallel c$ より，

$20 : 30 = x : 33$

$30x = 660$ $x =$ ⑧［　　］

(2) $6 : x = 9 : 15$

$9x = 90$

$x =$ ⑨［　　］

定理 平行線と線分の比

いくつかの平行線に，2直線が交わるとき，2直線は平行線によって等しい比に分けられる。

$p : q = p' : q'$

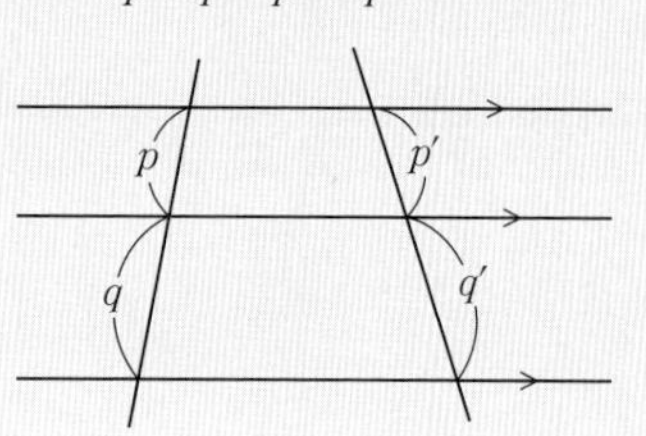

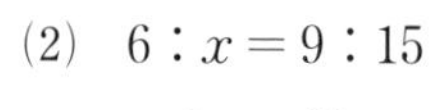

基本問題

解答 p.26

1 三角形と線分の比② 次の図で，線分 DE，EF，FD のうち，△ABC の辺に平行なものはどれですか。 教 p.141 問2

(1)

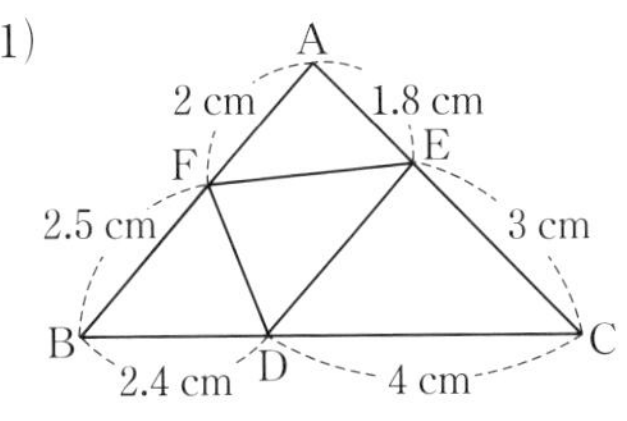

(2)

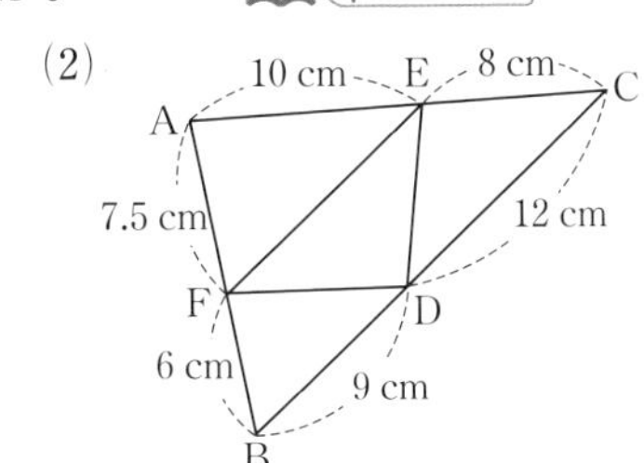

ここがポイント

EF と BC の平行は AF：FB と AE：EC の比を調べる。

AF：FB = AE：EC

⇓

FE ∥ BC

2 三角形と線分の比② 右の図で，

BE：EA = BF：FC，

DH：HA = DG：GC です。

∠BCD = 108°，∠HGD = 63° のとき，次の問いに答えなさい。

教 p.141 問3

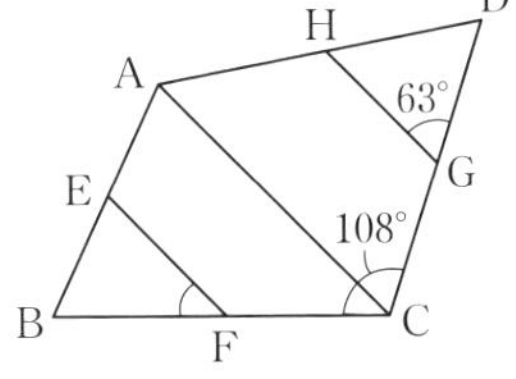

(1) ∠ACD の大きさを求めなさい。

(2) ∠BFE の大きさを求めなさい。

ここがポイント

DH：HA = DG：GC より，HG ∥ AC がいえる。

平行線の同位角は等しいから，∠ACD = ∠HGD

同様に △BCA でも，∠BFE = ∠BCA

3 平行線と線分の比 次の図で，直線 a，b，c は平行です。x の値を求めなさい。 教 p.142 問1

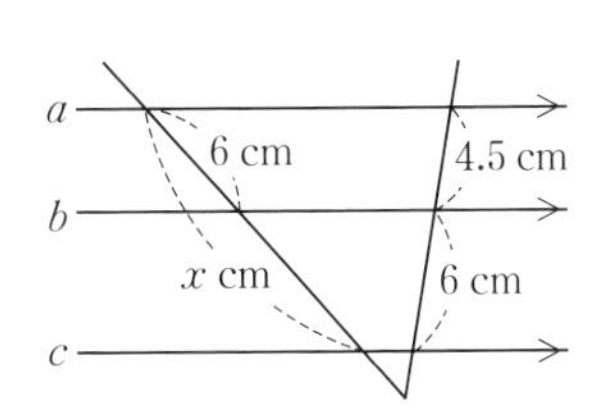

(1)

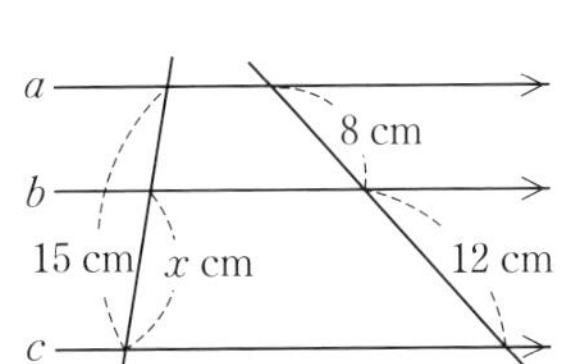

(2)

a, b, c; 6 cm, 4.5 cm, x cm, 6 cm

(3)

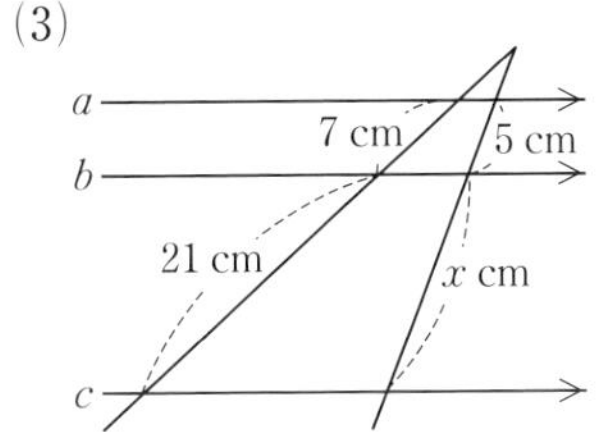

(4)

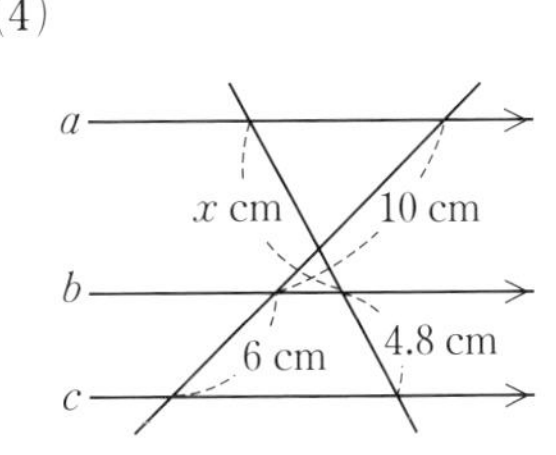

知ってると得

(4)のように直線が交わっている場合，一方を平行移動して(1)のようにしてみると，図が見やすくなる。

左ページの例の答え ①2：3 ②共通 ③その間の角 ④△ABC ⑤∠ABC ⑥同位角 ⑦DE ∥ BC ⑧22 ⑨10

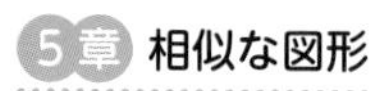

確認のワーク ステージ1　2節 平行線と線分の比
4 中点連結定理

例1 中点連結定理

AB = AC である二等辺三角形 ABC において，BC，CA，AB の中点をそれぞれ D，E，F とします。このとき，△DEF はどんな三角形になりますか。

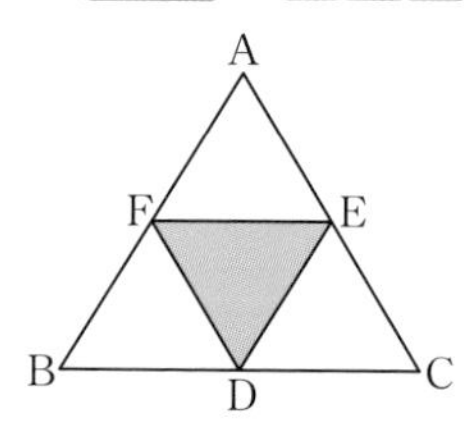

考え方 点 D，点 E，点 F がそれぞれ辺 BC，CA，AB の中点なので，中点連結定理を考える。

解き方 CD = DB，CE = EA だから，

中点連結定理より，DE = $\frac{1}{2}$ ［①　　］…①

同じように ［②　　］ = $\frac{1}{2}$AC …②

①，②と AB = AC より，DE = ［③　　］

△DEF で 2 辺が等しいから，△DEF は

［④　　］である。

中点連結定理

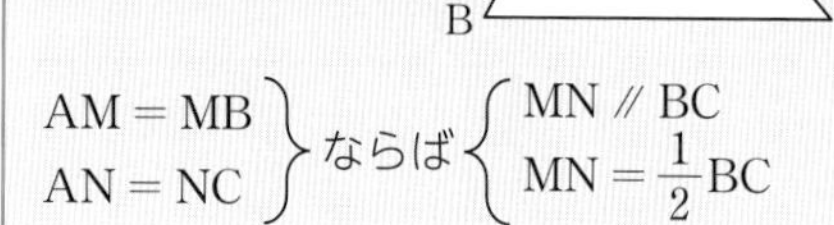

三角形の 2 辺の中点を結ぶ線分は，残りの辺に平行で，長さはその半分である。

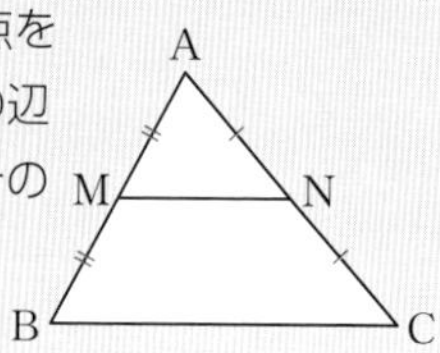

(図: A, M, N, B, C)

AM = MB, AN = NC ならば MN // BC, MN = $\frac{1}{2}$BC

例2 中点連結定理

四角形 ABCD で，辺 AB，BC，CD，DA の中点をそれぞれ P，Q，R，S とすると，四角形 PQRS は平行四辺形であることを証明しなさい。

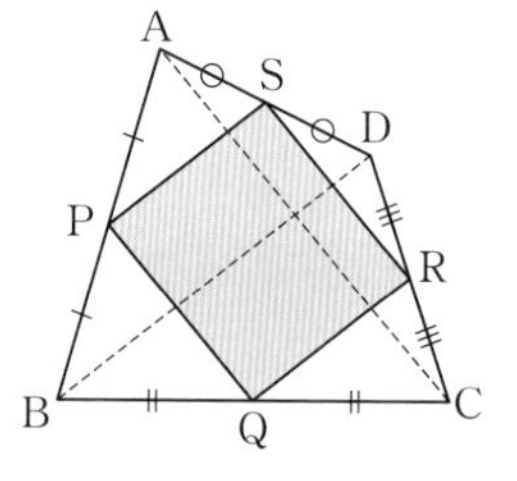

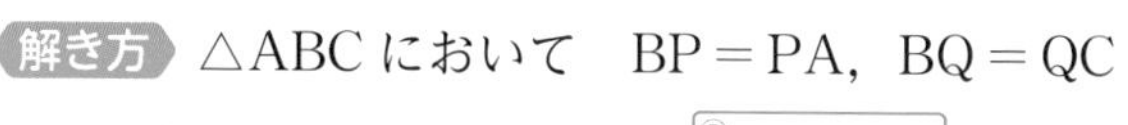

解き方 △ABC において　BP = PA，BQ = QC

中点連結定理から　PQ // ［⑤　　］……①

△DAC において，中点連結定理から

SR // AC　……②

①，②より　PQ // SR

同じように　QR // ［⑥　　］，

PS // ［⑥　　］ だから　QR // PS

2 組の向かい合う辺がそれぞれ ［⑦　　］

だから，四角形 PQRS は平行四辺形である。

思い出そう

平行四辺形になる条件

1. 2 組の向かい合う辺がそれぞれ平行である。……定義
2. 2 組の向かい合う辺がそれぞれ等しい。
3. 2 組の向かい合う角がそれぞれ等しい。
4. 対角線が，それぞれの中点で交わる。
5. 1 組の向かい合う辺が平行で，その長さが等しい。

別解　PQ = $\frac{1}{2}$AC，SR = $\frac{1}{2}$AC より　PQ = SR　これと　PQ // SR より，

1 組の向かい合う辺が平行で長さが等しいから，平行四辺形であるといってもよい。

基本問題

解答 p.27

1 **中点連結定理**　右の図において，D と E は AB を 3 等分する点，F は AC の中点です。DF = 2 cm のとき，次の問いに答えなさい。 教 p.144 問1

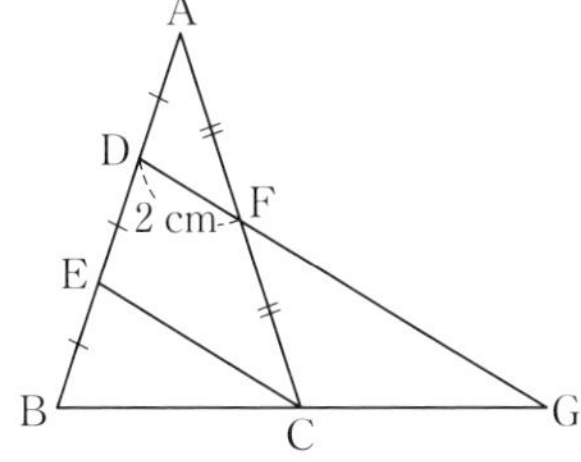

(1)　EC の長さを求めなさい。

(2)　BC：CG を求めなさい。

(3)　FG の長さを求めなさい。

ここがポイント
△AEC において，D は AE の中点，F は AC の中点になるから，中点連結定理が使える。

2 **中点連結定理**　△ABC において，BC，CA，AB の中点をそれぞれ D，E，F とします。このとき，四角形 BDEF は平行四辺形であることを証明しなさい。 教 p.145 例1

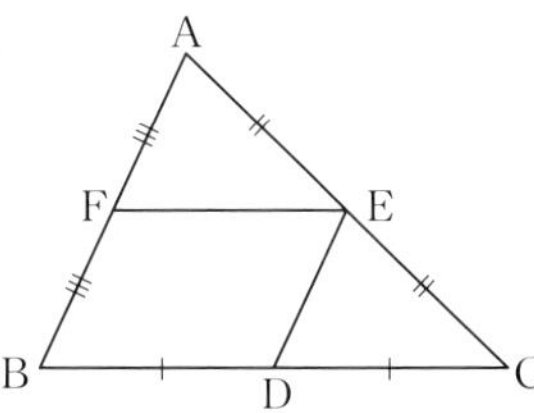

ここがポイント
2 組の向かい合う辺がそれぞれ平行だから平行四辺形（定義）にあてはめる。

3 **中点連結定理**　△ABC で，点 D が辺 AB の中点であり，DE // BC ならば，点 E は辺 AC の中点であることを証明しなさい。 教 p.145 問3

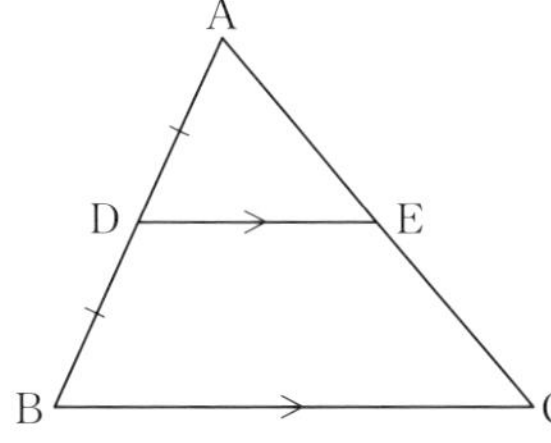

ここがポイント
DE // BC より，
AD：DB = AE：EC
AD：DB = 1：1 より
AE：EC = 1：1
点 E は AC の中点である。

4 **中点連結定理**　右の図の四角形 ABCD は AD // BC の台形です。AE = EB，EF // BC のとき，線分 EF の長さを求めなさい。 教 p.145

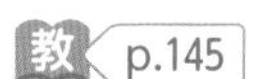

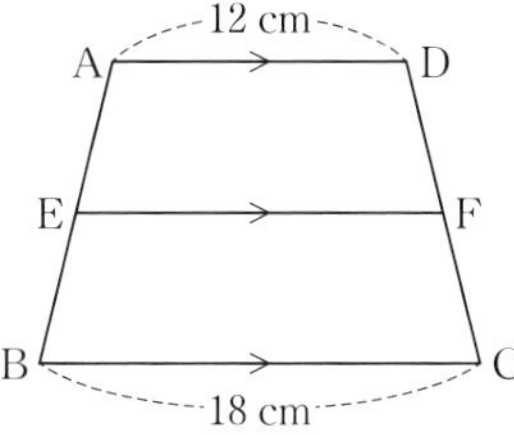

ここがポイント
A を通り，DC に平行な直線をひいて，台形を三角形と平行四辺形に分けて考える。

5章

解答 p.27

2節　平行線と線分の比

1 次の図で，DE // BC のとき，x，y の値（あたい）を求めなさい。

(1)
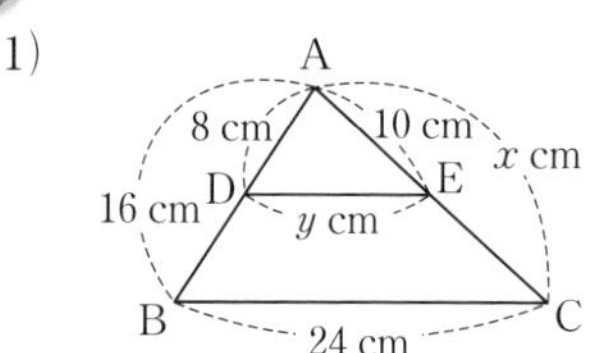

(2)
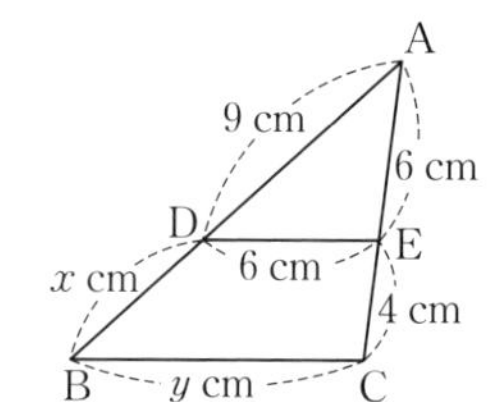

(3)
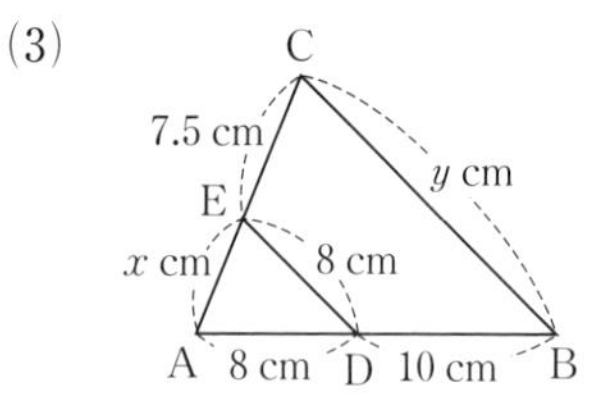

(4)
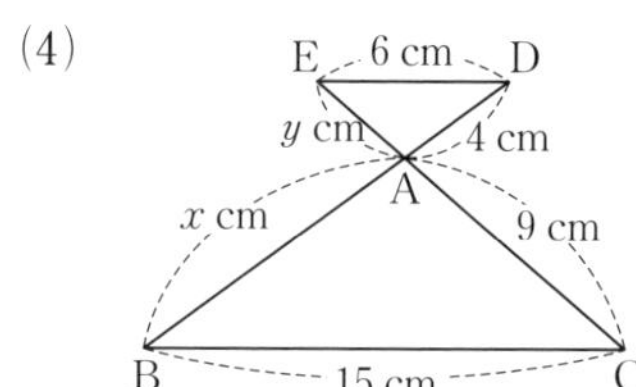

2 右の図の ▱ABCD で，AC＝10 cm，BE：EC＝1：2 のとき，線分 CF の長さを求めなさい。

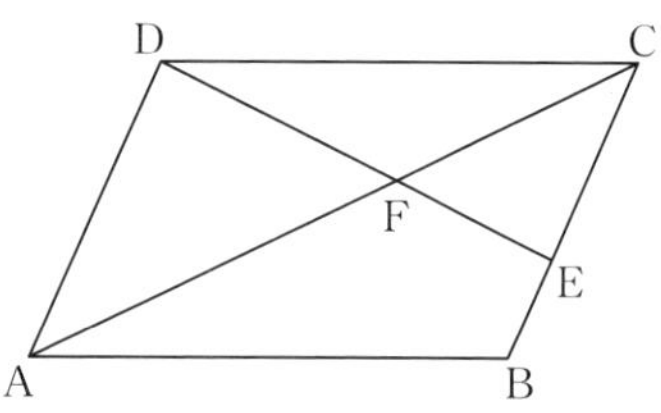

3 右の図の △ABC で，BC // DE，DC // FE，AD＝12 cm，AB＝18 cm のとき，AF の長さを求めなさい。

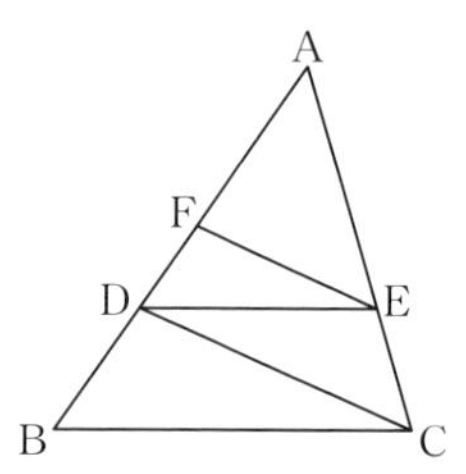

4 次の図で，直線 a，b，c は平行です。x，y の値を求めなさい。

(1)
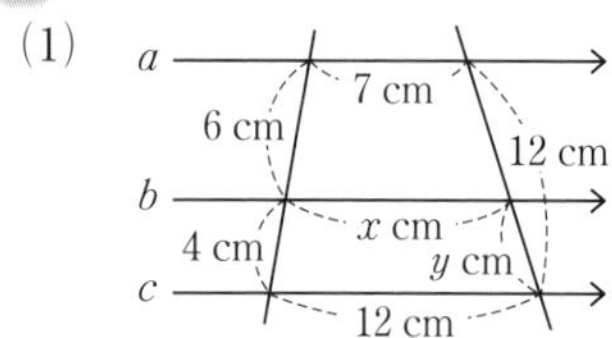

(2)
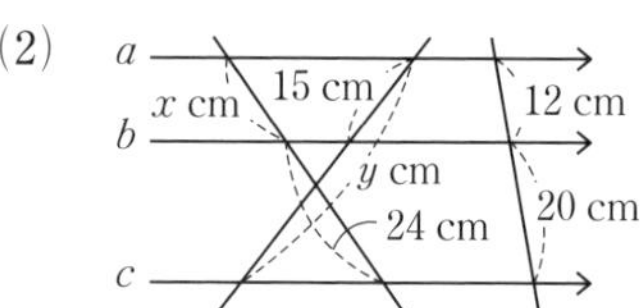

(3)
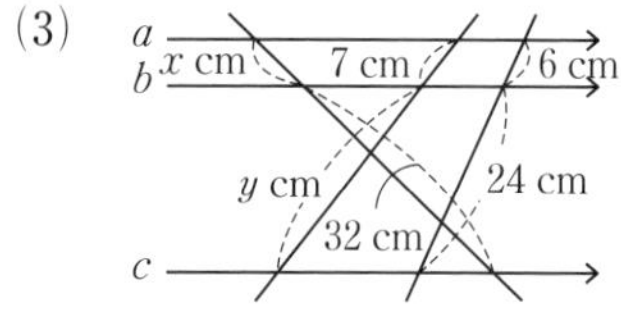

(4)
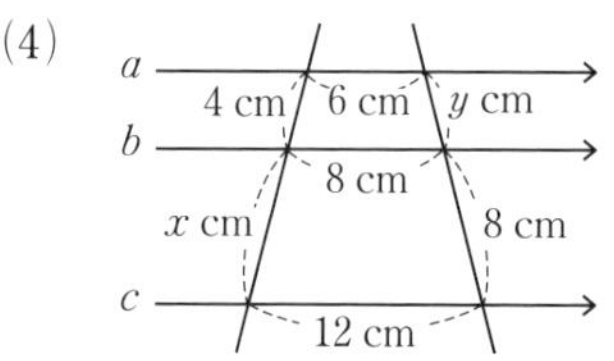

2 BE：EC＝1：2 より，EC：BC＝2：3　平行四辺形の向かい合う辺は等しいから，AD＝BC より，EC：AD＝2：3 といえる。

4 補助線をひいて，三角形や平行四辺形をつくって考えやすい図にする。

5 右の図で，直線 a，b，c は平行で，
AD：DF＝3：2，AC：CG＝2：5 です。
x，y の値を求めなさい。

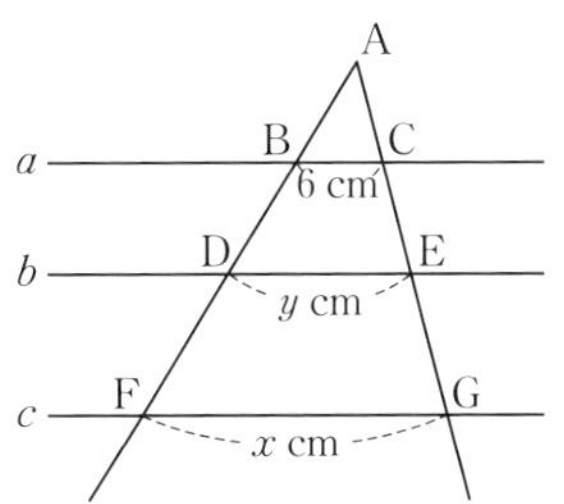

レベルUP **6** 右の図で，AC，AG の中点をそれぞれ E，F とします。
AD // BC，AD＝3 cm，BC＝10 cm のとき，次の問いに答えなさい。

(1) 線分 BG の長さを求めなさい。

(2) 線分 EF の長さを求めなさい。

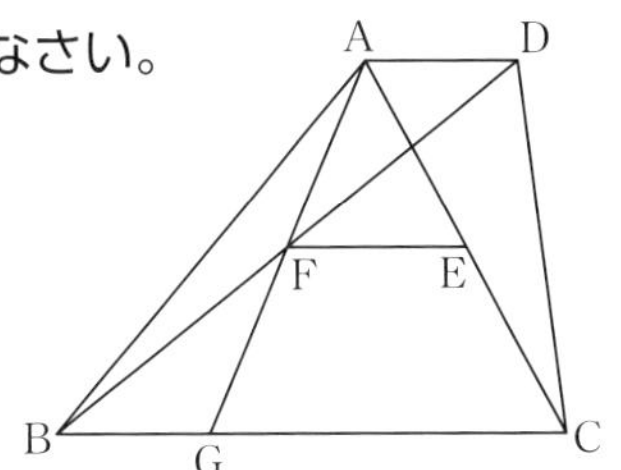

入試問題をやってみよう！

1 右の図のような 5 つの直線があります。直線 ℓ，m，n が ℓ // m，m // n であるとき，x の値を求めなさい。

〔北海道〕

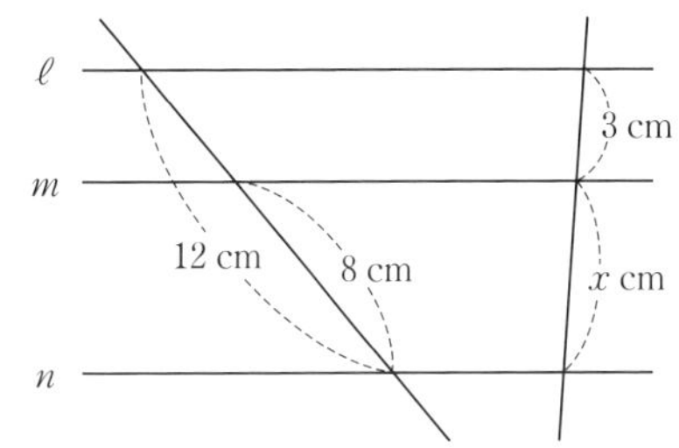

2 右の図で，△ABC の辺 AB と △DBC の辺 DC は平行です。また，E は辺 AC と DB との交点，F は辺 BC 上の点で，AB // EF です。
AB＝6 cm，DC＝4 cm のとき，線分 EF の長さは何 cm か，求めなさい。

〔愛知〕

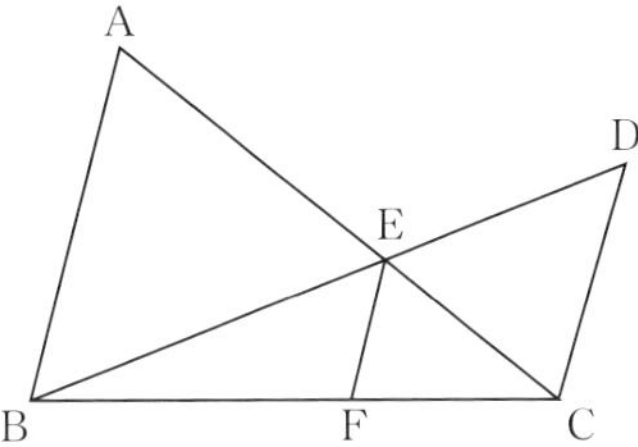

5 AC：AG＝BC：FG，AD：AF＝DE：FG となる。
6 E，F が AC，AG の中点なので，中点連結定理を利用する。

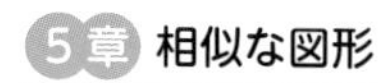

確認のワーク ステージ1

3節 相似な図形の面積比と体積比
1 相似な図形の面積比　2 相似な立体の表面積の比と体積比
3 相似な図形の面積比と体積比の活用

例1 相似な平面図形の周と面積

教 p.148 → 基本問題 1

右の図で，△ABC∽△DEF のとき，周の長さの比を求めなさい。また，△ABC の面積が $12\,\text{cm}^2$ のとき，△DEF の面積を求めなさい。

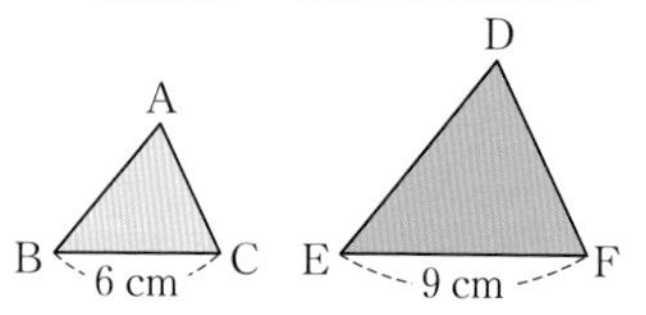

考え方 相似比から，周の長さの比，面積比を求め，比例式をつくる。

解き方 2つの三角形の相似比は，BC：EF＝6：9＝2：3

周の長さの比は相似比に等しいから，2：①

△ABC と △DEF の面積比は，$2^2：3^2$＝4：9 だから，△DEF の面積を $x\,\text{cm}^2$ とすると，12：x＝4：9　x＝② (cm^2)

たいせつ
相似比　$m：n$
⇒ 周の長さの比 $m：n$
　 面積比 $m^2：n^2$

例2 相似比と面積比の関係の利用

教 p.149 → 基本問題 1

右の図の △ABC で，DE∥BC，AD：DB＝3：1 のとき，△ADE と四角形 DBCE の面積比を求めなさい。

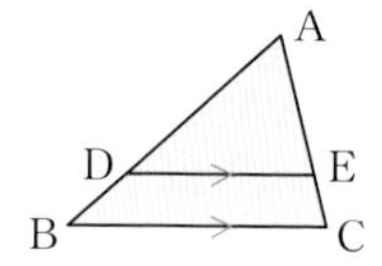

考え方 四角形 DBCE＝△ABC－△ADE と考える。

解き方 △ADE∽△ABC で，相似比は，AD：AB＝3：(3+1)＝3：4

↑ DE∥BC より，∠ADE＝∠ABC，∠A は共通

△ADE と △ABC の面積比は，$3^2：4^2$＝9：③

△ADE：四角形 DBCE＝9：(④ －9)＝9：7

まず，相似な図形を見つけよう。

例3 相似な立体の表面積と体積

教 p.151 → 基本問題 2 3

相似な2つの円柱 P，Q があり，その相似比は 5：3 です。

(1) P の表面積が $75\,\text{cm}^2$ のとき，Q の表面積を求めなさい。

(2) Q の体積が $54\,\text{cm}^3$ のとき，P の体積を求めなさい。

考え方 相似比を2乗，3乗して，表面積の比や体積比を求め，比例式をつくる。

解き方 (1) P と Q の表面積の比は，$5^2：3^2$＝25：9

Q の表面積を $x\,\text{cm}^2$ とすると，75：x＝25：9　x＝⑤ (cm^2)

(2) P と Q の体積比は，$5^3：3^3$＝125：27

P の体積を $y\,\text{cm}^3$ とすると，y：54＝125：27　y＝⑥ (cm^3)

たいせつ
相似比　$m：n$
⇒ 表面積の比 $m^2：n^2$
　 体積比 $m^3：n^3$

基本問題

解答 p.28

1 相似な図形の周と面積 右の図で，DE // BC のとき，次の問いに答えなさい。 教 p.148, 149

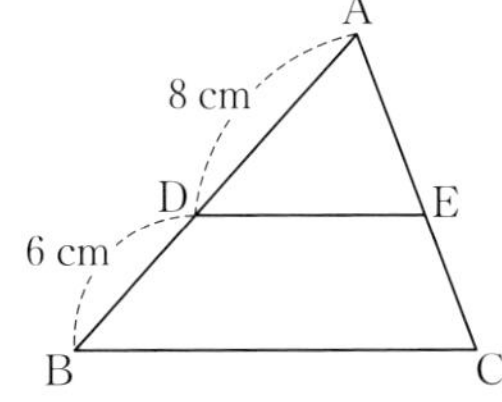

(1) △ADE の周の長さが 24 cm のとき，△ABC の周の長さを求めなさい。

ここがポイント

周の長さの比は相似比に等しい。
△ADE と △ABC の相似比は
AD：AB＝8：14＝4：7
面積比→相似比の 2 乗
$4^2：7^2$

(2) △ADE と △ABC の面積比を求めなさい。

(3) △ABC の面積が 98 cm^2 のとき，四角形 DBCE の面積を求めなさい。

2 相似な立体の表面積と体積 相似な 2 つの三角錐（さんかくすい）P，Q があり，その相似比は 4：3 です。 教 p.150, 151

(1) P の表面積が 80 cm^2 のとき，Q の表面積を求めなさい。

知ってると得

表面積と同様に，側面積や底面積の比も相似比の 2 乗になる。

(2) Q の体積が 81 cm^3 のとき，P の体積を求めなさい。

3 相似な立体の表面積と体積 右の図のような円錐の形をした容器に，9 cm の深さまで水がはいっています。 教 p.152 問5

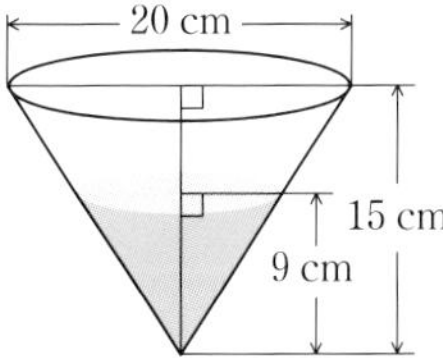

(1) 容器の容積を求めなさい。

(2) 水がはいっている部分と容器は相似です。その相似比を求めなさい。

(3) 容器にはいっている水の体積を求めなさい。

円錐・角錐の体積
$=\frac{1}{3}$×底面積×高さ

5章

左ページの例の答え ①3 ②27 ③16 ④16 ⑤27 ⑥250

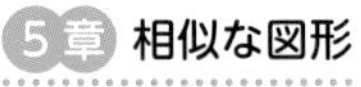

解答 p.29

3節　相似な図形の面積比と体積比

よく出る **1** 右の図は，AD // BC の台形 ABCD で，AD＝4cm，BC＝6cm です。

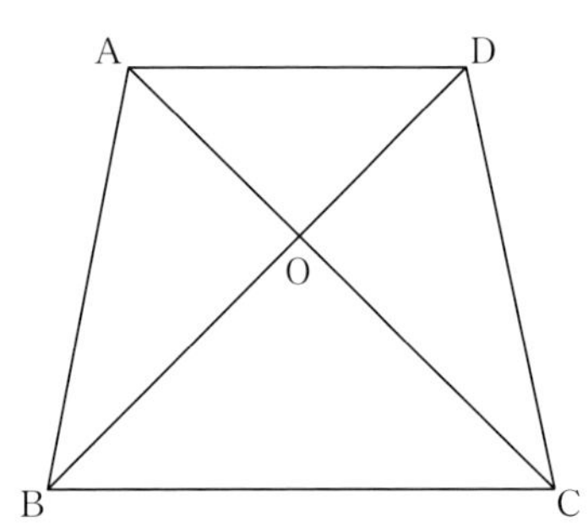

(1) △AOD と △COB の面積比を求めなさい。

(2) △AOD と △ABO の面積比を求めなさい。

(3) △AOD の面積が 8 cm^2 のとき，台形 ABCD の面積を求めなさい。

2 右の図で　∠ABC＝∠BDC＝90°，AB：BC＝3：2 のとき，次の問いに答えなさい。

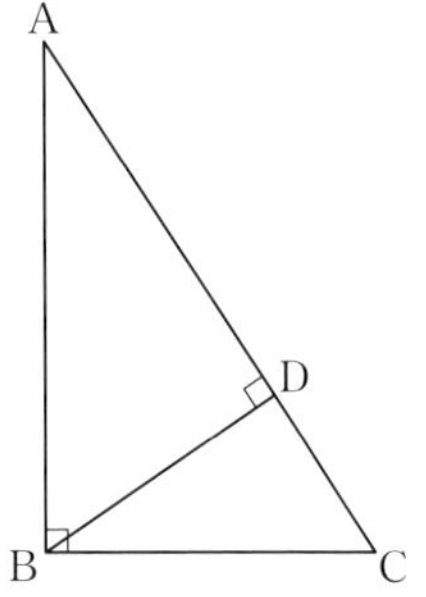

(1) △ABD と △BCD の面積比を求めなさい。

(2) △ABC と △ADB の面積比を求めなさい。

3 右の図のように，円錐を高さ OH の中点を通り底面に平行な平面で切り，2 つの立体 P と Q に分けます。

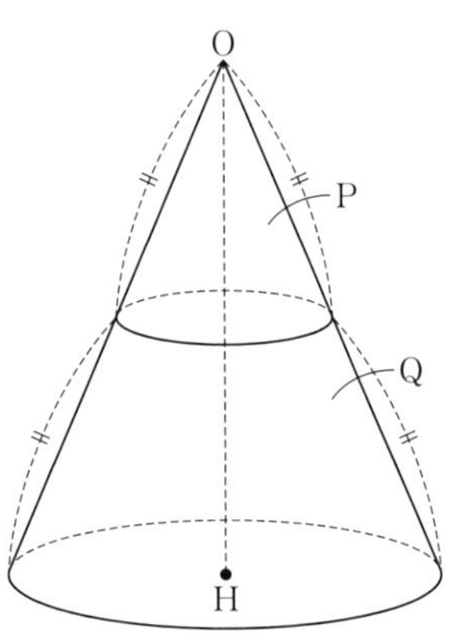

(1) 立体 P ともとの円錐の表面積の比を求めなさい。

(2) 立体 P ともとの円錐の体積比を求めなさい。

(3) もとの円錐の体積が 160π cm^3 のとき，立体 Q の体積を求めなさい。

1 (2) OD，BO を底辺とすると，高さは共通だから　△AOD：△ABO＝DO：OB

2 3 つの三角形 △ABC，△ADB，△BDC は相似になる。(2 組の角がそれぞれ等しい。)

レベルUP **4** 右の図で，点 M，N は四角錐 ABCDE の辺 AB を 3 等分する点です。図のように，四角錐 ABCDE を，M，N を通り，底面 BCDE に平行な平面で 3 つの部分，P，Q，R に分けます。このとき，P，Q，R の体積比を求めなさい。

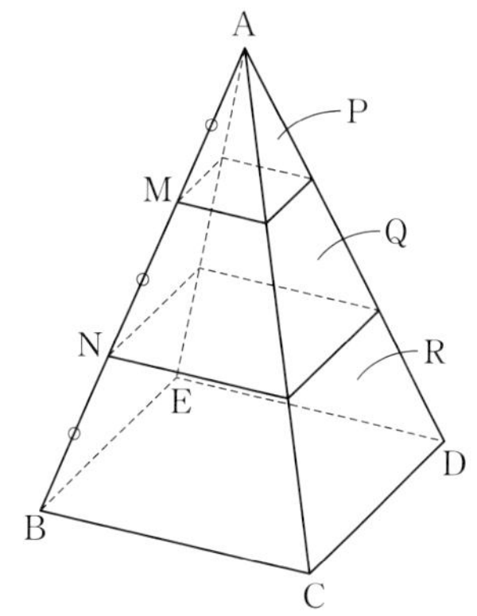

5 あるケーキ屋では，直径 10 cm の S サイズと直径 20 cm の L サイズの円形のパイを売っていて，値段はそれぞれ 600 円と 1800 円です。S サイズを 3 個買うのと，L サイズを 1 個買うのとでは，どちらが得といえますか。その理由を説明しなさい。

入試問題をやってみよう！

1 右の図のように，▱ABCD の辺 BC を 2：1 に分ける点を E とし，対角線 BD と，対角線 AC，線分 AE との交点を，それぞれ，O，F とします。△BEF の面積が 6 cm² のとき，△AFO の面積を求めなさい。〔鳥取〕

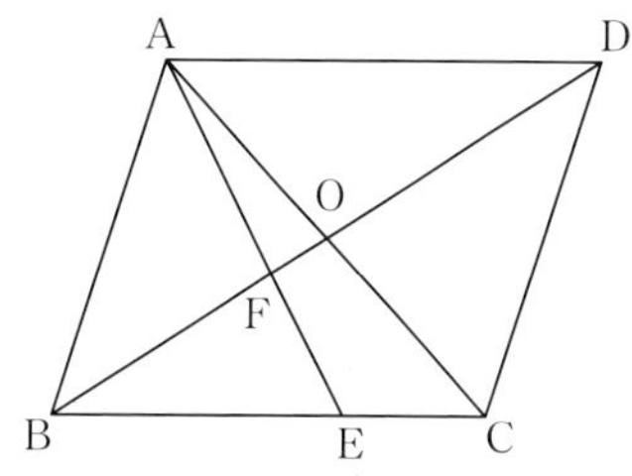

2 球 A の表面積が球 B の表面積の 9 倍であり，球 B の半径が 4 cm であるとき，球 A の半径を求めなさい。〔京都〕

3 円錐の形のチョコレートがあります。このチョコレートの $\frac{1}{8}$ の量をもらえることになり，底面と平行に切って頂点のあるほうをもらうことにしました。母線の長さを 8 cm とすると，頂点から母線にそって何 cm のところを切ればよいかを求めなさい。〔埼玉〕

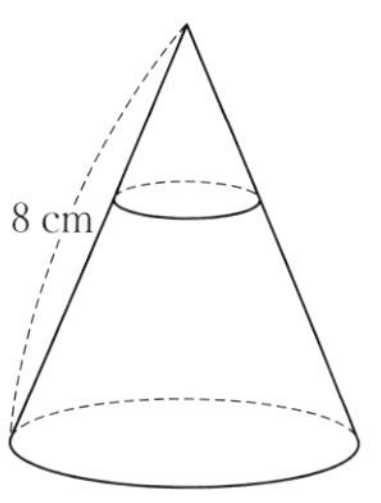

4 四角錐P：四角錐(P＋Q)：四角錐(P＋Q＋R) の体積比を求める。

1 △AFO＝△ABO－△ABF を考え，△DAF と △BEF の面積比から △DAF の面積を求める。AF：FE＝3：2 より △ABF の面積を求める。

5章

解答 p.30

相似な図形

/100

1 次の図で，相似な三角形の組をそれぞれ見つけ，記号 ∽ を使って表しなさい。また，その相似条件を答えなさい。

3点×6（18点）

(1)

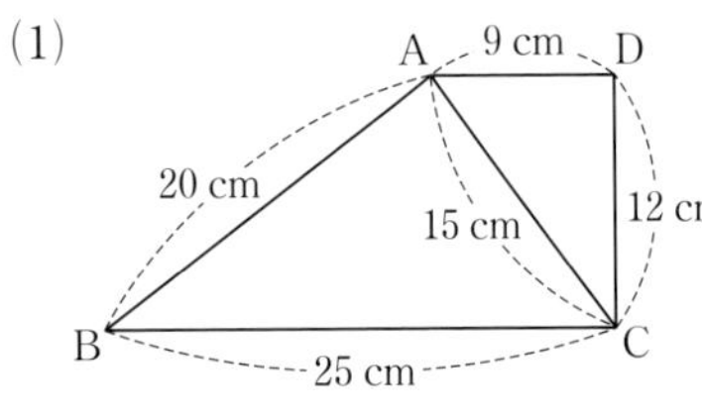

(2)

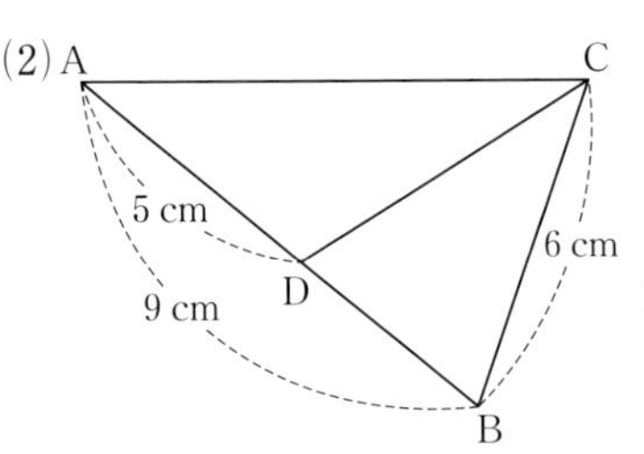

(3)

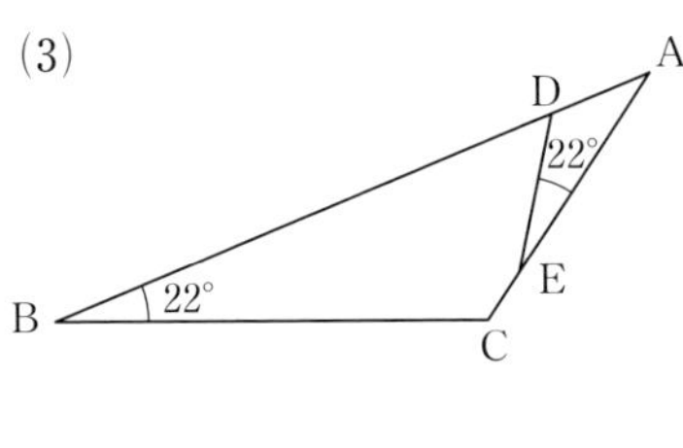

（　　　）（　　　）（　　　）
（　　　）（　　　）（　　　）

2 右の図は，正三角形 ABC の頂点 A が辺 BC 上の点 F に重なるように，DE を折り目として折ったものです。

8点×2（16点）

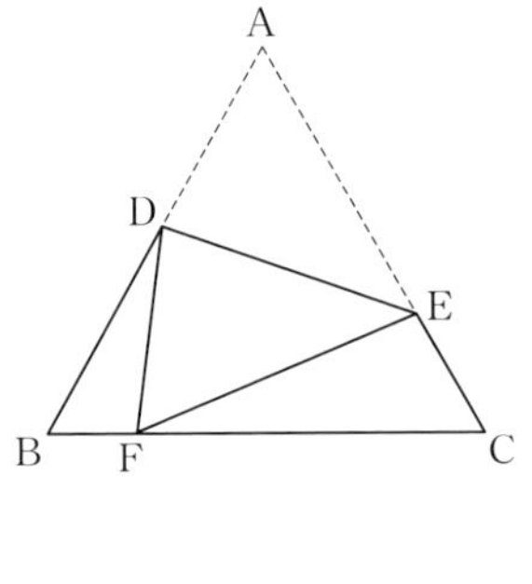

(1) △DBF ∽ △FCE であることを証明しなさい。

（　　　）

(2) DB = 8 cm，DF = 7 cm，BF = 3 cm のとき，AE の長さを求めなさい。

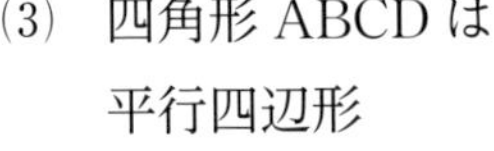

（　　　）

3 次のそれぞれの図において，x，y の値を求めなさい。

4点×4（16点）

(1) DE // AC

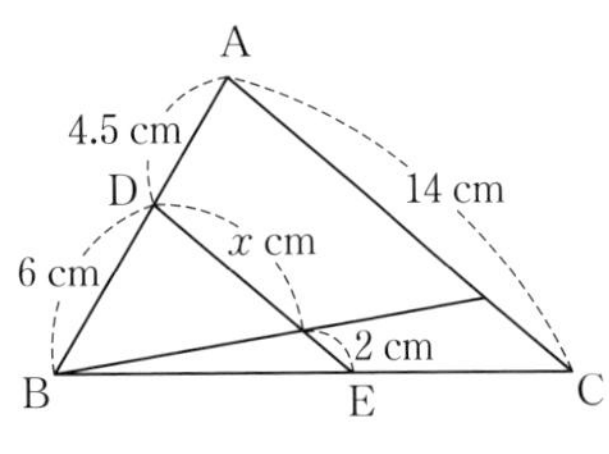

(2) AD // BC // EF

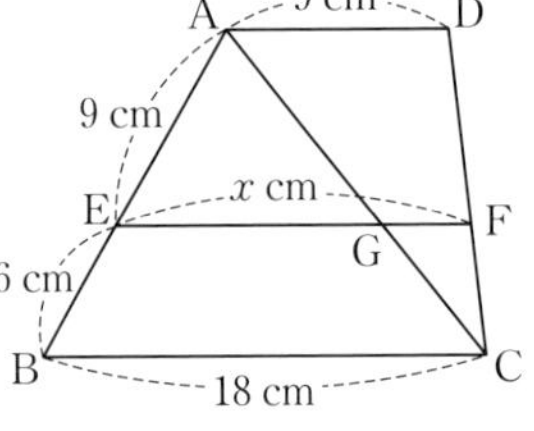

(3) 四角形 ABCD は平行四辺形

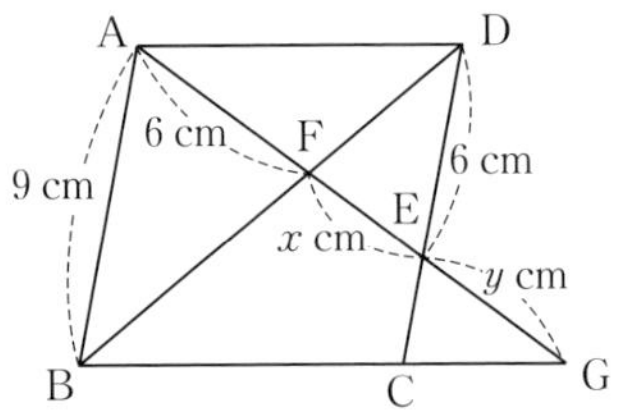

（　　　）（　　　）

x（　　　）

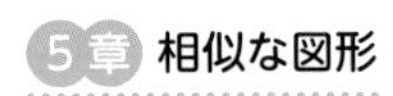

y（　　　）

目標 ❶，❸，❹ は基本問題なので確実に解けるようにしよう。相似比をうまく利用する。

自分の得点まで色をぬろう！
がんばろう！ もう一歩 合格！
0 60 80 100点

4 次の図で，直線 a，b，c は平行です。x，y の値を求めなさい。 3点×6（18点）

(1)

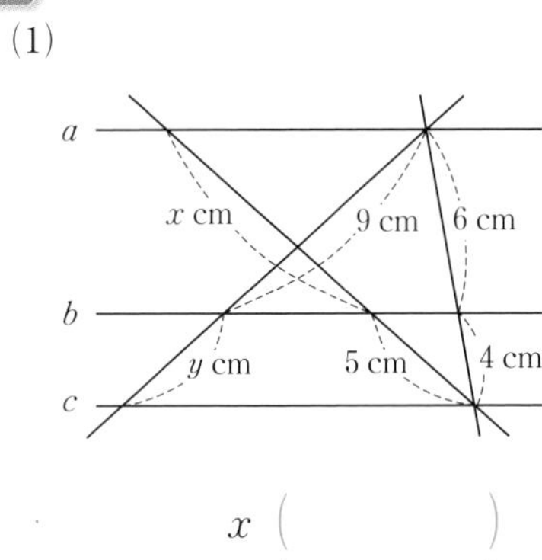

(2)

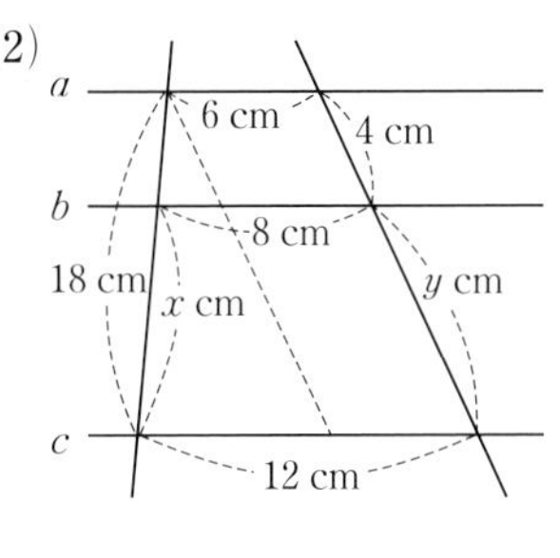

(3)

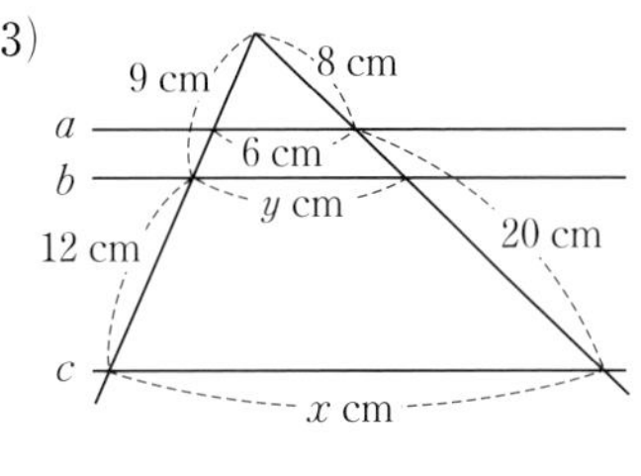

x（　　　） x（　　　） x（　　　）
y（　　　） y（　　　） y（　　　）

5 ▱ABCD の辺 BC，CD の中点をそれぞれ E，F，BD と AE，AC，AF との交点をそれぞれ P，O，Q とします。 4点×5（20点）

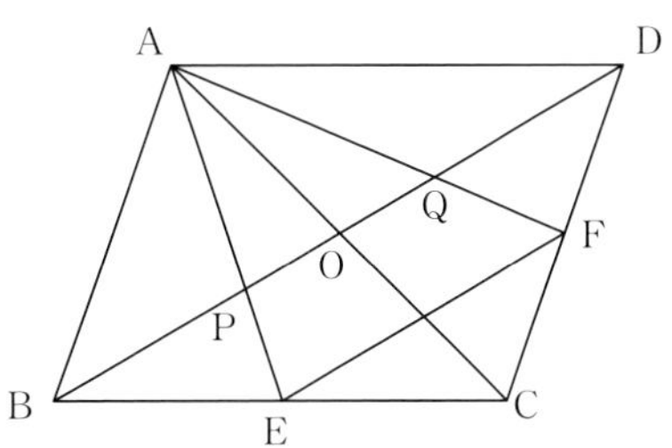

(1) BP：PO と DQ：QO を求めなさい。

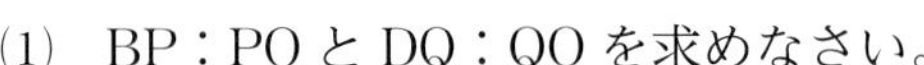

BP：PO（　　　）
DQ：QO（　　　）

(2) EF：PQ を求めなさい。

（　　　）

(3) △ABP と △APO の面積比を求めなさい。

（　　　）

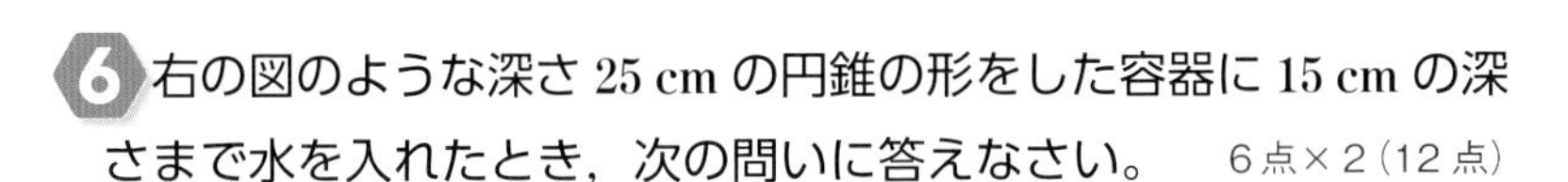

(4) △ECF の面積が $6\,\mathrm{cm}^2$ のとき，▱ABCD の面積を求めなさい。

（　　　）

6 右の図のような深さ 25 cm の円錐の形をした容器に 15 cm の深さまで水を入れたとき，次の問いに答えなさい。 6点×2（12点）

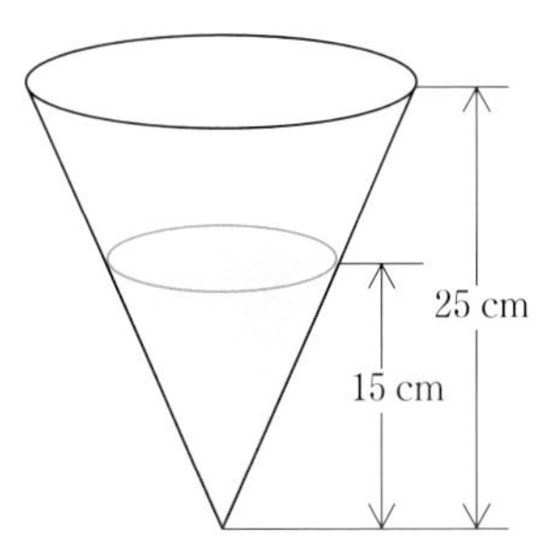

(1) 水面の円の面積と容器の底面積の比を求めなさい。

（　　　）

(2) 容器の中の水の体積は，容器の容積の何倍ですか。

（　　　）

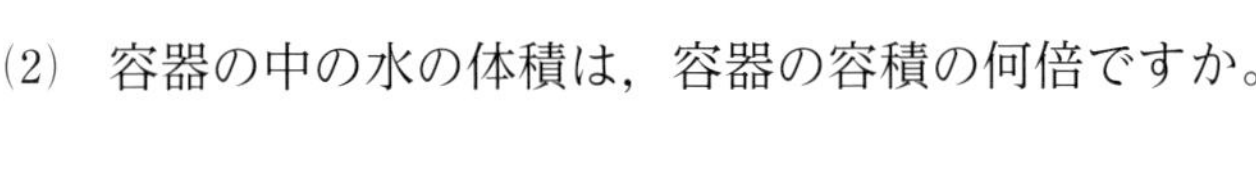

アプリ【どこでもワーク計算編・図形編】をやって，さらに力をつけよう！

確認のワーク ステージ1

1節 円周角と中心角
1 円周角の定理

例1 円周角の定理

教 p.160～162 → 基本問題 1 2

次の図で，$\angle x$ の大きさを求めなさい。

(1)
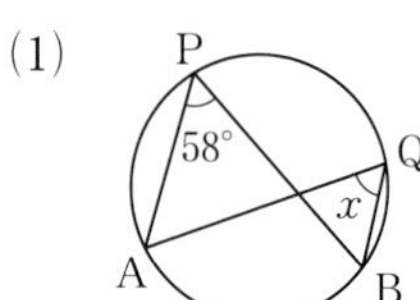

(2)
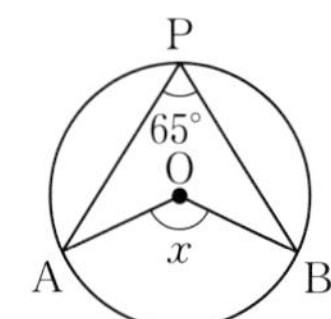

(3)
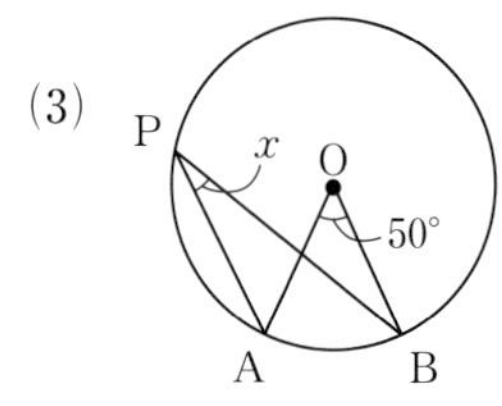

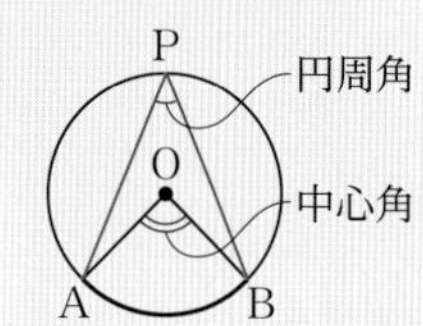

$\angle APB = \frac{1}{2}\angle AOB$

考え方 1つの弧に対する円周角や中心角の関係を考える。

解き方 (1) $\angle APB$ と $\angle AQB$ は，どちらも (①) に対する円周角だから，$\angle APB = \angle AQB$ よって，$\angle x =$ (②) °。

同じ弧に対する円周角は等しい。

(2) 同じ弧に対する円周角は，中心角の半分だから，

$\angle APB = \frac{1}{2}\angle AOB$ より $\angle AOB = 2\angle APB$

よって，$\angle x = 2\angle APB = 65° \times 2 =$ (③) °。

(3) $\angle APB$ と $\angle AOB$ は，どちらも (④) に対する円周角と中心角だから，$\angle APB = \frac{1}{2}\angle AOB$　よって，$\angle x = \angle APB = \frac{1}{2} \times 50° =$ (⑤) °

1つの弧に対する円周角はすべて等しく，その弧に対する中心角の半分だね。

例2 半円の弧に対する円周角

教 p.163 → 基本問題 3 4

次の図で，$\angle x$ の大きさを求めなさい。

(1)
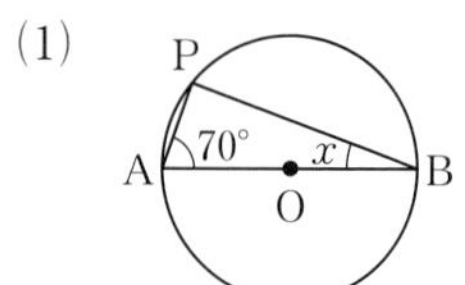

(2)
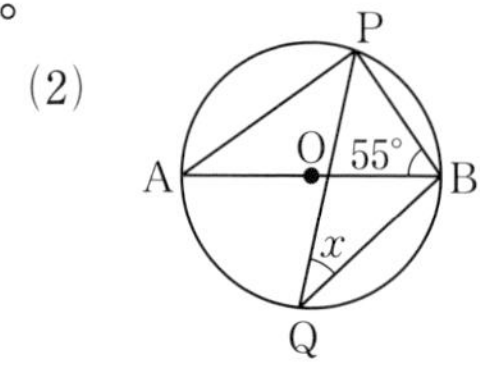

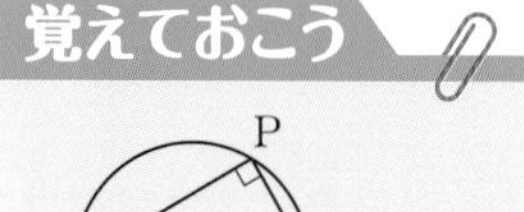

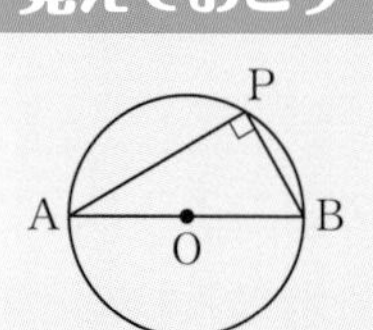

$\angle AOB = 180°$ より

$\angle APB = \frac{1}{2} \times 180°$

$= 90°$

逆 $\angle APB = 90°$ ならば，弦 AB は円の直径である。

考え方 半円の弧に対する円周角は直角であることから $\angle x$ を求める。

解き方 (1) AB は直径なので，$\angle APB =$ (⑥) °。

$\triangle ABP$ で，内角の和は 180° なので，

$\angle x =$ (⑦) ° $-(90° + 70°) =$ (⑧) °。

(2) AB は直径なので，$\angle APB =$ (⑨) °。

$\angle PAB =$ (⑩) ° $-(90° + 55°) =$ (⑪) °。

$\overset{\frown}{PB}$ に対する円周角なので，$\angle PAB = \angle PQB$　よって，$\angle x =$ (⑫) °。

基本問題

解答 p.31

1 円周角の定理　次の図で，$\angle x$ の大きさを求めなさい。

(1)

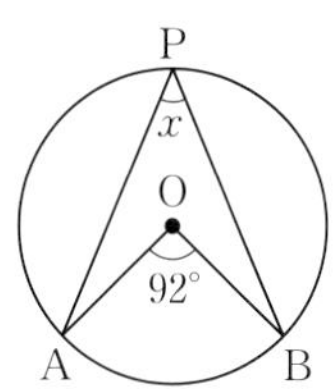

(2)

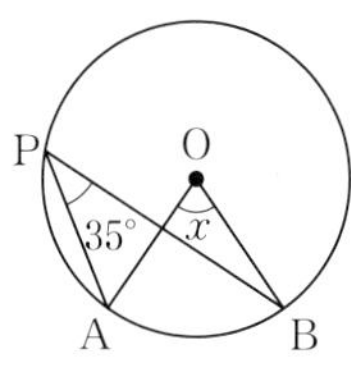

(3)

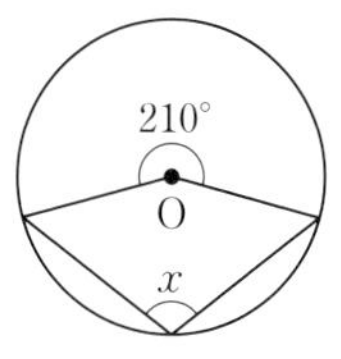

ミス注意

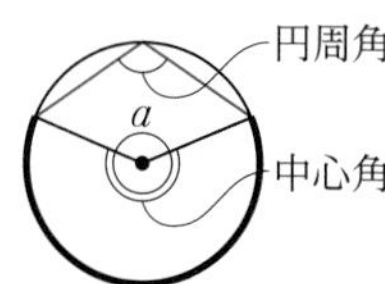

上の図の円周角は長い方の弧に対する円周角である。中心角は 180° より大きい。中心角を $\angle a$ としないように気をつけよう。

(4)

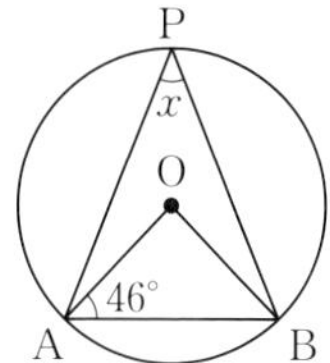

(5)

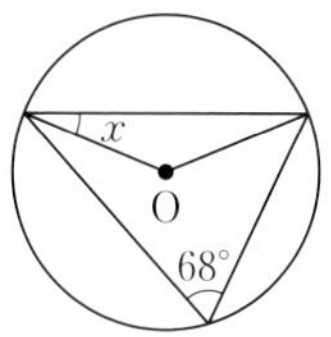

(6)

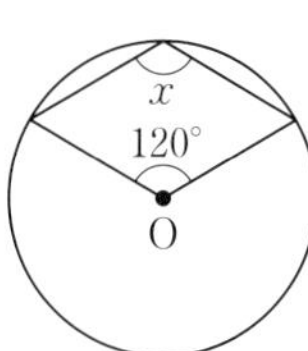

2 円周角の定理　右の図で，点 A，B，C，D が円周上にあるとき，$\angle x$ の大きさを求めなさい。

教 p.162 問2

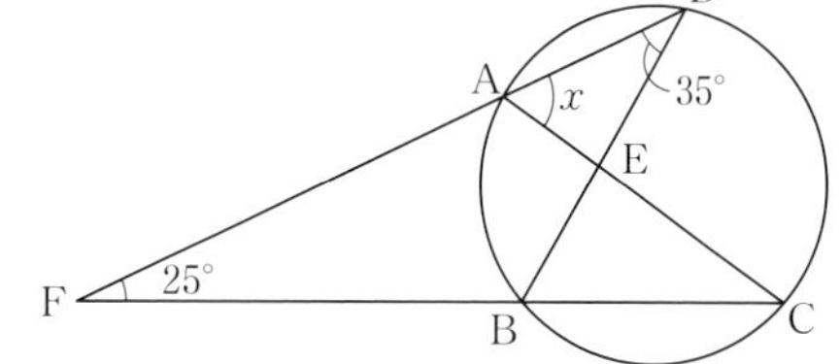

3 半円の弧に対する円周角　次の図で，$\angle x$，$\angle y$ の大きさを求めなさい。

(1)

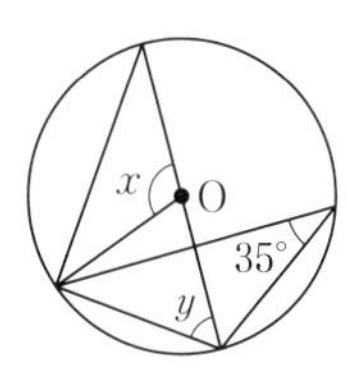

(2)

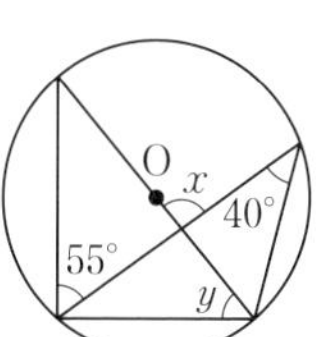

(3)

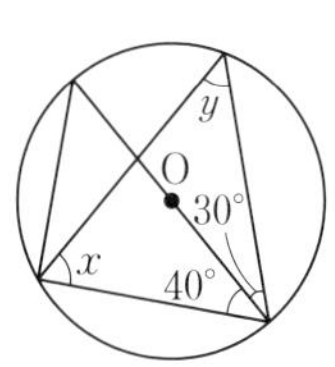

たいせつ

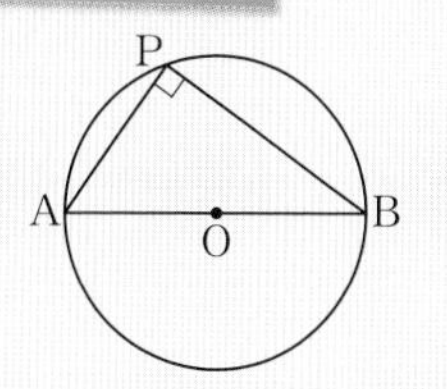

AB が直径ならば $\angle$APB は直角

4 半円の弧に対する円周角　右の図は円で，その中心はわかっていません。三角定規などの直角を使って，この円の直径をかきなさい。

教 p.163 問4

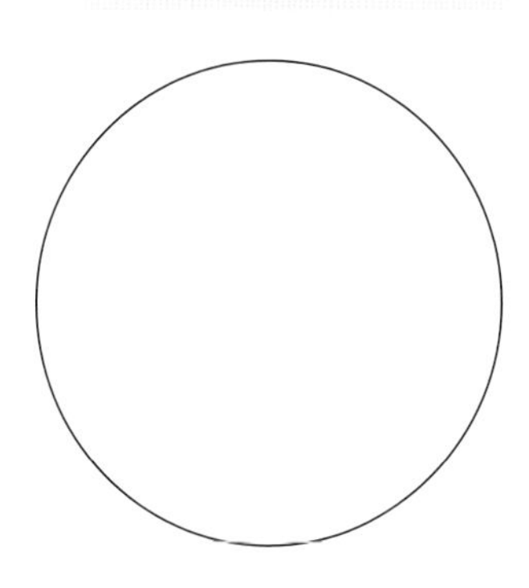

左ページの 例 の答え　① $\overset{\frown}{\mathrm{AB}}$　② 58　③ 130　④ $\overset{\frown}{\mathrm{AB}}$　⑤ 25　⑥ 90　⑦ 180　⑧ 20　⑨ 90　⑩ 180　⑪ 35　⑫ 35

1節　円周角と中心角
2 弧と中心角，円周角　3 円周角の定理の逆

例1 弧と中心角，円周角

教 p.164，165 → 基本問題 1 2 3

次の図で，$\angle x$ の大きさを求めなさい。

(1) $\overset{\frown}{AB}=\overset{\frown}{CD}$

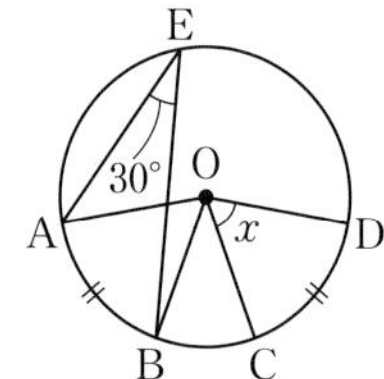

(2) $\overset{\frown}{AB}=\overset{\frown}{BC}=\overset{\frown}{CD}$

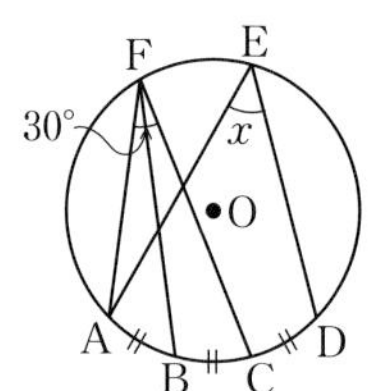

考え方 等しい円周角や中心角と弧の大きさの関係から考える。

解き方 (1) 円周角の定理より，$\angle AOB=2\angle AEB$

よって，$\angle AOB=2\times$ ① °＝ ② °

1つの弧に対する円周角はその弧に対する中心角の半分

$\overset{\frown}{AB}=\overset{\frown}{CD}$ より，$\angle AOB=\angle COD$ なので，$\angle COD=$ ③ °

1つの円で，等しい弧に対する中心角は等しい。

(2) $\overset{\frown}{AB}=\overset{\frown}{BC}=\overset{\frown}{CD}$ より，$\angle AFB=\angle BFC=\angle CED=$ ④ °

1つの円で，等しい弧に対する円周角は等しい。

$\angle AED=\angle AFB+\angle BFC+\angle CED$ なので，

$\angle AED=3\times\angle AFB=3\times$ ⑤ °＝ ⑥ °

例2 円周角の定理の逆

教 p.166，167 → 基本問題 4 5

次の図で，4点A，B，C，Dは1つの円周上にありますか。

(1)

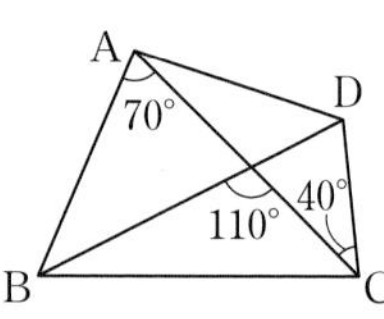

(2)

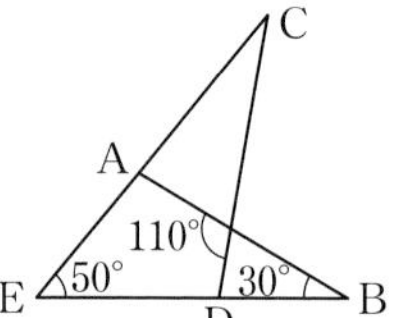

(3) AB // CD

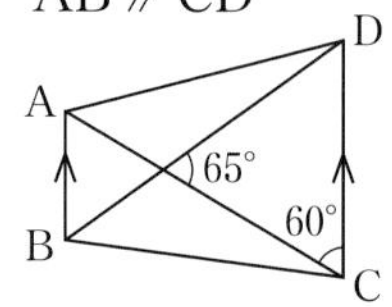

考え方 $\angle ABD=\angle ACD$ が成り立つかどうかで判断する。

解き方 (1) $\angle ABD=110°-$ ⑦ °＝ ⑧ °＝$\angle ACD$

よって，4点は1つの円周上に ⑨ 。

(2) $\angle CAB=50°+$ ⑩ °＝ ⑪ °

$\angle ACD=$ ⑫ °$-80°=$ ⑬ °＝$\angle ABD$

よって，4点は1つの円周上に ⑭ 。

(3) $\angle BDC=180°-($ ⑮ °＋ ⑯ °$)=55°=\angle ABD$（錯角）

よって，4点は1つの円周上に ⑰ 。

円周角の定理の逆

2点P，Qが直線ABについて同じ側にあって，$\angle APB=\angle AQB$ ならば，4点A，B，P，Qは1つの円周上にある。

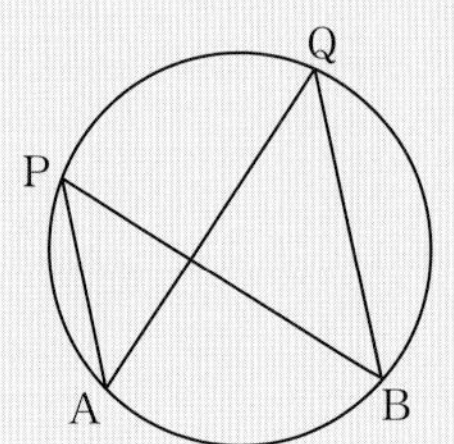

基本問題

解答 p.31

1 円周角と弧 右の図の円において，AB // CD であるとき，$\overset{\frown}{AC} = \overset{\frown}{BD}$ であることを証明しなさい。 教 p.164 問1

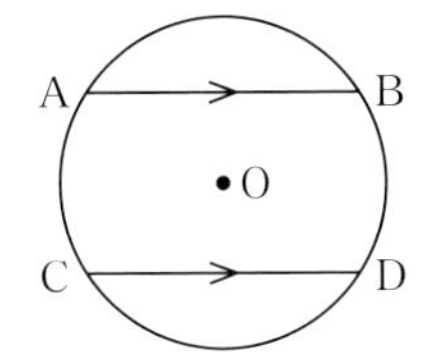

覚えておこう

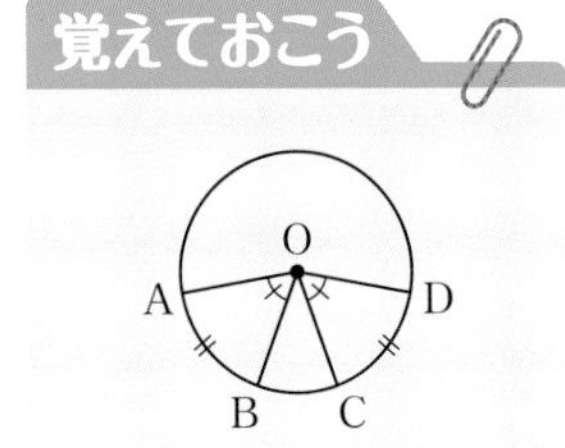

$\overset{\frown}{AB} = \overset{\frown}{CD}$

↕

∠AOB = ∠COD

P Q

A D

B C

$\overset{\frown}{AB} = \overset{\frown}{CD}$

↕

∠APB = ∠CQD

2 円周角と弧 右の図の円において，$\overset{\frown}{AB} = \overset{\frown}{DC}$ であるとき，△PAD が二等辺三角形であることを証明しなさい。 教 p.165 問2

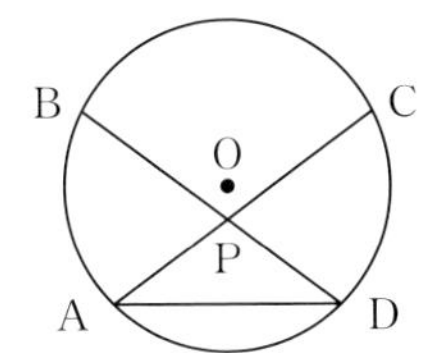

3 中心角と弧 右の図で，$\overset{\frown}{AB} = \overset{\frown}{CD}$ です。∠AED = 85°，∠BEC = 25° のとき ∠AOB の大きさを求めなさい。 教 p.165 問3

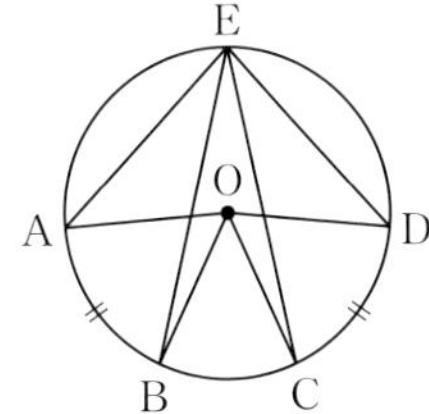

4 円周角の定理の逆 次の図で，4 点 A，B，C，D が 1 つの円周上にあるのはどれですか。番号で答えなさい。 教 p.167 問1

①

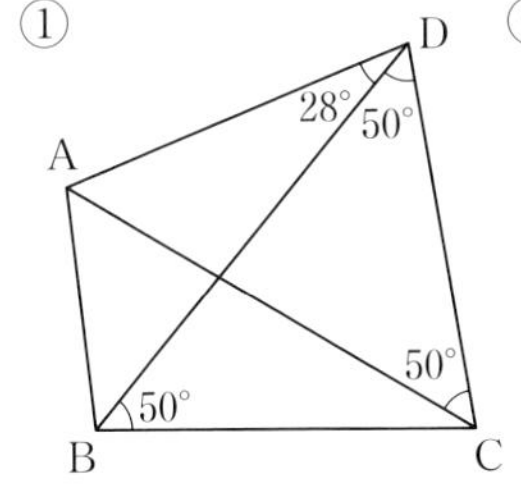

②

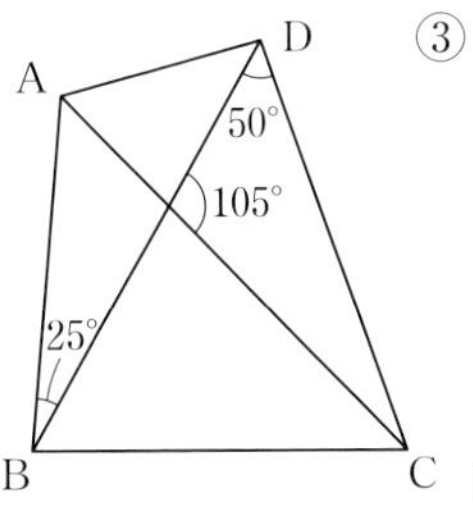

③

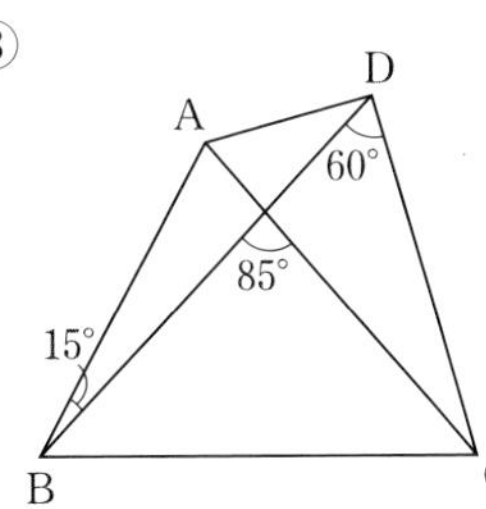

ここがポイント

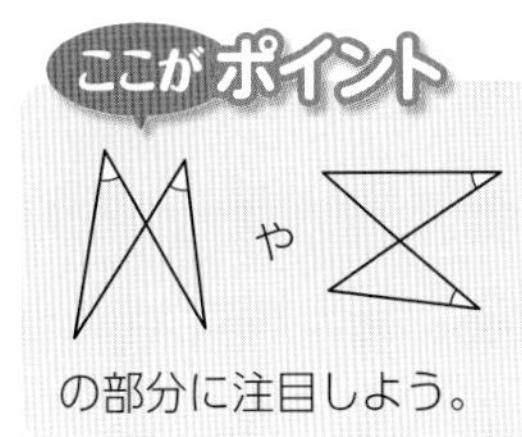

の部分に注目しよう。

6章

5 円周角の定理の逆 AB = AC の二等辺三角形 ABC で，∠B の二等分線と AC の交点を D，∠C の二等分線と AB の交点を E とします。このとき，4 点 B，C，D，E が 1 つの円周上にあることを証明しなさい。 教 p.167 問2

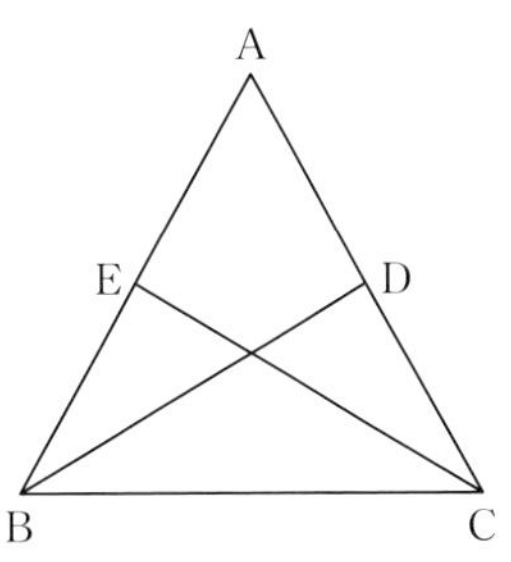

左ページの例の答え
① 30 ② 60 ③ 60 ④ 15 ⑤ 15 ⑥ 45 ⑦ 70 ⑧ 40 ⑨ ある
⑩ 30 ⑪ 80 ⑫ 110 ⑬ 30 ⑭ ある ⑮ 60（65） ⑯ 65（60） ⑰ ない

1節 円周角と中心角

4 円の接線 5 円周角のいろいろな問題

例1 円の接線

教 p.168，169 → 基本問題 1

円Oの外側にある点Aを通る，円Oの接線AP，AP′を作図します。作図の手順を答えなさい。

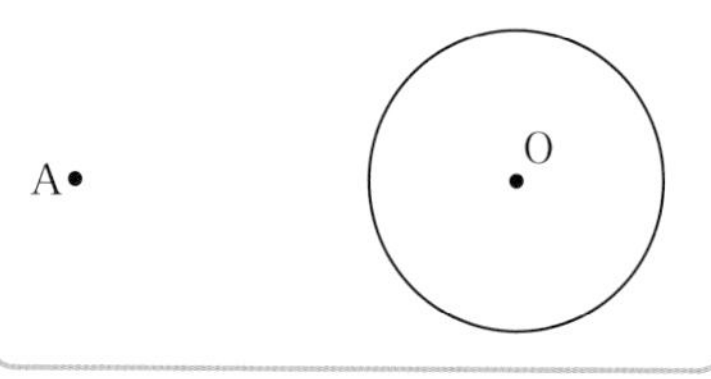

考え方 円の接線は接点を通る半径に垂直だから，接点はAOを直径とする円の周上にある。このことより，接点P，P′を作図する。

解き方 円の接点をP，P′とすると，∠APO＝∠AP′O＝90°となる。
よって，接点P，P′はOAを直径とする円の周上にある。

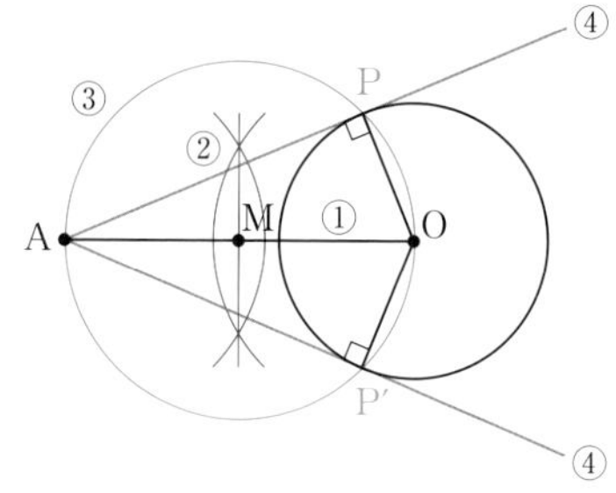

〔手順〕① 点Oと ① を結ぶ。
② 線分AOの垂直二等分線をひき，OAとの ② Mをとる。
③ 点Mを中心とし，線分AMを ③ とする円Mをかき，円Oとの ④ をそれぞれP，P′とする。
④ AとP，AとP′を結ぶ。

例2 円周角の定理の活用

教 p.170 → 基本問題 2 3 4

右の図のように，円の2つの弦ACとBDの交点をEとするとき，AE：DE＝BE：CEとなることを証明しなさい。

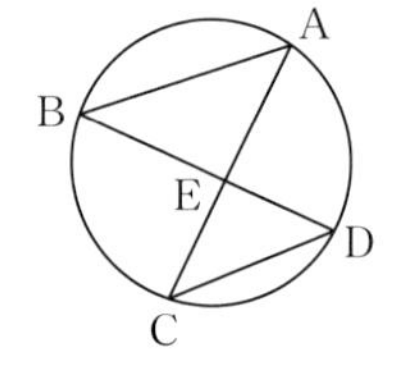

考え方 △ABE∽△DCEとなることから，対応する辺の比を考える。

解き方 △ABEと△DCEにおいて，
$\overset{\frown}{BC}$に対する円周角は等しいから 〈同じ弧に対する円周角の大きさは等しい〉
∠BAE＝ ⑤ …①
対頂角は等しいから ∠AEB＝ ⑥ …②
①，②より， ⑦ がそれぞれ等しいから
△ABE∽ ⑧
したがって，AE：DE＝ ⑨ ： ⑩

円周角の定理などを使って相似になる三角形から対応する辺の比を考えるんだね。

基本問題

解答 p.32

1 円の接線 右の図で，点Aを通る円Oの接線を作図しなさい。 教 p.169 問2

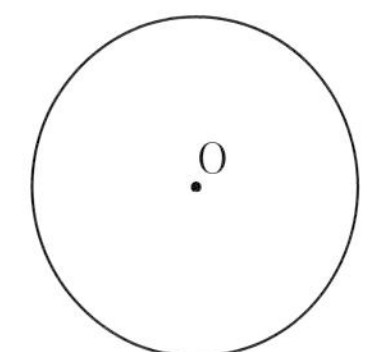

2 円周角の定理の活用 下の図で，$\overset{\frown}{AB}=\overset{\frown}{BC}$ で，2つの弦AC，BPが点Qで交わるとき，△ABP∽△QBAであることを証明しなさい。 教 p.170 問Q

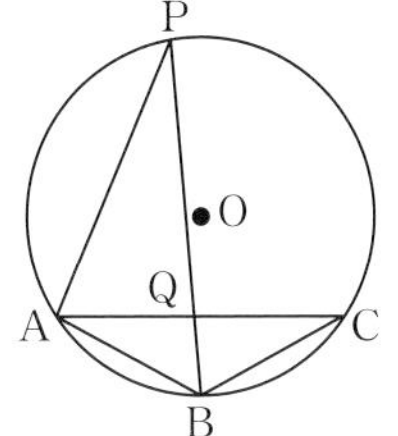

ここがポイント
三角形の相似を証明するときに，円周角の定理を利用して，等しい角を見つける。

3 円周角の定理の活用 下の図のように，2つの弦AC，BDの交点をPとします。

(1) △ABP∽△DCPとなることを証明しなさい。 教 p.170 問1

(2) PDの長さを求めなさい。

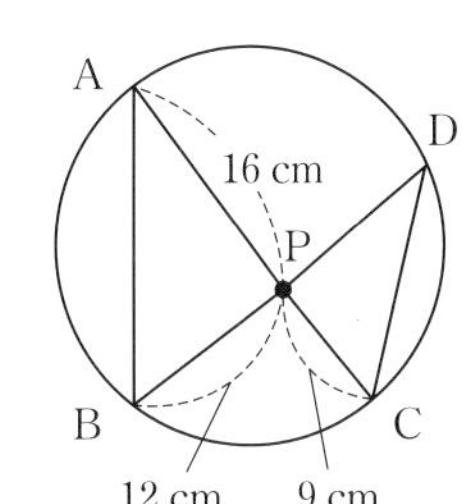

対応する2つの角が等しいと相似になることから△ABP∽△DCPを証明しようね。

4 円周角の定理の活用 右の図のように，円に2つの弦AB，CDをひき，2つの弦を延長した直線の交点をPとします。このとき，

△ADP∽△CBP

であることを証明しなさい。

教 p.171 問2

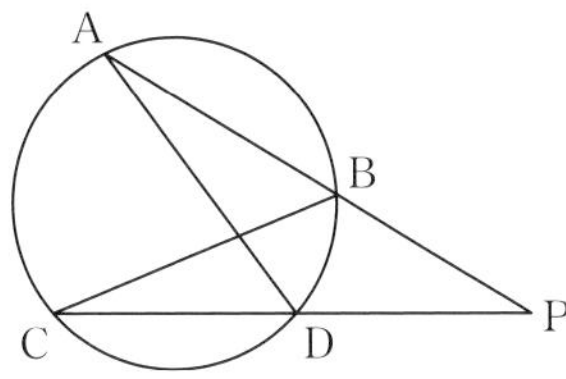

∠DABと∠DCBは$\overset{\frown}{BD}$に対する円周角だから等しいよ。

6章

左ページの例の答え ①点A ②交点 ③半径 ④交点 ⑤∠CDE ⑥∠DEC ⑦2組の角 ⑧△DCE ⑨BE ⑩CE

解答 p.32

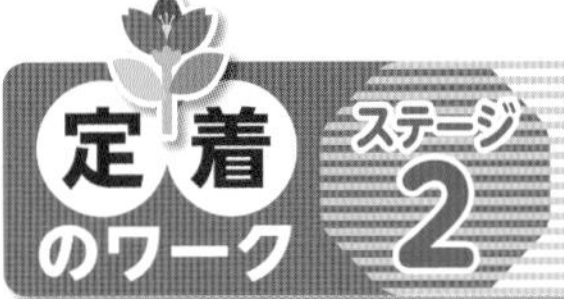

1節 円周角と中心角

よく出る **1** 次の図で，$\angle x$，$\angle y$ の大きさを求めなさい。

(1)

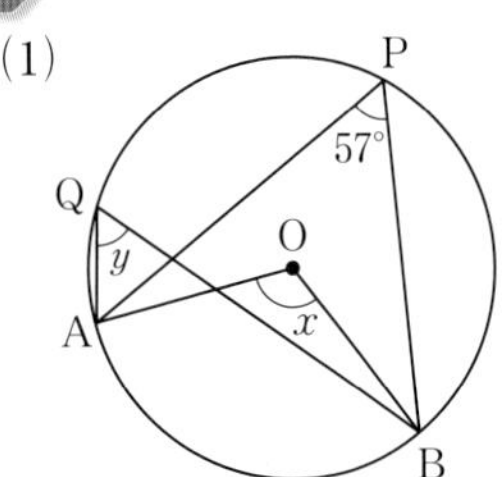

(2)

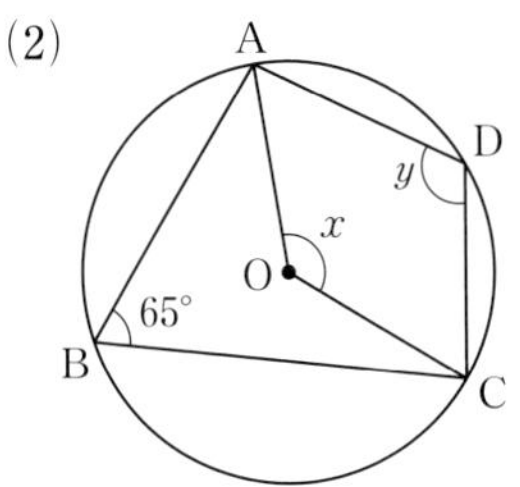

(3)

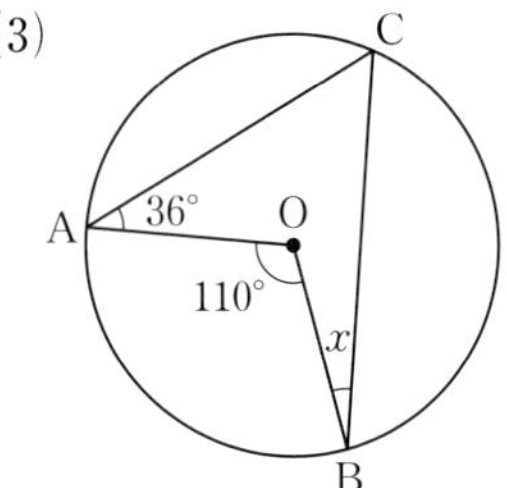

(4)

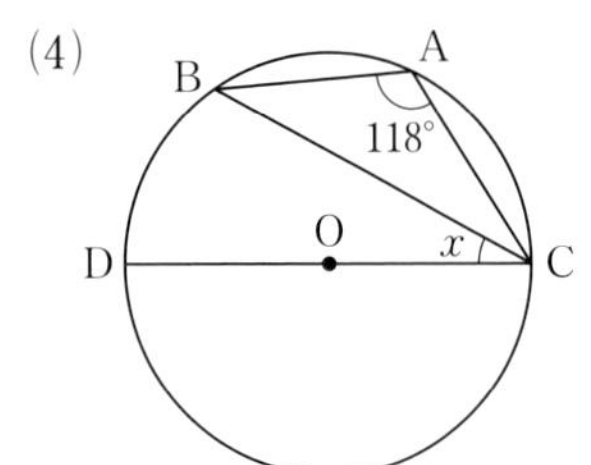

(5)

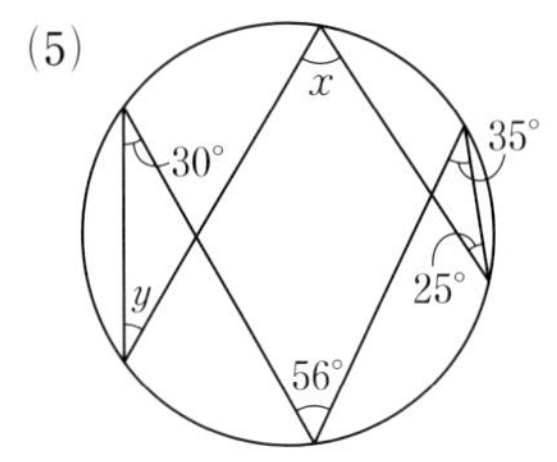

(6)

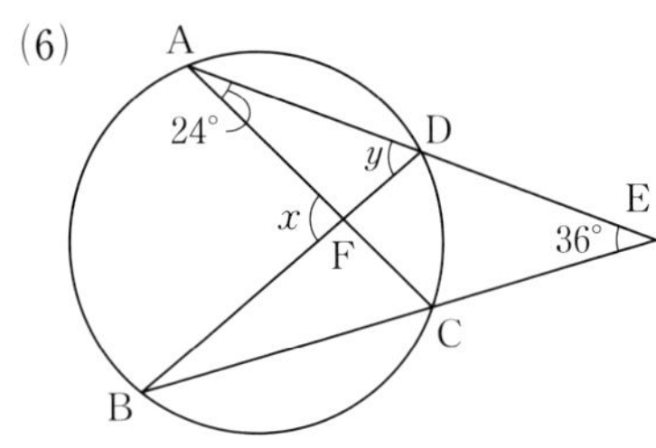

2 下の図のように，円 O の周上に 4 点 A，B，C，D があります。

(1) AC と BD の交点を E とするとき，△ABE∽△DCE であることを次のようにして証明しました。□にあてはまるものを答えなさい。

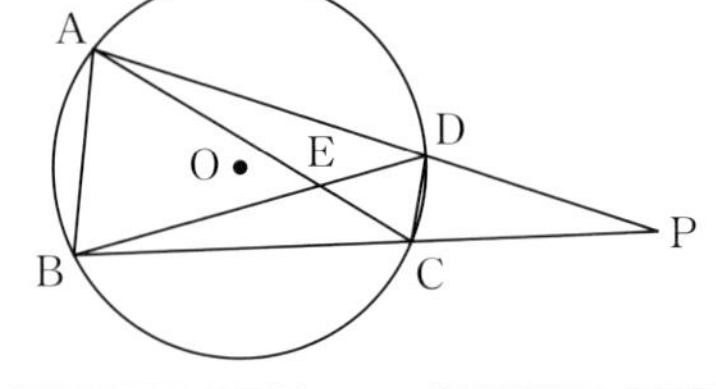

証明 △ABE と △DCE において

$\overset{\frown}{BC}$ の円周角だから，∠EAB＝∠ ㋐

対頂角は等しいから，∠AEB＝∠ ㋑

よって，㋒ がそれぞれ等しいから　△ ㋓ ∽△ ㋔

(2) 2 つの弦 AD と BC を延長した直線の交点を P とするとき，△ACP と相似な三角形を答えなさい。

3 右の図のように，円 O の周を 5 等分した点を A，B，C，D，E とするとき，次の問いに答えなさい。

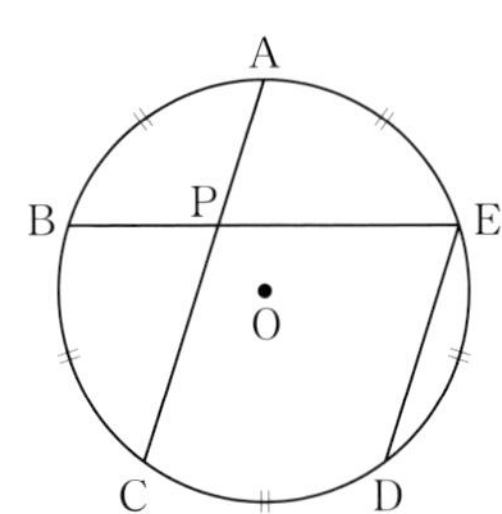

(1) ∠BED の大きさを求めなさい。

(2) AC と BE の交点を P とするとき，∠BPC の大きさを求めなさい。

1 (4) 円の直径に対する円周角は 90° になる。

3 $\overset{\frown}{AB}=\overset{\frown}{BC}=\overset{\frown}{CD}=\overset{\frown}{DE}=\overset{\frown}{EA}$ より，$\overset{\frown}{AB}$ に対する円周角は　180°÷5＝36°

4 次の図で，4 点 A，B，C，D が 1 つの円周上にあるのはどれですか。記号で答えなさい。

㋐
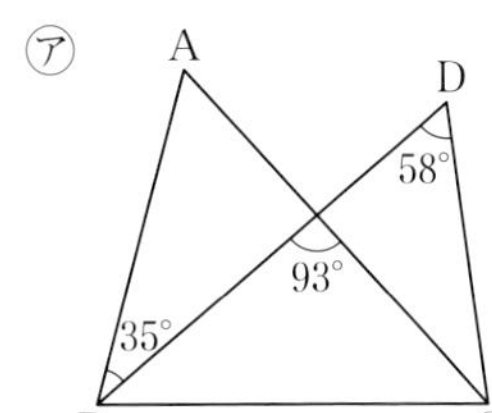

㋑
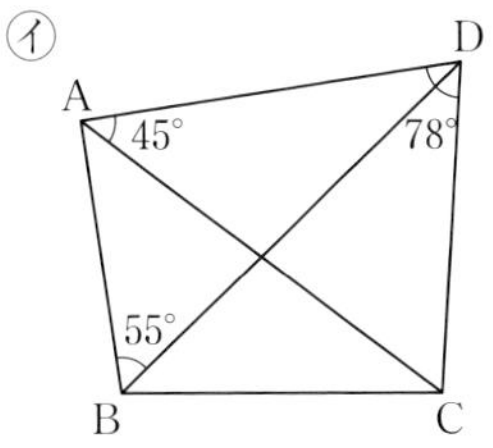

㋒
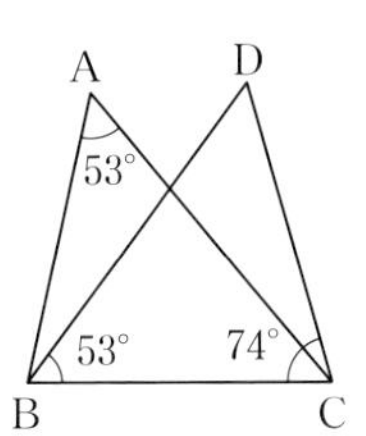

㋓
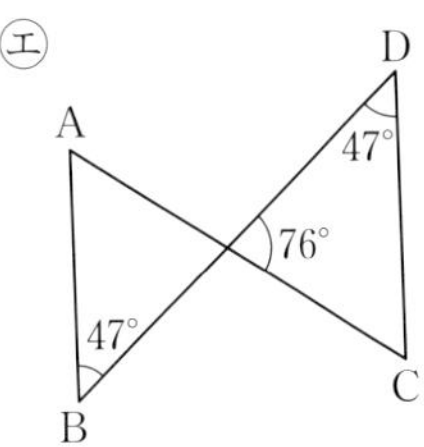

レベルUP **5** 右の図は，直線 ℓ を対称（たいしょう）の軸とする線対称な台形です。この台形の 4 つの頂点 A，B，C，D が 1 つの円周上にあることを証明しなさい。

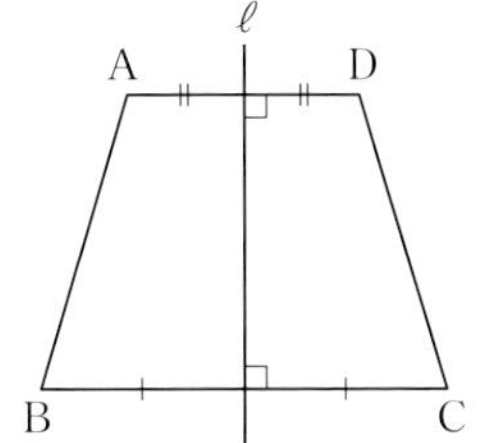

入試問題をやってみよう！

1 次の図で，$\angle x$ の大きさを求めなさい。

(1)

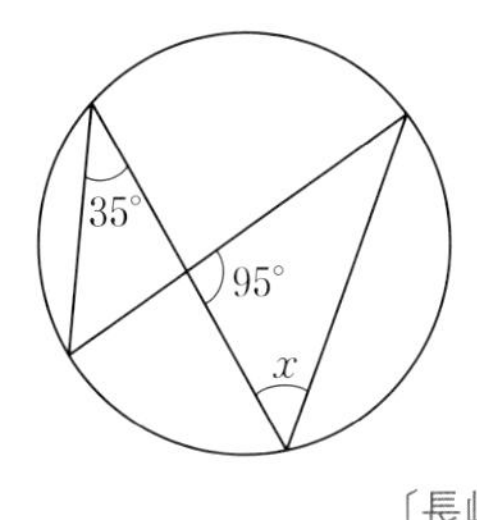

〔長崎〕

(2) AB は直径

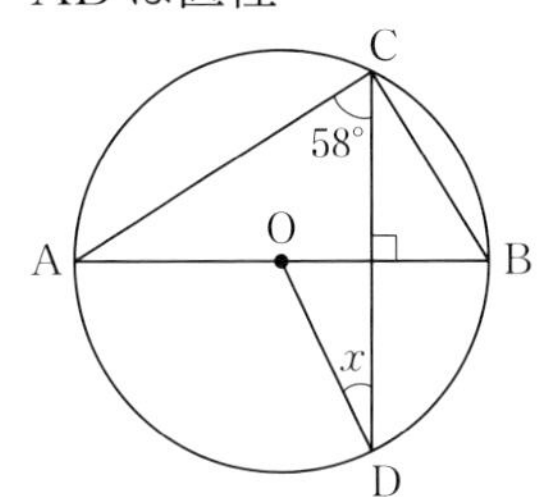

〔和歌山〕

(3) AB＝AD，EB＝EC

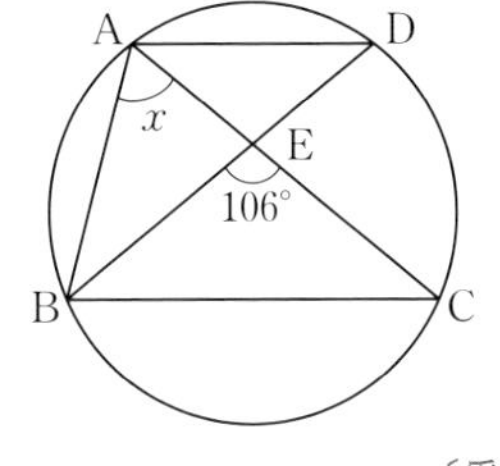

〔愛知〕

2 図で，C，D は AB を直径とする半円 O の周上の点で，E は直線 AC と BD との交点です。

半円 O の半径が 5 cm，弧 CD の長さが 2π cm のとき，$\angle$CED の大きさは何度か，求めなさい。 〔愛知〕

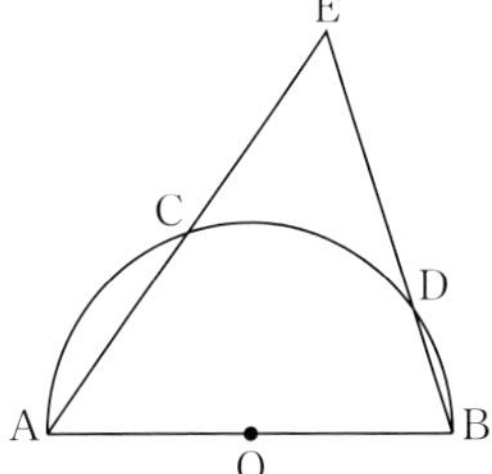

5 線対称な図形では対応する角，対応する辺は等しい。

2 中心角の大きさは弧の長さに比例することから $\angle$COD の大きさを求める。

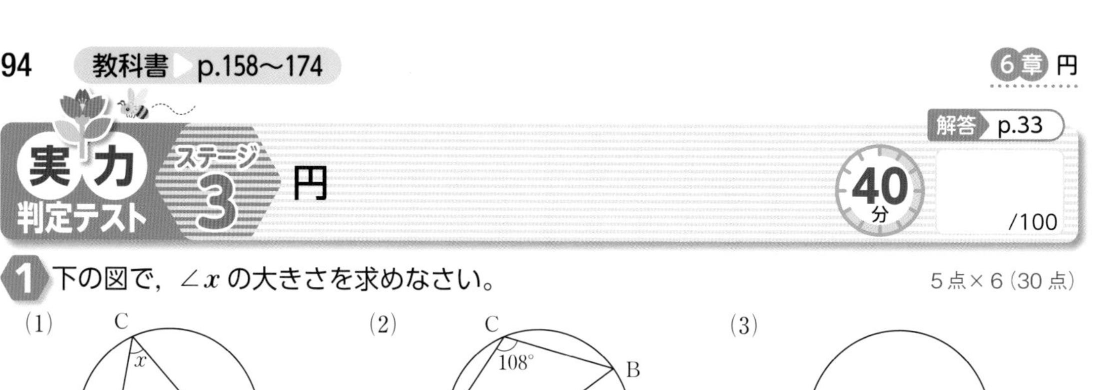

解答 p.33

実力判定テスト ステージ3 円

40分　/100

1 下の図で，$\angle x$ の大きさを求めなさい。　5点×6（30点）

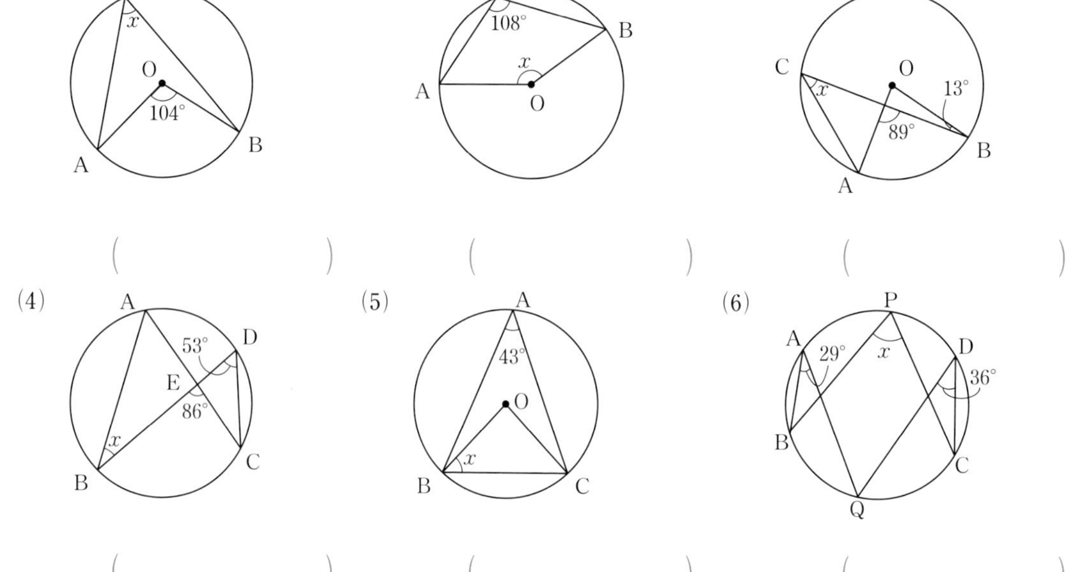

（　　　）（　　　）（　　　）

（　　　）（　　　）（　　　）

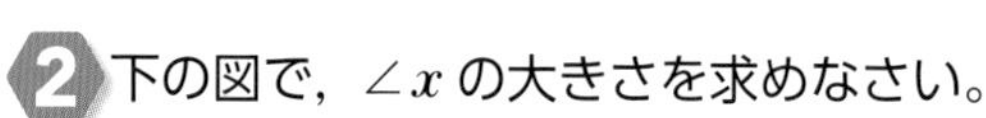

2 下の図で，$\angle x$ の大きさを求めなさい。

5点×3（15点）

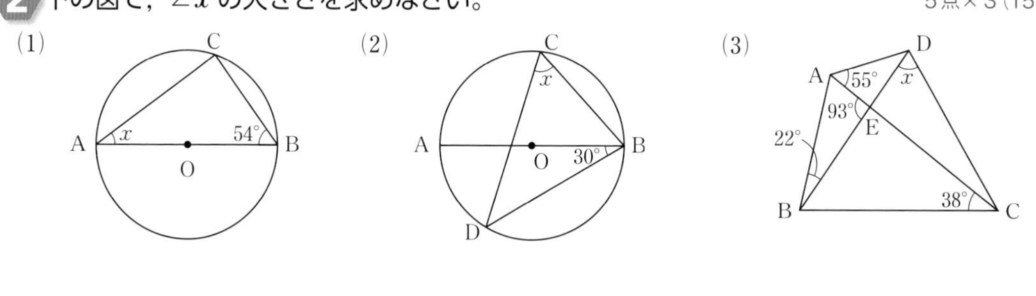

（　　　）（　　　）（　　　）

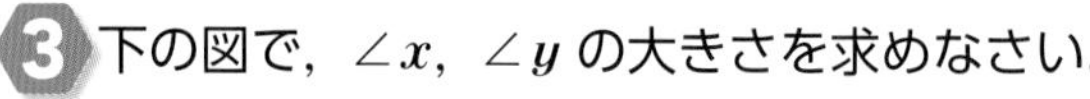

3 下の図で，$\angle x$，$\angle y$ の大きさを求めなさい。

4点×4（16点）

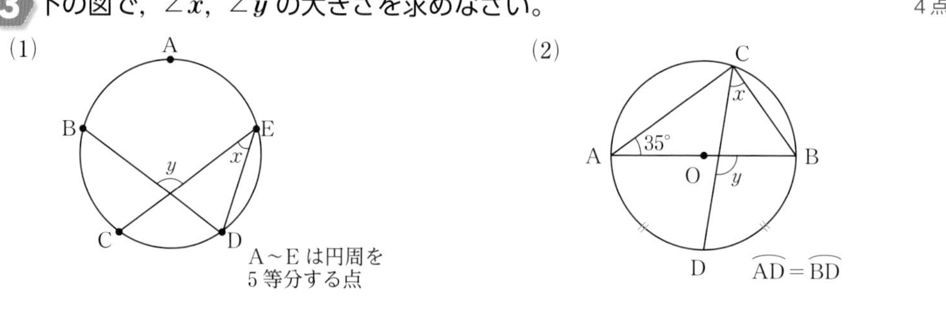

(1) $\angle x$（　　　）　$\angle y$（　　　）

(2) $\angle x$（　　　）　$\angle y$（　　　）

目標 円周角の定理やそれに関する定理を理解し，角の大きさや相似の問題を解くのに利用できるようになろう。

自分の得点まで色をぬろう！

がんばろう！ もう一歩 合格！

0 60 80 100点

4 右の図のように，直線ℓと2点A，Bがあります。直線ℓ上にあって，$\angle APB=90°$となるような点Pを2つ作図しなさい。（5点）

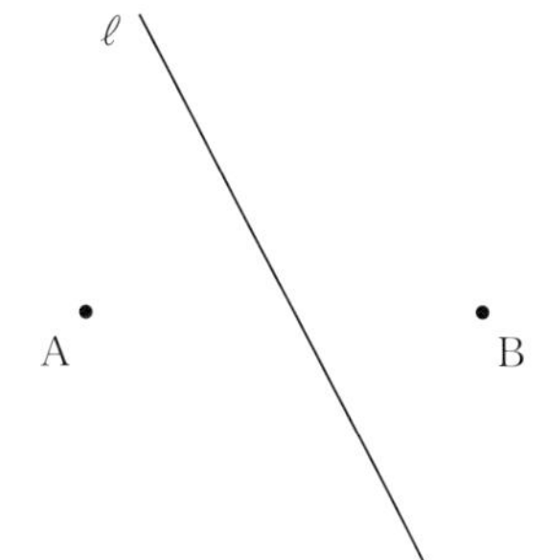

5 AB＝ACの二等辺三角形ABCの紙があり，辺BC上に点DをBD＞DCとなるようにとります。右の図はその二等辺三角形ABCの紙を直線ADで折った図で，点Bが移動した点をB′とします。7点×2（14点）

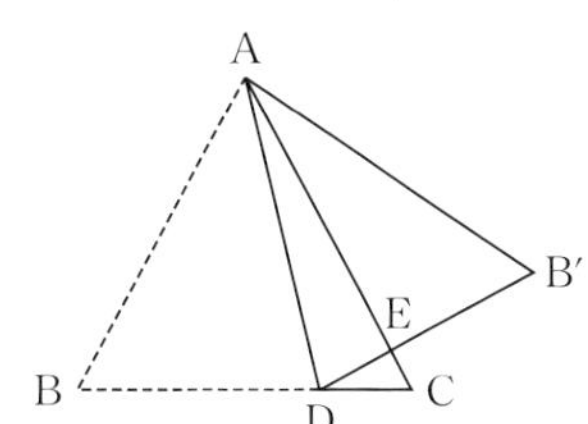

(1) 4点A，D，C，B′は1つの円周上にあることを証明しなさい。

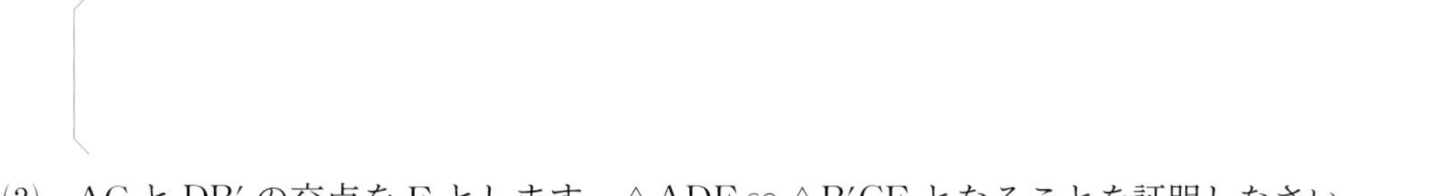

(2) ACとDB′の交点をEとします。△ADE∽△B′CEとなることを証明しなさい。

6 下の図で，xの値（あたい）を求めなさい。5点×2（10点）

(1)

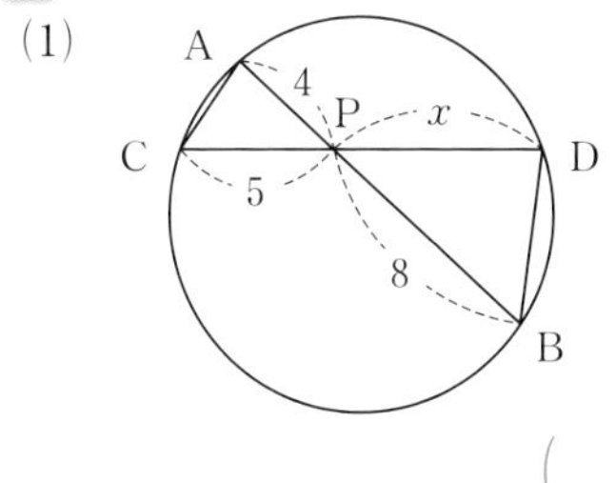

(2)

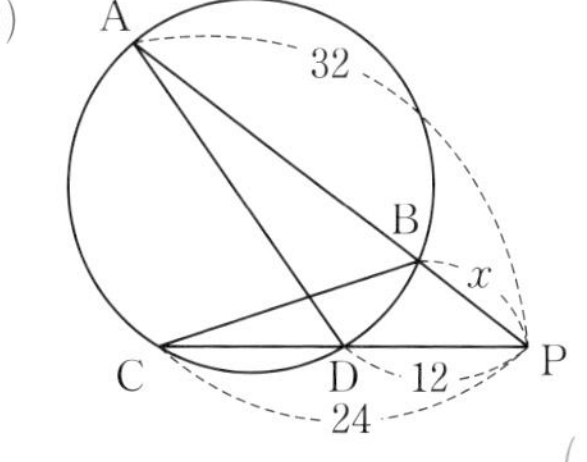

（　　　）　（　　　）

7 右の図で，$\overset{\frown}{AB}=\overset{\frown}{BC}$のとき，次の問いに答えなさい。5点×2（10点）

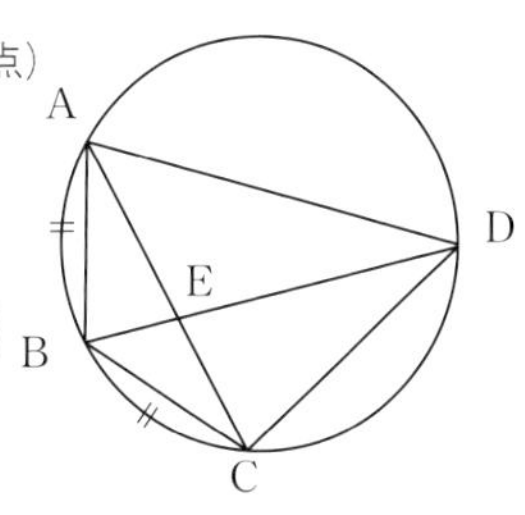

(1) △BECと相似な三角形をすべて答えなさい。

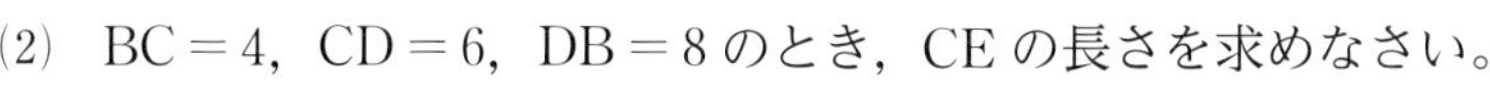

(2) BC＝4，CD＝6，DB＝8のとき，CEの長さを求めなさい。

（　　　）

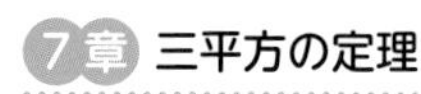

1節 三平方の定理
1 三平方の定理　2 直角三角形の辺の長さ
3 三平方の定理の逆

教 p.180 →基本問題 1 2

次の図の直角三角形で，x の値（あたい）を求めなさい。

(1)

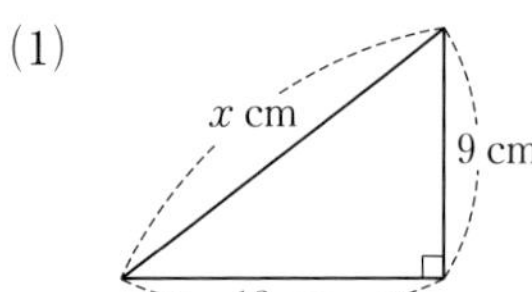

(2)

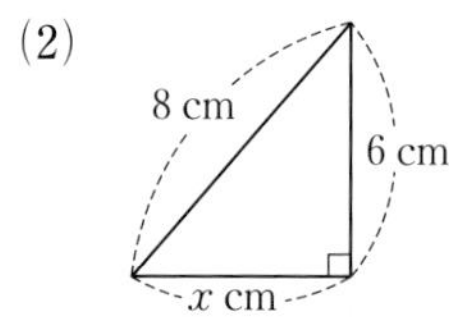

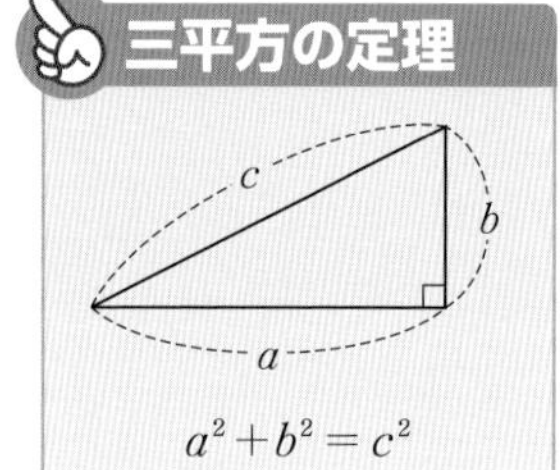

考え方 三平方の定理にあてはめて，x の方程式をつくって解く。

解き方 (1) 三平方の定理から，

$x^2=12^2+$ ① 　　$x^2=225$ （$x^2=12^2+9^2=144+81$）

$x=$ ② 　　$x>0$ だから　$x=$ ③

（xは辺の長さだから　$x>0$になる）

(2) 三平方の定理から，

x^2+ ④ $=8^2$

$x^2=64-$ ⑤ 　　$x^2=$ ⑥ （$x^2=64-36=28$）

$x=$ ⑦ 　　$x>0$ だから　$x=$ ⑧

x を使った方程式で，x は辺の長さだから x の値は $x>0$ だね。

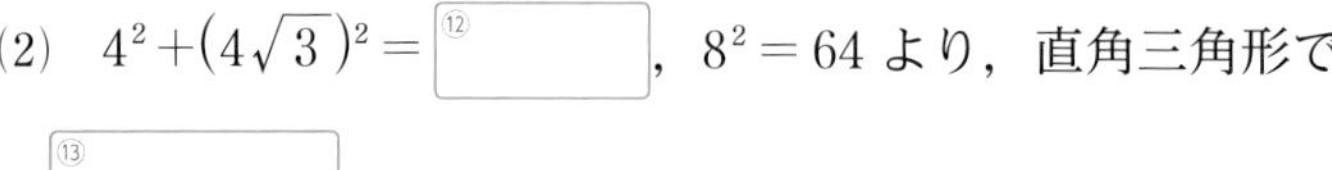

教 p.182 →基本問題 3

次のような3辺をもつ三角形は，直角三角形かどうか答えなさい。

(1) 4 cm　2 cm　3 cm　　(2) 4 cm　$4\sqrt{3}$ cm　8 cm

(3) 0.5 m　0.4 m　0.3 m　　(4) 9 cm　14 cm　12 cm

解き方 最も長い辺の2乗が他の2つの辺の2乗の和になるか調べる。

(1) $2^2+3^2=$ ⑨，$4^2=$ ⑩ より，直角三角形で ⑪ 。

(2) $4^2+(4\sqrt{3})^2=$ ⑫，$8^2=64$ より，直角三角形で ⑬ 。

(3) $(0.4)^2+(0.3)^2=$ ⑭，$(0.5)^2=0.25$ より，直角三角形で ⑮ 。

(4) $9^2+12^2=$ ⑯，$14^2=$ ⑰ より，直角三角形で ⑱ 。

3辺の長さが a，b，c である三角形で，$a^2+b^2=c^2$ が成り立てば，その三角形は，長さ c の辺を斜辺とする直角三角形である。

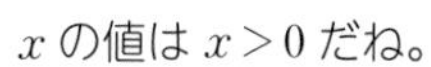

基本問題

解答 p.34

1 三平方の定理　右の図のように，合同な 4 つの直角三角形を並べると，正方形 ABCD と正方形 EFGH ができます。このとき，三平方の定理 $a^2+b^2=c^2$ が成り立つことを次のように証明しました。□にあてはまる式をかきなさい。 教 p.179 やってみよう

証明　正方形 ABCD は 1 辺の長さが c だから，

その面積は，㋐□……①

また，正方形 EFGH は 1 辺の長さが ㋑□ で，

正方形 ABCD は，正方形 EFGH と 4 つの直角三角形からなっているから，

$$\text{正方形ABCDの面積}=(\text{㋑}\square)^2+\text{㋒}\square\times 4$$

$$=a^2-2ab+b^2+2ab$$

$$=\text{㋓}\square\cdots\cdots②$$

①，②より，$a^2+b^2=c^2$

2 直角三角形の辺の長さ　次の図の直角三角形で，x の値を求めなさい。 教 p.180 問1

(1)

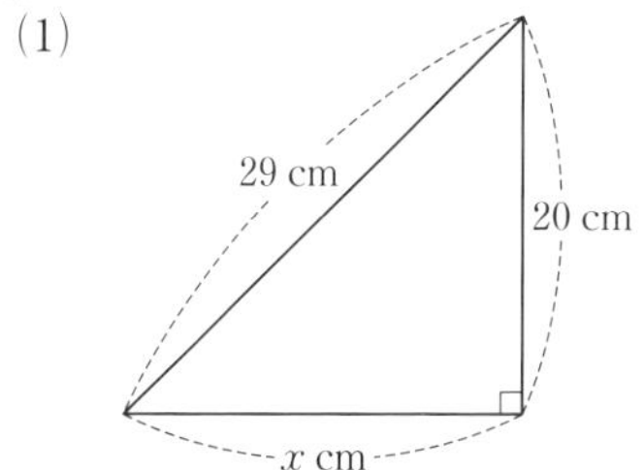

(2)

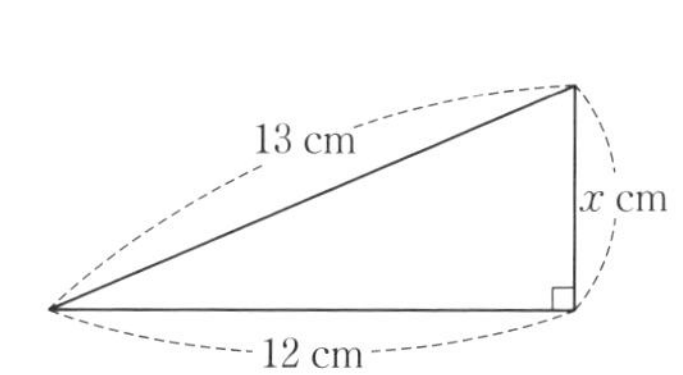

三平方の定理の基本の形は

$a^2+b^2=c^2$

これを変形して

・$a^2=c^2-b^2$

・$a=\sqrt{c^2-b^2}$　$(a>0)$

（b についても同様）

を覚えておいて，使ってもよい。

3 三平方の定理の逆　次のような 3 辺をもつ三角形のうち，直角三角形はどれですか。記号で答えなさい。 教 p.182 問1

㋐　8 cm，15 cm，17 cm　　㋑　10 cm，8 cm，$4\sqrt{10}$ cm

㋒　5.2 cm，6.5 cm，3.9 cm　　㋓　$3\sqrt{2}$ cm，$\sqrt{10}$ cm，$3\sqrt{3}$ cm

㋔　2 cm，$\frac{10}{3}$ cm，$\frac{8}{3}$ cm　　㋕　$\sqrt{2}$ cm，$2\sqrt{6}$ cm，$3\sqrt{2}$ cm

三平方の定理の逆を使って，直角三角形であることを示したり，判断したりするときは，斜辺になると考えられる最も長い線分の長さに着目し，その長さの 2 乗が，他の 2 辺の長さの 2 乗の和に等しいかどうかを確かめる。

左ページの例の答え　①$9^2$　②±15　③15　④$6^2$　⑤36　⑥28　⑦$\pm2\sqrt{7}$　⑧$2\sqrt{7}$　⑨13　⑩16　⑪はない　⑫64　⑬ある　⑭0.25　⑮ある　⑯225　⑰196　⑱はない

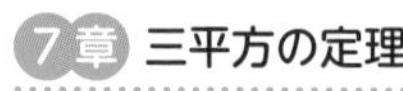

解答 p.35

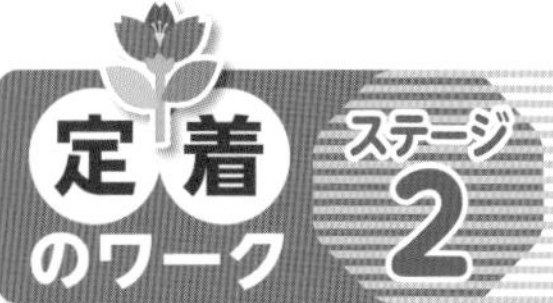

1節　三平方の定理

よく出る **1** 下の図の直角三角形で，x の値(あたい)をそれぞれ求めなさい。

(1)
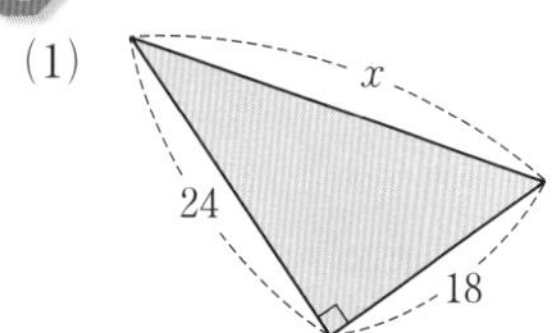

(2)
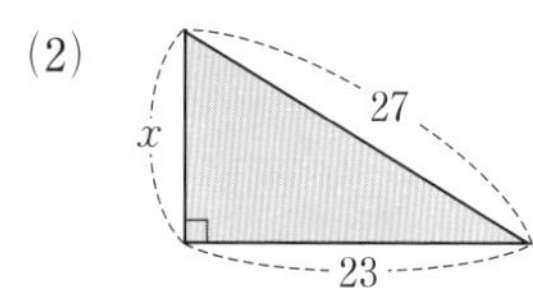

(3)
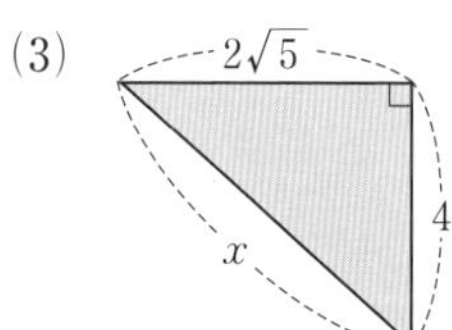

(4)
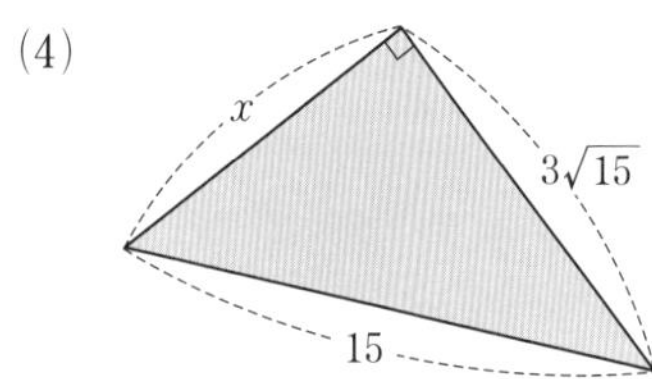

(5)
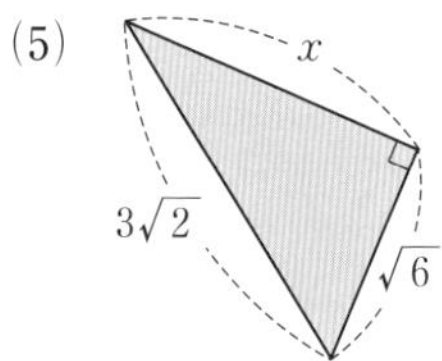

(6)
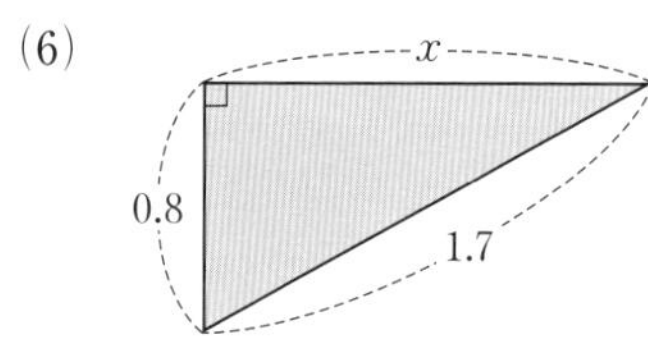

2 下の図で，x，y の値を求めなさい。

(1)
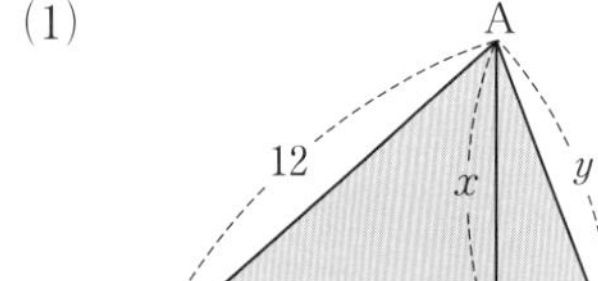

(2)
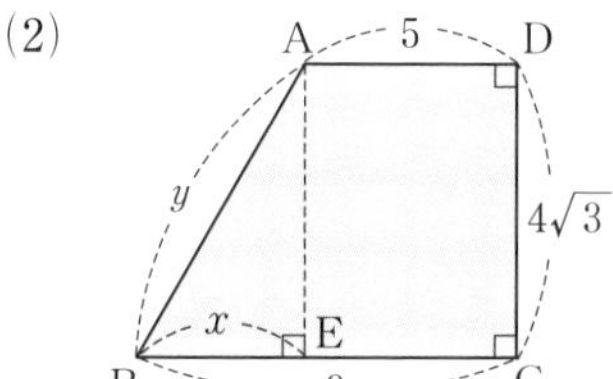

3 直角三角形のそれぞれの辺を半径とする中心角が 90° のおうぎ形を，右の図のようにかきます。このとき，おうぎ形の面積 P，Q，R の間には，どんな関係がありますか。

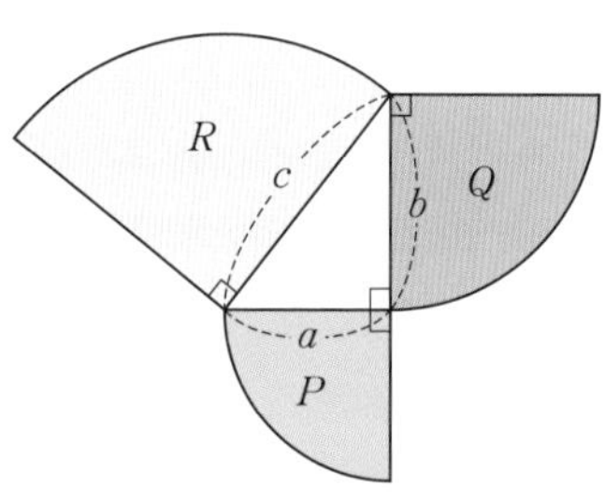

よく出る **4** 次の長さを 3 辺とする三角形のうち，直角三角形はどれですか。

㋐　15 cm，18 cm，24 cm
㋑　21 cm，29 cm，20 cm
㋒　$\sqrt{6}$ cm，4 cm，3 cm
㋓　$2\sqrt{3}$ cm，$\sqrt{15}$ cm，$3\sqrt{3}$ cm
㋔　1.5 cm，0.9 cm，0.8 cm
㋕　1 m，$\dfrac{4}{3}$ m，$\dfrac{5}{3}$ m

2 (1)　まず直角三角形 ABD に注目して，x の値を求める。
(2)　四角形 AECD は長方形だから，EC = AD，AE = DC

3 面積 P，Q，R を計算し，三平方の定理 $a^2+b^2=c^2$ との関連を考える。

5 右の図について，次の問いに答えなさい。

(1)　△ABC の辺 AC の長さを求めなさい。

(2)　△ABC はどんな三角形ですか。

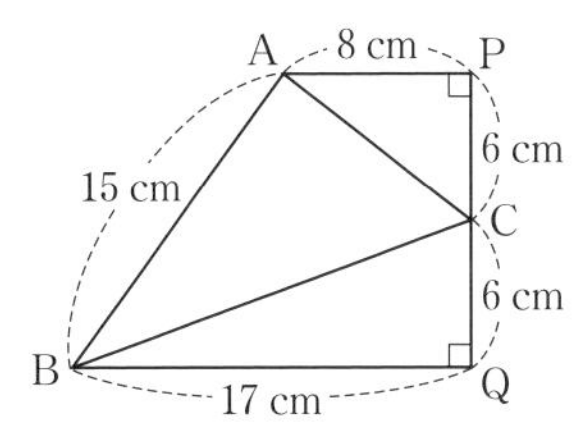

6 直角三角形 ABC で，AB は BC より 2 cm 長く，BC は CA より 7 cm 長くなっています。斜辺の長さを求めなさい。

7 右の図のような △ABC で，頂点 A から辺 BC に垂線 AH をひきます。BH＝x として，次の問いに答えなさい。

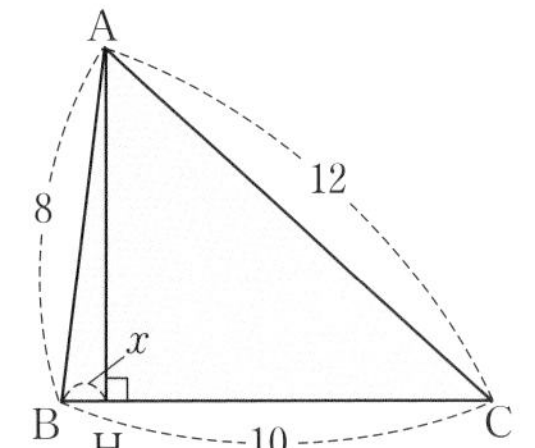

(1)　直角三角形 ABH に注目して，AH^2 を x の式で表しなさい。

(2)　直角三角形 ACH に注目して，AH^2 を x の式で表しなさい。

(3)　(1)，(2)より x の方程式をつくり，x の値を求めなさい。

(4)　AH の長さを求めなさい。また，△ABC の面積を求めなさい。

入試問題をやってみよう！

1 次の長さを 3 辺とする三角形のうち，直角三角形を，㋐～㋔から 2 つ選びなさい。〔北海道〕

㋐　2 cm，7 cm，8 cm　　㋑　3 cm，4 cm，5 cm

㋒　3 cm，5 cm，$\sqrt{30}$ cm　　㋓　$\sqrt{2}$ cm，$\sqrt{3}$ cm，3 cm

㋔　$\sqrt{3}$ cm，$\sqrt{7}$ cm，$\sqrt{10}$ cm

2 右の平行四辺形 ABCD において，点 A から対角線 BD に垂線をひき，BD との交点を H とします。AB＝5 cm，BH＝4 cm，HD＝6 cm であるとき，対角線 AC の長さを求めなさい。〔山形〕

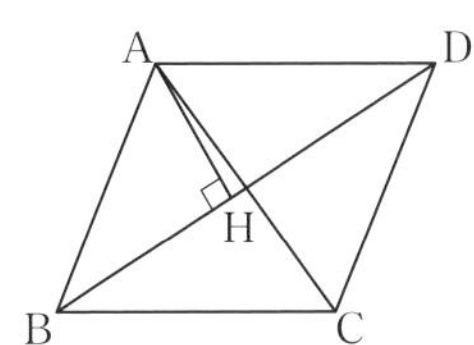

5 (2)　辺 AB，BC，CA の長さに，どんな関係が成り立つかを考える。
6 CA＝x cm として，BC，AB を x の式で表し，三平方の定理より方程式をつくる。
2 対角線の交点を O とし，直角三角形 ABH，AOH に注目する。

7章

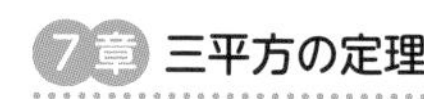

2節 三平方の定理の活用
1 特別な直角三角形 2 平面図形への活用

例1 特別な直角三角形

教 p.185 → 基本問題 1

次の直角三角形で，x の値(あたい)を求めなさい。

(1)

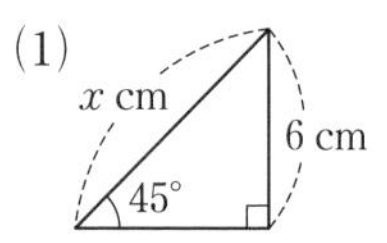

(2)

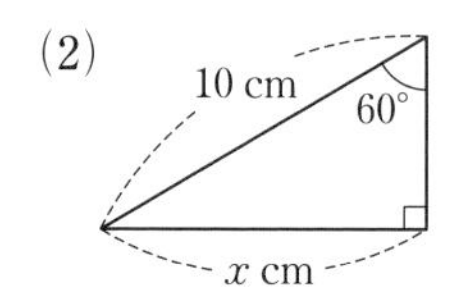

覚えておこう

特別な直角三角形の長さの比

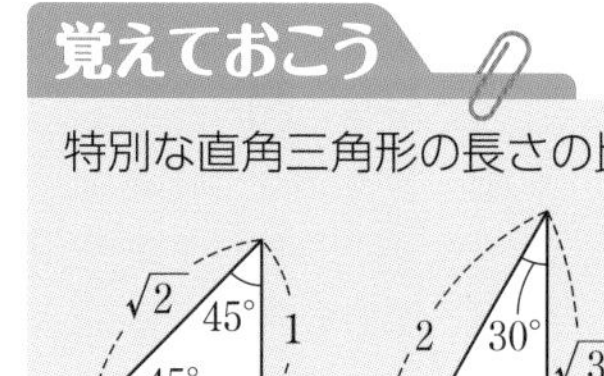

考え方 45° や 60° をもつ直角三角形の辺の比を利用する。

解き方 (1) 45° の角をもつ直角三角形だから，

$6 : x = 1 :$ ①［　　］ より $x =$ ②［　　］

(2) 60° の角をもつ直角三角形だから，

$x : 10 =$ ③［　　］$: 2$ より $2x =$ ④［　　］ $x =$ ⑤［　　］

例2 円と弦

教 p.186 → 基本問題 2

半径 6 cm の円 O で，中心 O から弦 AB までの距離(きょり)が 3 cm のとき，弦(げん) AB の長さを求めなさい。

考え方 直角三角形を見つけ，三平方の定理を利用する。

解き方 右の図のように，円 O の中心から弦 AB にひいた垂線と AB との交点を H とする。

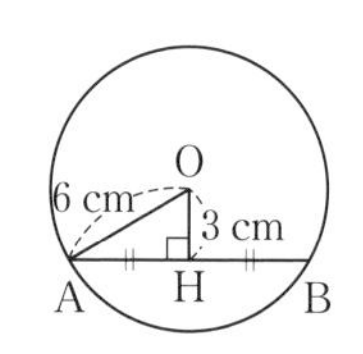

△AOH で，三平方の定理より $6^2 = AH^2 + 3^2$

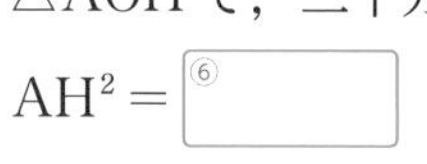

$AH^2 =$ ⑥［　　］

$AH > 0$ なので，$AH =$ ⑦［　　］

$AB = 2AH$ なので，$AB =$ ⑧［　　］ 答 ⑧［　　］cm

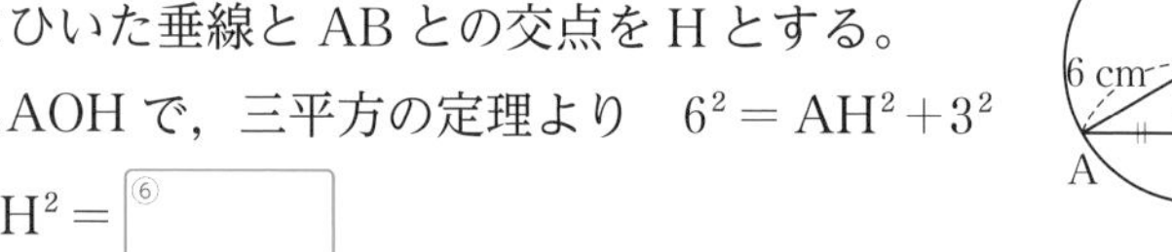

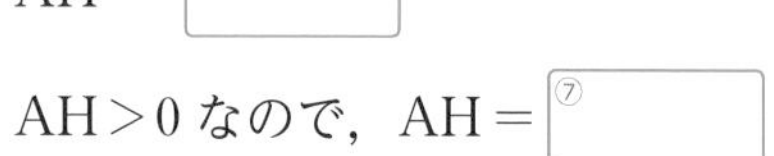

図形の中の線分の長さを求めたいとき，その線分を辺にもつ直角三角形を見つけて，三平方の定理を使って求めるといいよ。

例3 2点間の距離

教 p.187 → 基本問題 3 4

座標平面上で，点 A(3, 4) と点 B(−2, 1) の間の距離を求めなさい。

考え方 右の図のような直角三角形を考え，三平方の定理を使って求める。

解き方 右の図で，点 C の座標は (3, 1) になる。

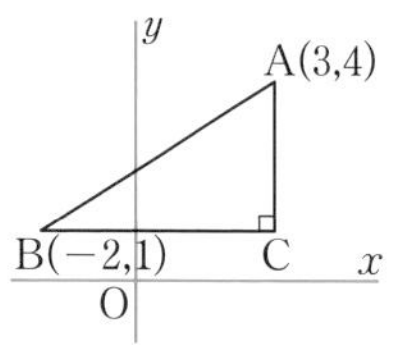

$BC =$ ⑨［　　］，$AC = 3$ なので

三平方の定理より $AB^2 =$ ⑩［　　］$+ 3^2$

これを解いて，$AB > 0$ より $AB =$ ⑪［　　］

⑪［　　］

基本問題

解答 p.36

1 特別な直角三角形　次の図で，x の値を求めなさい。

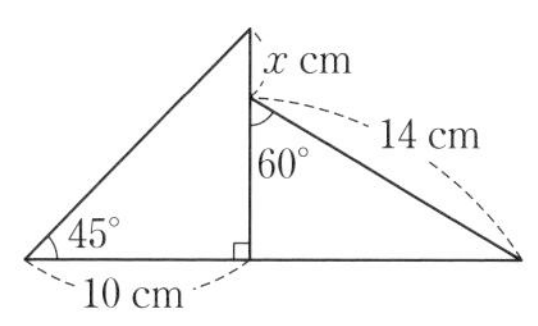

(1)

x cm　14 cm　60°　45°　10 cm

(2)

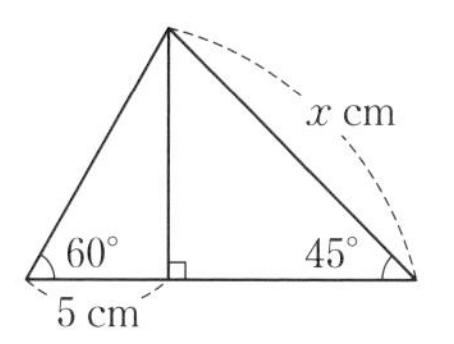

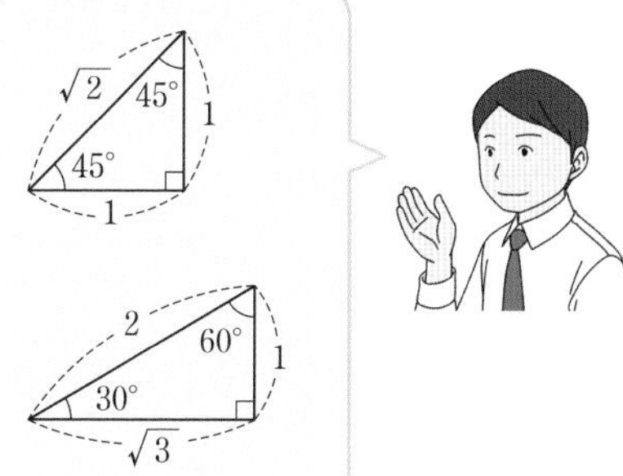

(3)

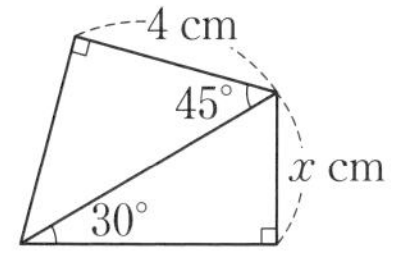

(4)

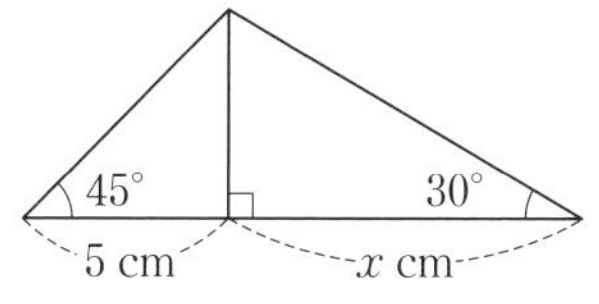

2 円と弦　次の問いに答えなさい。

(1)　円の中心 O からの距離が 4 cm である弦 AB の長さが 10 cm のとき，円 O の半径を求めなさい。

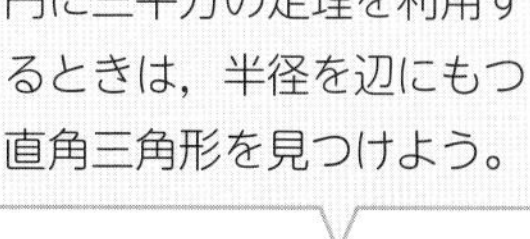

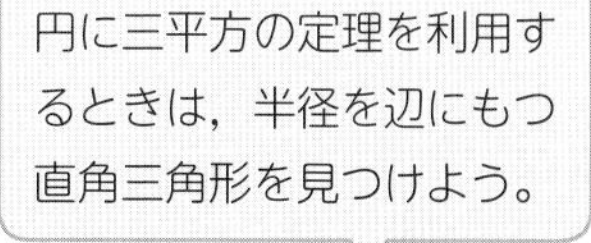

(2)　半径 10 cm の円 O で，弦 AB の長さが 12 cm のとき，△OAB の面積を求めなさい。

3 2 点間の距離　座標平面上で，次の 2 点間の距離を求めなさい。

(1)　A(1, 1)　B(4, 5)

(2)　A(−3, 2)　B(2, −1)

4 2 点間の距離　座標平面上に **A(1, −1)**，**B(3, 1)**，**C(−3, 7)** があるとき，次の問いに答えなさい。

教 p.187 問4

(1)　2 点 A と B，B と C，C と A の間の距離を求めなさい。

(2)　3 点を結んで △ABC をつくるとき，△ABC はどんな三角形ですか。

y　C　B　x　O　A

7章

左ページの例の答え　① $\sqrt{2}$　② $6\sqrt{2}$　③ $\sqrt{3}$　④ $10\sqrt{3}$　⑤ $5\sqrt{3}$　⑥ 27　⑦ $3\sqrt{3}$　⑧ $6\sqrt{3}$　⑨ 5　⑩ 5^2 (25)　⑪ $\sqrt{34}$

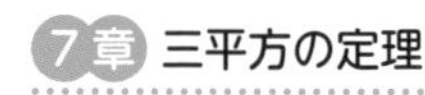

ステージ1

2節 三平方の定理の活用
3 空間図形への活用　4 どこまで見えるか調べよう

例1 直方体の対角線の長さ

教 p.188 → 基本問題 1

縦，横，高さが，それぞれ 3 cm，2 cm，4 cm である直方体の対角線の長さを求めなさい。

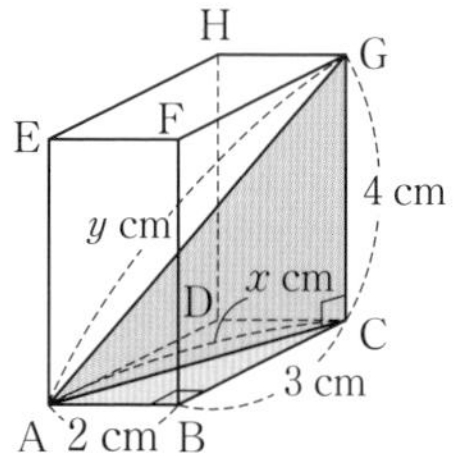

考え方 右の図で，対角線 AG を 1 辺とする直角三角形 ACG に着目する。辺 AC は，底面の長方形の対角線である。

解き方 右の図の直角三角形 ABC において，

三平方の定理より，$x^2=$ [①] ＋ [②] ……①

また，直角三角形 ACG において
（四角形ACGEは長方形だから∠ACG＝90°）

三平方の定理より，$y^2=x^2+$ [③] ……②

①，②より，$y^2=3^2+2^2+4^2=$ [④]

$y>0$ だから，$y=$ [⑤]

答 [⑤] cm

注　対角線 BH，CE，DF の長さは，すべて AG に等しい。

例2 最短となる長さ

教 p.190 → 基本問題 3

縦，横，高さが，それぞれ 3 cm，6 cm，2 cm の直方体の箱に，右の図のように，頂点 A から G までひもをたるみなくかけます。ひもが辺 EF 上を通るときで，最も短くなる場合の長さは何 cm ですか。

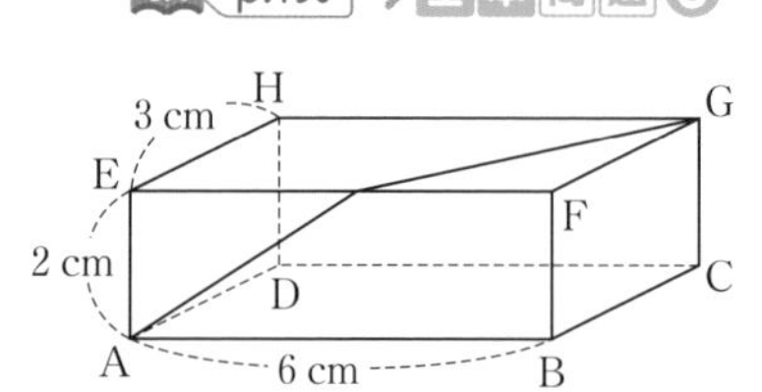

考え方 直方体の展開図の一部をかいて，最も短くなる場合を考える。

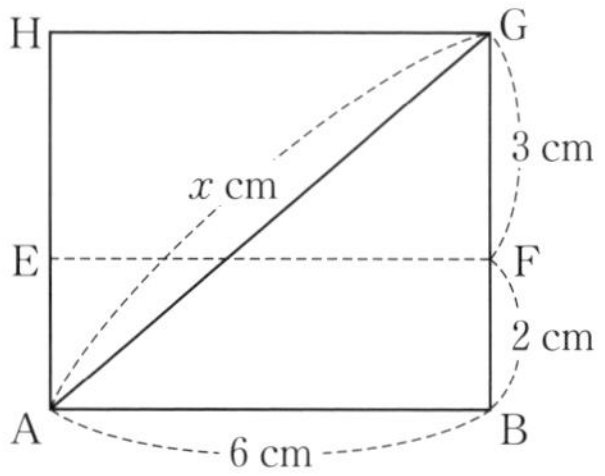

解き方 右の図のような展開図の一部をかくと，ひもの長さが最も短くなるのは，長方形 HABG の対角線 AG となるときである。

△GAB は ∠ABG＝90° の直角三角形である。
（四角形HABGは長方形だから∠ABG＝90°）

また，AB＝6 cm，GB＝ [⑥] cm だから

AG＝x cm とすると，三平方の定理より

$x^2=$ [⑦] ＋ [⑧] ＝ [⑨]

$x>0$ だから，$x=$ [⑩]

よって，ひもの長さが最も短くなる場合は [⑩] cm である。

答 [⑩] cm

展開図をかいて考えると，最も短くなる場合の長さがわかりやすくなるね。

基本問題

解答 p.36

1 直方体の対角線の長さ　次の直方体や立方体の対角線の長さを求めなさい。

教 p.188 問1

(1)

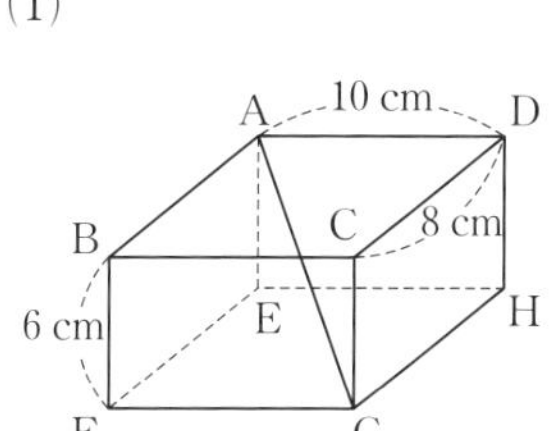

(2)

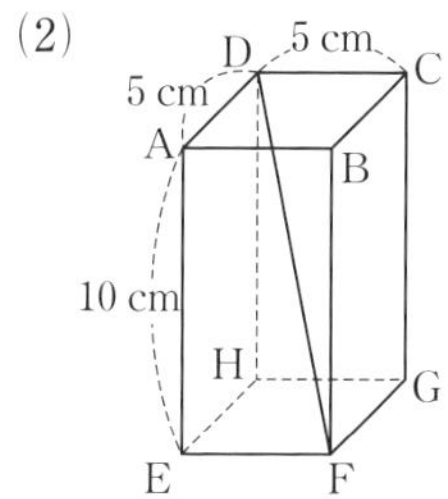

(3)

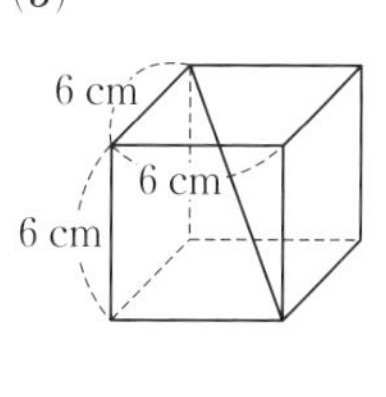

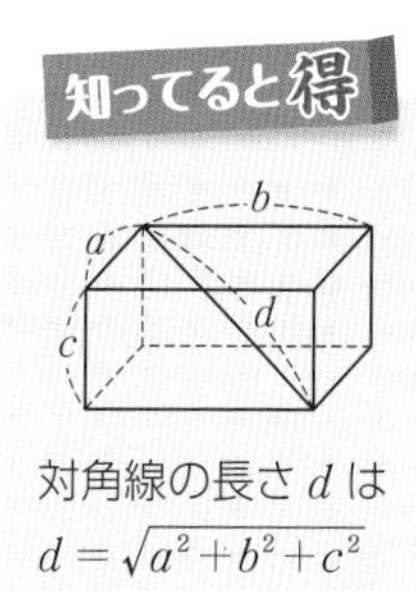

対角線の長さ d は
$d=\sqrt{a^2+b^2+c^2}$

2 空間図形への活用　下の図は，底面が 1 辺 10 cm の正方形で，他の辺はすべて 15 cm の正四角錐(すい)です。辺 BC の中点を M，底面の対角線の交点を H とするとき，次の問いに答えなさい。

教 p.189 問2，問3

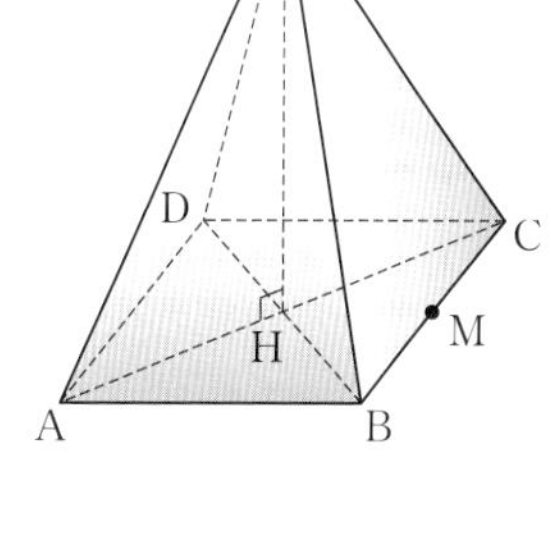

(1)　AH の長さを求めなさい。

(2)　正四角錐の高さを求めなさい。

(3)　正四角錐の体積を求めなさい。

(4)　OM の長さを求めなさい。

(5)　△OAB の面積を求めなさい。

(6)　正四角錐の表面積を求めなさい。

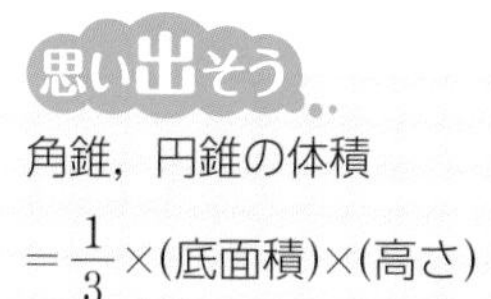

角錐，円錐の体積
$=\frac{1}{3}\times$(底面積)$\times$(高さ)

3 最短となる長さ　縦，横，高さが，それぞれ 2 cm，6 cm，4 cm の直方体の箱に，右の図のように，頂点 A から G までひもをたるみなくかけます。
ひもが次の辺を通るとき，最も短くなる場合は，それぞれ何 cm ですか。

教 p.190 問5

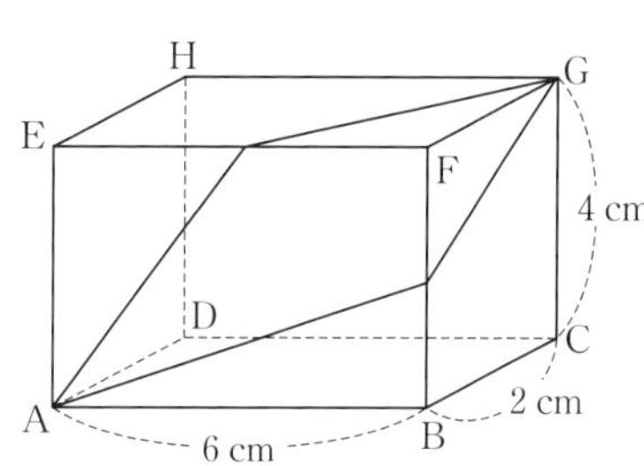

(1)　辺 EF を通るとき

(2)　辺 FB を通るとき

ここがポイント
展開図から，頂点 A と G を結んだ直線が斜辺になる直角三角形を考えて AG の長さを求める。

7章

左ページの例の答え　① 3^2 (9)　② 2^2 (4)　③ 4^2 (16)　④ 29　⑤ $\sqrt{29}$　⑥ 5　⑦ 6^2 (36)　⑧ 5^2 (25)　⑨ 61　⑩ $\sqrt{61}$　(①と②，⑦と⑧は順不同)

解答 p.37

2節　三平方の定理の活用

よく出る **1** 下の図で，x の値(あたい)を求めなさい。

(1)

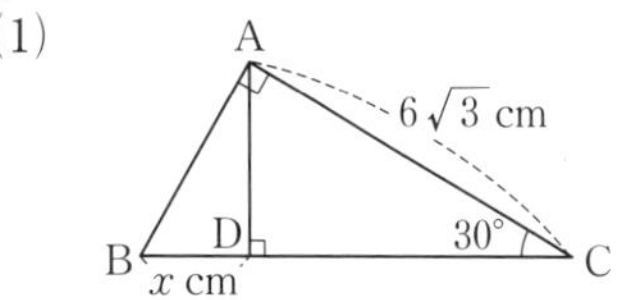

(2)

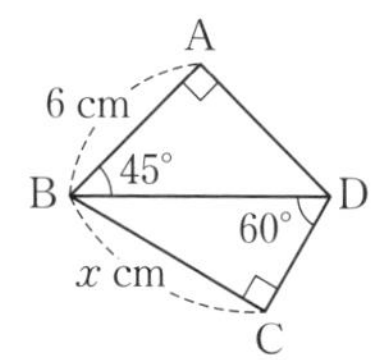

(3)

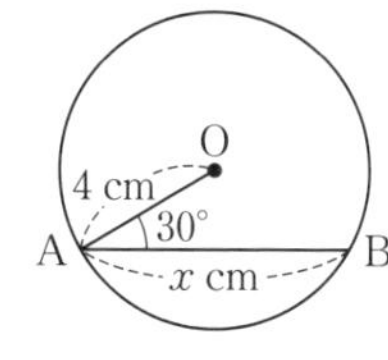

2 次の図の面積を求めなさい。

(1)

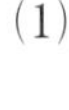

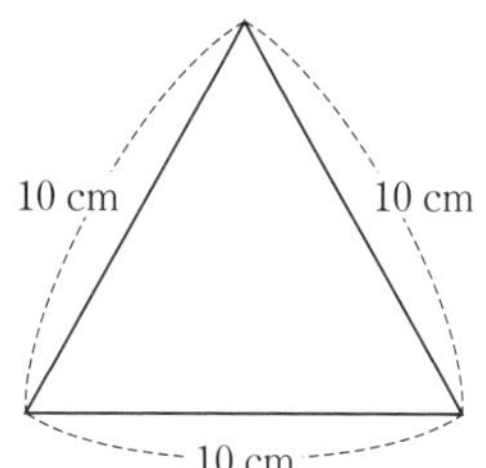

(2)

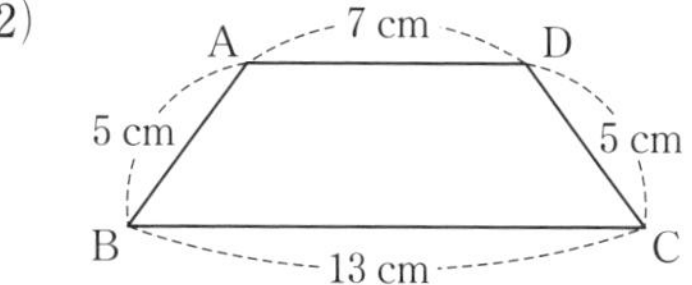

(四角形 ABCD は台形です。)

レベルUP **3** 右の図で，四角形 ABCD は正方形で，△AEF は正三角形です。
△ECF の面積が 8 cm^2 のとき，次の問いに答えなさい。

(1) EC の長さは何 cm ですか。

(2) △AEF の面積を求めなさい。

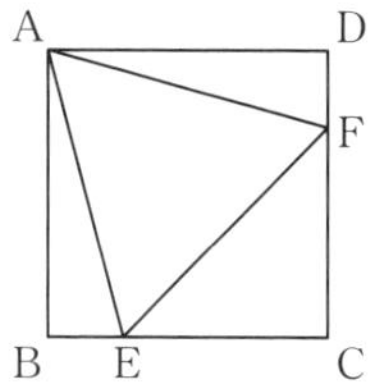

4 右の図の 3 点 A，B，C について，次の問いに答えなさい。

(1) 2 点 A，B 間の距離を求めなさい。

(2) 2 点 B，C 間の距離を求めなさい。

(3) 2 点 C，A 間の距離を求めなさい。

(4) △ABC はどのような三角形になりますか。

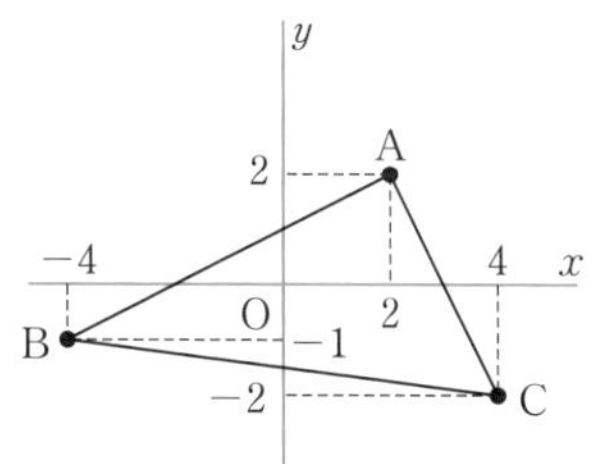

2 (1) 1 つの頂点から垂線をひくと，30°，60°，90° の直角三角形が 2 つできる。
3 (1) △ECF は，CE＝CF の直角二等辺三角形である。
4 (1)～(3) AB，BC，CA が斜辺になる直角三角形を考えて，辺の長さを求める。

5 次の直方体や立方体の対角線の長さを求めなさい。

(1)

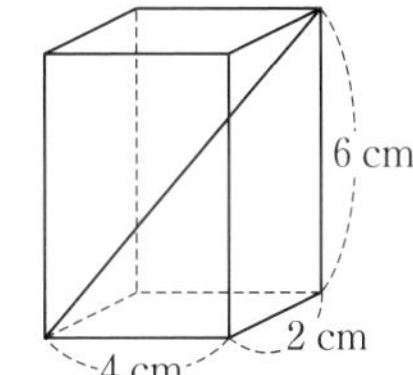

(2)

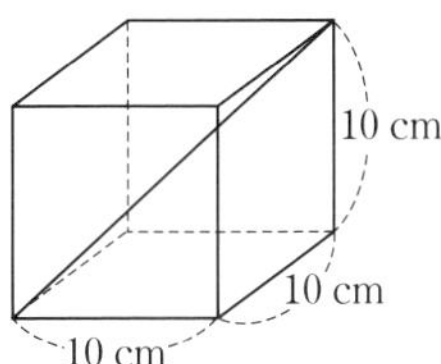

6 側面の展開図が，半径 12 cm の半円となる円錐（すい）があります。

(1) 底面の円の半径を求めなさい。

(2) この円錐の高さと体積をそれぞれ求めなさい。

7 右の図の直方体について，次の問いに答えなさい。

(1) 辺 FG の中点を M とするとき，線分 AM の長さを求めなさい。

(2) 辺 BF，CG 上にそれぞれ点 P，Q を，AP＋PQ＋QH の長さが最も短くなるようにとるとき，AP＋PQ＋QH の長さを求めなさい。

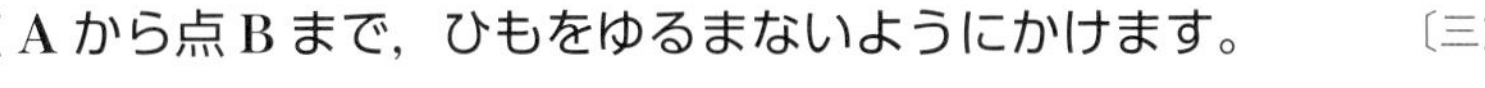

入試問題をやってみよう！

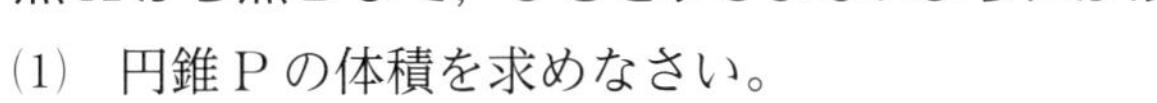

1 右の図のように，長さが 6 cm の線分 AB を直径とする円を底面とし，母線の長さが 6 cm の円錐 P があります。この円錐 P の側面に，点 A から点 B まで，ひもをゆるまないようにかけます。〔三重〕

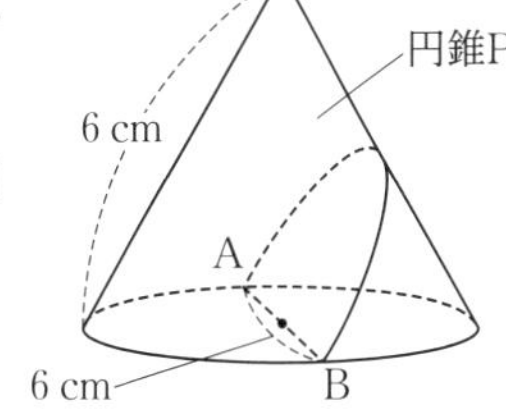

(1) 円錐 P の体積を求めなさい。

(2) 円錐 P の側面積を求めなさい。

(3) かけたひもの長さが最も短くなるときのひもの長さを求めなさい。

6 (1) 底面の円の周の長さと半円の弧の長さが等しくなることから，円の半径を求める。
7 (2) 展開図で，BF，CG と交わる方の線分 AH の長さを求める。
1 (3) 側面の展開図の弦 AB の長さを求める。

7章

解答 p.38

三平方の定理

1 下の図で，x の値（あたい）を求めなさい。 5点×2（10点）

(1)
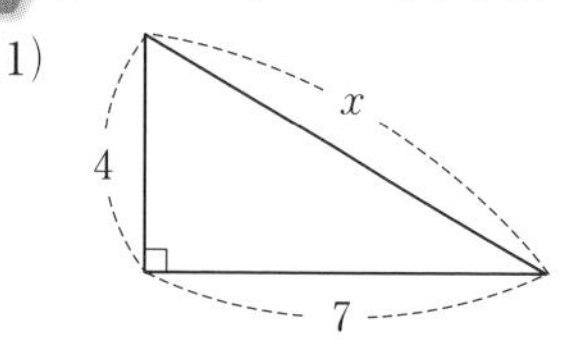

(2)
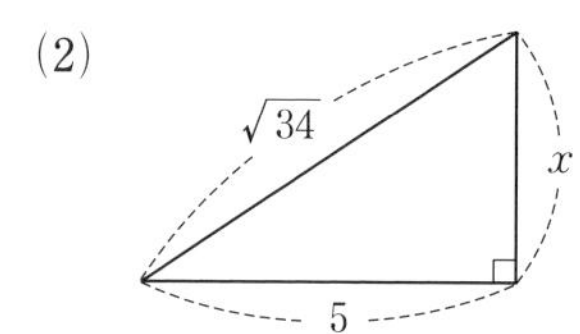

（　　　）（　　　）

2 次の長さを 3 辺とする三角形のうち，直角三角形はどれですか。 （5点）

㋐ 6 cm，7 cm，9 cm　　㋑ 24 cm，25 cm，7 cm　　㋒ 2.4 cm，1.8 cm，3 cm

㋓ $\frac{1}{3}$ m，$\frac{1}{4}$ m，$\frac{1}{5}$ m　　㋔ $\sqrt{15}$ cm，2 cm，$\sqrt{11}$ cm

（　　　）

3 下の図で，x の値を求めなさい。 5点×3（15点）

(1)
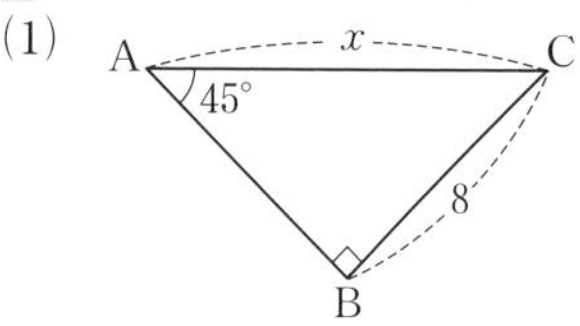

(2)
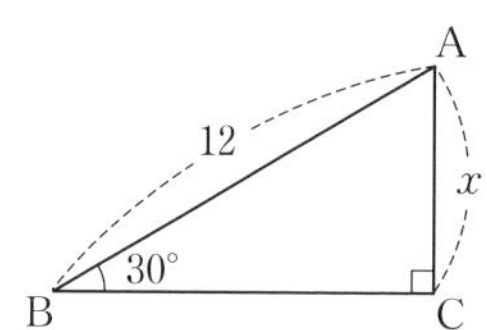

(3)
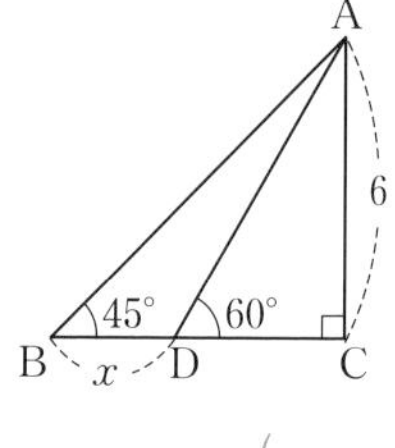

（　　　）（　　　）（　　　）

4 次の問いに答えなさい。 5点×3（15点）

(1) 対角線の長さが 8 cm の正方形の 1 辺の長さを求めなさい。

（　　　）

(2) 1 辺が 4 cm の正三角形の面積を求めなさい。

（　　　）

(3) 右の図の二等辺三角形 ABC の面積を求めなさい。

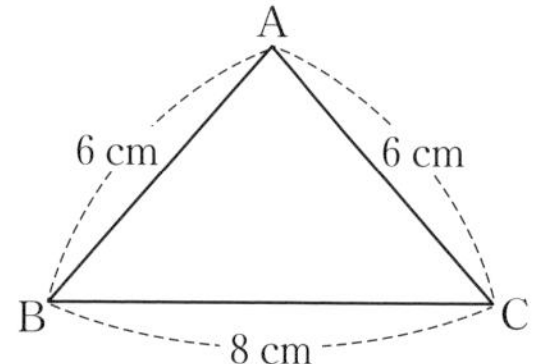

（　　　）

5 右の図で，A，B は，関数 $y=x^2$ のグラフ上の点で，x 座標はそれぞれ -1 と 3 です。線分 AB の長さを求めなさい。 （10点）

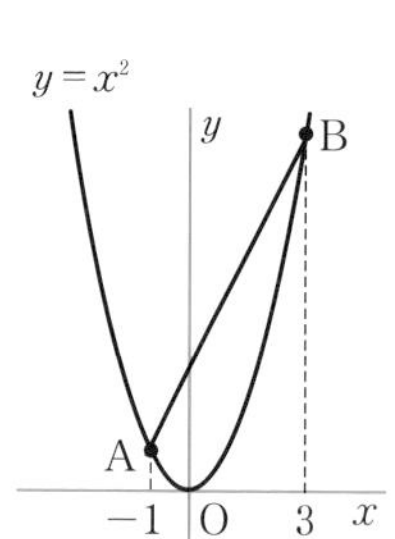

（　　　）

目標 三平方の定理を理解し，いろいろな場面で，必要な直角三角形を見つけ出して，定理が使えるようになろう。

自分の得点まで色をぬろう!

がんばろう! もう一歩 合格!

0 60 80 100点

6 次の問いに答えなさい。

5点×3（15点）

(1) 半径が 6 cm の円 O で，中心からの距離が 2 cm である弦 AB の長さを求めなさい。

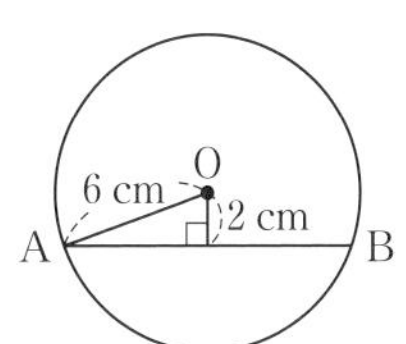

（　　　　）

(2) 右の図で，直線 AP が点 P で円 O に接するとき，x の値を求めなさい。

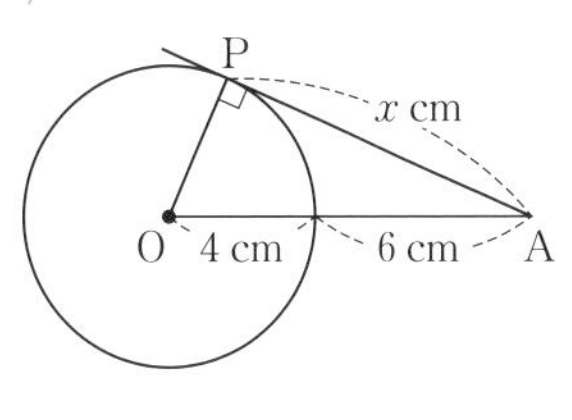

（　　　　）

(3) 縦 8 cm，横 10 cm，高さ 4 cm の直方体の対角線の長さを求めなさい。

（　　　　）

7 右の図のように，底面の半径 3 cm，母線 PA の長さが 9 cm の円錐(すい)があります。

5点×2（10点）

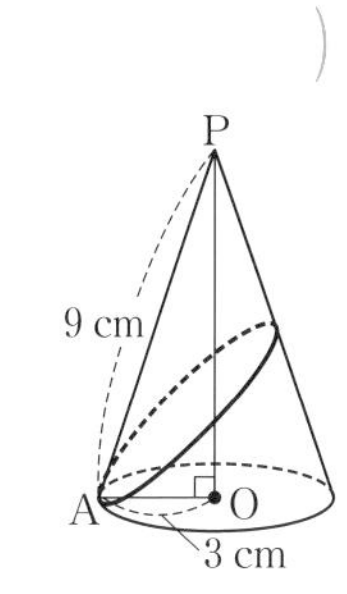

(1) この円錐の体積を求めなさい。

（　　　　）

(2) 点 A から円錐の側面を 1 周して A にもどる糸をかけます。糸の長さが最も短くなるときの，糸の長さを求めなさい。

（　　　　）

8 右の図のように，縦 12 cm，横 18 cm の長方形 ABCD の紙を，対角線 BD を折り目として折ります。このとき，FB の長さを求めなさい。

（10点）

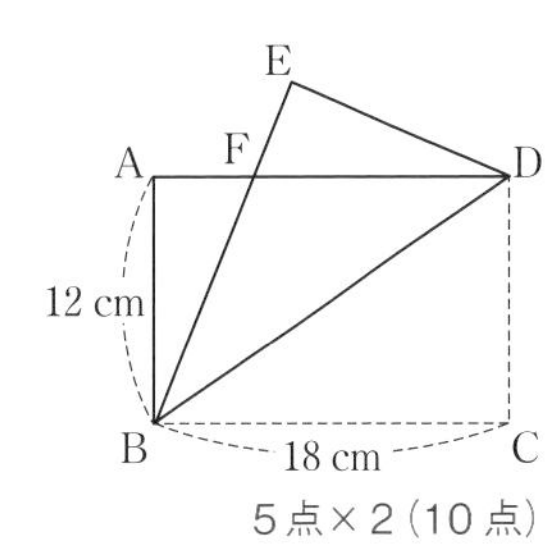

（　　　　）

9 下の図で，x の値を求めなさい。

5点×2（10点）

(1)

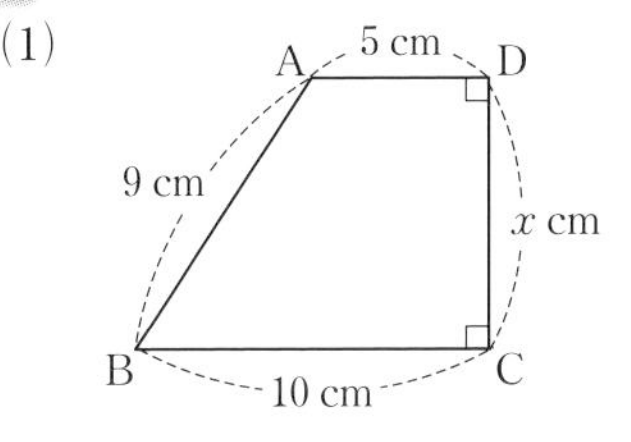

（　　　　）

(2)

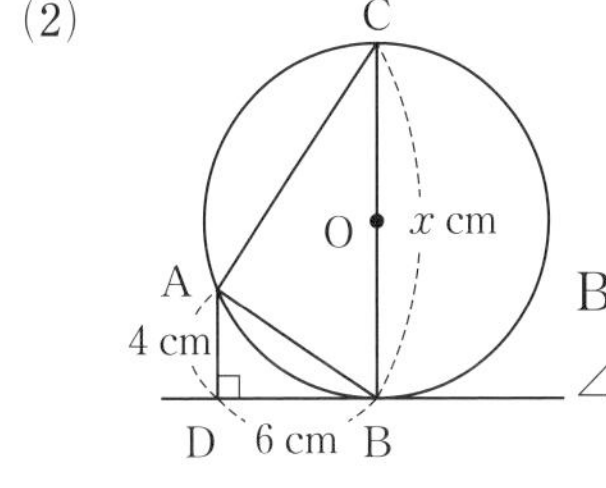

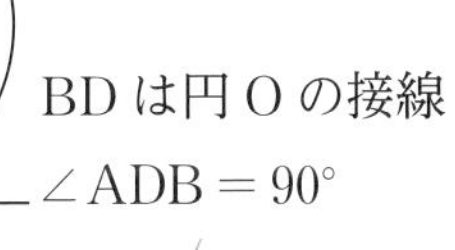

（　　　　）

アプリ【どこでもワーク計算編・図形編】をやって，さらに力をつけよう！

確認のワーク ステージ1

1節　標本調査
1　全数調査と標本調査　2　標本の取り出し方
3　乱数を使った無作為抽出　4　標本調査の活用

例1 全数調査と標本調査

教 p.200，201 → 基本問題 1

次の調査は，全数調査，標本調査のどちらで行われますか。

(1)　ある地域に生息する鹿の数の調査　(2)　学校の体力測定
(3)　かんづめの品質検査　(4)　テレビの視聴率(しちょうりつ)

解き方 (1)　鹿を全部つかまえて数えることは不可能だから，
[①　] 調査

(2)　全校生徒に対して体力測定は行うから，[②　] 調査

(3)　全部調査すると売るものがなくなるから，[③　] 調査

(4)　視聴者全体を調査するには，費用がかかりすぎるから，
[④　] 調査

覚えておこう

全数(ぜんすう)調査…調査対象のすべてをもれなく調べることを全数調査という。
標本(ひょうほん)調査…調査対象の全体から一部を取り出して調べた結果をもとに，全体の傾向(けいこう)や性質を推定することを標本調査という。

例2 標本調査の活用

教 p.208，209 → 基本問題 2 3 4

袋(ふくろ)の中に白と黒の碁石(ごいし)が合計で 400 個はいっています。これをよくかき混ぜて，ひとつかみ取り出して数えると，白い碁石が 15 個，黒い碁石が 9 個ふくまれていました。この袋の中に，はじめ白い碁石は約何個はいっていたと推定できますか。

考え方 取り出したひとつかみの碁石の中の白い碁石の割合が，袋にはいっていた碁石の中の白い碁石の割合に等しいと考える。

解き方

取り出した 24 個
白　15 個
黒　9 個

（標本）母集団から取り出された一部。

無作為(むさくい)に抽出(ちゅうしゅつ)した標本と母集団では全体の傾向（ここでは白の碁石の数と全体の碁石の数の比）が同じであると考えられる。

最初の 400 個
白　x 個
黒　□個

（母集団(ぼしゅうだん)）調査する対象となるもとの集団。

無作為に抽出した碁石の総数 24 個とその中の白い碁石の数の比は，[⑤　] : 15 …①
└偶然による方法で，母集団から標本をかたよりなく取り出すこと。（24 個：標本の大きさ）

袋にはいっていた白い碁石の数を x 個とすると，
袋にはいっていた碁石の総数とその中の白い碁石の数の比は，[⑥　] : x …②

①と②の比は等しいと考えられるから，[⑤　] : 15 = [⑥　] : x より，

x = [⑦　]　よって，白い碁石は約 [⑦　] 個と考えられる。

基本問題

解答 p.39

1 全数調査と標本調査　次の調査は，全数調査，標本調査のどちらで行われますか。　教 p.200

(1)　中学校での身体検査
(2)　日本の 15 歳の男子の平均体重の調査
(3)　ボールペンの品質調査
(4)　5 年ごとに行う国勢(こくせい)調査
(5)　政党の支持率

全体を調査するのに，時間や費用がかかりすぎたり，全部を調べるわけにはいかない場合に標本調査を行う。

2 標本調査の活用　ある県の中学 1 年生 13268 人の中から無作為に抽出した 1000 人に対してアンケートをとったところ，「毎日 1 時間以上勉強する」と回答した生徒は 815 人いました。この県の中学 1 年生 13268 人のうち，毎日 1 時間以上勉強する生徒は約何人と推定できますか。十の位の数を四捨五入した概数(がいすう)で答えなさい。　教 p.208 問1

ここがポイント

標本が無作為に抽出されているならば，標本のもつ傾向は，母集団の傾向と同じであると考えることができる。

3 標本調査の活用　黒い金魚だけいる池に，赤い金魚を 200 匹(ぴき)入れて，1 日おいてよく混ざった状態になってから，あみですくってその中にはいっている金魚の数を調べたところ，黒い金魚は 16 匹，赤い金魚は 10 匹でした。池の中に黒い金魚は全部で約何匹いたと推定できますか。　教 p.209 例2

知ってると得

標本調査のとき，取り出した資料の個数を標本の大きさという。
標本調査で標本を無作為に抽出する方法には，乱数(らんすう)表や乱数さい，くじびきなどがある。

4 標本調査の活用　袋の中に赤玉と白玉が合計 300 個はいっています。これをよくかき混ぜてから 15 個取り出したところ，赤玉が 5 個はいっていました。袋の中に，はじめ赤玉は約何個はいっていたと推定できますか。　教 p.209 問3

解答 p.39

1節　標本調査

よく出る **1** 次の調査は，全数調査，標本調査のどちらで行われますか。

(1) 入学希望者に行う学力検査　(2) 果物の糖度検査

(3) 新聞社が行う世論調査　(4) 国が行う国勢調査

(5) お菓子の品質検査　(6) 生徒の健康診断

2 関西地区の中学生の生活実態調査をするのに，標本を選んで調査します。標本の選び方として適当なものを選び，記号で答えなさい。

㋐ 適当に選んだ 2〜3 府県の中から，無作為（むさくい）に抽出（ちゅうしゅつ）する。
㋑ 中学 2 年生の中から無作為に抽出する。
㋒ 関西地区の中学生から無作為に抽出する。
㋓ 関西地区の中学校から数校選び，その中から，無作為に抽出する。

3 ある施設の 1 日の利用者は，1764 人でした。そのうちの無作為に抽出した 100 人に聞き取り調査をしたところ，39 人が中学生でした。

(1) この調査の母集団を答えなさい。

(2) この調査の標本の大きさを答えなさい。

(3) この日の利用者のうち，中学生は約何割いたと推定できますか。整数で答えなさい。

(4) (3)をもとにこの日の中学生の利用者は約何人と推定できますか。十の位の数を四捨五入した概数（がいすう）で答えなさい。

1 全数調査⇨かなりの時間や費用がかかる場合がある。
3 母集団と標本には，同じような傾向や性質があると考える。

4 袋(ふくろ)にビーズがたくさんはいっています。この中から300粒のビーズを取り出し，印をつけて袋にもどし，よくかき混ぜました。その袋から容器でビーズを取り出したところ，印がついたビーズは5粒，ついていないビーズは529粒ありました。この袋には，ビーズが約何粒はいっていると推定できますか。百の位までの概数で答えなさい。

レベルUP **5** 1400ページの辞書に掲載(けいさい)されている見出しの単語の数を調べるために，10ページ分を無作為に抽出し，そこに掲載されている見出しの単語の数を調べると，27，16，29，18，21，42，23，15，30，22となりました。

(1) 抽出した10ページ分に掲載されている見出しの単語の数から，1ページあたりの見出しの単語の数の平均を小数第1位まで求めなさい。

(2) この辞書に掲載されている見出しの単語は約何万何千語と推定できますか。

入試問題をやってみよう！

1 ある工場では生産したネジを箱に入れて保管しています。標本調査を利用して，この箱の中のネジの本数を，次の手順で調べました。〔和歌山〕

手順　Ⅰ　箱からネジを600個取り出し，その全部に印をつけて箱に戻す。

　　　Ⅱ　箱の中のネジをよくかき混ぜた後，無作為にネジを300個取り出す。

　　　Ⅲ　取り出した300個のうち，印のついたネジを調べたところ，12個含まれていた。

(1) この調査の母集団と標本を，次のア～エの中からそれぞれ1つずつ選び，その記号をかきなさい。

ア　この箱の全部のネジ

イ　はじめに取り出した600個のネジ

ウ　無作為に取り出した300個のネジ

エ　300個の中に含まれていた印のついた12個のネジ

(2) この箱の中には，およそ何個のネジが入っていたと推測されるか，求めなさい。

8章

4 2回目に取り出したビーズの中の印がついたビーズの割合が，袋にはいっているビーズの中の印がついたビーズの割合に等しいと考える。

5 (2) すべてのページの見出しの単語の数が1ページあたりの平均であると考える。

解答 p.40

実力判定テスト ステージ3 標本調査

20分　　/100

1 次の調査は，全数調査，標本調査のどちらで行われますか。　7点×4（28点）

(1) 世論調査　(2) 国勢調査　(3) 学校の学力検査　(4) 製品の品質検査

(　　　)　(　　　)　(　　　)　(　　　)

2 次の□にあてはまることばを答えなさい。　8点×5（40点）

(1) 全数調査に対して，調査対象の全体から［㋐］を取り出して調べた結果をもとに，集団全体のようすを推定することを［㋑］という。

㋐（　　　）㋑（　　　）

(2) 調査の対象全体を［㋒］，そこから取り出された集団の一部を［㋓］という。［㋓］にふくまれる資料の個数を［㋔］という。

㋒（　　　）㋓（　　　）㋔（　　　）

3 ある養殖場（ようしょくじょう）の池で，養殖している魚の数を調べるために120匹（ぴき）の魚をつかまえ，その全部に印をつけて池にもどしました。数日後，同じ池の200匹の魚をつかまえたところ，印のついた魚は12匹いました。この池には魚が約何匹いるかを推定しなさい。　（12点）

（　　　）

4 袋（ふくろ）の中に白と黒の碁石（ごいし）が合計で800個はいっています。これをよくかき混ぜて，ひとつかみ取り出し，白石と黒石の個数を調べてから，取り出した碁石を袋にもどします。この操作を4回くり返して，次の表の結果を得ました。　(1)8点　(2)12点（20点）

	1回	2回	3回	4回	合計
白石の個数	19	17	20	19	75
黒石の個数	12	12	11	10	45

(1) この4回の合計から，標本における白石と取り出した碁石全体の個数の比を求めなさい。

（　　　）

(2) 袋の中の白石の個数は約何個と推定できますか。

（　　　）

多項式の計算

多項式と単項式の乗除

①単項式 × 多項式 ➡ $a(b+c)=ab+ac$

②多項式 ÷ 単項式 ➡ $(a+b)\div c=\frac{a}{c}+\frac{b}{c}$

③多項式どうしの乗法（式の展開）

➡ $(a+b)(c+d)=ac+ad+bc+bd$

乗法公式

① $(x+a)(x+b)=x^2+(a+b)x+ab$

② $(x+a)^2=x^2+2ax+a^2$　〔和の平方〕

③ $(x-a)^2=x^2-2ax+a^2$　〔差の平方〕

④ $(x+a)(x-a)=x^2-a^2$　〔和と差の積〕

因数分解

共通な因数 → $ma+mb+mc=m(a+b+c)$

因数分解の公式

①′ $x^2+(a+b)x+ab=(x+a)(x+b)$

②′ $x^2+2ax+a^2=(x+a)^2$

③′ $x^2-2ax+a^2=(x-a)^2$

④′ $x^2-a^2=(x+a)(x-a)$

平方根

平方根

① $(\sqrt{a})^2=a$

$(-\sqrt{a})^2=a$

$\sqrt{a}$, $-\sqrt{a}$ → 2乗（平方） → a；a → 平方根 → $\sqrt{a}$, $-\sqrt{a}$

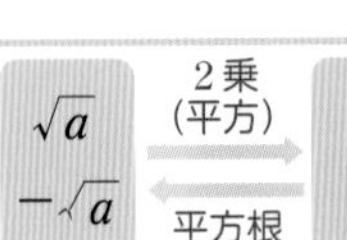

② a，b が正の数で，$a<b$ ならば，$\sqrt{a}<\sqrt{b}$

根号をふくむ式の計算

a，b を正の数とするとき

① $\sqrt{a}\times\sqrt{b}=\sqrt{ab}$　② $\frac{\sqrt{a}}{\sqrt{b}}=\sqrt{\frac{a}{b}}$

③ $a\sqrt{b}=\sqrt{a^2b}$，$\sqrt{a^2b}=a\sqrt{b}$　（$\sqrt{a^2}=a$）

④ $\frac{a}{\sqrt{b}}=\frac{a\times\sqrt{b}}{\sqrt{b}\times\sqrt{b}}=\frac{a\sqrt{b}}{b}$　（分母の有理化）

⑤ $m\sqrt{a}+n\sqrt{a}=(m+n)\sqrt{a}$

⑥ $m\sqrt{a}-n\sqrt{a}=(m-n)\sqrt{a}$

2次方程式

平方根の考えを使った解き方

① $x^2-a=0$ ➡ $x=\pm\sqrt{a}$

② $ax^2=b$ ➡ $x=\pm\sqrt{\frac{b}{a}}$

③ $(x+m)^2=n$ ➡ $x=-m\pm\sqrt{n}$

2次方程式の解の公式

2次方程式 $ax^2+bx+c=0$ の解は，

$$x=\frac{-b\pm\sqrt{b^2-4ac}}{2a}$$

因数分解を使った解き方

$AB=0$ ならば，$A=0$ または $B=0$

① $(x+a)(x+b)=0$ ➡ $x=-a$，$x=-b$

② $x(x+a)=0$ ➡ $x=0$，$x=-a$

③ $(x+a)^2=0$ ➡ $x=-a$

④ $(x+a)(x-a)=0$ ➡ $x=\pm a$

関数 $y=ax^2$

関数 $y=ax^2$

y が x の2乗に比例 ⇔ $y=ax^2$（a は比例定数）

関数 $y=ax^2$ のグラフ

① y 軸について対称な曲線で，原点を通る。

② $a>0$ のとき，グラフは上に開いた放物線。

$a<0$ のとき，グラフは下に開いた放物線。

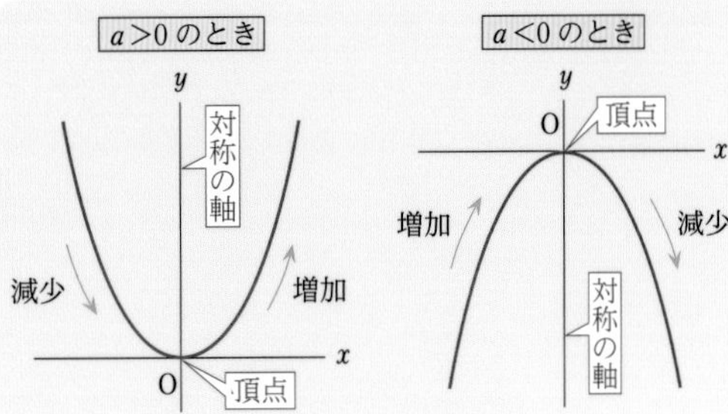

関数 $y=ax^2$ の変化の割合

関数 $y=ax^2$ の変化の割合は一定ではない。

$$（変化の割合）=\frac{（y\text{ の増加量}）}{（x\text{ の増加量}）}$$

相似な図形

相似な図形の性質

①対応する部分の長さの比は，すべて等しい。

②対応する角の大きさは，それぞれ等しい。

三角形の相似条件

①３組の辺の比がすべて等しい。

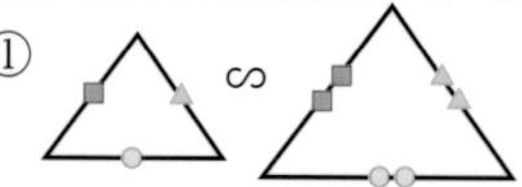

②２組の辺の比とその間の角がそれぞれ等しい。

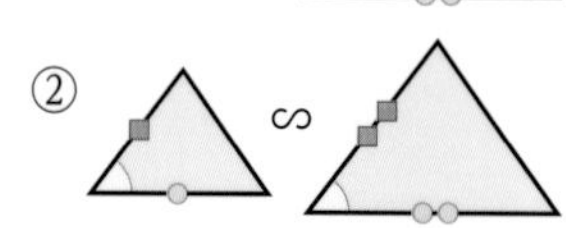

③２組の角がそれぞれ等しい。

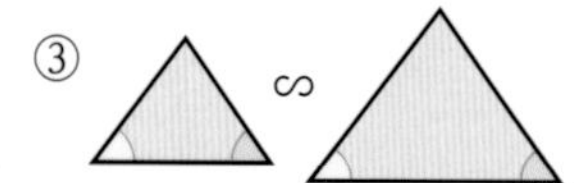

三角形と比の定理，三角形と比の定理の逆

△ABC の辺 AB，AC 上の点をそれぞれ D，E とするとき，

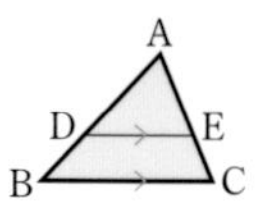

①DE∥BC ならば AD：AB＝AE：AC＝DE：BC

②DE∥BC ならば AD：DB＝AE：EC

①′ AD：AB＝AE：AC ならば DE∥BC

②′ AD：DB＝AE：EC ならば DE∥BC

中点連結定理

△ABC の２辺 AB，AC の中点をそれぞれ M，N とすると，

MN∥BC，MN＝$\frac{1}{2}$BC

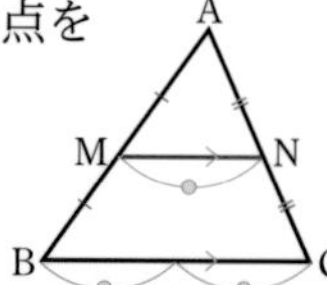

平行線と比

右の図において，

ℓ，m，n が平行ならば，

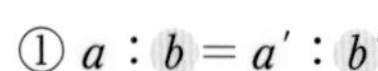

① a ：b ＝ a' ：b'

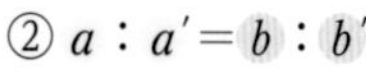

② a ：a' ＝ b ：b'

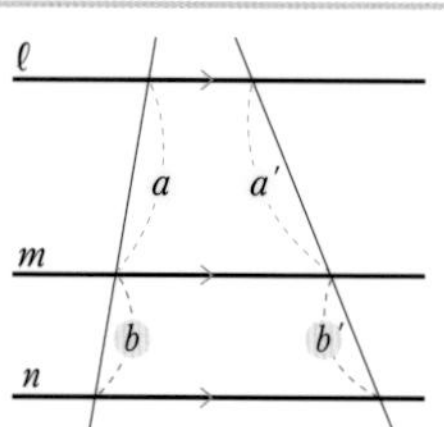

相似な図形の面積と体積

相似比が m：n ならば，

①周の長さの比 ➡ m：n

②面積比・表面積の比 ➡ m^2：n^2

③体積比 ➡ m^3：n^3

円

円周角の定理

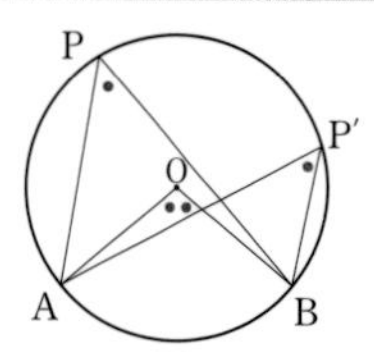

∠APB＝∠AP′B

＝$\frac{1}{2}$∠AOB

円周角の定理の逆

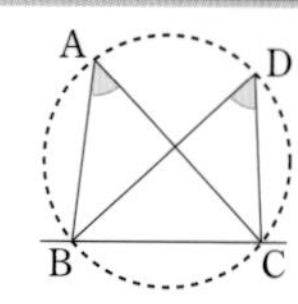

２点 A，D が直線 BC の同じ側にあって，

∠BAC＝∠BDC ならば，

４点 A，B，C，D は１つの円周上にある。

三平方の定理

三平方の定理

直角三角形の直角をはさむ２辺の長さを a，b，斜辺の長さを c とすると，$a^2+b^2=c^2$

三角定規の３辺の長さの割合

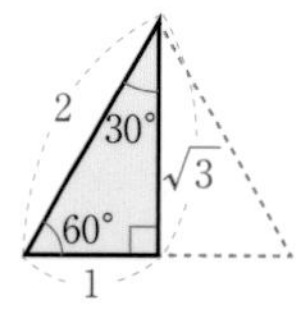

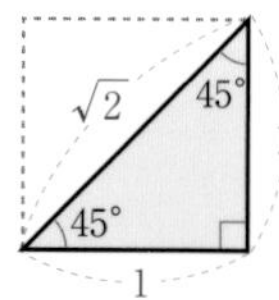

平面図形への利用

①２点間の距離

右の図の△ABC で，

$AB=\sqrt{BC^2+AC^2}$

$=\sqrt{(a-c)^2+(b-d)^2}$

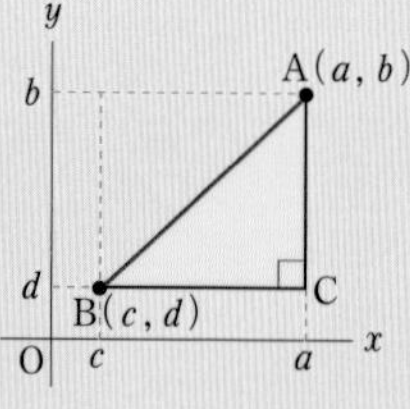

②円の弦の長さ

右の図の円 O で，

AB＝2AH

$=2\sqrt{r^2-a^2}$

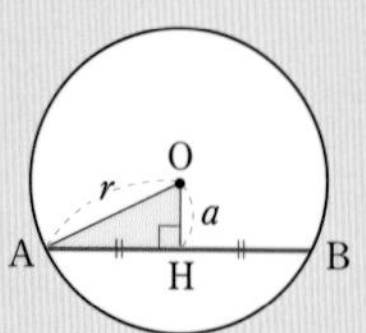

空間図形への利用

①直方体の対角線の長さ

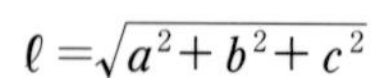

$\ell=\sqrt{a^2+b^2+c^2}$

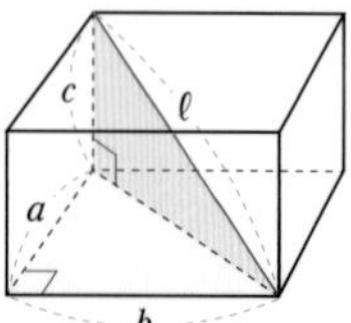

②円錐の高さ

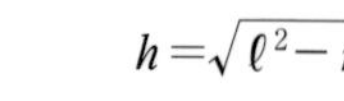

$h=\sqrt{\ell^2-r^2}$

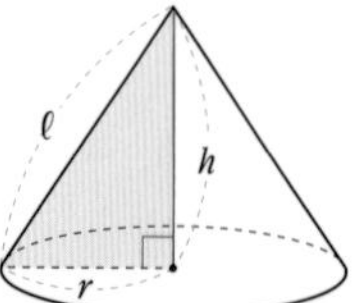

定期テスト対策

得点アップ！予想問題

1 この「**予想問題**」で実力を確かめよう！

2 「**解答と解説**」で答え合わせをしよう！

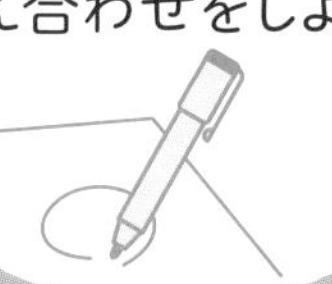

3 わからなかった問題は戻って復習しよう！

この本での学習ページ

スキマ時間でポイントを確認！
別冊「**スピードチェック**」も使おう

●予想問題の構成

回数	教科書ページ	教科書の内容	この本での学習ページ
第1回	10～38	1章　式の展開と因数分解	2～19
第2回	40～66	2章　平方根	20～35
第3回	68～86	3章　2次方程式	36～47
第4回	88～120	4章　関数 $y=ax^2$	48～61
第5回	122～156	5章　相似な図形	62～85
第6回	158～174	6章　円	86～95
第7回	176～196	7章　三平方の定理	96～107
第8回	198～212	8章　標本調査	108～112

解答▶p.41

第1回 予想問題 1章 式の展開と因数分解

/100

1 次の計算をしなさい。 3点×4（12点）

(1) $3x(x-5y)$

(2) $(4a^2b+6ab^2-2a)\div 2a$

(3) $(6xy-3y^2)\div\left(-\frac{3}{5}y\right)$

(4) $4a(a+2)-a(5a-1)$

(1)		(2)		(3)		(4)	

2 次の式を展開しなさい。 3点×10（30点）

(1) $(2x+3)(x-1)$

(2) $(a-4)(a+2b-3)$

(3) $(x-2)(x-7)$

(4) $(x+4)(x-3)$

(5) $\left(y+\frac{1}{2}\right)^2$

(6) $(3x-2y)^2$

(7) $(5x+9)(5x-9)$

(8) $(4x-3)(4x+5)$

(9) $(a+2b-5)^2$

(10) $(x+y-4)(x-y+4)$

(1)		(2)			
(3)		(4)		(5)	
(6)		(7)		(8)	
(9)		(10)			

3 次の計算をしなさい。 3点×2（6点）

(1) $2x(x-3)-(x+2)(x-8)$

(2) $(a-2)^2-(a+4)(a-4)$

(1)		(2)	

4 次の式を因数分解しなさい。 3点×2（6点）

(1) $4xy-2y$

(2) $5a^2-10ab+15a$

(1)		(2)	

5 次の式を因数分解しなさい。　3点×4（12点）

(1) $x^2-7x+10$　(2) x^2-x-12

(3) $m^2+8m+16$　(4) y^2-36

(1)		(2)	
(3)		(4)	

6 次の式を因数分解しなさい。　3点×6（18点）

(1) $6x^2-12x-48$　(2) $8a^2b-2b$

(3) $4x^2+12xy+9y^2$　(4) $(a+b)^2-16(a+b)+64$

(5) $(x-3)^2-7(x-3)+6$　(6) x^2-y^2-2y-1

(1)		(2)		(3)	
(4)		(5)		(6)	

7 次の式を，くふうして計算しなさい。　3点×2（6点）

(1) 49^2　(2) $7\times29^2-7\times21^2$

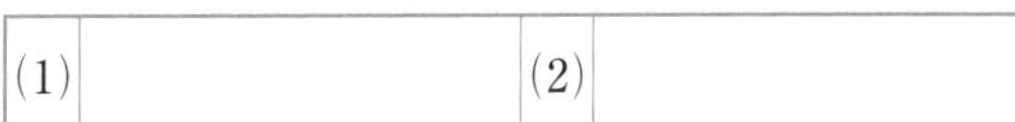

(1)		(2)	

8 3つの続いた整数では，最も大きい数の平方から最も小さい数の平方をひいた差は，真ん中の数の4倍になることを証明しなさい。　（4点）

9 2つの続いた奇数の2乗の和を8でわったときの余りを求めなさい。　（3点）

10 右の図のように，中心が同じ2つの円があり，半径の差は10 cmです。小さい方の円の半径を a cmとするとき，2つの円にはさまれた部分の面積を a を使った式で表しなさい。　（3点）

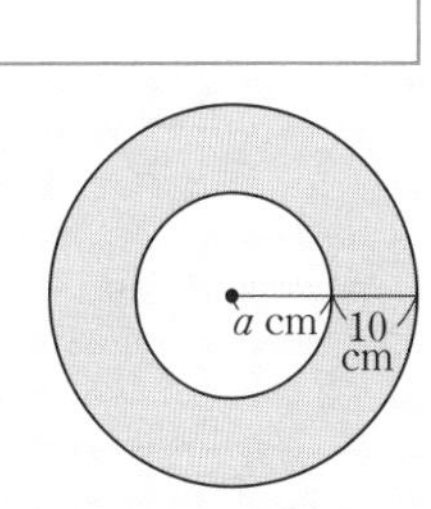

解答 p.42

第2回 予想問題　2章　平方根

40分　/100

1 次の数を求めなさい。　2点×4（8点）

(1) 49 の平方根　(2) $\sqrt{64}$

(3) $\sqrt{(-9)^2}$　(4) $(-\sqrt{6})^2$

(1)		(2)		(3)		(4)	

2 次の各組の数の大小を，不等号を使って表しなさい。　2点×3（6点）

(1) 6, $\sqrt{30}$　(2) $-3,\ -4,\ -\sqrt{10}$　(3) $3\sqrt{2}$, $\sqrt{15}$, 4

(1)		(2)		(3)	

3 $\sqrt{1}$, $\sqrt{4}$, $\sqrt{9}$, $\sqrt{15}$, $\sqrt{25}$, $\sqrt{50}$ のうち，無理数をすべて選びなさい。　（2点）

4 次の数を，根号の中ができるだけ小さい自然数になるようにして，$a\sqrt{b}$ または $\dfrac{\sqrt{b}}{a}$ の形にしなさい。　2点×2（4点）

(1) $\sqrt{112}$　(2) $\sqrt{\dfrac{7}{64}}$

(1)		(2)	

5 次の数の分母を有理化しなさい。　2点×2（4点）

(1) $\dfrac{2}{\sqrt{6}}$　(2) $\dfrac{5\sqrt{3}}{\sqrt{15}}$

(1)		(2)	

6 $\sqrt{6}=2.449$ として，次の値（あたい）を求めなさい。　2点×2（4点）

(1) $\sqrt{60000}$　(2) $\sqrt{0.06}$

(1)		(2)	

7 次の計算をしなさい。　3点×4（12点）

(1) $\sqrt{6}\times\sqrt{8}$　(2) $\sqrt{75}\times 2\sqrt{3}$

(3) $8\div\sqrt{12}$　(4) $3\sqrt{6}\div(-\sqrt{10})\times\sqrt{5}$

(1)		(2)		(3)		(4)	

8 次の計算をしなさい。 3点×6(18点)

(1) $2\sqrt{6}-3\sqrt{6}$ (2) $4\sqrt{5}+\sqrt{3}-3\sqrt{5}+6\sqrt{3}$

(3) $\sqrt{98}-\sqrt{50}+\sqrt{2}$ (4) $\sqrt{63}+3\sqrt{28}$

(5) $\sqrt{48}-\dfrac{3}{\sqrt{3}}$ (6) $\dfrac{18}{\sqrt{6}}-\dfrac{\sqrt{24}}{4}$

(1)		(2)		(3)	
(4)		(5)		(6)	

9 次の計算をしなさい。 3点×6(18点)

(1) $\sqrt{3}(3\sqrt{3}+\sqrt{6})$ (2) $(\sqrt{7}+3)(\sqrt{7}-2)$

(3) $(\sqrt{6}-\sqrt{15})^2$ (4) $\dfrac{10}{\sqrt{2}}-2\sqrt{7}\times\sqrt{14}$

(5) $(2\sqrt{3}+1)^2-\sqrt{48}$ (6) $\sqrt{5}(\sqrt{45}-\sqrt{15})-(\sqrt{5}-\sqrt{3})(\sqrt{5}+\sqrt{3})$

(1)		(2)		(3)	
(4)		(5)		(6)	

10 次の式の値を求めなさい。 3点×2(6点)

(1) $a=\sqrt{5}+\sqrt{2}$, $b=\sqrt{5}-\sqrt{2}$ のときの，a^2-b^2 の値

(2) $\sqrt{5}$ の小数部分を a とするとき，$a(a+2)$ の値

(1)		(2)	

11 次の問いに答えなさい。 3点×6(18点)

(1) $4<\sqrt{n}<5$ をみたす自然数 n はいくつありますか。

(2) $\sqrt{22-3n}$ が整数となるような自然数 n の値をすべて求めなさい。

(3) 48にできるだけ小さい自然数をかけて，その結果をある自然数の2乗にしたい。どんな数をかければよいですか。

(4) $\sqrt{63n}$ が自然数になるような2けたの自然数 n をすべて求めなさい。

(5) $\sqrt{58}$ の整数部分はいくらになりますか。

(6) 27200を有効数字3けたと考えて，整数部分が1けたの小数と10の累乗の形で表しなさい。

(1)		(2)		(3)	
(4)		(5)		(6)	

第3回 予想問題 3章 2次方程式

解答 p.43

/100

1 次の問いに答えなさい。 3点×2（6点）

(1) 次の方程式のうち，2次方程式を選び，記号で答えなさい。

㋐ $3(x+2)=4x-5$ ㋑ $(x+2)(x-5)=x^2-3$ ㋒ $x(x-4)=2x^2-x$

(2) 右の□にあてはまる数を答えなさい。 x^2-12x+ ① $=(x-$ ② $)^2$

(1)		(2)	①	②

2 次の方程式を解きなさい。 3点×10（30点）

(1) $x^2-9=0$ (2) $25x^2=6$

(3) $(x-4)^2=36$ (4) $3x^2+5x-4=0$

(5) $x^2-8x+3=0$ (6) $2x^2-3x+1=0$

(7) $(x+4)(x-5)=0$ (8) $x^2-15x+14=0$

(9) $x^2+10x+25=0$ (10) $x^2-12x=0$

(1)		(2)		(3)	
(4)		(5)		(6)	
(7)		(8)		(9)	
(10)					

3 次の方程式を解きなさい。 4点×6（24点）

(1) $x^2+6x=16$ (2) $4x^2+6x-8=0$

(3) $\frac{1}{2}x^2=4x-8$ (4) $x^2-4(x+2)=0$

(5) $(x-2)(x+4)=7$ (6) $(x+3)^2=5(x+3)$

(1)		(2)		(3)	
(4)		(5)		(6)	

4 次の問いに答えなさい。　5点×2（10点）

(1) 2次方程式 $x^2+ax+b=0$ の解が3と5のとき，a と b の値（あたい）をそれぞれ求めなさい。

(2) 2次方程式 $x^2+x-12=0$ の小さい方の解が2次方程式 $x^2+ax-24=0$ の解の1つになっています。このとき，a の値を求めなさい。

(1)	a	b	(2)	

5 2つの続いた整数があります。それぞれの整数を2乗して，それらの和を計算したら85になりました。小さい方の整数を x として方程式をつくり，2つの続いた整数を求めなさい。

3点×2（6点）

方程式	
答え	

6 横の長さが縦の長さの2倍の長方形の紙があります。この紙の4すみから1辺が2 cmの正方形を切り取り，直方体の容器を作ったら，容積が192 cm^3 になりました。もとの紙の縦の長さを求めなさい。　（6点）

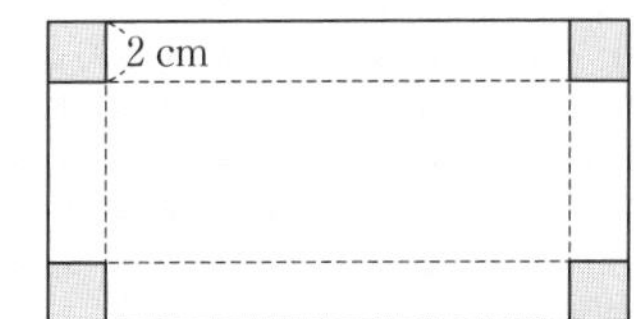

7 縦30 m，横40 mの長方形の土地があります。右の図のように，この土地の真ん中を畑にしてまわりに同じ幅（はば）の道をつくり，畑の面積が土地の面積の半分になるようにします。道の幅は何mになるか求めなさい。　（6点）

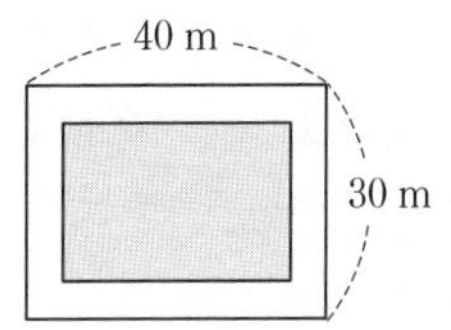

8 右の図のような1辺が8 cmの正方形ABCDで，点PはBを出発してAB上をAまで動きます。また，点Qは，点PがBを出発するのと同時にCを出発し，Pと同じ速さでBC上をBまで動きます。PがBから何cm動いたとき，△PBQの面積は3 cm^2 になるか求めなさい。　（6点）

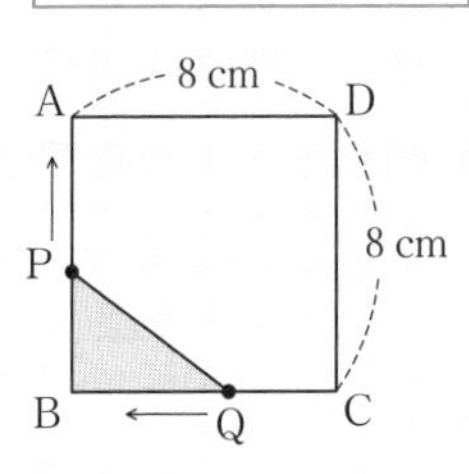

9 右の図で，点Pは $y=x+3$ のグラフ上の点で，その x 座標は正です。また，点Aは x 軸上の点で，Aの x 座標はPの x 座標の2倍になっています。△POAの面積が28 cm^2 であるとき，点Pの座標を求めなさい。ただし，座標の1目もりは1 cmとします。　（6点）

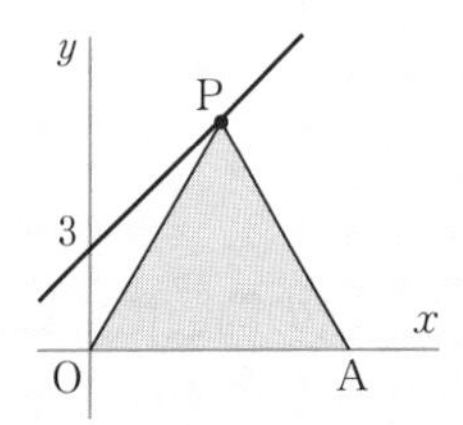

第4回 予想問題 4章 関数 $y=ax^2$

解答 p.44

/100

1 y は x の2乗に比例し，$x=2$ のとき $y=-8$ です。 4点×3（12点）

(1) y を x の式で表しなさい。

(2) $x=-3$ のときの y の値を求めなさい。

(3) $y=-50$ のときの x の値を求めなさい。

(1)		(2)		(3)	

2 次の関数のグラフを右の図にかきなさい。 4点×2（8点）

(1) $y=-\dfrac{1}{2}x^2$

(2) $y=\dfrac{1}{4}x^2$

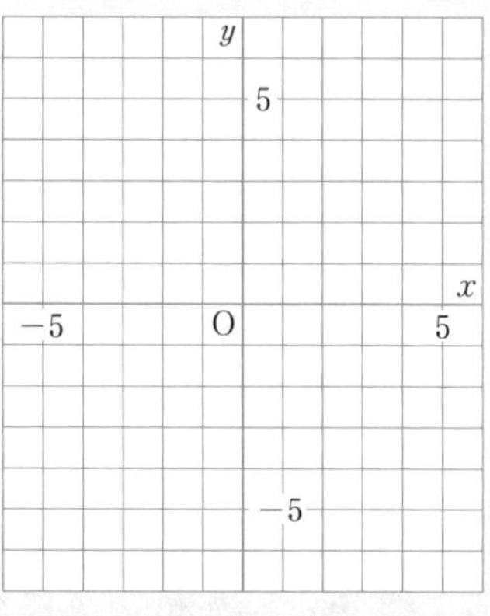

3 次の㋐〜㋕の関数の中から，下の(1)〜(4)にあてはまるものを選び，記号で答えなさい。 3点×4（12点）

㋐ $y=x^2$ ㋑ $y=-2x^2$ ㋒ $y=5x^2$

㋓ $y=\dfrac{1}{2}x^2$ ㋔ $y=-\dfrac{1}{2}x^2$ ㋕ $y=-3x^2$

(1) グラフが下に開いているもの

(2) グラフの開き方が最も小さいもの

(3) $x>0$ の範囲で，x の値が増加すると，y の値も増加するもの

(4) グラフが $y=2x^2$ のグラフと x 軸について対称であるもの

(1)		(2)		(3)		(4)	

4 次の関数について，x の変域が $-3 \leqq x \leqq 1$ のときの y の変域を求めなさい。 4点×3（12点）

(1) $y=2x+4$ (2) $y=3x^2$ (3) $y=-2x^2$

(1)		(2)		(3)	

5 次の関数について，x の値が -4 から -2 まで増加するときの変化の割合を求めなさい。 4点×3（12点）

(1) $y=-2x+3$ (2) $y=2x^2$ (3) $y=-x^2$

(1)		(2)		(3)	

6 次の問いに答えなさい。 4点×5(20点)

(1) 関数 $y=ax^2$ について，x の変域が $-1 \leqq x \leqq 2$ のとき，y の変域が $-4 \leqq y \leqq 0$ です。a の値を求めなさい。

(2) 関数 $y=2x^2$ で，x の変域が $-2 \leqq x \leqq a$ のとき，y の変域が $b \leqq y \leqq 18$ です。a，b の値を求めなさい。

(3) 関数 $y=ax^2$ で，x の値が 1 から 3 まで増加するときの変化の割合が 12 です。a の値を求めなさい。

(4) 関数 $y=ax^2$ と $y=-4x+2$ は，x の値が 2 から 6 まで増加するときの変化の割合が等しくなります。a の値を求めなさい。

(5) 関数 $y=ax^2$ のグラフと $y=-2x+3$ のグラフの交点の 1 つを A とします。A の x 座標が 3 のとき，a の値を求めなさい。

(1)		(2)	a	b	(3)	
(4)		(5)				

7 右の図のような縦 10 cm，横 20 cm の長方形 ABCD で，点 P は B を出発して辺 AB 上を A まで動きます。また，点 Q は点 P と同時に B を出発して辺 BC 上を C まで，P の 2 倍の速さで動きます。BP の長さが x cm のときの △PBQ の面積を y cm^2 として，次の問いに答えなさい。 3点×4(12点)

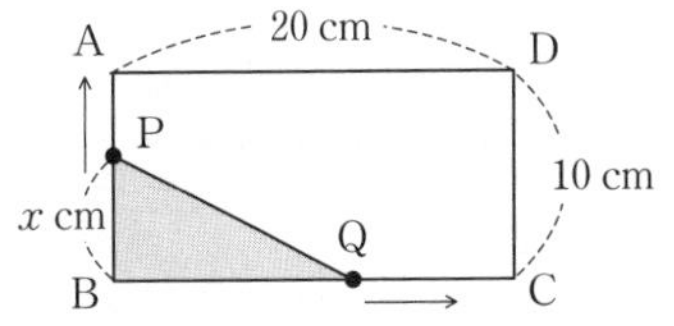

(1) y を x の式で表しなさい。

(2) $x=6$ のときの y の値を求めなさい。

(3) y の変域を求めなさい。

(4) △PBQ の面積が 25 cm^2 になるのは，BP の長さが何 cm のときですか。

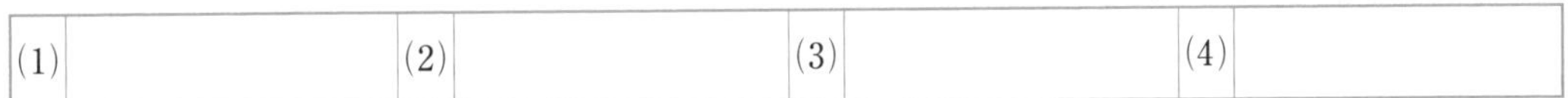

(1)		(2)		(3)		(4)	

8 右の図で，①は関数 $y=\frac{1}{4}x^2$ のグラフで，②は①のグラフ上の 2 点 A(8, a)，B(−4, 4) を通る直線です。直線②と y 軸との交点を C とします。 4点×3(12点)

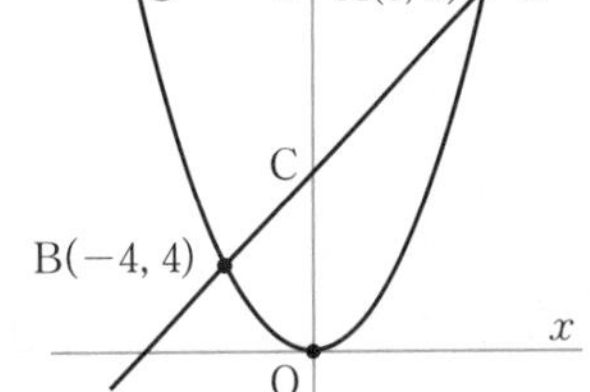

(1) a の値を求めなさい。

(2) 直線②の式を求めなさい。

(3) ①のグラフ上の A から B までの部分に点 P をとります。

△OCP の面積が △OAB の面積の $\frac{1}{2}$ になるときの点 P の座標を求めなさい。

(1)		(2)		(3)	

解答 p.45

第5回 予想問題 5章 相似な図形

40分 /100

1 右の図で，四角形 ABCD∽四角形 PQRS であるとき，次の問いに答えなさい。 4点×3（12点）

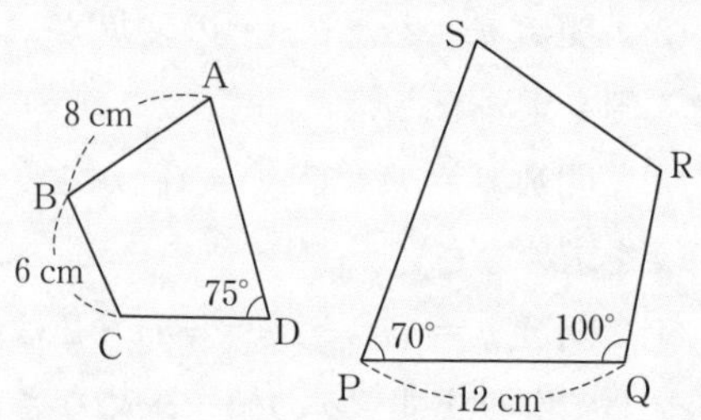

(1) 四角形 ABCD と四角形 PQRS の相似比を求めなさい。

(2) QR の長さを求めなさい。

(3) ∠C の大きさを求めなさい。

(1)		(2)		(3)	

2 次のそれぞれの図において，△ABC と相似な三角形を記号 ∽ を使って表し，そのときに使った相似条件をいいなさい。また，x の値を求めなさい。 2点×6（12点）

(1)

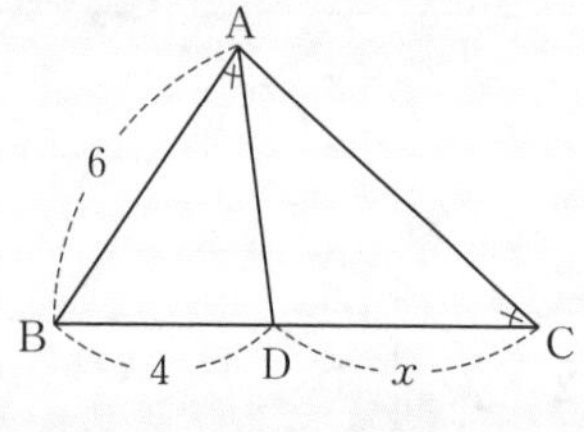

∠BAD＝∠BCA

(2)

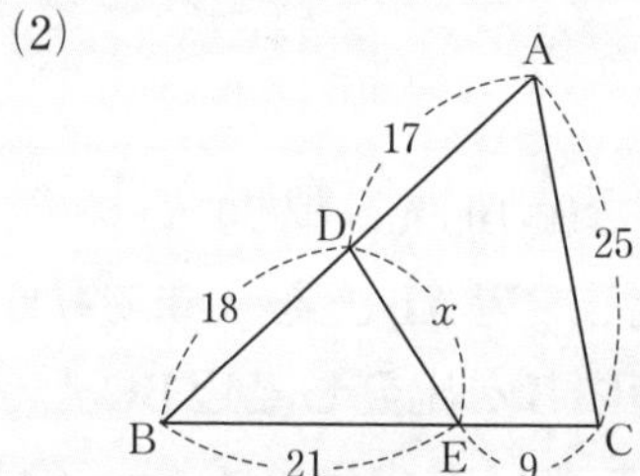

(1)	△ABC∽	相似条件	x
(2)	△ABC∽	相似条件	x

3 右の図のように，∠C＝90° の直角三角形 ABC で，点 C から辺 AB に垂線 CH をひきます。このとき，△ABC∽△CBH となることを証明しなさい。 （6点）

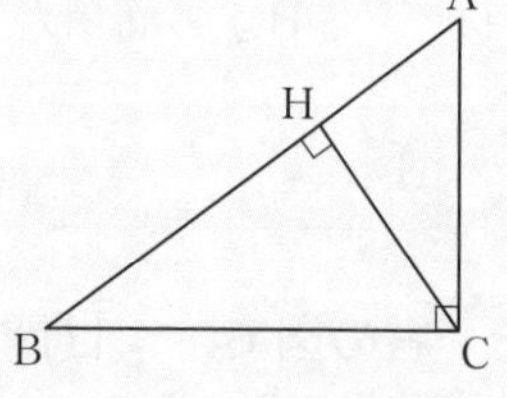

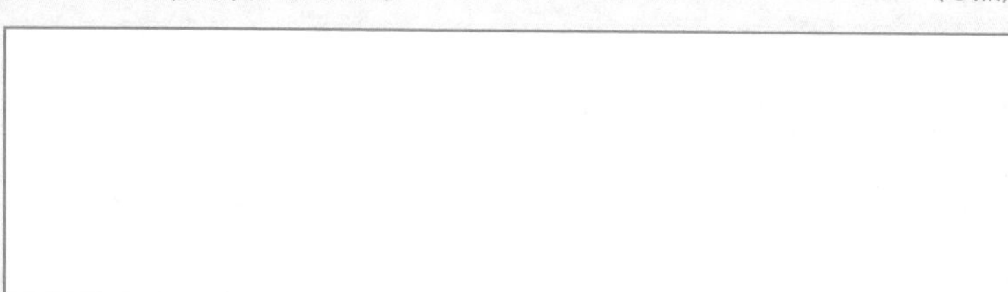

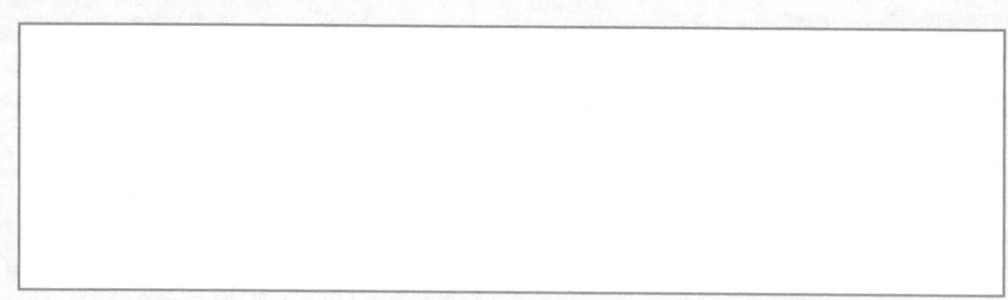

4 右の図のように，1辺の長さが 12 cm の正三角形 ABC で，辺 BC，CA 上にそれぞれ点 P，Q を ∠APQ＝60° となるようにとるとき，次の問いに答えなさい。 4点×2（8点）

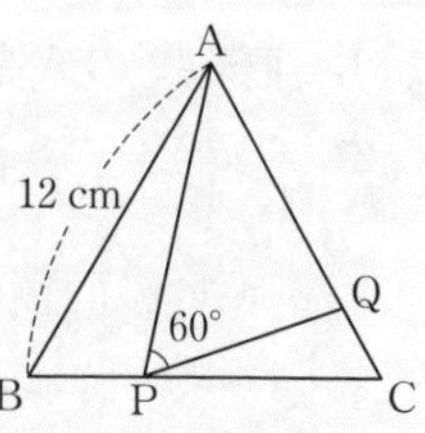

(1) △ABP∽□です。□にあてはまるものを答えなさい。

(2) BP＝4 cm のとき，CQ の長さを求めなさい。

(1)		(2)	

5 下の図で，DE // BC のとき，x の値を求めなさい。 5点×3（15点）

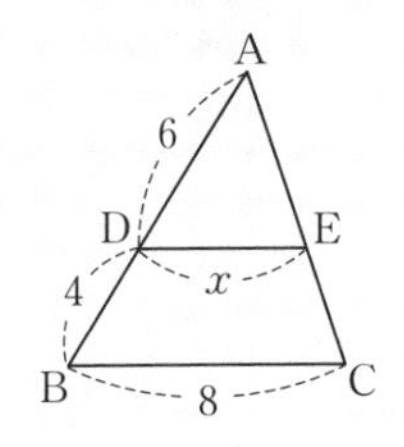

(1) (2) (3)

(1)		(2)		(3)	

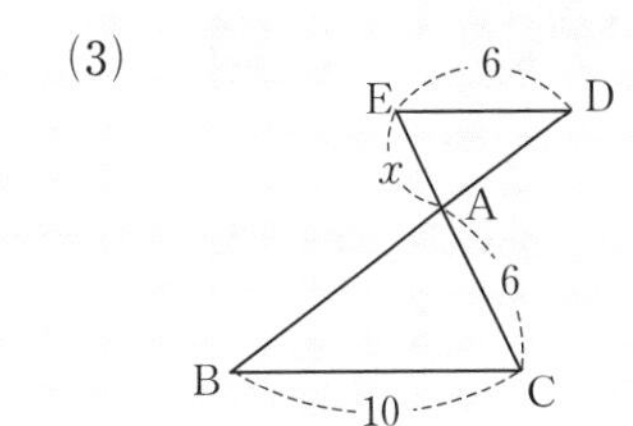

6 右の図のように，△ABC の辺 BC の中点を D とし，線分 AD の中点を E とします。直線 BE と辺 AC の交点を F，線分 CF の中点を G とするとき，次の問いに答えなさい。 5点×2（10点）

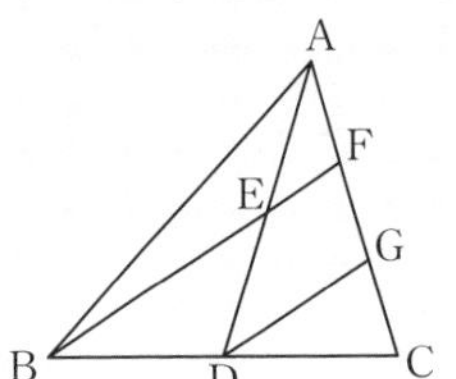

(1) AF：FG を求めなさい。

(2) 線分 BE の長さは線分 EF の長さの何倍ですか。

(1)		(2)	

7 下の図で，ℓ // m // n のとき，x の値を求めなさい。 5点×3（15点）

(1)

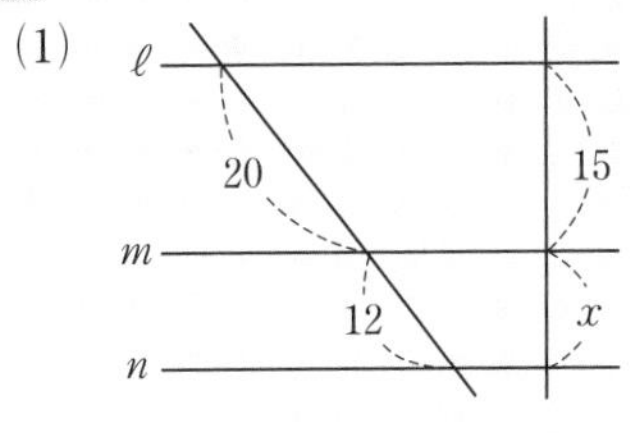

(2)

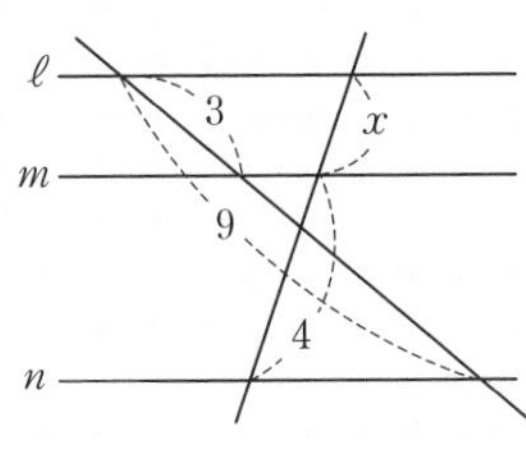

(3)

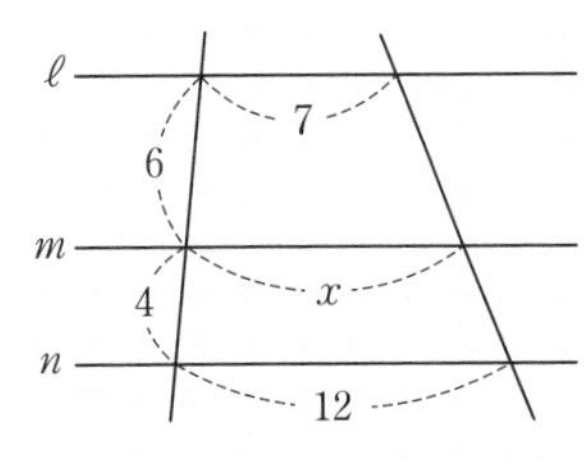

(1)		(2)		(3)	

8 下の図で，x の値を求めなさい。 5点×2（10点）

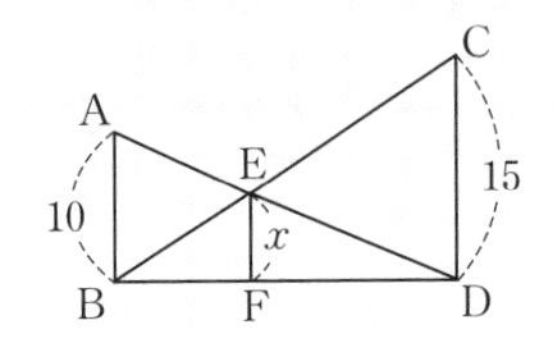

(1)

AB // CD // EF

(2)

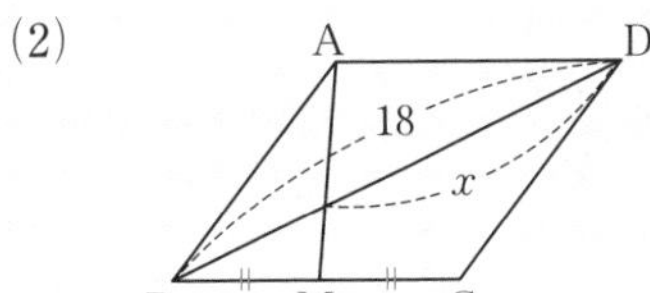

▱ABCD で，M は辺 BC の中点。

(1)		(2)	

9 次の問いに答えなさい。 4点×3（12点）

(1) 相似な 2 つの図形 A，B があり，その相似比は 5：2 です。A の面積が 125 cm^2 のとき，B の面積を求めなさい。

(2) 相似な 2 つの立体 P，Q があり，その表面積の比は 9：16 です。P と Q の相似比を求めなさい。また，P と Q の体積比を求めなさい。

(1)		(2)	相似比	体積比

第6回 予想問題 6章 円

1 下の図で，∠x の大きさを求めなさい。

5点×6（30点）

(1)

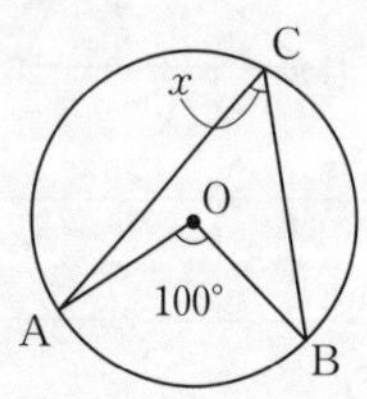

(2)

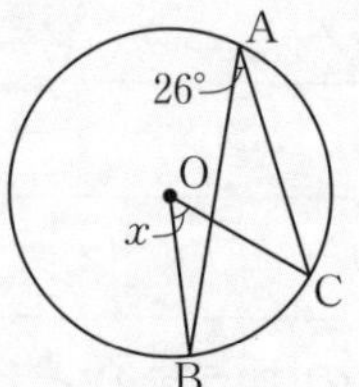

(3)

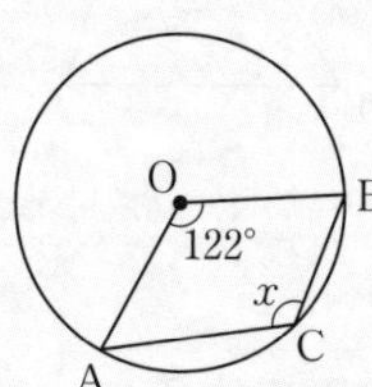

(4)

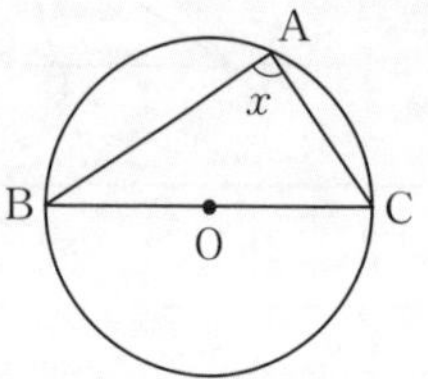

(5)

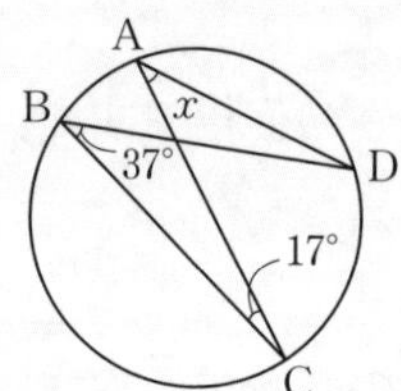

(6)

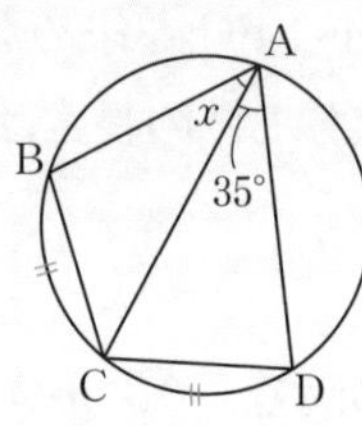

$\overset{\frown}{BC}=\overset{\frown}{CD}$

(1)		(2)		(3)	
(4)		(5)		(6)	

2 下の図で，∠x の大きさを求めなさい。

5点×6（30点）

(1)

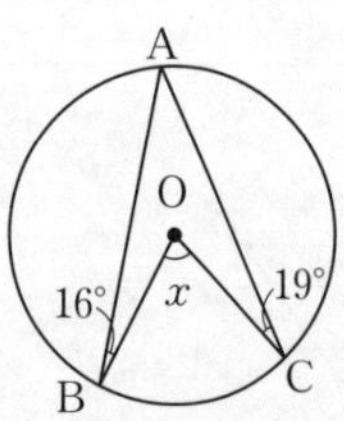

(2)

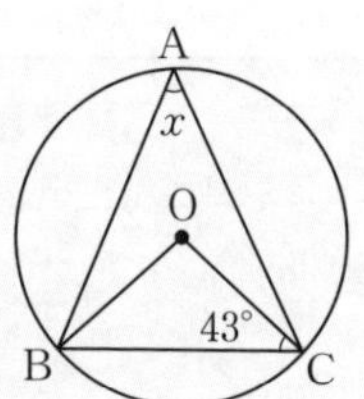

(3)

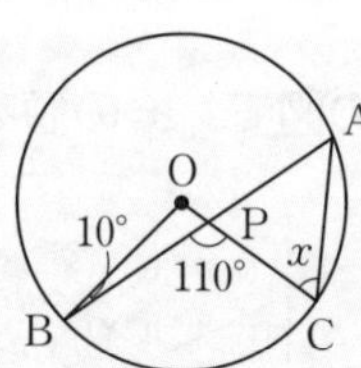

(4)

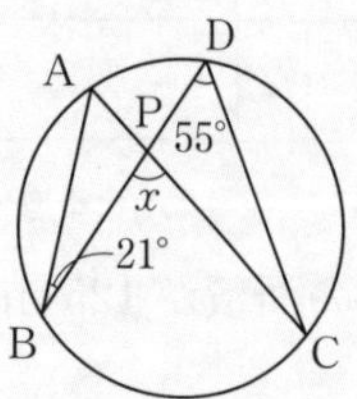

(5)

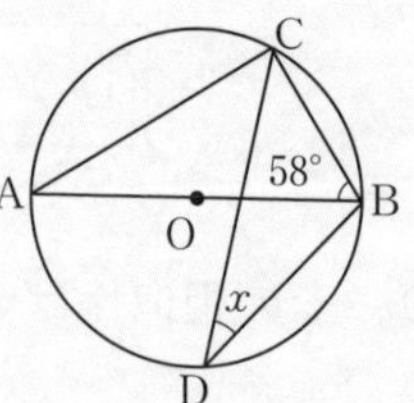

(6)

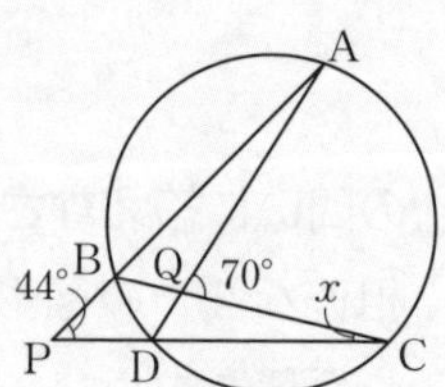

(1)		(2)		(3)	
(4)		(5)		(6)	

3 右の図で，4点A，B，C，Dが1つの円周上にあることを証明しなさい。（5点）

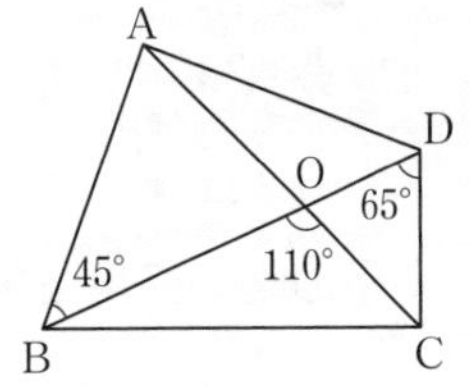

4 右の図のように，円Oと円外の点Aがあります。点Aから円Oへの接線AP，AP′を作図しなさい。（10点）

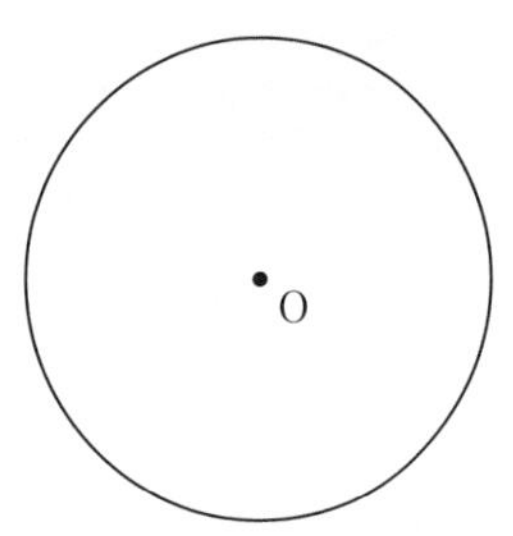

5 右の図で，A，B，C，Dは円Oの周上の点で，$\overset{\frown}{AB}=\overset{\frown}{BC}$ です。弦ACとBDの交点をPとするとき，△BPC∽△BCDとなることを証明しなさい。（10点）

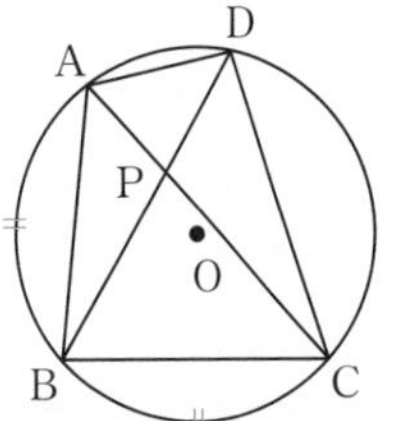

6 下の図で x の値を求めなさい。

5点×3（15点）

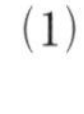
(1)

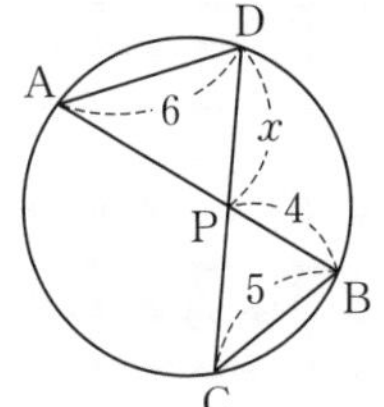

(2)

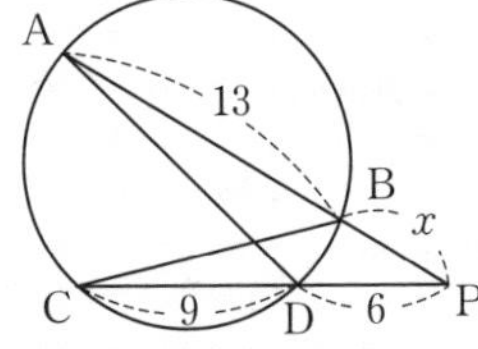

(3)

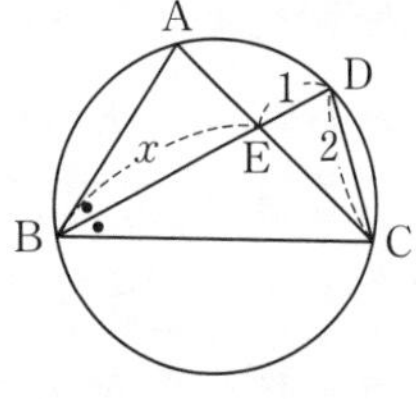

∠ABD＝∠DBC

(1)		(2)		(3)	

解答 ▶ p.47

第7回 予想問題　7章　三平方の定理

40分　/100

1 下の図の直角三角形で，x の値を求めなさい。　4点×4（16点）

(1)
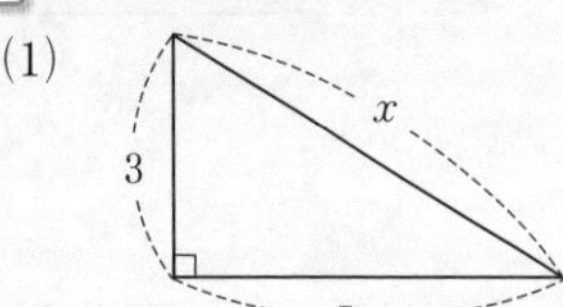

(2)
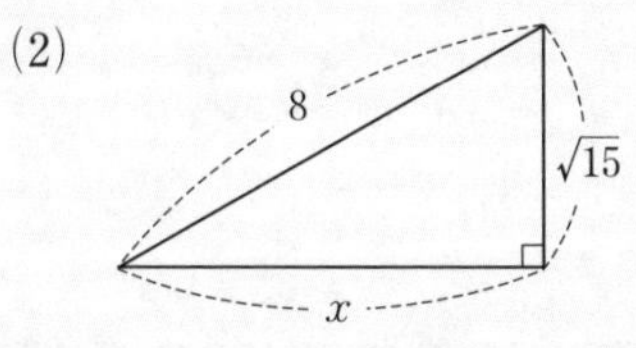

(3)
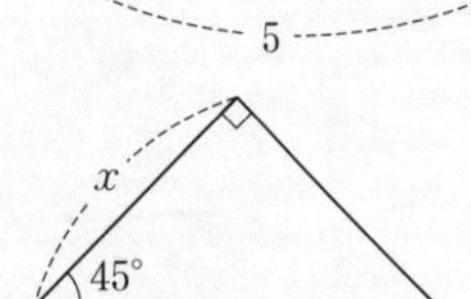

(4)
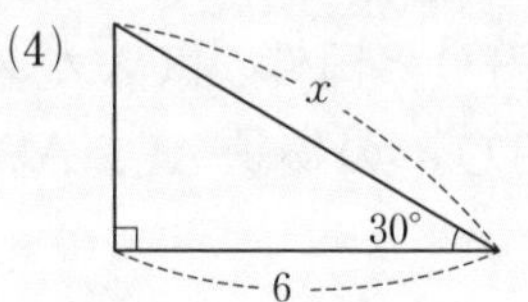

(1)		(2)		(3)		(4)	

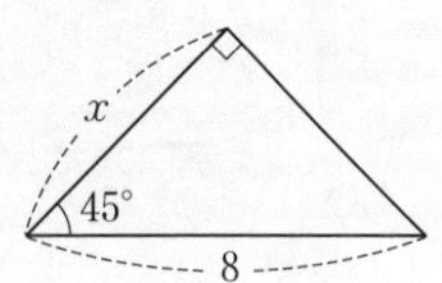

2 次の長さを 3 辺とする三角形について，直角三角形には○，そうでないものには×を答えなさい。　3点×4（12点）

(1)　17 cm，15 cm，8 cm　　(2)　1.5 cm，2 cm，3 cm

(3)　$\sqrt{10}$ cm，8 cm，$3\sqrt{6}$ cm　　(4)　$\frac{2}{3}$ cm，$\frac{1}{2}$ cm，$\frac{5}{6}$ cm

(1)		(2)		(3)		(4)	

3 次の問いに答えなさい。　4点×3（12点）

(1)　1 辺が 5 cm の正方形の対角線の長さを求めなさい。

(2)　1 辺が 6 cm の正三角形の面積を求めなさい。

(3)　右の図の二等辺三角形 ABC で，h の値を求めなさい。

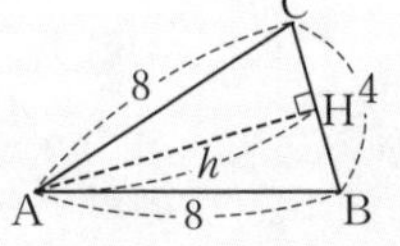

(1)		(2)		(3)	

4 次の問いに答えなさい。　4点×4（16点）

(1)　2 点 A$(-2,\ 4)$，B$(-5,\ -3)$ の間の距離を求めなさい。

(2)　半径が 9 cm の円 O で，中心からの距離が 6 cm である弦 AB の長さを求めなさい。

(3)　半径 4 cm の円 O と，中心 O から 8 cm の距離に点 A があります。A から円 O に接線をひき，接点を M とします。このとき AM の長さを求めなさい。

(4)　底面の半径が 3 cm，母線の長さが 7 cm の円錐の体積を求めなさい。

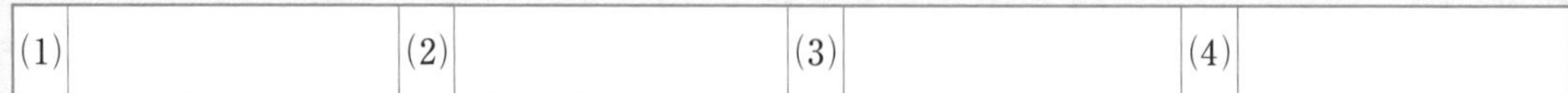

5 下の図で，x の値を求めなさい。　4点×3（12点）

(1)

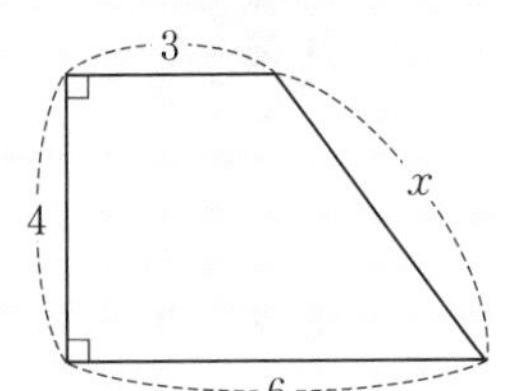

(2)

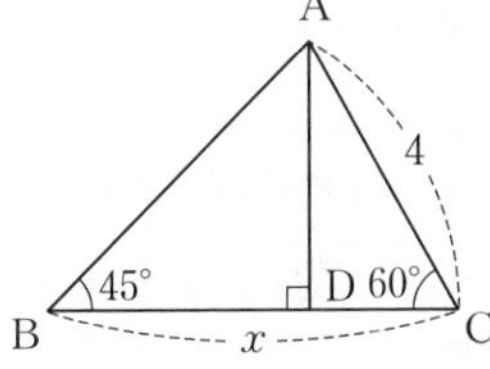

(3)

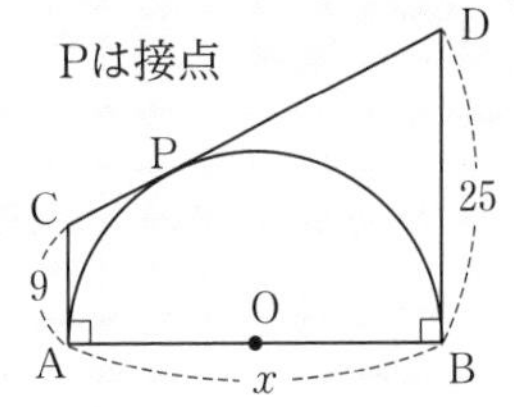

(1)		(2)		(3)	

6 右の図の△ABC で，A から辺 BC に垂線 AH をひくとき，次の問いに答えなさい。　4点×2（8点）

(1) BH＝x として，x の方程式をつくりなさい。

(2) AH の長さを求めなさい。

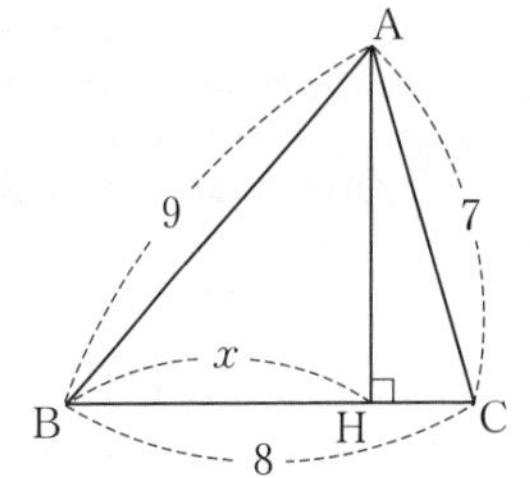

(1)		(2)	

7 右の図のように，縦が 4 cm，横が 8 cm の長方形 ABCD の紙を，頂点 B が頂点 D と重なるように折ります。このとき，CE の長さを求めなさい。　（4点）

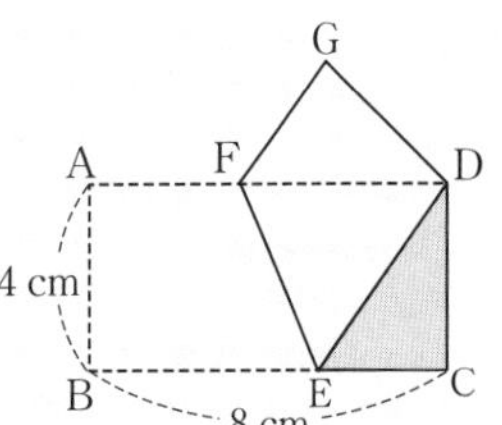

8 右の図のような底面が 1 辺 4 cm の正方形で，他の辺が 6 cm の正四角錐（すい）があります。この正四角錐 の表面積と体積を求めなさい。　4点×2（8点）

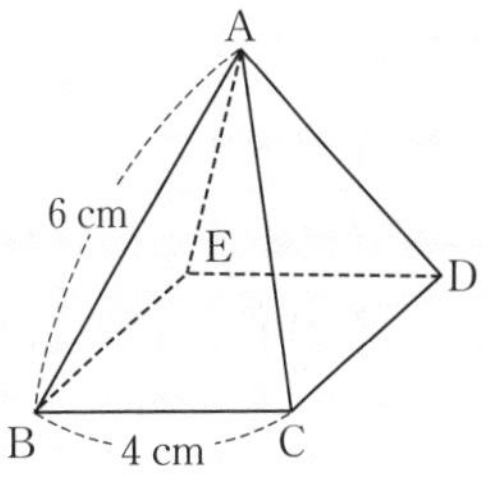

表面積	体積

9 右の図の立体は，1 辺が 4 cm の立方体で，M，N はそれぞれ辺 AB，AD の中点です。　4点×3（12点）

(1) 線分 MG の長さを求めなさい。

(2) M から辺 BF を通って点 G まで糸をかけます。かける糸の長さが最も短くなるときの，糸の長さを求めなさい。

(3) 4 点 M，F，H，N を頂点とする四角形の面積を求めなさい。

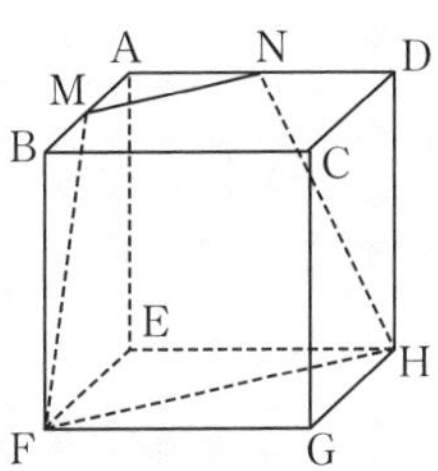

(1)		(2)		(3)	

解答 p.48

第8回 予想問題　8章　標本調査

20分　/100

1 次の調査について，全数調査は○，標本調査は×を答えなさい。　4点×4（16点）

(1) ある農家で生産したみかんの糖度の調査　(2) ある工場で作った製品の強度の調査

(3) 今年度入学した生徒の家族構成の調査　(4) 選挙のときにマスコミが行う出口調査

(1)		(2)		(3)		(4)	

2 ある工場で昨日作った5万個の製品の中から，300個の製品を無作為（むさくい）に抽出（ちゅうしゅつ）して調べたら，その中の6個が不良品でした。　8点×3（24点）

(1) この調査の母集団は何ですか。

(2) この調査の標本の大きさをいいなさい。

(3) 昨日作った5万個の製品の中にある不良品の数は約何個と考えられますか。

(1)		(2)		(3)	約

3 袋（ふくろ）の中に同じ大きさの玉がいっぱいはいっています。この袋の中の玉の数を調べるために，袋の中から100個の玉を取り出して印をつけて袋にもどします。次に，袋の中をよくかき混ぜて無作為にひとつかみの玉を取り出して数えると，印のついた玉が4個，印のついていない玉が23個でした。袋の中の玉の数は約何個と考えられますか。十の位を四捨五入して答えなさい。　（20点）

約

4 袋の中に白い碁石（ごいし）がたくさんはいっています。その数を調べるために，同じ大きさの黒い碁石60個を白い碁石の入っている袋の中に入れ，よくかき混ぜた後，その中から50個の碁石を無作為に抽出して調べたら，黒い碁石が6個ふくまれていました。袋の中の白い碁石の数は，約何個と考えられますか。　（20点）

約

5 900ページの辞典があります。この辞典にのっている見出し語の語数を調べるために，無作為に10ページを選び，そのページにのっている見出し語の数を調べると，次のようになりました。　18，21，15，16，9，17，20，11，14，16　10点×2（20点）

(1) この辞典の1ページにのっている見出し語の数の平均を推測しなさい。

(2) この辞典の全体の見出し語の数は約何語と考えられますか。百の位を四捨五入して答えなさい。

(1)		(2)	約

教科書ワーク 数学 特別ふろく①

無料アプリ 数1 数2 数3 図形1 図形2 図形3

どこでもワーク

こちらにアクセスして，ご利用ください。
https://portal.bunri.jp/app.html

1 計算編 テンキー入力形式で学習できる！ 重要公式つき！

解き方を穴埋め形式で確認！

テンキー入力で，計算しながら解ける！

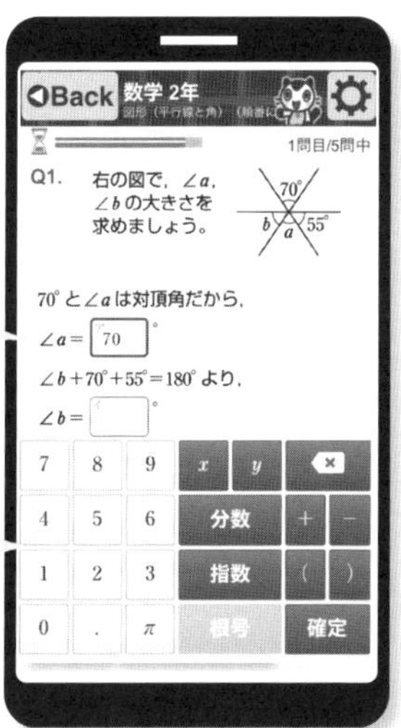

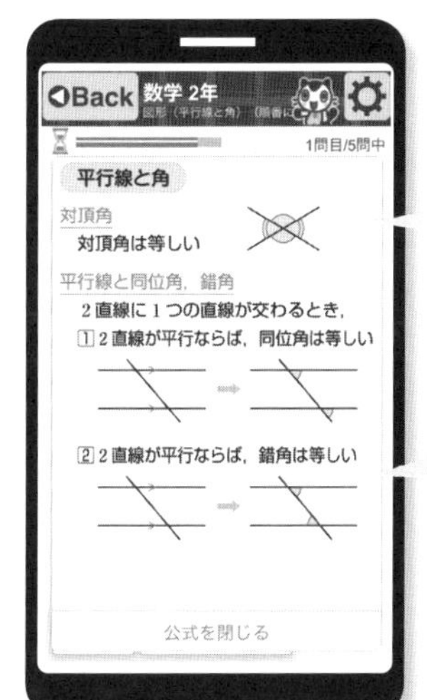

重要公式をその場で確認できる！

カラーだから見やすく，わかりやすい！

2 図形編 グラフや図形を自分で動かして，学習理解をサポート！

自分で数値を決められるから，いろいろなグラフの確認ができる！

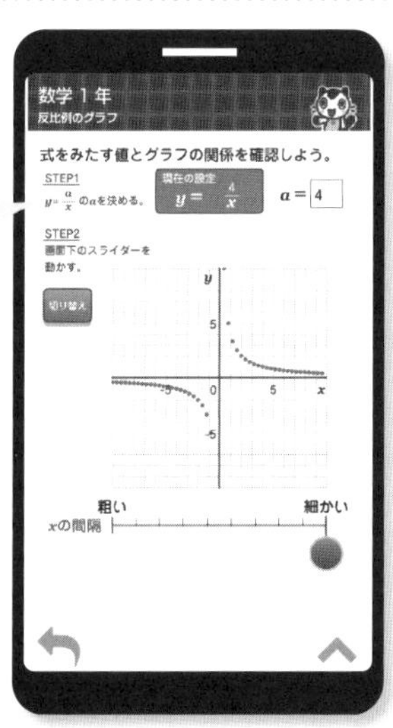

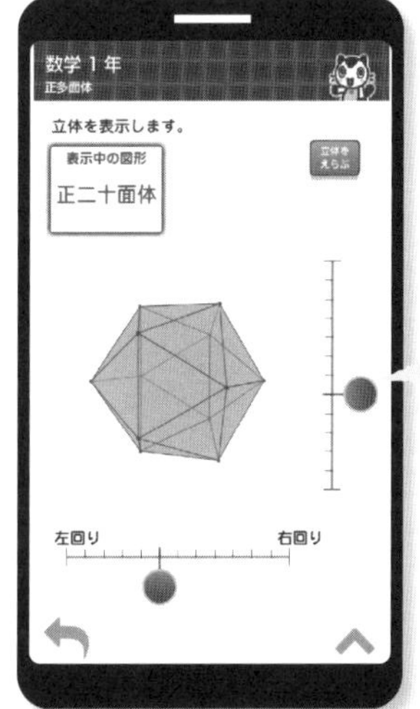

上下左右に回転させて，様々な角度から立体をみることができる！

注意 ●アプリは無料ですが，別途各通信会社からの通信料がかかります。
● iPhone の方は Apple ID，Android の方は Google アカウントが必要です。対応 OS や対応機種については，各ストアでご確認ください。
●お客様のネット環境および携帯端末により，アプリをご利用いただけない場合，当社は責任を負いかねます。ご理解，ご了承いただきますよう，お願いいたします。
●正誤判定は，計算編のみの機能となります。
●テンキーの使い方は，アプリでご確認ください。

中学教科書ワーク

解答と解説

日本文教版

数学3年

この「解答と解説」は，取りはずして使えます。

※ステージ１の例の答えは本冊右ページ下にあります。

1章 式の展開と因数分解

p.2〜3 ステージ1

1 (1) $14ab-49a$

(2) $-15x^2+6xy$

(3) $ac+3bc$

(4) $-5x^2+10xy-15x$

2 (1) $2x^3-3x$　(2) $-a^2+4a-5$

(3) $-a^2+3a-2$　(4) $10x-5y+20$

3 (1) $ax+ay+bx+by$

(2) $3ac-3ad+2bc-2bd$

(3) $2x^2+7x+5$

(4) $3x^2+13xy-10y^2$

(5) $3a^2-7ab-6b^2$

(6) $-15x^2+4xy+4y^2$

(7) $x^2+xy-7x-2y+10$

(8) $a^2-ab-a+4b-12$

解説

1 分配法則を使って計算する。

(1) $7a(2b-7)=7a\times2b-7a\times7=14ab-49a$

(2) $-3x(5x-2y)=(-3x)\times5x-(-3x)\times2y$
$=-15x^2+6xy$

(3) $(3a+9b)\times\frac{1}{3}c=3a\times\frac{1}{3}c+9b\times\frac{1}{3}c$
$=ac+3bc$

2 除法は逆数をかける乗法になおして計算する。

(1) $(4x^4-6x^2)\div2x=(4x^4-6x^2)\times\frac{1}{2x}$ わる数の逆数をかける。
$=\frac{4x^4}{2x}-\frac{6x^2}{2x}=2x^3-3x$

(2) $(-3a^3+12a^2-15a)\div3a$ わる数の逆数をかける。
$=(-3a^3+12a^2-15a)\times\frac{1}{3a}$
$=-\frac{3a^3}{3a}+\frac{12a^2}{3a}-\frac{15a}{3a}=-a^2+4a-5$

(3) $(2a^3-6a^2+4a)\div(-2a)$
$=(2a^3-6a^2+4a)\times\left(-\frac{1}{2a}\right)$
$=-\frac{2a^3}{2a}+\frac{6a^2}{2a}-\frac{4a}{2a}$
$=-a^2+3a-2$

(4) $(12x^2-6xy+24x)\div\frac{6}{5}x$
$=(12x^2-6xy+24x)\times\frac{5}{6x}$
$=\frac{12x^2\times5}{6x}-\frac{6xy\times5}{6x}+\frac{24x\times5}{6x}$
$=10x-5y+20$

3 (1)〜(6) $(a+b)(c+d)=ac+ad+bc+bd$ にあてはめる。

ミス注意！ 展開した式に同類項があるときは，同類項をまとめる。

(3) $(x+1)(2x+5)=2x^2+5x+2x+5$ 同類項をまとめる。
$=2x^2+7x+5$

(4) $(3x-2y)(x+5y)=3x^2+15xy-2xy-10y^2$
$=3x^2+13xy-10y^2$

(5) $(3a+2b)(a-3b)=3a^2-9ab+2ab-6b^2$
$=3a^2-7ab-6b^2$

(6) $(-3x+2y)(5x+2y)$
$=-15x^2-6xy+10xy+4y^2$
$=-15x^2+4xy+4y^2$

(7) $(x+y-5)$ を１つの文字とみて，分配法則を使う。
$(x-2)(x+y-5)$
$=x(x+y-5)-2(x+y-5)$
$=x^2+xy-5x-2x-2y+10$
$=x^2+xy-7x-2y+10$

(8) $(a-b+3)(a-4)$
$=(a-b+3)\times a+(a-b+3)\times(-4)$
$=a^2-ab+3a-4a+4b-12$
$=a^2-ab-a+4b-12$

p.4〜5 ステージ1

❶ (1) $x^2+13x+40$ (2) $a^2-4a-12$
(3) $y^2+4y-21$ (4) $b^2-11b+18$
(5) $a^2+9a-90$ (6) $x^2-7x-60$

❷ (1) $x^2+12x+36$ (2) $a^2+18a+81$
(3) y^2+6y+9 (4) $b^2+10b+25$

❸ (1) x^2-2x+1 (2) $a^2-8a+16$
(3) $y^2-14y+49$ (4) $x^2-16x+64$

❹ (1) x^2-49 (2) a^2-25
(3) $16-y^2$ (4) $\dfrac{1}{16}-b^2$

解説

❶ 公式1にあてはめる。

(1) $(x+5)(x+8)=x^2+(5+8)x+5\times8$
$=x^2+13x+40$

(2) $(a-6)(a+2)=a^2+(-6+2)a+(-6)\times2$
$=a^2-4a-12$

(4) $(b-2)(b-9)$
$=b^2+(-2-9)b+(-2)\times(-9)$
$=b^2-11b+18$

❷ 公式2にあてはめる。

(1) $(x+6)^2=x^2+2\times6\times x+6^2$
$=x^2+12x+36$

(2) $(a+9)^2=a^2+2\times9\times a+9^2$
$=a^2+18a+81$

(3) $(y+3)^2=y^2+2\times3\times y+3^2$
$=y^2+6y+9$

(4) $(5+b)^2=5^2+2\times b\times5+b^2$
$=25+10b+b^2=b^2+10b+25$

❸ 公式3にあてはめる。

(1) $(x-1)^2=x^2-2\times1\times x+1^2$
$=x^2-2x+1$

(2) $(a-4)^2=a^2-2\times4\times a+4^2$
$=a^2-8a+16$

(4) $(-8+x)^2=(-8)^2+2\times x\times(-8)+x^2$
$=64-16x+x^2=x^2-16x+64$

❹ 公式4にあてはめる。

(1) $(x+7)(x-7)=x^2-7^2=x^2-49$

(2) $(a-5)(a+5)=a^2-5^2=a^2-25$

(3) $(4+y)(4-y)=4^2-y^2=16-y^2$

(4) $\left(\dfrac{1}{4}-b\right)\left(\dfrac{1}{4}+b\right)=\left(\dfrac{1}{4}\right)^2-b^2=\dfrac{1}{16}-b^2$

p.6〜7 ステージ1

❶ (1) 159996 (2) 10815
(3) 7921 (4) 2704

❷ (1) $4x^2-12xy+9y^2$ (2) $9a^2-4$
(3) $2x^2+8x+12$ (4) $2a^2-19a+69$

❸ (1) $x^2+2xy+y^2-10x-10y+25$
(2) $a^2+b^2+c^2-2ab+2bc-2ca$
(3) $x^2+2x+1-y^2$
(4) $a^2+2ab+b^2-3a-3b-40$

解説

❶ (1) 398×402 公式4にあてはめる。
$=(400-2)\times(400+2)=400^2-2^2$
$=160000-4=159996$

(2) 103×105 公式1にあてはめる。
$=(100+3)\times(100+5)$
$=100^2+(3+5)\times100+3\times5$
$=10000+800+15=10815$

(3) $89^2=(90-1)^2$ 公式3にあてはめる。
$=90^2-2\times1\times90+1^2$
$=8100-180+1=7921$

(4) $52^2=(50+2)^2$ 公式2にあてはめる。
$=50^2+2\times2\times50+2^2$
$=2500+200+4=2704$

❷ (1) $(2x-3y)^2$ 公式3にあてはめる。
$=(2x)^2-2\times3y\times2x+(3y)^2$
$=4x^2-12xy+9y^2$

(2) $(3a+2)(3a-2)$ 公式4にあてはめる。
$=(3a)^2-2^2=9a^2-4$

(3) $(x+2)(x-2)+(x+4)^2$ 前半は公式4 後半は公式2 にあてはめる。
$=(x^2-2^2)+(x^2+8x+16)$
$=x^2-4+x^2+8x+16$
$=2x^2+8x+12$

(4) $(a+3)(a-4)+(a-9)^2$ 前半は公式1 後半は公式3 にあてはめる。
$=(a^2-a-12)+(a^2-18a+81)$
$=2a^2-19a+69$

❸ (1) $(x+y-5)^2=(M-5)^2$ $x+y$をMとする。
$=M^2-10M+25$
$=(x+y)^2-10(x+y)+25$
$=x^2+2xy+y^2-10x-10y+25$

(3) $(x-y+1)(x+y+1)$
$=\{(x+1)-y\}\{(x+1)+y\}$ $x+1$をMとする。
$=(M-y)(M+y)=M^2-y^2$
$=(x+1)^2-y^2=x^2+2x+1-y^2$

p.8〜9　ステージ2

❶ (1) $6a^3-15a$
(2) $-6x^5y^2+2x^4y^3-14xy^2$
(3) $8a^2-10ab+6ac$　(4) $-2a+3b-4$
(5) $6a+9$　(6) $12x-8y-4$

❷ (1) $xy+2x-5y-10$
(2) $8x^2+16xy-10y^2$
(3) $6a-3ab+b-2$

❸ (1) $x^2+11x+28$　(2) $x^2-3x-40$
(3) $a^2-10a+21$　(4) $a^2-14a+49$
(5) $a^2+2ab+b^2$　(6) $64-a^2$
(7) $x^2+x+\frac{6}{25}$　(8) $b^2+\frac{3}{2}b+\frac{9}{16}$
(9) $y^2-y+\frac{1}{4}$

❹ (1) $25x^2-20xy+4y^2$
(2) $4a^2+28a+49$　(3) $4a^2-9b^2$
(4) $25x^2-49y^2$　(5) $49a^2-21a-40$
(6) $9x^2-3x-2$

❺ (1) 6396　(2) 10201　(3) 4761

❻ (1) $-5x-9$
(2) $17a^2-12ab+11b^2$
(3) $a^2+2ab+b^2+3a+3b-40$
(4) $x^2+2xy+y^2-6x-6y+9$

❼ もとの正方形が 1 cm^2 広い

● ● ● ● ●

① (1) $-3a-2b$　(2) $3a-5a^2$
(3) $5xy-30x$　(4) $2xy+9y^2$
(5) $17x-4$　(6) $3x^2-x+19$
(7) x^2　(8) $2x^2+8x-9$

② 23

解説

❶ 分配法則を利用する。除法は乗法になおす。

(1) $3a(2a^2-5)=3a\times2a^2-3a\times5$
$=6a^3-15a$

(2) $(3x^4-x^3y+7)\times(-2xy^2)$
$=3x^4\times(-2xy^2)-x^3y\times(-2xy^2)+7\times(-2xy^2)$
$=-6x^5y^2+2x^4y^3-14xy^2$

(3) $(12a-15b+9c)\times\frac{2}{3}a$
$=\frac{12a\times2a}{3}-\frac{15b\times2a}{3}+\frac{9c\times2a}{3}$
$=8a^2-10ab+6ac$

(4) $(4a^3-6a^2b+8a^2)\div(-2a^2)$
$=(4a^3-6a^2b+8a^2)\times\left(-\frac{1}{2a^2}\right)$　←わる数の逆数をかける。
$=-\frac{4a^3}{2a^2}+\frac{6a^2b}{2a^2}-\frac{8a^2}{2a^2}$
$=-2a+3b-4$

(6) $(9x^2-6xy-3x)\div\frac{3}{4}x$
$=(9x^2-6xy-3x)\times\frac{4}{3x}$
$=\frac{9x^2\times4}{3x}-\frac{6xy\times4}{3x}-\frac{3x\times4}{3x}$
$=12x-8y-4$

ポイント
分配法則
$a(b+c)=ab+ac$　　$(a+b)c=ac+bc$

❷ $(a+b)(c+d)=ac+ad+bc+bd$ を利用する。

(1) $(x-5)(y+2)=x\times y+x\times2-5\times y-5\times2$
$=xy+2x-5y-10$

(2) $(4x-2y)(2x+5y)$
$=4x\times2x+4x\times5y-2y\times2x-2y\times5y$
$=8x^2+20xy-4xy-10y^2=8x^2+16xy-10y^2$

❸ どの乗法公式が利用できるかを考える。

(4) $(7-a)^2=7^2-2\times a\times7+a^2$　公式③
$=49-14a+a^2=a^2-14a+49$

(6) $(8+a)(8-a)=8^2-a^2=64-a^2$　公式④

(7) $\left(x+\frac{2}{5}\right)\left(x+\frac{3}{5}\right)=x^2+\left(\frac{2}{5}+\frac{3}{5}\right)x+\frac{2}{5}\times\frac{3}{5}$
$=x^2+x+\frac{6}{25}$　公式①

(8) $\left(b+\frac{3}{4}\right)^2=b^2+2\times\frac{3}{4}\times b+\left(\frac{3}{4}\right)^2$　公式②
$=b^2+\frac{3}{2}b+\frac{9}{16}$

❹ どの乗法公式が利用できるかを考える。

(1) $(5x-2y)^2=(5x)^2-2\times2y\times5x+(2y)^2$　公式③
$=25x^2-20xy+4y^2$

(4) $(5x-7y)(5x+7y)=(5x)^2-(7y)^2$　公式④
$=25x^2-49y^2$

(5) $(7a+5)(7a-8)$　公式①
$=(7a)^2+(5-8)\times7a+5\times(-8)$
$=49a^2-21a-40$

❺ 乗法公式を利用して，計算しやすい数を使える形にする。

(1) $82\times78=(80+2)\times(80-2)$ 　公式④
$=80^2-2^2$
$=6400-4=6396$

(2) $101^2=(100+1)^2$ 　公式②
$=100^2+2\times1\times100+1^2$
$=10000+200+1=10201$

(3) $69^2=(70-1)^2$ 　公式③
$=70^2-2\times1\times70+1^2$
$=4900-140+1=4761$

❻ 式の形をよく見て，どの乗法公式が利用できるかを考える。

(1) $(x+1)^2-(x+2)(x+5)$ 　前半は公式② 後半は公式①
$=(x^2+2x+1)-(x^2+7x+10)$
$=x^2+2x+1-x^2-7x-10=-5x-9$

(3) $(a+b+8)(a+b-5)$
$=(M+8)(M-5)$ 　$a+b$をMとする。公式①を使う。
$=M^2+(8-5)M+8\times(-5)$
$=M^2+3M-40$
$=(a+b)^2+3(a+b)-40$ 　Mを$a+b$にもどす。公式②を使う。
$=a^2+2ab+b^2+3a+3b-40$

❼ もとの正方形の1辺をa cmとすると，できた長方形の縦は$(a+1)$ cm，横は$(a-1)$ cmと表せる。
長方形の面積は$(a+1)(a-1)=a^2-1$ (cm²)
また，正方形の面積はa^2 cm²だから，もとの正方形の方が1cm²広いことになる。

① (4) $x(x+2y)-(x+3y)(x-3y)$
$=(x^2+2xy)-(x^2-9y^2)$
$=x^2+2xy-x^2+9y^2=2xy+9y^2$

(5) $(x+4)^2-(x-5)(x-4)$
$=(x^2+8x+16)-(x^2-9x+20)$
$=x^2+8x+16-x^2+9x-20=17x-4$

(7) $(2x-3)(x+2)-(x-2)(x+3)$
$=(2x^2+4x-3x-6)-(x^2+x-6)$
$=2x^2+x-6-x^2-x+6=x^2$

② まず式を計算して簡単にする。
$(3a+4)^2-9a(a+2)$
$=(9a^2+24a+16)-(9a^2+18a)$
$=6a+16$
$=6\times\frac{7}{6}+16=23$ 　$a=\frac{7}{6}$を代入する。

p.10〜11 ステージ1

❶ (1) $y(3x+2z)$ 　(2) $a(a-3b)$
(3) $a(5x-y)$ 　(4) $x(4a-5b+3c)$
(5) $7x(x+y)$ 　(6) $3ab(1-3b)$
(7) $5a(a+3b-4)$ 　(8) $2y(4x-2y-5)$

❷ (1) $(x+1)(x+9)$ 　(2) $(x+2)(x+7)$
(3) $(y+3)(y+5)$ 　(4) $(a+3)(a+4)$
(5) $(x-1)(x-4)$ 　(6) $(x-2)(x-3)$
(7) $(y-4)(y-5)$ 　(8) $(a-4)(a-9)$
(9) $(x+8)(x-1)$ 　(10) $(x+3)(x-5)$
(11) $(y-4)(y+3)$ 　(12) $(a+11)(a-10)$
(13) $(a-3)(a-16)$ 　(14) $(x-8)(x+3)$

解説

❶ 各項に共通な因数はすべてくくり出す。

(1) $3xy+2yz=3\times x\times y+2\times y\times z=y(3x+2z)$

(5) $7x^2+7xy=7\times x\times x+7\times x\times y=7x(x+y$

(6) $3ab-9ab^2=3\times a\times b-3\times3\times a\times b\times b$
$=3ab(1-3b)$

ミス注意! $3ab$は$3\times a\times b\times1$である。
$3ab-9ab^2=3ab(0-3b)=3ab(-3b)$ではない。

❷ (1) 積が9，和が10になる2数は1と9
$x^2+\underset{和}{10}x+\underset{積}{9}=x^2+(1+9)x+1\times9$
$=(x+1)(x+9)$

(4) 積が12，和が7になる2数は3と4
$a^2+\underset{和}{7}a+\underset{積}{12}=a^2+(3+4)a+3\times4$
$=(a+3)(a+4)$

(8) 積が36，和が-13になる2数は-4と-9
$a^2-13a+36$
$=a^2+\{-4+(-9)\}a+(-4)\times(-9)$
$=(a-4)(a-9)$

(9) 積が-8，和が7になる2数は8と-1
$x^2+7x-8=x^2+\{8+(-1)\}x+8\times(-1)$
$=(x+8)(x-1)$

(11) 積が-12，和が-1になる2数は-4と3
$y^2-y-12=y^2+(-4+3)y+(-4)\times3$
$=(y-4)(y+3)$

(13) 積が48，和が-19になる2数は-3と-16
$a^2-19a+48$
$=a^2+\{-3+(-16)\}a+(-3)\times(-16)$
$=(a-3)(a-16)$

ポイント
公式①′ $x^2+\underset{和}{(a+b)}x+\underset{積}{ab}=(x+a)(x+b)$

p.12〜13　ステージ1

1 (1) $(x+1)^2$　(2) $(x+5)^2$

(3) $(a-10)^2$　(4) $(a-7)^2$

(5) $(y+8)(y-8)$　(6) $(b+11)(b-11)$

2 (1) $(x+5y)^2$　(2) $(4a-b)^2$

(3) $(9a+2b)(9a-2b)$

(4) $4(x+2y)(x-2y)$

(5) $2(x+3)^2$　(6) $5(a-2)(a-6)$

(7) $(a+3)(x+y)$

(8) $(x+y+4)(x+y-4)$

(9) $(x-4)(x+3)$　(10) $(a-8)(a-4)$

(11) $(x+1)(y+4)$　(12) $(a-1)(b-5)$

3 (1) 3000　(2) 100

解説

1 どの公式が利用できるかを考える。

(1) $x^2+2x+1=x^2+2\times1\times x+1^2$　公式2′

$=(x+1)^2$

(3) $a^2-20a+100=a^2-2\times10\times a+10^2$　公式3′

$=(a-10)^2$

(5) $y^2-64=y^2-8^2=(y+8)(y-8)$　公式4′

2 式の形から，どの公式が利用できるかを考える。

(3) $81a^2-4b^2=(9a)^2-(2b)^2$　公式4′

$=(9a+2b)(9a-2b)$

(5) $2x^2+12x+18$

$=2(x^2+6x+9)$　共通因数をくくり出す。

$=2(x+3)^2$　公式2′

(9) $(x+1)^2-3(x+1)-10$

$=M^2-3M-10$　$x+1$をMとする。

$=(M-5)(M+2)$　公式1′

$=(x+1-5)(x+1+2)$　Mを$x+1$にもどす。

$=(x-4)(x+3)$　同類項をまとめる。

(11) $xy+4x+y+4$

xをふくむ項とふくまない項に分けて考える。

$=x\times(y+4)+1\times(y+4)$

共通因数をくくり出す。

$=(x+1)(y+4)$

別解 yをふくむ項とふくまない項に分けて因数分解することもできる。

$xy+4x+y+4=(x+1)\times y+(x+1)\times4$

$=(x+1)(y+4)$

3 (1) $65^2-35^2=(65+35)\times(65-35)$

$=100\times30=3000$

p.14〜15　ステージ1

1 (1) $2n+3$

(2) 連続する2つの奇数を$2n+1$，$2n+3$（nは整数）とする。

2乗の差は

$(2n+3)^2-(2n+1)^2$

$=4n^2+12n+9-4n^2-4n-1$

$=8n+8=4(2n+2)$

$2n+2$は，2つの奇数の間の偶数である。

よって，連続する2つの奇数の2乗の差は，その2つの奇数の間の偶数の4倍になる。

2 ある3の倍数を$3n$とすると，$3n$に2をたした数は$3n+2$，$3n$から2をひいた数は$3n-2$と表される。

これらの積に4をたした数は

$(3n+2)(3n-2)+4$

$=9n^2-4+4$

$=9n^2=(3n)^2$

よって，$3n$に2をたした数と，$3n$から2をひいた数の積に4をたした数は，$3n$を2乗した数になる。

3 道の面積Sは，次のような計算で求められる。

$S=(2x+2a)(x+2a)-2x\times x$

$=2x^2+4ax+2ax+4a^2-2x^2$

$=6ax+4a^2$ ……①

また，道の真ん中を通る長方形の縦は$2x+a$，横は$x+a$と表されるから，線の長さℓは

$\ell=2\{(2x+a)+(x+a)\}$

$=6x+4a$

よって　$a\ell=a(6x+4a)$

$=6ax+4a^2$ ……②

①，②より　$S=a\ell$

解説

1 (1) 大きい方の奇数は，小さい方の奇数より，2大きい数である。

$(2n+1)+2=2n+3$

3 道の面積を求めるには，道と池を合わせた面積から，池の面積をひけばよい。

p.16〜17 ステージ2

❶ (1) $2xy(x-3)$　(2) $2ab(2a-b+4)$
(3) $(x-1)(x-36)$　(4) $(a-16)(a+3)$
(5) $(a+5)^2$　(6) $(x-11)^2$
(7) $(5a+2b)(5a-2b)$
(8) $2a(3b+7c)(3b-7c)$　(9) $2b(a-6)^2$
(10) $(x+4y)(x-3y)$　(11) $(x-3)(x+4)$
(12) $(a-1)(b-6)$

❷ (1) 26000　(2) 39601
(3) 1000　(4) 3600

❸ 連続する2つの整数を n，$n+1$ とする。
2つの整数の2乗の和は
$n^2+(n+1)^2=n^2+n^2+2n+1$
$=2n^2+2n+1=2(n^2+n)+1$
n は整数なので n^2+n も整数である。
よって，$2(n^2+n)+1$ は奇数である。
したがって，連続する2つの整数の2乗の和は奇数になる。

❹ 5でわって3あまる数を $5n+3$（n は整数）とすると，それより6小さい数は $5n-3$ と表される。これらの積に9をたすと，
$(5n+3)(5n-3)+9=25n^2-9+9$
$=25n^2=(5n)^2$
$5n$ は2つの数の真ん中の5の倍数である。
よって，5でわって3あまる数と，それより6小さい数の積に9をたすと，2つの数の真ん中の5の倍数の2乗になる。

❺ 図形Aの面積は
$a\times2+a\times a+1\times1=a^2+2a+1$
図形Bの面積は
$(a+1)(a+1)=(a+1)^2=a^2+2a+1$
よって，図形Aと図形Bの面積は等しい。

❻ $S=3a\ell$

● ● ● ● ●

① (1) $(x+2)(x+4)$　(2) $(a+9)(a-5)$
(3) $(x+12)(x-3)$　(4) $2(x+3)(x-3)$
(5) $(x+3)(x-3)$　(6) $(x+7)(x-7)$

② 5600

解説

❶ (8) $18ab^2-98ac^2$　共通因数をくくり出す。
$=2a(9b^2-49c^2)$　公式4′
$=2a(3b+7c)(3b-7c)$

(11) $(x+2)^2-3(x+2)-10$　$x+2$ を M とする。
$=M^2-3M-10$　公式1′
$=(M-5)(M+2)$　M を $x+2$ にもどす。
$=(x+2-5)(x+2+2)=(x-3)(x+4)$

(12) $ab-6a-b+6$
$=a\times(b-6)-1\times(b-6)$
$=(a-1)(b-6)$

ポイント
式の形をよく見て，共通な因数をくくり出したり，式の一部を文字におきかえて，どの公式が利用できるかを考える。

❷ 公式を利用して計算しやすい式にする。
(1) $165^2-35^2=(165+35)\times(165-35)$
$=200\times130=26000$
(3) $250\times47-43\times250=250\times(47-43)$
$=250\times4=1000$
(4) $9+57\times6+57\times57=3^2+2\times57\times3+57^2$
$=(3+57)^2=60^2=3600$

❻ 道の面積 S は，次のような計算で求められる。
$S=\pi(r+3a)^2-\pi r^2$
$=\pi(r^2+6ar+9a^2)-\pi r^2$
$=6\pi ar+9\pi a^2=3\pi a(2r+3a)$ ……①
また，道の真ん中を通る円の周の長さ ℓ は，
半径が $r+\frac{3}{2}a$ の円の周の長さだから
$\ell=2\pi\left(r+\frac{3}{2}a\right)=2\pi r+3\pi a$
$=\pi(2r+3a)$ ……②
①，②より $S=3\pi a(2r+3a)$
$=3a\times\pi(2r+3a)=3a\ell$

① (4) $2x^2-18=2(x^2-9)$
$=2(x+3)(x-3)$
(5) $(x+3)(x-5)+2(x+3)$
$=(x+3)\{(x-5)+2\}=(x+3)(x-3)$
(6) $(x-4)^2+8(x-4)-33=M^2+8M-33$
$=(M+11)(M-3)=\{(x-4)+11\}\{(x-4)-3\}$
$=(x+7)(x-7)$

② 式を因数分解してから，数を代入する。
$(a-2b)^2-2(a-2b)-24=M^2-2M-24$
$=(M+4)(M-6)=(a-2b+4)(a-2b-6)$
$=\{30-2\times(-23)+4\}\{30-2\times(-23)-6\}$
$=(30+46+4)(30+46-6)$
$=80\times70=5600$

p.18〜19 ステージ3

1 (1) $6a^2+9ab$　(2) $-2x^2+6xy$
(3) $-2x-3y$　(4) $10x+15y-20$

2 (1) $xy+5x-3y-15$
(2) $6ab+4a-3b-2$
(3) $2x^2-3x-2$　(4) $2a^2+ab-6b^2$

3 (1) x^2-x-42　(2) $y^2+16y+64$
(3) $b^2-10b+25$　(4) x^2-49

4 (1) $9x^2-6x-8$
(2) $4a^2-20ab+25b^2$
(3) $2x^2-7x-27$
(4) $49a^2-25b^2$
(5) $a^2-2ab+b^2+2a-2b+1$
(6) $x^2-2xy+y^2+x-y-12$

5 (1) $ab(a-2b)$　(2) $3x(x-3y+2)$
(3) $(x+8)(x-3)$　(4) $(x-8)(x+2)$
(5) $(x+7)^2$　(6) $(2a-3)^2$
(7) $(2a+9b)(2a-9b)$　(8) $a(a-1)$
(9) $(x-y+5)^2$　(10) $(a-1)(b-1)$

6 (1) 11025　(2) 200

7 連続する3つの整数を $n-1$，n，$n+1$（n は整数）とする。
最小の数と最大の数の積に1を加えると
$(n-1)(n+1)+1=n^2-1+1=n^2$
よって，最小の数と最大の数の積に1を加えると，真ん中の数の2乗になる。

8 奇数を $2n+1$（n は整数）とすると，その奇数の2倍に4をたした数は $4n+6$ と表される。これらの積に2を加えると
$(2n+1)(4n+6)+2=8n^2+16n+8$
$=8(n^2+2n+1)=8(n+1)^2$
$=2\times2^2(n+1)^2=2(2n+2)^2$
$2n+2$ は奇数より1大きい数である。
よって，奇数とその奇数の2倍に4をたした数の積に2を加えると，その奇数より1大きい数の2乗を2倍した数になる。

解説

1 (4) $(8x^2y+12xy^2-16xy)\div\frac{4}{5}xy$

$=(8x^2y+12xy^2-16xy)\times\frac{5}{4xy}$

$=\frac{8x^2y\times5}{4xy}+\frac{12xy^2\times5}{4xy}-\frac{16xy\times5}{4xy}$

$=10x+15y-20$

2 $(a+b)(c+d)=ac+ad+bc+bd$

(2) $(2a-1)(3b+2)$
$=2a\times3b+2a\times2-1\times3b-1\times2$
$=6ab+4a-3b-2$

(3) $(2x+1)(x-2)$
$=2x\times x+2x\times(-2)+1\times x+1\times(-2)$
$=2x^2-4x+x-2=2x^2-3x-2$

4 式の形をよく見て，どの乗法公式が利用できるかを考える。

(3) $(x+2)(x-9)-(3+x)(3-x)$
$=(x^2-7x-18)-(9-x^2)$
$=x^2-7x-18-9+x^2=2x^2-7x-27$

(5) $(a-b+1)^2$　　$a-b$ を M とする。
$=(M+1)^2=M^2+2M+1$　　M を $a-b$ にもどす。
$=(a-b)^2+2(a-b)+1$
$=a^2-2ab+b^2+2a-2b+1$

得点アップのコツ

分配法則を使えば，すべての式を展開できるが，乗法公式を使えば余計な計算をしないですむ。ミスを減らすことにもつながるので，4つの乗法公式をしっかりと覚えよう。

5 (3) $x^2+5x-24=x^2+(8-3)x+8\times(-3)$
$=(x+8)(x-3)$

(8) $(a+2)^2-5(a+2)+6$　　$a+2$ を M とする。
$=M^2-5M+6$
$=(M-2)(M-3)$　　M を $a+2$ にもどす。
$=(a+2-2)(a+2-3)$
$=a(a-1)$

(9) $(x-y)^2+10(x-y)+25$　　$x-y$ を M とする。
$=M^2+10M+25$
$=(M+5)^2$　　M を $x-y$ にもどす。
$=(x-y+5)^2$

(10) $\underline{ab}-\underline{a}-b+1$
$=a\times(b-1)-1\times(b-1)$
$=(a-1)(b-1)$

6 公式を利用して計算しやすい式にする。

(1) $105^2=(100+5)^2=100^2+2\times5\times100+5^2$
$=10000+1000+25$
$=11025$

(2) $27^2-23^2=(27+23)\times(27-23)$
$=50\times4$
$=200$

2章 平方根

p.20〜21 ステージ1

❶ 2.24

❷ (1) ± 9　(2) ± 0.5　(3) $\pm\frac{1}{2}$
(4) ± 11

❸ (1) $\pm\sqrt{17}$　(2) $\sqrt{13}$　(3) $-\sqrt{19}$
(4) $\pm\sqrt{101}$

❹ (1) 7　(2) 10　(3) 0.4　(4) $\frac{1}{2}$

❺ (1) 7　(2) -3　(3) $\frac{1}{2}$　(4) 3

解説

❶ 電卓のキーを，5，$\sqrt{\ }$ の順に押すと，$\sqrt{5}$ の値が表示される。2.236…の小数第3位を四捨五入する。

❷ (1) 2乗して81になる数は，9と-9
(2) 2乗して0.25になる数は，0.5と-0.5
(3) 2乗して$\frac{1}{4}$になる数は，$\frac{1}{2}$と$-\frac{1}{2}$
(4) 2乗して121になる数は，11と-11

❸ (1) 2乗して17になる数は，
$\sqrt{17}$ と $-\sqrt{17}$
(2) 2乗して13になる数は，$\sqrt{13}$ と $-\sqrt{13}$
(3) 2乗して19になる数は，$\sqrt{19}$ と $-\sqrt{19}$
(4) 2乗して101になる数は，
$\sqrt{101}$ と $-\sqrt{101}$

❹ (1) $\sqrt{7}$ は7の平方根だから，$(\sqrt{7})^2=7$
(2) $-\sqrt{10}$ は10の平方根だから，
$(-\sqrt{10})^2=10$
(3) $\sqrt{0.4}$ は0.4の平方根だから，
$(\sqrt{0.4})^2=0.4$
(4) $\sqrt{\frac{1}{2}}$ は $\frac{1}{2}$ の平方根だから，$\left(\sqrt{\frac{1}{2}}\right)^2=\frac{1}{2}$

❺ (1) $\sqrt{49}=\sqrt{7^2}=7$
(2) $-\sqrt{9}=-\sqrt{3^2}=-3$
(3) $\sqrt{\frac{1}{4}}=\sqrt{\left(\frac{1}{2}\right)^2}=\frac{1}{2}$
(4) ミス注意！ 負の数を2乗すると，正の数になるので，符号に注意する。
$\sqrt{(-3)^2}=\sqrt{9}=\sqrt{3^2}=3$

p.22〜23 ステージ1

❶ (1) $5<\sqrt{26}$　(2) $\sqrt{10}<\sqrt{11}$
(3) $\frac{5}{2}>\sqrt{6}$　(4) $-\sqrt{15}>-4$

❷ (1) $\sqrt{18}$，$\sqrt{23}$
(2) A…$-\sqrt{10}$，B…$-\sqrt{0.6}$，
C…$\sqrt{\frac{4}{5}}$，D…$\sqrt{15}$

❸ (1) 有理数　$\sqrt{64}$，$\sqrt{4}+\sqrt{9}$，0.6235，
$-\frac{129}{319}$，$\frac{\sqrt{49}}{\sqrt{36}}$
無理数　$-\sqrt{18}$，$\sqrt{3}+2$，π，$\frac{\sqrt{3}}{3}$，$\frac{2}{\sqrt{3}}$
(2) $-\frac{129}{319}$，$\frac{\sqrt{49}}{\sqrt{36}}$

解説

❶ 2つの数を2乗して，その大小を比べる。
(1) $5^2=25$，$(\sqrt{26})^2=26$
(2) $(\sqrt{10})^2=10$，$(\sqrt{11})^2=11$
(3) $\left(\frac{5}{2}\right)^2=\frac{25}{4}=6\frac{1}{4}$，$(\sqrt{6})^2=6$
(4) $(\sqrt{15})^2=15$，$4^2=16$　$\sqrt{15}<\sqrt{16}=4$
よって，$-\sqrt{15}>-4$

❷ (1) $\sqrt{13},\sqrt{18},\sqrt{23},\sqrt{28}$ と4,5をそれぞれ2乗すると　$(\sqrt{13})^2=13$，$(\sqrt{18})^2=18$，$(\sqrt{23})^2=23$，$(\sqrt{28})^2=28$，　$4^2=16$，$5^2=25$
16と25の間にあるのは18と23
だから，4と5の間にあるのは $\sqrt{18}$ と $\sqrt{23}$
(2) $3^2<(\sqrt{15})^2<4^2$ → $3<\sqrt{15}<4$，
$3^2<(\sqrt{10})^2<4^2$ → $-4<-\sqrt{10}<-3$，
$0<(\sqrt{0.6})^2<1$ → $-1<-\sqrt{0.6}<0$，
$0<\left(\sqrt{\frac{4}{5}}\right)^2<1$ → $0<\sqrt{\frac{4}{5}}<1$

ポイント
同じ符号で根号のついている数の大小を比べるときは，2乗した数の大小を比べる。

❸ (1) $\sqrt{64}=8$ のように，根号がついている数でも，根号を使わないで表せるものや，分数で表せるものは有理数。
(2) 分数を小数で表したとき，わりきれないものは，循環小数になる。

p.24〜25 ステージ2

1 (1) ±30 (2) ±13 (3) ±17 (4) ±18
(5) ±0.2 (6) ±1.2 (7) $\pm\frac{4}{7}$ (8) $\pm\frac{9}{16}$

2 (1) $\pm\sqrt{65}$ (2) $\pm\sqrt{107}$ (3) $\pm\sqrt{0.9}$
(4) $\pm\sqrt{\frac{7}{13}}$

3 (1) 13 (2) 14 (3) 0.8 (4) $\frac{3}{10}$
(5) -9 (6) 3.2 (7) -0.4 (8) 0.07
(9) $\frac{7}{9}$ (10) $\frac{13}{30}$ (11) 9 (12) 15

4 (1) × ±11 (2) × 5 (3) ○

5 (1) $\sqrt{18}>\sqrt{17}$ (2) $\sqrt{48}<7$
(3) $-5>-\sqrt{25.1}$

6 (1) $\sqrt{23}<5<\sqrt{29}$
(2) $\sqrt{2}$, 1.5, $\sqrt{3}$, $\sqrt{5}$, $\sqrt{6}$, 2.5

7 6個

8 ㋐ 有理数 ㋑ 分数 ㋒ 無理数

9 $\sqrt{\frac{3}{5}}$, $-\sqrt{7}$, $\sqrt{2.5}$, $\sqrt{48}$, $\frac{2}{\sqrt{3}}$

● ● ● ● ●

① (1) 5
(2) 7
(3) $\frac{1}{9}$

解説

1 (4) 2乗すると324になる数は18, -18
(5) 2乗すると0.04になる数は0.2, -0.2
(7) 2乗すると$\frac{16}{49}$になる数は$\frac{4}{7}$, $-\frac{4}{7}$
(8) 2乗すると$\frac{81}{256}$になる数は$\frac{9}{16}$, $-\frac{9}{16}$

2 (3) $\sqrt{0.9}$ と $-\sqrt{0.9}$ まとめて $\pm\sqrt{0.9}$
(4) $\sqrt{\frac{7}{13}}$ と $-\sqrt{\frac{7}{13}}$ まとめて $\pm\sqrt{\frac{7}{13}}$

3 (1) $\sqrt{13}$ は13の平方根だから,
$(\sqrt{13})^2=13$
(2) $-\sqrt{14}$ は14の平方根だから,
$(-\sqrt{14})^2=14$
(6) **ミス注意!** 負の数を2乗すると，正の数になるので，符号に注意する。
$\sqrt{(-3.2)^2}=\sqrt{10.24}=\sqrt{3.2^2}=3.2$
(7) $-\sqrt{0.16}=-\sqrt{0.4^2}=-0.4$
(8) $\sqrt{0.0049}=\sqrt{0.07^2}=0.07$
(10) $\sqrt{\frac{169}{900}}=\sqrt{\left(\frac{13}{30}\right)^2}=\frac{13}{30}$
(11) $\sqrt{(-9)^2}=\sqrt{81}=\sqrt{9^2}=9$
(12) $\sqrt{3^2\times5^2}=\sqrt{(3\times5)^2}=3\times5=15$

4 (1) 平方根は正と負の2つあるので誤り。
(2) $\sqrt{(-5)^2}=\sqrt{25}=\sqrt{5^2}=5$ であるから誤り。
(3) $-\sqrt{10}$ は10の平方根の負の方であるから，2乗すると10になるので正しい。

5 (1) $(\sqrt{18})^2=18$, $(\sqrt{17})^2=17$,
$18>17$ だから $\sqrt{18}>\sqrt{17}$
(2) $(\sqrt{48})^2=48$, $7^2=49$
$48<49$ だから $\sqrt{48}<7$
(3) $5^2=25$, $(\sqrt{25.1})^2=25.1$
$25<25.1$ だから $5<\sqrt{25.1}$
よって $-5>-\sqrt{25.1}$

6 (1) 2乗すると
$5^2=25$, $(\sqrt{29})^2=29$, $(\sqrt{23})^2=23$
$23<25<29$ だから $\sqrt{23}<\sqrt{25}<\sqrt{29}$
(2) それぞれ2乗すると
$(\sqrt{5})^2=5$, $1.5^2=2.25$, $(\sqrt{6})^2=6$,
$(\sqrt{2})^2=2$, $2.5^2=6.25$, $(\sqrt{3})^2=3$
小さい順にならべると
2, 2.25, 3, 5, 6, 6.25

7 $6^2=36$, $(\sqrt{a})^2=a$, $(6.5)^2=42.25$ より
$36<a<42.25$ 整数 a は37から42

9 $\sqrt{64}=\sqrt{8^2}=8$ $\sqrt{16}+\sqrt{49}=\sqrt{4^2}+\sqrt{7^2}=4+7$

ポイント
根号がついている数でも，根号を使わないで表せるものは有理数である。

① (1) $4.5^2<21<4.6^2$ より $4.5<\sqrt{21}<4.6$
だから小数第1位は5である。
(2) $6=\sqrt{36}<\sqrt{45}<\sqrt{49}=7$
さらに $6.5=\sqrt{6.5^2}=\sqrt{42.25}$
$6.5=\sqrt{42.25}<\sqrt{45}<\sqrt{49}=7$ だから,
$\sqrt{45}$ に最も近い自然数は7である。
(3) すべての目の出方は36通りである。このうち，$\sqrt{10a+b}$ が整数となるのは，$10a+b$ が16, 25, 36, 64の4通りだから，確率は $\frac{4}{36}=\frac{1}{9}$

p.26〜27 ステージ1

❶ (1) $\sqrt{20}$ (2) $\sqrt{10}$ (3) $\sqrt{2}$ (4) $\sqrt{3}$

❷ (1) $\sqrt{80}$ (2) $\sqrt{75}$ (3) $\sqrt{5}$ (4) $\sqrt{2}$

❸ (1) $2\sqrt{3}$ (2) $2\sqrt{10}$ (3) $10\sqrt{3}$ (4) $5\sqrt{5}$

(5) $\dfrac{\sqrt{11}}{5}$ (6) $\dfrac{\sqrt{7}}{7}$ (7) $\dfrac{\sqrt{51}}{10}$ (8) $\dfrac{\sqrt{30}}{10}$

解説

❶ $\sqrt{a}\times\sqrt{b}=\sqrt{ab}$, $\dfrac{\sqrt{a}}{\sqrt{b}}=\sqrt{\dfrac{a}{b}}$ を利用する。

(1) $\sqrt{4}\times\sqrt{5}=\sqrt{4\times5}=\sqrt{20}$

(2) $\sqrt{5}\times\sqrt{2}=\sqrt{5\times2}=\sqrt{10}$

(3) $\dfrac{\sqrt{12}}{\sqrt{6}}=\sqrt{\dfrac{12}{6}}=\sqrt{2}$

(4) $\sqrt{24}\div\sqrt{8}=\dfrac{\sqrt{24}}{\sqrt{8}}=\sqrt{\dfrac{24}{8}}=\sqrt{3}$

❷ $a\sqrt{b}=\sqrt{a^2b}$, $\dfrac{\sqrt{b}}{a}=\sqrt{\dfrac{b}{a^2}}$ $(a>0)$ を利用する。

(1) $4\sqrt{5}=\sqrt{16}\times\sqrt{5}=\sqrt{80}$

(2) $5\sqrt{3}=\sqrt{25}\times\sqrt{3}=\sqrt{75}$

(3) $\dfrac{\sqrt{45}}{3}=\dfrac{\sqrt{45}}{\sqrt{9}}=\sqrt{\dfrac{45}{9}}=\sqrt{5}$

(4) $\dfrac{\sqrt{50}}{5}=\dfrac{\sqrt{50}}{\sqrt{25}}=\sqrt{\dfrac{50}{25}}=\sqrt{2}$

❸ $\sqrt{a^2b}=a\sqrt{b}$, $\sqrt{\dfrac{b}{a^2}}=\dfrac{\sqrt{b}}{a}$ $(a>0)$ を利用する。

(1) $\sqrt{12}=\sqrt{2^2\times3}=2\sqrt{3}$

(2) $\sqrt{40}=\sqrt{2^2\times10}=2\sqrt{10}$

(3) $\sqrt{300}=\sqrt{10^2\times3}=10\sqrt{3}$

(4) $\sqrt{125}=\sqrt{5^2\times5}=5\sqrt{5}$

(5) $\sqrt{\dfrac{11}{25}}=\sqrt{\dfrac{11}{5^2}}=\dfrac{\sqrt{11}}{5}$

(6) $\sqrt{\dfrac{7}{49}}=\sqrt{\dfrac{7}{7^2}}=\dfrac{\sqrt{7}}{7}$

(7) $\sqrt{0.51}=\sqrt{\dfrac{51}{100}}=\sqrt{\dfrac{51}{10^2}}=\dfrac{\sqrt{51}}{10}$

(8) $\sqrt{0.3}=\sqrt{\dfrac{30}{100}}=\sqrt{\dfrac{30}{10^2}}=\dfrac{\sqrt{30}}{10}$

p.28〜29 ステージ1

❶ (1) $10\sqrt{5}$ (2) $-27\sqrt{2}$ (3) $12\sqrt{3}$

(4) $5\sqrt{3}$ (5) -2 (6) $\dfrac{1}{2}$

(7) $6\sqrt{6}$ (8) 9

❷ (1) $\dfrac{\sqrt{14}}{2}$ (2) $\dfrac{\sqrt{6}}{6}$ (3) $\dfrac{\sqrt{15}}{3}$

❸ (1) $\dfrac{\sqrt{15}}{5}$ (2) $\dfrac{4\sqrt{7}}{7}$

❹ (1) $\sqrt{3}$ (2) $9\sqrt{5}+3$ (3) $5\sqrt{2}-4\sqrt{3}$

(4) $4\sqrt{5}$ (5) $3\sqrt{5}$ (6) $-\sqrt{2}+5\sqrt{7}$

解説

❶ $\sqrt{\ }$ の中をできるだけ小さな自然数にしてから計算し，答えは $\sqrt{a^2b}=a\sqrt{b}$ $(a>0)$ を利用して $\sqrt{\ }$ の中をできるだけ小さな自然数にする。

(3) $\sqrt{24}\times\sqrt{18}=\sqrt{2^2\times6}\times\sqrt{3^2\times2}=2\sqrt{6}\times3\sqrt{2}$
$=6\sqrt{2^2\times3}=6\times2\sqrt{3}=12\sqrt{3}$

(4) $5\sqrt{21}\div\sqrt{7}=\dfrac{5\sqrt{21}}{\sqrt{7}}=5\times\sqrt{\dfrac{21}{7}}=5\sqrt{3}$

(5) $-\sqrt{48}\div2\sqrt{3}=-\sqrt{4^2\times3}\div2\sqrt{3}$
$=-4\sqrt{3}\div2\sqrt{3}=-\dfrac{4\sqrt{3}}{2\sqrt{3}}=-2$

(7) $6\sqrt{3}\times\sqrt{10}\div\sqrt{5}=6\sqrt{30}\div\sqrt{5}$
$=\dfrac{6\sqrt{30}}{\sqrt{5}}=6\sqrt{6}$

(8) $\sqrt{27}\div\sqrt{2}\times\sqrt{6}=3\sqrt{3}\div\sqrt{2}\times\sqrt{6}$
$=\dfrac{3\sqrt{3}\times\sqrt{6}}{\sqrt{2}}=\dfrac{3\sqrt{18}}{\sqrt{2}}$
$=3\sqrt{9}=3\times3=9$

❷ (1) $\dfrac{\sqrt{7}}{\sqrt{2}}=\dfrac{\sqrt{7}\times\sqrt{2}}{\sqrt{2}\times\sqrt{2}}=\dfrac{\sqrt{7\times2}}{(\sqrt{2})^2}=\dfrac{\sqrt{14}}{2}$

(3) $\dfrac{2\sqrt{5}}{\sqrt{12}}=\dfrac{2\sqrt{5}}{2\sqrt{3}}=\dfrac{\sqrt{5}}{\sqrt{3}}=\dfrac{\sqrt{5}\times\sqrt{3}}{\sqrt{3}\times\sqrt{3}}=\dfrac{\sqrt{15}}{3}$

❸ (2) $\sqrt{12}\div\sqrt{42}\times\sqrt{8}=2\sqrt{3}\div\sqrt{42}\times2\sqrt{2}$
$=\dfrac{2\sqrt{3}\times2\sqrt{2}}{\sqrt{42}}=\dfrac{2\times2}{\sqrt{7}}=\dfrac{4\times\sqrt{7}}{\sqrt{7}\times\sqrt{7}}=\dfrac{4\sqrt{7}}{7}$

❹ $a\sqrt{c}+b\sqrt{c}=(a+b)\sqrt{c}$ を利用する。

(1) $4\sqrt{3}-3\sqrt{3}=(4-3)\sqrt{3}=\sqrt{3}$

(3) $7\sqrt{2}-4\sqrt{3}-2\sqrt{2}=(7-2)\sqrt{2}-4\sqrt{3}$
$=5\sqrt{2}-4\sqrt{3}$

(6) $\sqrt{18}-\sqrt{32}+5\sqrt{7}=3\sqrt{2}-4\sqrt{2}+5\sqrt{7}$
$=-\sqrt{2}+5\sqrt{7}$

p.30〜31 ステージ1

1 (1) $12-4\sqrt{3}$　(2) $\dfrac{4\sqrt{21}}{3}-\sqrt{5}$

(3) $7-3\sqrt{5}$　(4) $3+2\sqrt{2}$

(5) $\sqrt{2}$　(6) $\dfrac{16\sqrt{3}}{15}$

2 (例)　$a=3,\ 12,\ 27$

3 (1) 3　(2) $3-10\sqrt{3}$

4 (1) 26.46　(2) 83.67

(3) 0.8367　(4) 0.2646

5 $15.15 \leqq a < 15.25$,

誤差の絶対値は最大で 0.05

解説

1 分配法則，乗法公式を利用して計算する。

(1) $2\sqrt{2}(3\sqrt{2}-\sqrt{6})$

$=2\sqrt{2}\times3\sqrt{2}-2\sqrt{2}\times\sqrt{6}=12-4\sqrt{3}$

(3) $(\sqrt{5}-1)(\sqrt{5}-2)=(\sqrt{5})^2+(-1-2)\sqrt{5}+2$

$=5-3\sqrt{5}+2=7-3\sqrt{5}$

(5) $\sqrt{18}-\dfrac{4}{\sqrt{2}}=3\sqrt{2}-\dfrac{4\times\sqrt{2}}{\sqrt{2}\times\sqrt{2}}$

$=3\sqrt{2}-2\sqrt{2}=\sqrt{2}$

(6) $\dfrac{2\sqrt{3}}{5}+\dfrac{2}{\sqrt{3}}=\dfrac{2\sqrt{3}}{5}+\dfrac{2\times\sqrt{3}}{\sqrt{3}\times\sqrt{3}}$

$=\dfrac{2\sqrt{3}}{5}+\dfrac{2\sqrt{3}}{3}=\dfrac{6\sqrt{3}}{15}+\dfrac{10\sqrt{3}}{15}=\dfrac{16\sqrt{3}}{15}$

2 $\sqrt{3}\times\sqrt{3}=3$ となるから，$\sqrt{a}$ が，$\sqrt{3}$，$2\sqrt{3}$，$3\sqrt{3}$ のように $b\sqrt{3}$ の形で表すことができればよい。

$\sqrt{3}$ のとき，$a=3$　$2\sqrt{3}=\sqrt{12}$ より $a=12$

$3\sqrt{3}=\sqrt{27}$ より $a=27$ などがあてはまる。

3 (1) $x^2+10x+25=(x+5)^2$

$=(\sqrt{3}-5+5)^2=(\sqrt{3})^2=3$　（$x=\sqrt{3}-5$ を代入する。）

(2) $x^2-25=(x+5)(x-5)$

$=(\sqrt{3}-5+5)(\sqrt{3}-5-5)$　（$x=\sqrt{3}-5$ を代入する。）

$=\sqrt{3}(\sqrt{3}-10)=3-10\sqrt{3}$

4 $\sqrt{a^2b}=a\sqrt{b}$ $(a>0)$ を利用して $\sqrt{\ }$ の中を 7 または 70 にする。

(1) $\sqrt{700}=\sqrt{10^2\times7}=10\sqrt{7}$

$=10\times2.646=26.46$

(2) $\sqrt{7000}=10\sqrt{70}=10\times8.367=83.67$

(3) $\sqrt{0.7}=\sqrt{\dfrac{70}{100}}=\dfrac{\sqrt{70}}{10}=0.8367$

5 四捨五入して小数第 1 位の数になったので，四捨五入したのは小数第 2 位である。

p.32〜33 ステージ2

1 (1) ㋐ $\sqrt{135}$　㋑ $\sqrt{0.8}$　㋒ $\sqrt{\dfrac{5}{7}}$

(2) ㋐ $6\sqrt{3}$　㋑ $\dfrac{3\sqrt{3}}{8}$　㋒ $\dfrac{3\sqrt{2}}{10}$

(3) ㋐ $3\sqrt{7}$　㋑ $\dfrac{\sqrt{3}}{12}$　㋒ $\dfrac{\sqrt{10}}{3}$

2 (1) $6\sqrt{2}$　(2) 9

(3) $-2\sqrt{6}-3\sqrt{7}$　(4) $4\sqrt{3}$

(5) $2\sqrt{3}$　(6) $\sqrt{7}$

3 (1) $6\sqrt{2}-10\sqrt{3}$　(2) $2-\dfrac{3\sqrt{2}}{2}$

(3) $1-\sqrt{10}$　(4) $15-6\sqrt{6}$

(5) 3　(6) $6\sqrt{2}-8$

(7) $12+2\sqrt{5}$　(8) $24\sqrt{2}-47$

4 $a=5$

5 (1) 22.36　(2) 70.71　(3) 0.7071

6 (1) 8　(2) $8+20\sqrt{2}$　(3) $32+64\sqrt{2}$

7 約 21 cm

● ● ● ● ●

① (1) $2\sqrt{2}$　(2) $\sqrt{15}$　(3) $9\sqrt{7}$

(4) -13　(5) 8　(6) $11-\sqrt{2}$

② $2\sqrt{6}$

③ $3465 \leqq a < 3475$，3.5×10^3km

解説

1 (1) ㋒ $\dfrac{\sqrt{35}}{7}=\sqrt{\dfrac{35}{7^2}}=\sqrt{\dfrac{5}{7}}$

(2) ㋐ $\sqrt{108}=\sqrt{6^2\times3}=6\sqrt{3}$

㋒ $\sqrt{0.18}=\sqrt{\dfrac{18}{100}}=\dfrac{\sqrt{18}}{\sqrt{100}}=\dfrac{\sqrt{3^2\times2}}{\sqrt{10^2}}=\dfrac{3\sqrt{2}}{10}$

(3) ㋑ $\dfrac{5}{\sqrt{1200}}=\dfrac{5}{\sqrt{20^2\times3}}=\dfrac{5}{20\sqrt{3}}=\dfrac{1}{4\sqrt{3}}$

$=\dfrac{1\times\sqrt{3}}{4\sqrt{3}\times\sqrt{3}}=\dfrac{\sqrt{3}}{12}$

㋒ $\dfrac{\sqrt{50}}{\sqrt{45}}=\dfrac{\sqrt{50}}{\sqrt{3^2\times5}}=\dfrac{\sqrt{50}}{3\sqrt{5}}=\dfrac{\sqrt{10}}{3}$

別解 $\dfrac{\sqrt{50}}{\sqrt{45}}=\sqrt{\dfrac{50}{45}}=\sqrt{\dfrac{10}{9}}=\dfrac{\sqrt{10}}{\sqrt{9}}=\dfrac{\sqrt{10}}{3}$

2 (3) $\sqrt{24}+\sqrt{28}-\sqrt{96}-\sqrt{175}$

$=2\sqrt{6}+2\sqrt{7}-4\sqrt{6}-5\sqrt{7}$

$=(2-4)\sqrt{6}+(2-5)\sqrt{7}=-2\sqrt{6}-3\sqrt{7}$

2章

(5) $\frac{5}{2\sqrt{3}}-\frac{3}{\sqrt{27}}+\frac{3\sqrt{3}}{2}=\frac{5\sqrt{3}}{6}-\frac{\sqrt{3}}{3}+\frac{3\sqrt{3}}{2}$

$=\frac{5\sqrt{3}-2\sqrt{3}+9\sqrt{3}}{6}=\frac{12\sqrt{3}}{6}=2\sqrt{3}$

(6) $\sqrt{21}\times\sqrt{3}-\frac{14}{\sqrt{7}}=\sqrt{7\times3\times3}-\frac{14\times\sqrt{7}}{\sqrt{7}\times\sqrt{7}}$

$=3\sqrt{7}-2\sqrt{7}=\sqrt{7}$

ポイント

$\sqrt{\ }$ の中をできるだけ小さな自然数にし，有理化をしてから計算し，答えは $\sqrt{a^2b}=a\sqrt{b}$ $(a>0)$ を利用して $\sqrt{\ }$ の中をできるだけ小さな自然数にする。

3 分配法則や乗法公式を利用する。

(2) $(4\sqrt{3}-3\sqrt{6})\div2\sqrt{3}$

$=(4\sqrt{3}-3\sqrt{6})\times\frac{1}{2\sqrt{3}}$

$=\frac{4\sqrt{3}}{2\sqrt{3}}-\frac{3\sqrt{6}}{2\sqrt{3}}=2-\frac{3\sqrt{2}}{2}$

(4) $(3-\sqrt{6})^2=3^2-2\times\sqrt{6}\times3+(\sqrt{6})^2$

$=9-6\sqrt{6}+6=15-6\sqrt{6}$

(7) $(2+\sqrt{5})^2-(\sqrt{5}-2)(\sqrt{5}+4)$

$=2^2+2\times\sqrt{5}\times2+(\sqrt{5})^2$

$-\{(\sqrt{5})^2+(-2+4)\times\sqrt{5}+(-2)\times4\}$

$=4+4\sqrt{5}+5-(5+2\sqrt{5}-8)=12+2\sqrt{5}$

4 $\sqrt{80}\times\sqrt{a}=4\sqrt{5}\times\sqrt{a}$

この式の根号がなくなればよいので　$a=5$

5 (1) $\sqrt{500}=10\sqrt{5}=10\times2.236=22.36$

(2) $\sqrt{5000}=10\sqrt{50}=10\times7.071=70.71$

(3) $\sqrt{0.5}=\sqrt{\frac{50}{100}}=\frac{\sqrt{50}}{10}=0.7071$

6 (1) $x^2-8x+16=(x-4)^2$　　$x=2\sqrt{2}+4$を代入。

$=(2\sqrt{2}+4-4)^2=(2\sqrt{2})^2=8$

(2) $x^2+2x-24=(x-4)(x+6)$

(3) $4x^2-64=4(x+4)(x-4)$

7 求める角材の1辺の長さを x cm とすると，正方形の1辺の長さと対角線の長さの比から，

$x:30=1:\sqrt{2}$　なので　$\sqrt{2}x=30$

$x=\frac{30}{\sqrt{2}}=15\sqrt{2}=21.15$　より，約 21 cm

② 直接代入してもできるが，この場合は因数分解してから代入する方が計算しやすい。

$x^2y-2xy=xy(x-2)$

$=(\sqrt{6}+2)(\sqrt{6}-2)\{(\sqrt{6}+2)-2\}$

$=(6-4)(\sqrt{6}+2-2)=2\sqrt{6}$

p.34～35 ステージ3

1 (1) ±12　(2) $-\frac{3}{4}$　(3) 11　(4) -5

2 (1) 2.4, $\sqrt{6}$

(2) $3\sqrt{5}$, 7, $\sqrt{50}$

(3) $-2\sqrt{3}$, $-\sqrt{10}$, -3

3 (1) 無理数　(2) 有理数　(3) 無理数

(4) 有理数

4 (1) 0.5477　(2) 173.2

(3) 17.32　(4) 27.385

5 (1) 65, 66, 67　(2) 7個

6 5

7 (1) $-12\sqrt{3}$　(2) 18　(3) $-5\sqrt{3}$

(4) $3\sqrt{6}-\frac{3}{2}$　(5) $2\sqrt{2}-2\sqrt{5}$

(6) $3\sqrt{2}+2\sqrt{6}-2\sqrt{3}-4$

(7) 21　(8) $25-4\sqrt{15}$

8 1

9 (1) 6.57×10^3 km

(2) 4.20×10^4 L

解説

1 ミス注意！ 平方根には正と負の2つがある。また，$\sqrt{\ }$ と－を使って表される数は，その位置によって答えの符号が異なるので気をつける。

(4) $-\sqrt{(-5)^2}=-\sqrt{25}=-5$

2 (1) $2.4^2=5.76$, $(\sqrt{6})^2=6$ より　$2.4<\sqrt{6}$

(3) $3^2=9$, $(2\sqrt{3})^2=4\times3=12$, $(\sqrt{10})^2=10$ より $3<\sqrt{10}<2\sqrt{3}$

よって　$-2\sqrt{3}<-\sqrt{10}<-3$

得点アップのコツ

負の数の大小は，同じ絶対値の正の数の大小と反対になることを覚えておこう。

3 有理数は，$\frac{a}{b}$（a は整数，b は0でない整数）のように分数の形に表せる。根号がついている数でも，根号のない形になおせるものは有理数である。

$\sqrt{8}=2\sqrt{2}$, $\frac{\sqrt{3}}{5}$…無理数

3.14, $\frac{\sqrt{9}}{\sqrt{4}}=\frac{3}{2}$…有理数

4 $\sqrt{a^2b}=a\sqrt{b}$ を使い，$\sqrt{\ }$ の中を3や30にする。

(1) $\sqrt{0.3}=\sqrt{\frac{30}{100}}=\frac{\sqrt{30}}{10}=0.5477$

(2) $\sqrt{30000}=\sqrt{100^2\times3}=100\sqrt{3}=173.2$

(3) $\dfrac{30}{\sqrt{3}}=\dfrac{30\times\sqrt{3}}{\sqrt{3}\times\sqrt{3}}=\dfrac{30\sqrt{3}}{3}=10\sqrt{3}=17.32$

(4) $\sqrt{750}=\sqrt{5^2\times30}=5\sqrt{30}=27.385$

5 (1) $8^2=64$，$(\sqrt{a})^2=a$，$(8.2)^2=67.24$

$64<a<67.24$ より，整数 a は 65，66，67

(2) $(2\sqrt{2})^2=8$，$(\sqrt{90})^2=90$ より，$8<a^2<90$

これにあてはまる整数 a は 3 から 9

6 $\sqrt{180}\times\sqrt{a}=6\sqrt{5}\times\sqrt{a}$

この式の根号がなくなればよいので　$a=5$

7 (2) $3\sqrt{6}\times4\sqrt{3}\div2\sqrt{2}=\dfrac{3\sqrt{6}\times4\sqrt{3}}{2\sqrt{2}}$

$=\dfrac{3\times4\times3\times\sqrt{2}}{2\sqrt{2}}=18$

(3) $2\sqrt{27}+\sqrt{48}-3\sqrt{75}$

$=2\times3\sqrt{3}+4\sqrt{3}-3\times5\sqrt{3}$

$=6\sqrt{3}+4\sqrt{3}-15\sqrt{3}=-5\sqrt{3}$

(5) $\dfrac{\sqrt{8}}{2}-\dfrac{10}{\sqrt{5}}+\dfrac{\sqrt{6}}{\sqrt{3}}=\dfrac{2\sqrt{2}}{2}-\dfrac{10\times\sqrt{5}}{\sqrt{5}\times\sqrt{5}}+\sqrt{2}$

$=\sqrt{2}-\dfrac{10\sqrt{5}}{5}+\sqrt{2}=2\sqrt{2}-2\sqrt{5}$

(7) $(2\sqrt{5}+1)^2-\sqrt{80}$

$=(2\sqrt{5})^2+2\times1\times2\sqrt{5}+1^2-\sqrt{4^2\times5}$

$=4\times5+4\sqrt{5}+1-4\sqrt{5}=21$

(8) $(\sqrt{20}-\sqrt{3})^2+(\sqrt{7}+\sqrt{5})(\sqrt{7}-\sqrt{5})$

$=(2\sqrt{5})^2-2\times\sqrt{3}\times2\sqrt{5}+(\sqrt{3})^2+(\sqrt{7})^2-(\sqrt{5})^2$

$=20-4\sqrt{15}+3+7-5=25-4\sqrt{15}$

得点アップのコツ

$\sqrt{\ }$ の中をできるだけ小さな整数にし，有理化をしてから計算した方が，計算しやすくなる場合が多い。

8 $a^2+2a-3=(a+3)(a-1)$

$=\{(\sqrt{5}-1)+3\}\{(\sqrt{5}-1)-1\}$

$=(\sqrt{5}+2)(\sqrt{5}-2)=5-4=1$

別解 $a=\sqrt{5}-1$ より　$a+1=\sqrt{5}$

両辺を 2 乗して　$(a+1)^2=(\sqrt{5})^2$

$a^2+2a+1=5$ より　$a^2+2a=4$

a^2+2a-3 に代入すると　$4-3=1$

得点アップのコツ

因数分解してから代入する方が計算しやすい。

9 (2) 有効数字が 3 けたなので，3 けた目の 0 を忘れないように気をつける。

3章 2次方程式

p.36〜37 ステージ1

1 ①，③，⑤，⑥

2 (1) 解でない。　(2) 解でない。
(3) 解でない。　(4) 解である。

3 (1) $x=1$，$x=-6$　(2) $a=-2$，$a=-3$
(3) $x=0$，$x=10$　(4) $a=3$

4 (1) $x=0$，$x=-4$　(2) $a=0$，$a=3$
(3) $x=-1$，$x=-5$　(4) $a=1$，$a=3$
(5) $x=-8$，$x=8$　(6) $a=-6$，$a=5$
(7) $x=-4$　(8) $a=5$

解説

1 ② $4x+5=2x\rightarrow2x+5=0$

③ $2x^2-3x=4\rightarrow2x^2-3x-4=0$

④ $9x^2=(3x-2)^2$　$9x^2=9x^2-12x+4$

$\rightarrow12x-4=0$

2 (1) $(-3)^2-13\times(-3)+30=78$

(2) $3^2+3-6=6$

(3) $\left(\dfrac{1}{2}-2\right)^2=\dfrac{9}{4}$

(4) $3\times\left(\dfrac{1}{3}\right)^2-4\times\dfrac{1}{3}+1=3\times\dfrac{1}{9}-4\times\dfrac{1}{3}+1=0$

3 (1) $(x-1)(x+6)=0$

$x-1=0$ または $x+6=0$

ゆえに　$x=1$ または $x=-6$

(3) $x(x-10)=0$　　$x=0$ または $x-10=0$

(4) $(a-3)^2=0$　　$a-3=0$

4 (1) $x^2+4x=0$　　$x(x+4)=0$

$x=0$ または $x+4=0$

(2) $2a^2-6a=0$　　$2a(a-3)=0$

$a=0$ または $a-3=0$

(5) $x^2-64=0$　　$(x+8)(x-8)=0$

$x+8=0$ または $x-8=0$

別解 $x=\pm8$ と答えてもよい。

(8) $a^2=10a-25$　　$a^2-10a+25=0$

$(a-5)^2=0$　　$a-5=0$

ポイント

・(左辺)$=0$ の形になっていないものは，式を移項・整理して，(左辺)$=0$ の形にする。
・左辺を因数分解して，$A\times B=0$ の形にする。
・$A\times B=0$ ならば $A=0$ または $B=0$ であることを利用して解を求める。

3章

p.38〜39 ステージ1

1 (1) $x=\pm\sqrt{10}$ (2) $a=\pm2\sqrt{5}$
(3) $x=\pm3\sqrt{3}$ (4) $x=\pm3$
(5) $a=\pm2\sqrt{3}$ (6) $x=\pm\dfrac{3}{2}$

2 (1) $x=3\pm\sqrt{5}$ (2) $x=-7\pm\sqrt{3}$
(3) $x=-3\pm2\sqrt{3}$ (4) $x=7$, $x=1$
(5) $x=2\pm\sqrt{3}$ (6) $x=-1$, $x=-5$

3 (1) ㋐ -8 ㋑ 5 ㋒ 5 ㋓ $\pm\sqrt{17}$
㋔ $5\pm\sqrt{17}$
(2) $x=4\pm\sqrt{7}$ (3) $x=-6\pm\sqrt{23}$

解説

1 2次方程式が $x^2=a$ の形になるときは，a の平方根を考えて解を求める。

(1) $x^2-10=0$ $x^2=10$
x は10の平方根だから，$x=\pm\sqrt{10}$

(2) $a^2-20=0$ $a^2=20$ $a=\pm2\sqrt{5}$

(5) $2a^2-24=0$ $a^2=12$ $a=\pm2\sqrt{3}$

2 2次方程式が $(x+▲)^2=●$ の形になるときは，平方根の考え方を利用して解を求める。

(1) $(x-3)^2=5$ $x-3$ は5の平方根だから
$x-3=\pm\sqrt{5}$ $x=3\pm\sqrt{5}$

(3) $(x+3)^2=12$ $x+3=\pm2\sqrt{3}$
$x=-3\pm2\sqrt{3}$

(4) $(x-4)^2=9$ $x-4=\pm3$
$x=7$, $x=1$

(6) $(x+3)^2-4=0$ $(x+3)^2=4$
$x+3=\pm2$ $x=-1$, $x=-5$

3 2次方程式を $(x+▲)^2=●$ の形に整理して，平方根の考え方を利用して解を求める。

(2) $x^2-8x+9=0$ $x^2-8x=-9$
$x^2-8x+16=-9+16$
$(x-4)^2=7$ $x-4=\pm\sqrt{7}$
$x=4\pm\sqrt{7}$

(3) $x^2+12x+13=0$ $x^2+12x=-13$
$x^2+12x+36=-13+36$
$(x+6)^2=23$ $x+6=\pm\sqrt{23}$
$x=-6\pm\sqrt{23}$

ポイント

$x^2+2ax+a^2=(x+a)^2$ なので，$(x+▲)^2=●$ の▲は，式を $x^2+mx=n$ の形にしたときの x の係数 m の半分になる。

p.40〜41 ステージ1

1 (1) $x=\dfrac{-3\pm\sqrt{5}}{2}$ (2) $x=\dfrac{-9\pm\sqrt{57}}{4}$
(3) $x=-2\pm\sqrt{11}$ (4) $x=-\dfrac{1}{3}$, $x=-2$
(5) $x=\dfrac{1}{5}$, $x=-\dfrac{1}{2}$ (6) $x=\dfrac{2\pm\sqrt{13}}{3}$

2 $ax^2+bx+c=0$ 両辺を a でわって

$x^2+\dfrac{b}{a}x+\dfrac{c}{a}=0$ $x^2+\dfrac{b}{a}x=-\dfrac{c}{a}$

$x^2+\dfrac{b}{a}x+\dfrac{b^2}{4a^2}=\dfrac{b^2}{4a^2}-\dfrac{c}{a}$

$\left(x+\dfrac{b}{2a}\right)^2=\dfrac{b^2-4ac}{4a^2}$ $x+\dfrac{b}{2a}=\pm\dfrac{\sqrt{b^2-4ac}}{2a}$

$x=\dfrac{-b\pm\sqrt{b^2-4ac}}{2a}$

3 (1) $x=2$, $x=4$ (2) $x=-3\pm\sqrt{7}$
(3) $x=-3$, $x=-4$ (4) $x=-1$, $x=-2$

4 (1) $a=-13$ (2) $x=9$

解説

1 (3) $a=1$，$b=4$，$c=-7$ を解の公式に代入。

$x=\dfrac{-4\pm\sqrt{4^2-4\times1\times(-7)}}{2\times1}=\dfrac{-4\pm\sqrt{16+28}}{2}$

$=\dfrac{-4\pm2\sqrt{11}}{2}=-2\pm\sqrt{11}$

(4) $x=\dfrac{-7\pm\sqrt{7^2-4\times3\times2}}{2\times3}=\dfrac{-7\pm\sqrt{25}}{6}$

$=\dfrac{-7\pm5}{6}$ ＋と－の場合を計算する。

$x=\dfrac{-7+5}{6}=-\dfrac{1}{3}$，$x=\dfrac{-7-5}{6}=-2$

3 (1) $(x-8)(x+2)=-24$
$x^2-6x-16=-24$ $x^2-6x+8=0$
$(x-2)(x-4)=0$ $x=2$, $x=4$

(4) $(x+4)^2-5(x+4)+6=0$
$x^2+8x+16-5x-20+6=0$
$x^2+3x+2=0$ $(x+2)(x+1)=0$

別解 $(x+4)^2-5(x+4)+6=0$ $x+4$ を M とする。
$M^2-5M+6=0$ $(M-2)(M-3)=0$
$(x+4-2)(x+4-3)=0$ $(x+2)(x+1)=0$

4 (1) 2次方程式に $x=4$ を代入すると，
$4^2+4a+36=0$ $16+4a+36=0$
$4a=-52$ $a=-13$

(2) 2次方程式に $a=-13$ を代入すると，
$x^2-13x+36=0$ より $x=4$, $x=9$

p.42～43 ステージ1

1 5

2 (1) 3 m　　(2) 縦 12 m，横 36 m

3 4 cm，6 cm

解説

1 ある正の数を x とすると，この数に 7 を加えた数は $x+7$ と表される。この数をもとの数にかけると 60 になるので，　$x(x+7)=60$

$x^2+7x=60$　　$x^2+7x-60=0$

$(x+12)(x-5)=0$　　$x=-12,\ x=5$

x は正の数だから，$x=-12$ は問題にあわない。

$x=5$ は問題にあう。

2 (1) 道幅を x m とする。土地を移動して，残りの土地を 1 つの長方形にすると，その縦と横は $(15-x)$ m，$(18-x)$ m と表される。残りの土地の面積が 180 m^2 だから

$(15-x)(18-x)=180$

$x^2-33x+270=180$　　$x^2-33x+90=0$

$(x-3)(x-30)=0$　　$x=3,\ x=30$

道幅は 15 m よりせまいから，$x=30$ は問題にあわない。$x=3$ は問題にあう。

(2) 土地の縦の長さを x m とすると，横は縦の 3 倍なので $3x$ m と表される。土地を移動して，残りの土地を 1 つの長方形にすると，その縦と横の長さはそれぞれ x m，$(3x-3)$ m と表される。残りの土地の面積が 396 m^2 だから

$x(3x-3)=396$　　$3x^2-3x=396$

$3x^2-3x-396=0$　　$x^2-x-132=0$

$(x+11)(x-12)=0$　　$x=-11,\ x=12$

$x>0$ だから，$x=-11$ は問題にあわない。

$x=12$ は問題にあう。

3 AP $=x$ cm とすると，PD $=(10-x)$ cm，DQ $=x$ cm と表される。△PQD の面積が 12 cm^2 なので

$\frac{1}{2}(10-x)x=12$　　$(10-x)x=24$

$10x-x^2=24$　　$x^2-10x+24=0$

$(x-4)(x-6)=0$　　$x=4,\ x=6$

$0<x<10$ だから，$x=4$ と $x=6$ はどちらも問題にあう。

ポイント

求めた 2 次方程式の解が，問題の条件にあっているか必ず確認する。

p.44～45 ステージ2

1 ②，④，⑤，⑥

2 (1) $x=1,\ x=-3$　　(2) $x=0,\ x=-6$

(3) $x=1,\ x=2$　　(4) $x=\pm12$

(5) $a=1,\ a=-6$　　(6) $x=6,\ x=-4$

(7) $x=\dfrac{-1\pm3\sqrt{2}}{3}$　　(8) $x=\dfrac{-1\pm\sqrt{13}}{2}$

(9) $x=\dfrac{2\pm\sqrt{10}}{3}$　　(10) $x=-5,\ x=2$

(11) $x=\dfrac{3\pm\sqrt{33}}{2}$　　(12) $x=4\pm\sqrt{11}$

3 (1) $a=5$　　(2) $x=-3$

4 9

5 10

6 8

7 $\dfrac{9-\sqrt{41}}{2}$ cm

8 3 cm，7 cm

・・・・・

① (1) $a=6$　　(2) $x=3$

② 6 と 9

解説

1 式を整理して $ax^2+bx+c=0$ $(a\neq0)$ となるものを選ぶ。

③　$4x^2=(2x+3)^2$　　$4x^2=4x^2+12x+9$

$12x+9=0$　　…2 次方程式ではない。

⑤　$2x+3=3x^2-2$　　$-3x^2+2x+5=0$

…2 次方程式である。

⑥　$(x-5)^2=25$　　$x^2-10x+25=25$

$x^2-10x=0$　　…2 次方程式である。

2 (4) $x^2-144=0$　　$(x+12)(x-12)=0$

$x+12=0$ または $x-12=0$

別解 $x^2=144$　144 の平方根は ±12　$x=\pm12$

(7) $(3x+1)^2-18=0$　　$(3x+1)^2=18$

$3x+1=\pm\sqrt{18}$　　$3x=-1\pm3\sqrt{2}$

(9) $3x^2-4x-2=0$

$a=3,\ b=-4,\ c=-2$ を解の公式に代入する。

$$x=\frac{-(-4)\pm\sqrt{(-4)^2-4\times3\times(-2)}}{2\times3}$$

$$=\frac{4\pm\sqrt{16+24}}{6}=\frac{4\pm2\sqrt{10}}{6}=\frac{2\pm\sqrt{10}}{3}$$

(10) $(x+1)(x+2)=12$　　$x^2+3x+2=12$

$x^2+3x-10=0$　　$(x+5)(x-2)=0$

(12) $2x^2-8x+7=x^2+2$　　$x^2-8x+5=0$

$a=1$，$b=-8$，$c=5$ を解の公式に代入する。

$$x=\frac{-(-8)\pm\sqrt{(-8)^2-4\times1\times5}}{2\times1}=\frac{8\pm\sqrt{44}}{2}$$

$$=\frac{8\pm2\sqrt{11}}{2}=4\pm\sqrt{11}$$

❸ (1) 1つの解が -2 なので x に代入すると

$(-2)^2+(-2)\times a+6=0$

$4-2a+6=0$　　$a=5$

(2) $a=5$ より　　$x^2+5x+6=0$

$(x+3)(x+2)=0$　　$x=-3$，$x=-2$

❹ 正の数を x とする。　　$x^2=2x+63$

$(x+7)(x-9)=0$　　$x=-7$，$x=9$

x は正の数だから $x=-7$ は問題にあわない。

❺ はじめの整数を x とすると，正しい答えは $(x+1)^2$，誤った答えは $x+1$ と表される。

$(x+1)^2-110=x+1$　　$(x+11)(x-10)=0$

$x=-11$，$x=10$　　x は正の整数だから

$x=-11$ は問題にあわない。

❻ 連続する2つの正の整数を x，$x+1$ とする。

$x^2=7(x+1)+1$　　$(x-8)(x+1)=0$

$x=8$，$x=-1$　　x は正の整数だから $x=-1$ は問題にあわない。

❼ 短くする長さを x cm とする。

$(4-x)(5-x)=4\times5\times\frac{1}{2}$　$x^2-9x+10=0$

$x=\frac{9\pm\sqrt{41}}{2}$　$0<x<4$ より　$x=\frac{9-\sqrt{41}}{2}$

❽ 端から x cm で折り曲げるとすると，長方形の横は $(20-2x)$ cm と表される。$x(20-2x)=42$

$(x-3)(x-7)=0$　　$x=3$，$x=7$

$0<x<10$ よりどちらも問題にあう。

① (1) 2次方程式に $x=2$ を代入すると

$2^2-5\times2+a=0$　$a=6$

(2) $a=6$ より　$x^2-5x+6=0$

$(x-2)(x-3)=0$　$x=2$，$x=3$

② 1つの数を x とすると，もう1つの数は $(15-x)$ と表される。

$x^2+(15-x)^2=117$　　$x^2+225-30x+x^2=117$

$2x^2-30x+108=0$　　$x^2-15x+54=0$

$(x-9)(x-6)=0$　　$x=9$，$x=6$

2つの解とも問題にあう。ただし2つの数の組は一致する。

p.46〜47 ステージ3

❶ ㋐，㋓

❷ (1) $x=-4$，$x=5$　(2) $x=0$，$x=2$

(3) $x=7$　(4) $x=2$，$x=\frac{1}{2}$

(5) $x=0$，$x=\frac{3}{5}$　(6) $x=-6$

(7) $x=-3$，$x=5$　(8) $x=7$

(9) $x=-1$，$x=6$　(10) $x=-2$，$x=-6$

❸ (1) $x=\pm8$　(2) $x=-4\pm\sqrt{13}$

(3) $x=\frac{-7\pm\sqrt{37}}{2}$　(4) $x=\frac{2\pm\sqrt{14}}{2}$

(5) $x=-1$, $x=-\frac{5}{4}$　(6) $x=\frac{3}{2}$，$x=\frac{1}{2}$

❹ $a=13$，$b=40$

❺ $a=10$　他の解 $x=5$

❻ 6

❼ -2，-1，0，1 または 3，4，5，6

❽ 2 cm，7 cm

❾ $-9+3\sqrt{13}$ m

解説

❶ x に数を代入して方程式が成り立てば，その数は方程式の解である。

㋐ $(-3)^2-9=9-9=0$

㋑ $(-3-3)^2=(-6)^2=36$

㋒ $(-3)^2-3=9-3=6$

㋓ $(-3)^2+4\times(-3)=9-12=-3$

❷ (5) $5x^2=3x$　　$5x^2-3x=0$

$x(5x-3)=0$　　$x=0$ または $5x-3=0$

$x=0$ または $5x=3$

(6) $x^2+12x=-36$　　$x^2+12x+36=0$

$(x+6)^2=0$　　$x+6=0$

(8) $49+x^2-14x=0$　　$x^2-14x+49=0$

$(x-7)^2=0$　　$x-7=0$

(10) $-8x-12=x^2$　　$x^2+8x+12=0$

$(x+2)(x+6)=0$　　$x+2=0$ または $x+6=0$

❸ 平方根の考え方や解の公式を利用する。

(1) $2x^2-128=0$　　$2x^2=128$　　$x^2=64$

x は64の平方根だから，$x=\pm8$

別解 $x^2-64=0$　　$(x+8)(x-8)=0$

(2) $(x+4)^2=13$　　$x+4$ は13の平方根だから，

$x+4=\pm\sqrt{13}$　　$x=-4\pm\sqrt{13}$

(6) $4x^2-8x+3=0$ 解の公式を利用する。

$$x=\frac{-(-8)\pm\sqrt{(-8)^2-4\times4\times3}}{2\times4}$$

$$=\frac{8\pm\sqrt{64-48}}{8}=\frac{8\pm\sqrt{16}}{8}=\frac{8\pm4}{8}$$

得点アップのコツ

解の公式を使えば，すべての2次方程式を解くことができるが，因数分解や平方根を利用できるものは，利用する方が計算しやすい。

4 2次方程式に $x=-5$，$x=-8$ を代入すると，

$$\begin{cases}(-5)^2-5a+b=0\\(-8)^2-8a+b=0\end{cases} \Rightarrow \begin{cases}25-5a+b=0\\64-8a+b=0\end{cases}$$

連立方程式を解くと $a=13$，$b=40$

別解 解が $x=-5$，$x=-8$ なので，この2次方程式を因数分解すると，$(x+5)(x+8)=0$

この式を展開して $x^2+\underset{a}{\underline{13}}x+\underset{b}{\underline{40}}=0$

5 1つの解が2なので x に代入すると

$2^2+2(a-17)+a=0$ $4+2a-34+a=0$

$3a-30=0$ $a=10$

$a=10$ より 2次方程式は $x^2-7x+10=0$

$(x-2)(x-5)=0$ $x=2$，$x=5$

6 正の整数を x とすると

$4x=x^2-12$ $x^2-4x-12=0$

$(x+2)(x-6)=0$ $x=-2$，$x=6$

x は正の整数だから，$x=-2$ は問題にあわない。

7 最も小さい整数を x とすると，4つの整数は x，$x+1$，$x+2$，$x+3$ と表される。

$x+x+1+x+2+x+3=x(x+3)$ より

$(x+2)(x-3)=0$ $x=-2$，$x=3$

どちらも問題にあう。

8 DQ $=x$ cm とすると，PD $=(27-3x)$ cm と表される。 $\frac{1}{2}x(27-3x)=21$

$x^2-9x+14=0$ $x=2$，$x=7$

$0<x<8$ だから，どちらも問題にあう。

9 道路の幅を x m とすると

$(24+2x)(12+2x)-24\times12=\frac{1}{2}\times24\times12$

$x^2+18x-36=0$ $x=-9\pm3\sqrt{13}$

$x>0$ だから，$x=-9-3\sqrt{13}$ は問題にあわない。

4章 関数 $y=ax^2$

p.48〜49 ステージ1

1 ㋐，㋓，㋔

2 (1) $y=7x^2$ (2) $y=\frac{1}{16}x^2$

(3) $y=5\pi x^2$ (4) $y=\frac{1}{4}x^2$

3 (1) $y=-\frac{1}{3}x^2$ (2) $y=-\frac{4}{3}$

(3) $x=\pm3$

解説

1 $y=ax^2$ の形をしているものを選ぶ。

㋓は $y=\frac{1}{8}x^2$ と考える。

2 (1) 正四角柱の底面は正方形。

(正四角柱の体積)＝(底面積)×(高さ)

$y=x^2\times7=7x^2$

(2) 1辺の長さは $\frac{x}{4}$ cm だから，正方形の面積は，

$\left(\frac{x}{4}\right)^2=\frac{x^2}{16}(\text{cm}^2)$

(3) (円柱の体積)＝(底面積)×(高さ)

底面積 $=\pi x^2$ だから，$y=5\pi x^2$

(4) 長い方の対角線が x cm だから，短い方の対角線は $\frac{x}{2}$ cm

$y=\frac{1}{2}\times x\times\frac{x}{2}=\frac{1}{4}x^2$

3 (1) y が x の2乗に比例するから，比例定数を a とすると，$y=ax^2$

$x=6$ のとき $y=-12$ だから，$-12=a\times6^2$

したがって $a=-\frac{1}{3}$ ゆえに $y=-\frac{1}{3}x^2$

(2) $x=-2$ のとき $y=-\frac{1}{3}\times(-2)^2=-\frac{4}{3}$

(3) $y=-3$ のとき $-3=-\frac{1}{3}x^2$

$x^2=9$

$x=\pm3$

p.50〜51 ステージ1

1

(1)　　　　　　　　(2)

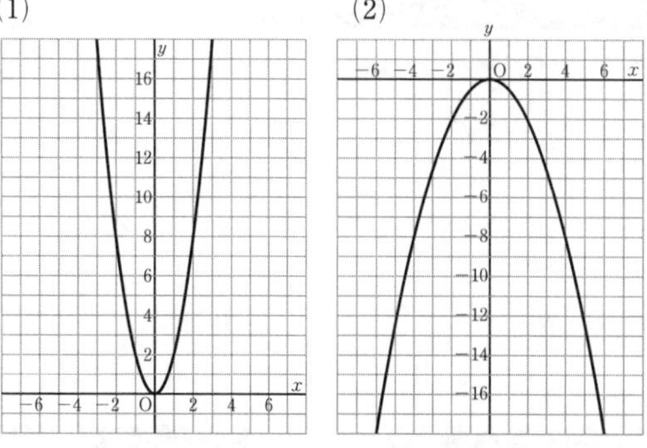

(3)　　　　　　　　(4)

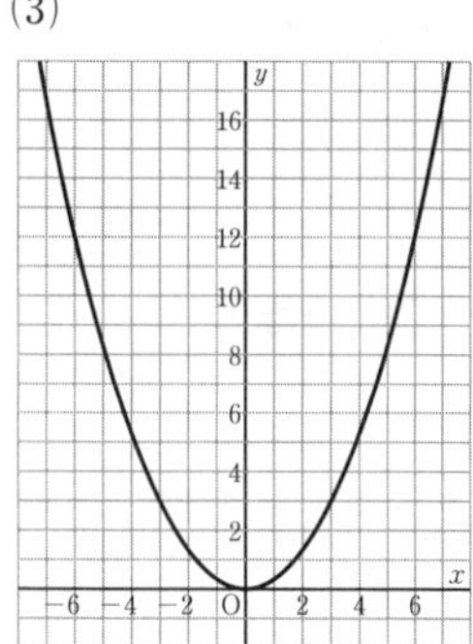

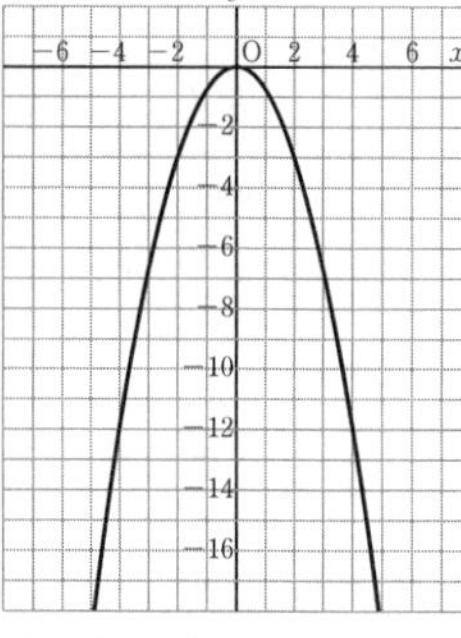

2 (1) ① ㋐，㋒　② ㋑，㋓

(2) ㋒→㋓→㋐→㋑

解説

1 x と y がともに整数値になる座標を求め，それらの点を座標平面にかき，それらの点をなめらかな曲線で結ぶ。

(2) $x=-4$ のとき，$y=-8$，
$x=-2$ のとき，$y=-2$，
$x=0$ のとき，$y=0$，$x=2$ のとき，$y=-2$，
$x=4$ のとき，$y=-8$

(3) $x=-6$ のとき，$y=12$，
$x=-3$ のとき，$y=3$，
$x=0$ のとき，$y=0$，$x=3$ のとき，$y=3$，
$x=6$ のとき，$y=12$

2 $y=ax^2$ のグラフは比例定数 a によって開く方向と大きさがきまる。

(1) 上に開いているグラフは比例定数が正の値，下に開いているグラフは比例定数が負の値。

(2) 開きが最も大きいものは，比例定数の絶対値が最も小さい。開きが最も小さいものは，比例定数の絶対値が最も大きい。比例定数の絶対値は，㋐ 1，㋑ 3，㋒ $\frac{1}{3}$，㋓ $\frac{1}{2}$ である。

p.52〜53 ステージ2

1 ㋐，㋒，㋓

2 (1) $y=2x^2$　(2) 2　(3) 16 倍，$\frac{1}{9}$ 倍

3 (1) $y=\frac{2}{3}x^2$　(2) $y=6$　(3) $x=\pm9$

4

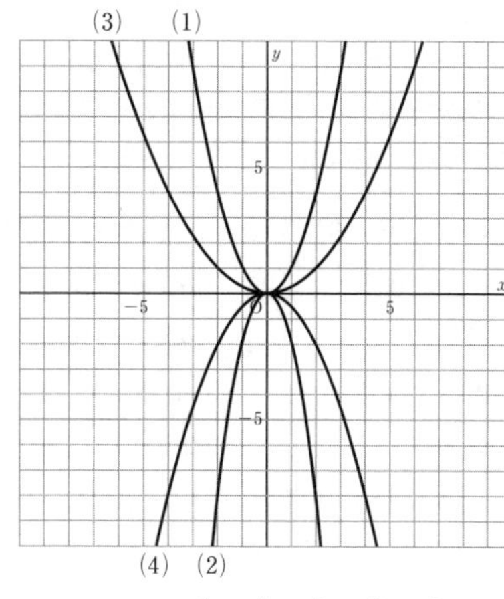

① ㋐，㋒，㋕

② (1) $a=2$　(2) $y=18$

(3) 2，−2

解説

1 $y=ax^2$ の形になっているものを選ぶ。

㋓は $y=-\frac{1}{2}x^2$ と考える。

2 (1) (三角柱の体積)＝(底面積)×(高さ)

$y=\frac{1}{2}\times x\times x\times4$

よって　$y=2x^2$

(2) (1)で求めた式の両辺を x^2 でわると，$\frac{y}{x^2}=2$

(3) $x=p$ のとき　$y=2p^2$

x が 4 倍の $4p$ になると　$y=2\times(4p)^2=32p^2$

よって，$32p^2\div2p^2=16$（倍）

x が $\frac{1}{3}$ 倍の $\frac{1}{3}p$ になると　$y=2\times\left(\frac{1}{3}p\right)^2=\frac{2}{9}p^2$

よって　$\frac{2}{9}p^2\div2p^2=\frac{1}{9}$（倍）

3 (1) y が x の 2 乗に比例するから，
$y=ax^2$ とすると，

$24=a\times6^2$　$a=\frac{2}{3}$

したがって，$y=\frac{2}{3}x^2$

(2) (1)より，$y=\frac{2}{3}x^2$ に $x=3$ を代入すると

$y=\frac{2}{3}\times3^2=6$

(3) (1)より，$y=\frac{2}{3}x^2$ に $y=54$ を代入すると

$54=\frac{2}{3}x^2$　$x^2=81$　$x=\pm9$

4 (2) $x=-2$ のとき，$y=-8$，
$x=-1$ のとき，$y=-2$，
$x=0$ のとき，$y=0$，$x=1$ のとき，$y=-2$，
$x=2$ のとき，$y=-8$

(3) $x=-4$ のとき，$y=4$，
$x=-2$ のとき，$y=1$，
$x=0$ のとき，$y=0$，$x=2$ のとき，$y=1$，
$x=4$ のとき，$y=4$

ポイント

x と y がともに整数値になる座標を求め，それらの点を座標平面にかき，それらの点をなめらかな曲線で結ぶ。グラフは途中でとめずに枠いっぱいまでかいておく。

① $a>0$ のとき，$y=ax$ や $y=ax+b$ では，x の値が増加すると，y の値も常に増加する。また，$y=ax^2$ では，x の値が増加すると，$x<0$ では y の値は減少し，$x>0$ では y の値は増加する。

$a<0$ のとき，$y=ax$ や $y=ax+b$ では，x の値が増加すると，y の値は常に減少する。また，$y=ax^2$ では，x の値が増加すると，$x<0$ では y の値は増加し，$x>0$ では y の値は減少する。

② (2) $y=ax^2$ とすると，
$8=a\times2^2$
$a=2$
したがって，$y=2x^2$
これに $x=3$ を代入すると，
$y=2\times3^2=18$

(3) $y=-7x^2$ に $y=-28$ を代入すると，
$-28=-7x^2$
$x^2=4$
$x=\pm2$
よって，この点の x 座標は
2 または -2 である。

p.54〜55 ステージ1

1 $\left(y=\frac{1}{2}x^2,\ y=-\frac{1}{2}x^2 \text{の順に}\right)$

(1) $2\leqq y\leqq8$，$-8\leqq y\leqq-2$
(2) $2\leqq y\leqq8$，$-8\leqq y\leqq-2$
(3) $0\leqq y\leqq8$，$-8\leqq y\leqq0$

2 (1) -18　(2) 22　(3) 12　(4) -16

3 (1) $y=5x^2$　(2) 125 m　(3) 秒速 30 m

4 $a=\frac{1}{2}$

解説

1 $y=\frac{1}{2}x^2$ では，

(1) $x=-4$ のとき $y=8$ →最大値
$x=-2$ のとき $y=2$ →最小値

(3) $x=-2$ のとき $y=2$
$x=0$ のとき $y=0$ →最小値
$x=4$ のとき $y=8$ →最大値

$y=-\frac{1}{2}x^2$ では，

(3) $x=-2$ のとき $y=-2$
$x=0$ のとき $y=0$ →最大値
$x=4$ のとき $y=-8$ →最小値

ミス注意! x の変域に 0 がふくまれるとき，$x=0$ のときの y の値が最大値または最小値になる。

2 $(\text{変化の割合})=\frac{(y\text{の増加量})}{(x\text{の増加量})}$

(2) $x=5$ のとき $y=50$，$x=6$ のとき $y=72$

$\frac{72-50}{6-5}=22$

(3) $x=2$ のとき $y=8$，$x=4$ のとき $y=32$

$\frac{32-8}{4-2}=12$

3 (1) $y=ax^2$ の式で表される。
$x=3$ のとき $y=45$ だから，$45=a\times3^2$
$a=5$　したがって，$y=5x^2$

(2) $y=5x^2$ に $x=5$ を代入し　$y=5\times5^2=125$

(3) $x=2$ のとき $y=20$，$x=4$ のとき $y=80$

よって　$\frac{80-20}{4-2}=30$

4 $y=-x+4$ に $x=-4$ を代入すると $y=8$
A の座標 $(-4,\ 8)$ を $y=ax^2$ に代入すると

$8=a\times(-4)^2$　$16a=8$　$a=\frac{1}{2}$

4章

p.56〜57 ステージ1

❶ (1) ㋐ 16　㋑ 32　㋒ 64
(2) 70分後　(3) エ

❷ (1) 900円　(2) 100 cm

解説

❶ (1) 10分ごとに分裂して細菌の数が2倍になるので，分裂の回数を n とすると，$n=x\div10$ で表される。

n を使って細菌の個数を表すと，$y=2^n$

$x=40$ のとき $n=4$ だから，$y=2^4=16$

$x=50$ のとき $n=5$ だから，$y=2^5=32$

$x=60$ のとき $n=6$ だから，$y=2^6=64$

別解 $x=40$ のとき，細菌の数は $x=30$ のときの2倍になるから，$8\times2=16$（個）

$x=50$ のとき，細菌の数は $x=40$ のときの2倍になるから，$16\times2=32$（個）

$x=60$ のとき，細菌の数は $x=50$ のときの2倍になるから，$32\times2=64$（個）

(2) $2^6=64$，$2^7=128$ より，細菌の数が100個をこえるのは，$n=7$ のときである。

$n=x\div10$ より $x=10n$

したがって，$n=7$ のとき $x=10\times7=70$

(3) 1個の細菌が100分でおよそ1000個になるから，次の100分では，1000個の細菌がそれぞれ1000個ずつになると考えられる。

$1000\times1000=1000000$

別解 下のように表の続きをかいて求めてもよい。

x(分)	100	110	120	130	140	150	160	170	180	190	200
y(個)	1024	2048	4096	8192	16384	32768	65536	131072	262144	524288	1048576

❷ 荷物の縦，横，高さの合計の長さを x cm とすると，料金は

$0<x\leqq60$ のとき　700円

$60<x\leqq80$ のとき　900円

$80<x\leqq100$ のとき　1100円

$100<x\leqq120$ のとき　1300円

$120<x\leqq140$ のとき　1500円

p.58〜59 ステージ2

❶ (1) $0\leqq y\leqq3$　(2) $\frac{4}{3}\leqq y\leqq12$
(3) $0\leqq y\leqq3$

❷ (1) $0\leqq y\leqq75$　(2) $-25\leqq y\leqq0$

❸ (1) 15　(2) -15　(3) -24　(4) 15

❹ (1) $y=\frac{1}{6}x^2$　(2)
(3) 6秒後

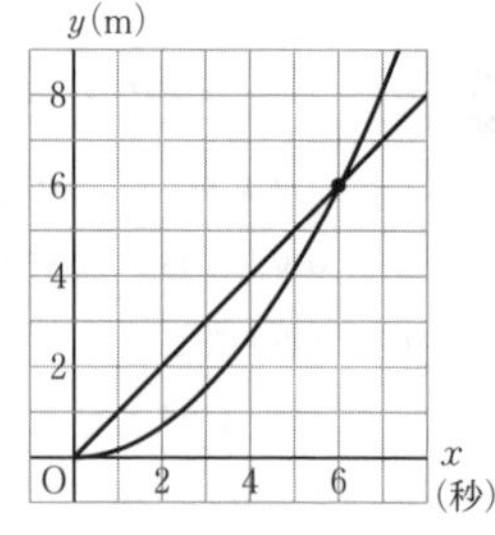

❺ (1) $a=-\frac{1}{2}$　(2) $y=x-4$　(3) 12 cm^2

❻

① (1) $0\leqq y\leqq32$　(2) $a=\frac{1}{2}$　(3) $t=3$

解説

❶ (1) $x=-3$ のとき $y=3$

$x=0$ のとき $y=0$　$x=3$ のとき $y=3$

(3) $x=-2$ のとき $y=\frac{4}{3}$

$x=0$ のとき $y=0$　$x=3$ のとき $y=3$

ポイント

関数 $y=ax^2$ が，x の変域に0をふくむとき，
$a>0$ のとき…$x=0$ のとき，y は最小値0
$a<0$ のとき…$x=0$ のとき，y は最大値0

❷ (1) $x=-5$ のとき $y=75$

$x=0$ のとき $y=0$　$x=3$ のとき $y=27$

(2) $x=-5$ のとき $y=-25$

$x=0$ のとき $y=0$　$x=3$ のとき $y=-9$

❸ x の増加量と y の増加量から変化の割合を求める。

(2) $x=1$ のとき $y=-3$　$x=4$ のとき $y=-48$

$$\frac{-48-(-3)}{4-1}=-15$$

(4) $x=-4$ のとき $y=-48$

$x=-1$ のとき $y=-3$　$\dfrac{-3-(-48)}{-1-(-4)}=15$

4 (1) $y=ax^2$ と表されて，$x=3$ のとき $y=1.5$

だから　$1.5=a\times3^2$　$a=\dfrac{1}{6}$

(3) (2)でかいた2つのグラフの交点が，進んだ距離が同じになることを表している。

原点以外の交点は $(6,\ 6)$ だから，$x=6$

5 (1) $y=ax^2$ だから A の y 座標は $16a$

変化の割合 $=\dfrac{0-16a}{0-(-4)}=\dfrac{-16a}{4}=-4a$

したがって　$-4a=2$　$a=-\dfrac{1}{2}$

(2) $y=-\dfrac{1}{2}x^2$ に $x=-4$ を代入して

$y=-8$　よって A の座標は $(-4,\ -8)$

直線 ℓ は点 A と $C(0,\ -4)$ を通るので，$y=x-4$

(3) △OAC と △OCB に分け，それぞれ OC を底辺と考える。

$\dfrac{1}{2}\times4\times4+\dfrac{1}{2}\times4\times2=\dfrac{1}{2}\times4\times(4+2)=12$

6 小数第1位以下を切り捨てるから，

$0<x<1$ のとき $y=0$　$1\leqq x<2$ のとき $y=1$

$2\leqq x<3$ のとき $y=2$　$3\leqq x<4$ のとき $y=3$

$4\leqq x<5$ のとき $y=4$

① (1) $x=-2$ のとき，$y=2\times(-2)^2=8$

$x=0$ のとき，$y=0$

$x=4$ のとき，$y=2\times4^2=32$

よって，y の変域は $0\leqq y\leqq32$

(2) $A(-2,\ 4a)$ と $B(4,\ 16a)$ を通る直線の傾きは $\dfrac{16a-4a}{4-(-2)}=\dfrac{12a}{6}=2a$　これが1になるので，$2a=1$　$a=\dfrac{1}{2}$

(3) 関数が $y=x^2$ なので，$B(4,\ 16)$ となり，B と y 座標が等しいから $C(0,\ 16)$ である。また，$P(t,\ t^2)$ と表せる。△BCP を BC を底辺としたときの高さを h とすると，$BC=4$ より

$\dfrac{1}{2}\times4\times h=14$　$h=7$　ここで，高さ h は B，C と P の y 座標の差であるから，$16-t^2$ と表せる。$16-t^2=7$　より　$t^2=9$

$t=\pm3$

$-2<t<4$ だから　$t=3$

p.60〜61 ステージ3

1 (1) $y=-3x^2$　(2) $y=\dfrac{1}{2}x^2$

(3) $y=-x^2$　(4) $y=\dfrac{1}{2}x^2$

2 (1) $y=\dfrac{1}{3}x^2$　(2) $y=-\dfrac{1}{4}x^2$

3 (1) ㋐，㋑，㋗

(2) ㋐，㋒，㋓，㋔，㋕，㋖，㋘

(3) ㋐，㋒，㋔，㋖，㋗

(4) ㋔と㋕，㋖と㋘

4 (1) $0\leqq y\leqq25$　(2) $-75\leqq y\leqq0$

5 (1) -2　(2) 2　(3) 3

6 (1) $y=\dfrac{1}{8}x^2$　$0\leqq x\leqq10$

(2) $y=-\dfrac{1}{3}x+\dfrac{10}{3}$

(3)

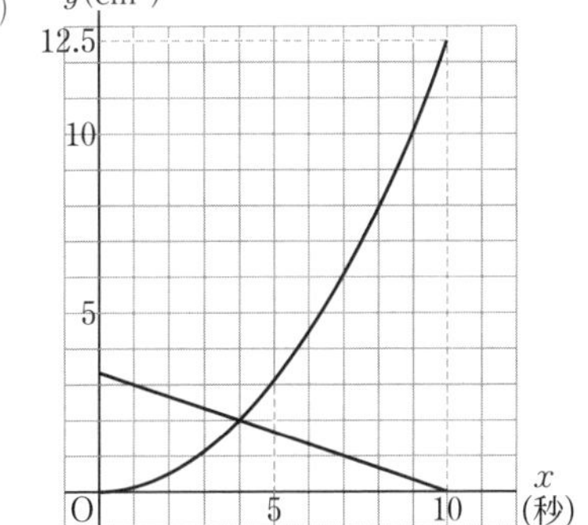

(4) 4秒後

7 (1) 240円　(2) $y=140$

(3)

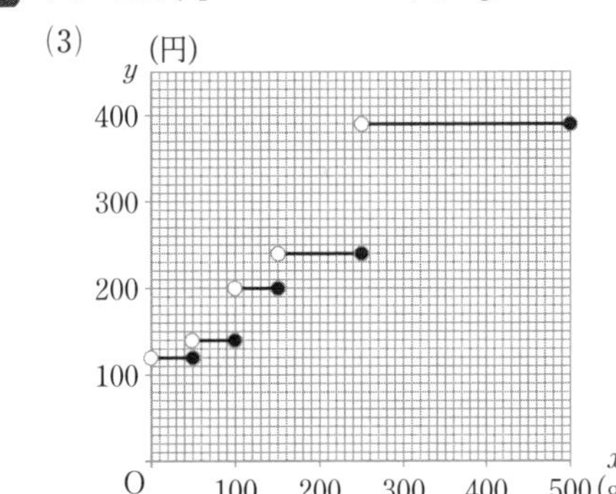

解説

1 (1) $y=ax^2$ に $x=2,\ y=-12$ を代入すると，

$-12=a\times2^2$　$4a=-12$　$a=-3$

(2) $y=ax^2$ に $x=-6,\ y=18$ を代入すると，

$18=a\times(-6)^2$　$36a=18$　$a=\dfrac{1}{2}$

4章

(4) x 軸について対称ということは，同じ x に対する y の値の符号が逆になる。つまり，$y=ax^2$ と x 軸について対称なのは $y=-ax^2$ である。

2 (1) グラフが $(3,\ 3)$ を通るので
$y=ax^2$ に $x=3$，$y=3$ を代入して，

$3=a\times3^2 \qquad 9a=3 \qquad a=\frac{1}{3}$

(2) グラフが $(4,\ -4)$ を通るので
$y=ax^2$ に $x=4$，$y=-4$ を代入して，

$-4=a\times4^2 \qquad 16a=-4 \qquad a=-\frac{1}{4}$

得点アップのコツ
グラフから式を求めるときは，x の値も y の値も整数になっている点の座標を使う。

3 ㋐～㋘の式をグラフに表すと，次のようになる。

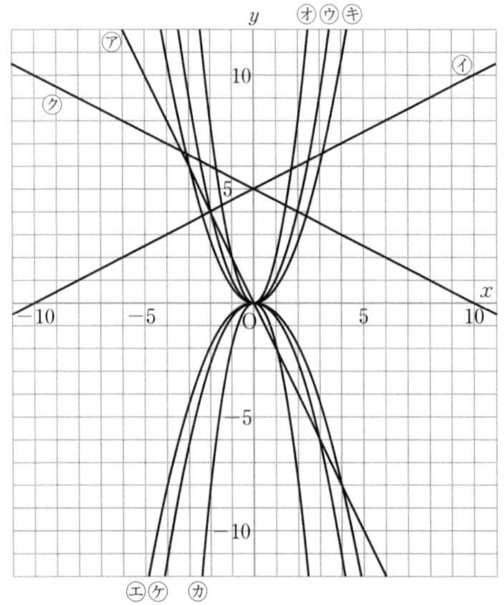

(1) 変化の割合が一定→1次関数

(2) グラフが原点を通る→ $x=0$ のとき $y=0$

(3) 1次関数 $y=ax+b$ は，$a<0$ のとき，x が増加すると y は常に減少する。
$y=ax^2$ では，$a>0$ のとき，$x<0$ の範囲で x が増加すると，y は減少する。

(4) x 軸について対称ということは，同じ x に対する y の値の符号が逆になるものである。

4 (1) $x=-5$ のとき $y=(-5)^2=25$
$x=0$ のとき $y=0 \qquad x=3$ のとき $y=9$

(2) $x=-5$ のとき $y=-75$
$x=0$ のとき $y=0 \qquad x=3$ のとき $y=-27$

5 $(\text{変化の割合})=\dfrac{(y\text{の増加量})}{(x\text{の増加量})}$

(1) $x=1$ のとき $y=-\frac{1}{2} \qquad x=3$ のとき $y=-\frac{9}{2}$

$$\frac{-\frac{9}{2}-\left(-\frac{1}{2}\right)}{3-1}=\frac{-4}{2}=-2$$

(2) $x=-4$ のとき $y=-8 \qquad x=0$ のとき $y=0$

$$\frac{0-(-8)}{0-(-4)}=2$$

(3) $x=-5$ のとき $y=-\frac{25}{2}$

$x=-1$ のとき $y=-\frac{1}{2}$

$$\frac{-\frac{1}{2}-\left(-\frac{25}{2}\right)}{-1-(-5)}=\frac{12}{4}=3$$

6 (1) 毎秒 0.5 cm $\left(\frac{1}{2}\text{ cm}\right)$ 動くから

x 秒後の BP, BQ はそれぞれ $\frac{1}{2}x$ cm と表される。

よって，$y=\frac{1}{2}\times\frac{1}{2}x\times\frac{1}{2}x=\frac{1}{8}x^2$

AB，BC はともに 5 cm だから，x の変域は
0 以上，$5\div0.5=10$（秒）までである。

(2) x 秒後の AP は $\left(5-\frac{1}{2}x\right)$ cm と表され，AD の長さは $\frac{4}{3}$ cm である。

よって，$y=\frac{1}{2}\times\left(5-\frac{1}{2}x\right)\times\frac{4}{3}=-\frac{1}{3}x+\frac{10}{3}$

(4) (3)のグラフの交点が，面積が等しいことを表している。交点は $(4,\ 2)$ だから，$x=4$

得点アップのコツ
面積を x を使った式で表すときは，まず面積を求めるときに使う辺の長さなどを x を使った式で表す。そして，面積を求める公式にあてはめる。

7 x の変域と y の値をまとめると

$0<x\leqq50$ のとき，$y=120$

$50<x\leqq100$ のとき，$y=140$

$100<x\leqq150$ のとき，$y=200$

$150<x\leqq250$ のとき，$y=240$

$250<x\leqq500$ のとき，$y=390$

5章 相似な図形

p.62～63 ステージ1

1 (1) 四角形ABCD∽四角形FGHE

(2) (順に) 頂点F，辺BC，∠H

2 (1)

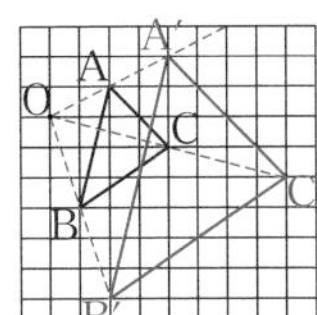

(2)

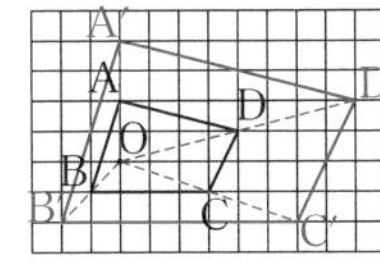

(3)

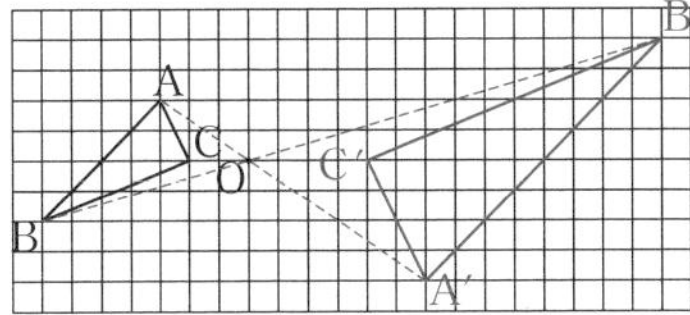

(4)

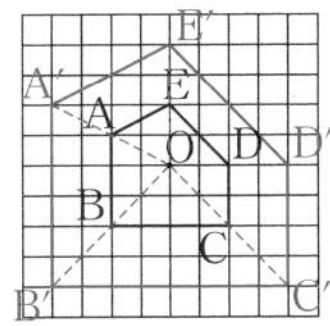

3 (1) 5：8(8：5)　(2) 3：2(2：3)

(3) 2：5(5：2)

解説

1 角の大きさや辺の長さなど特徴をよく見て，対応する頂点や角を考える。頂点AとF，頂点BとG，頂点CとH，頂点DとEが対応している。

(2) **ミス注意!** 対応する辺は，文字の順にも注意する。頂点GとB，頂点HとCが対応しているので，辺GHと辺CBが対応していると答えるのはまちがいである。

2 OA：O′A′＝OB：O′B′＝OC：O′C′＝…＝1：2となるところに対応する頂点A′，B′，C′，…をそれぞれとる。A′，B′，C′，…を順に線分で結んで図形を完成させる。

3 対応する辺などの長さの比を考える。

(1) 対角線ACと対角線A′C′が対応していて，その長さの比は5：8

ミス注意! ADとC′D′は対応する辺ではない。

(2) 辺ACと辺A′C′が対応していて，その長さの比は12：8＝3：2

(3) 半径の比が相似比になる。半径は円Cが2 cm，円C′が2+3＝5 (cm) より，相似比は2：5

p.64～65 ステージ1

1 △ABC∽△MON

3組の辺の比がすべて等しい。

△DEF∽△JLK

2組の辺の比とその間の角がそれぞれ等しい。

△GHI∽△RPQ

2組の角がそれぞれ等しい。

2 (1) △ABC∽△FED

3組の辺の比がすべて等しい。

(2) △ABC∽△ADE

2組の角がそれぞれ等しい。

(3) △ABC∽△DBE

2組の角がそれぞれ等しい。

(4) △ABC∽△EBD

2組の辺の比とその間の角がそれぞれ等しい。

解説

1 AB：MO＝8：16　BC：ON＝6：12

CA：NM＝4：8　いずれも簡単にすると1：2

DF：JK＝8：12　EF：LK＝12：18

いずれも簡単にすると2：3　∠F＝∠K＝60°

∠G＝∠R　また，三角形の内角の和は180°なので∠I＝180°−60°−80°＝40°

よって∠I＝∠Q

2 (1) △ABCと△FEDにおいて

AB：FE＝6：4＝3：2

BC：ED＝9：6＝3：2

CA：DF＝7.5：5＝3：2

(2) △ABCと△ADEにおいて

対頂角だから　∠BAC＝∠DAE

∠ACB＝∠AED＝30°

(3) △ABCと△DBEにおいて

∠BAC＝∠BDE＝90°

∠Bは共通

(4) △ABCと△EBDにおいて

AB：EB＝8：4＝2：1

BC：BD＝10：5＝2：1

∠Bは共通

5章

p.66〜67 ステージ1

❶ △AOC と △BOD において

AO：BO＝9：6＝3：2 ……①

CO：DO＝4.5：3＝3：2 ……②

対頂角より ∠AOC＝∠BOD ……③

①，②，③より，2組の辺の比とその間の角がそれぞれ等しいから

△AOC∽△BOD

❷ △AED と △ABC において

AE：AB＝12：24＝1：2 ……①

AD：AC＝8：16＝1：2 ……②

∠A は共通 ……③

①，②，③より，2組の辺の比とその間の角がそれぞれ等しいから

△AED∽△ABC

❸ △ADF と △BEF において

仮定から ∠ADF＝∠BEF＝90° ……①

対頂角より ∠AFD＝∠BFE ……②

①，②より，2組の角がそれぞれ等しいから

△ADF∽△BEF

したがって DF：EF＝AF：BF

❹ △ABC と △DBA において

仮定から ∠BAC＝∠BDA＝90° ……①

∠B は共通 ……②

①，②より，2組の角がそれぞれ等しいから

△ABC∽△DBA

したがって BC：BA＝BA：BD

解説

❶・❷ まず，長さがわかっている辺の長さの比を確かめる。その間の角が等しくなる根拠を考える。

❸・❹ 相似な図形では，対応する線分の長さの比が等しいことを利用する。

❸ DF と AF，EF と BF を辺にもつ相似な三角形を見つける。

❹ BC と BA，BA と BD を辺にもつ相似な三角形を見つける。

ポイント

三角形の相似条件

1 3組の辺の比がすべて等しい。

2 2組の辺の比とその間の角がそれぞれ等しい。

3 2組の角がそれぞれ等しい。

p.68〜69 ステージ1

❶ (1) $x=\frac{15}{2}$　(2) $x=9$

(3) $x=\frac{35}{4}$　(4) $x=16$

❷ 6 m

❸ 91.2 m

解説

❶ (1) $5:x=6:9$ より

$5:x=2:3$

$2x=15$ が成り立つ。 $x=\frac{15}{2}$

(2) $12:8=x:6$ より

$3:2=x:6$

$2x=18$ が成り立つ。 $x=9$

(3) $7:x=8:10$ より

$7:x=4:5$

$4x=35$ が成り立つ。 $x=\frac{35}{4}$

(4) $x:12=12:9$ より

$x:12=4:3$

$3x=48$ が成り立つ。 $x=16$

ポイント

比例式の性質

$a:b=c:d$ のとき $ad=bc$ が成り立つ。

❷ ポールとその影，鉄棒とその影を2辺とする相似な三角形を考えると，それぞれの高さ，影の長さが対応する辺になる。ポールの高さを x m とすると，

$x:1.6=7.5:2$ より

$2x=1.6\times7.5$　$x=6$

よって，ポールの高さは6 m である。

❸ 縮尺は，A′C′ と AC の比だから

5 cm：120 m＝5：12000

＝1：2400

したがって

AB＝A′B′×2400

＝3.8×2400

＝9120（cm）

9120 cm＝91.2 m

p.70～71 ステージ2

1

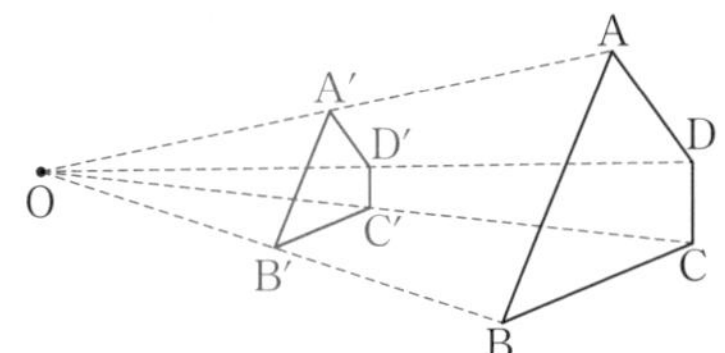

2 (1) ㋐ △ABC∽△CDB
㋑ 3組の辺の比がすべて等しい。
㋒ $x=90$
(2) ㋐ △ABC∽△EBD
㋑ 2組の角がそれぞれ等しい。 ㋒ $x=14$
(3) ㋐ △ABC∽△EDC
㋑ 2組の辺の比とその間の角がそれぞれ等しい。
㋒ $x=7$
(4) ㋐ △ABC∽△EFD
㋑ 2組の角がそれぞれ等しい。 ㋒ $x=30$
(5) ㋐ △ABC∽△DBE
㋑ 2組の角がそれぞれ等しい。 ㋒ $x=8$
(6) ㋐ △ABC∽△DBE
㋑ 2組の角がそれぞれ等しい。 ㋒ $x=16$

3 (1) △DBA，△DAC
(2) BD：$\frac{36}{5}$ cm（7.2 cm）
CD：$\frac{64}{5}$ cm（12.8 cm）
(3) $\frac{48}{5}$ cm（9.6 cm）

4 △ABC と △DBA において
仮定から ∠ACB＝∠DAB ……①
∠B は共通 ……②
①，②より，2組の角がそれぞれ等しいから
△ABC∽△DBA
したがって AC：DA＝AB：DB

5 縮尺は 1：500$\left(\text{または}\frac{1}{500}\right)$
ポールの高さは 4 m

● ● ● ● ●

① (1) $(90-a)^\circ$
(2) △ABD と △CHG において
仮定より ∠ADB＝∠CGH＝90° ……①
よって ∠ABD＋∠BAD＝90° ……②
また，∠ACD＋∠HCG＝90° ……③
△ABC は二等辺三角形だから
∠ABD＝∠ACD ……④
②，③，④より，∠BAD＝∠HCG ……⑤
①，⑤より，2組の角がそれぞれ等しいから
△ABD∽△CHG
(3) $\frac{22}{5}$ cm（4.4 cm）

解説

1 OA，OB，OC，OD のそれぞれの中点を A′，B′，C′，D′ として，順に線分でむすぶ。

2 (1) △ABC∽△CDB だから
∠C＝∠A＝90°
(2) △ABC と △EBD において
$42:x=45:15$　　$42:x=3:1$
$42=3x$　　$x=14$

a:b=c:d ならば ad=bc

(3) △ABC と △EDC において
$x:10.5=6:9$　　$x:10.5=2:3$
$3x=21$　　$x=7$
(6) △ABC と △DBE において
$20:x=(x+2):14.4$
$x(x+2)=20\times14.4$　　$x^2+2x=288$
$(x+18)(x-16)=0$
$x=-18,\ x=16$　　$x>0$ より $x=16$

ポイント
相似な図形では，対応する線分の長さの比，対応する角の大きさはそれぞれ等しい。

3 (1) △ABC と △DBA において
∠BAC＝∠BDA＝90°，∠B は共通
△ABC と △DAC において
∠BAC＝∠ADC＝90°，∠C は共通
(3) AD＝x cm とすると　$x:16=12:20$
$x:16=3:5$　　$5x=48$　　$x=\frac{48}{5}$

5 6 m が 1.2 cm にかかれているから，縮尺は
1.2 cm：6 m＝1.2：600＝1：500
ポールの長さを x cm とすると
$x:0.8=500:1$　　$x=0.8\times500=400$（cm）

① (1) $\angle EAF=180^\circ-(\angle AEF+\angle AFE)$
$=180^\circ-(a^\circ-90^\circ)=(90-a)^\circ$
(3) AB：CH＝BD：HG だから
$11:5=BD:2$　　$5BD=22$ より
$BD=\frac{22}{5}$（cm）

p.72〜73 ステージ1

❶ (1) 3：5　(2) 3：2　(3) 3：5

❷ (1) $x=18$, $y=15$

(2) $x=20$, $y=24$

(3) $x=6$, $y=8$

❸ (1) 1：2　(2) 1：3

(3) 8 cm

解説

❶ (1) AE：AC＝AD：AB＝3：5

(2) AE：EC＝AE：(AC−AE)

＝3：(5−3)＝3：2

(3) DE：BC＝AD：AB＝3：5

❷ (1) $21:7=x:6$

$7x=21\times 6$

$x=18$

$21:(21+7)=y:20$

$28y=21\times 20$

$y=15$

(2) $x:12=25:15=5:3$

$3x=12\times 5$

$x=20$

$25:(25+15)=15:y$

$5:8=15:y$

$5y=8\times 15$

$y=24$

(3) $x:4=9:6=3:2$

$2x=4\times 3$

$x=6$

$y:12=6:9=2:3$

$3y=12\times 2$

$y=8$

❸ (1) △ADE において，BC // ED だから

EA：CA＝DE：BC

＝12：24＝1：2

(2) △EBC において，FA // BC だから

EF：EB＝EA：EC＝EA：(EA＋AC)

＝1：(1+2)＝1：3

(3) (2)の結果より，

AF＝x cm とすると

FA：BC＝EF：EB

$x:24=1:3$

$3x=24$

$x=8$

p.74〜75 ステージ1

❶ (1) 線分 DE　(2) 線分 EF

❷ (1) 63°　(2) 45°

❸ (1) $x=9$　(2) $x=14$

(3) $x=15$　(4) $x=8$

解説

❶ 2組の線分の比が等しいところを見つけてから，△ABC の辺に平行な辺を答える。

(1)(2)のそれぞれの辺で線分の比を簡単にすると，下の図のようになる。

(1)

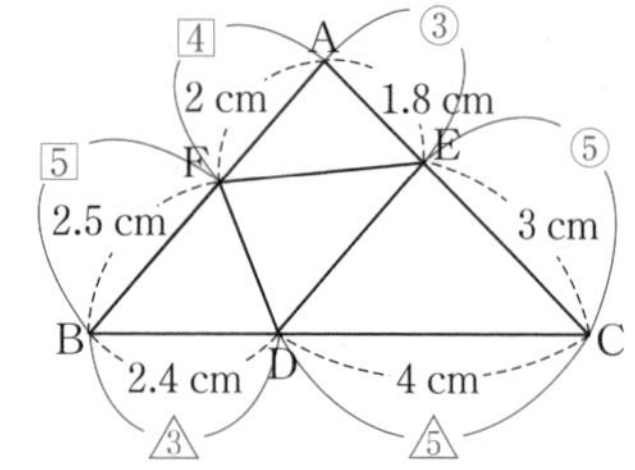

(2)

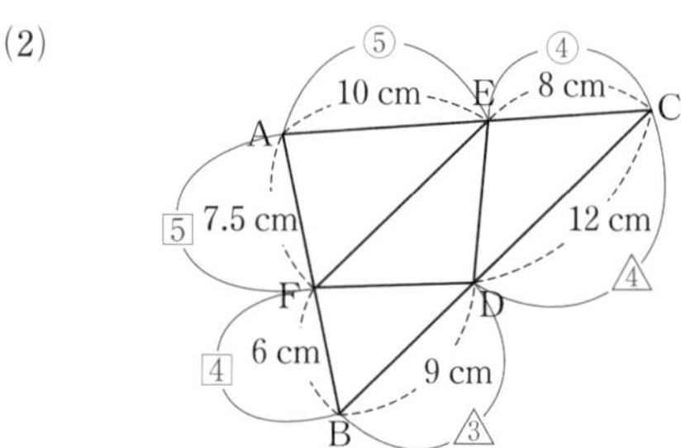

❷ (1) △DAC において　DH：HA＝DG：GC

したがって　HG // AC

同位角は等しいから

∠ACD＝∠HGD＝63°

(2) ∠BCA＝108°−63°＝45°

△BCA において　BF：FC＝BE：EA

したがって　EF // AC

同位角は等しいから

∠BFE＝∠BCA＝45°

❸ (1) $x:15=12:(8+12)=3:5$

$5x=15\times 3$　$x=9$

(2) $x:6=(4.5+6):4.5=7:3$

$3x=6\times 7$　$x=14$

(3) $5:x=7:21=1:3$

$x=5\times 3=15$

(4) $x:4.8=10:6=5:3$

$3x=4.8\times 5$　$x=8$

p.76〜77 ステージ1

1 (1) 4 cm　(2) 1：1　(3) 6 cm

2 △ABC において　AF＝FB，AE＝EC
中点連結定理より　FE // BC
したがって　FE // BD　……①
同じように　ED // FB　……②
①，②より，2 組の向かい合う辺がそれぞれ平行だから四角形 BDEF は平行四辺形である。

別解　△ABC において AF＝FB，AE＝EC
中点連結定理より　FE // BC，$FE=\frac{1}{2}BC$
仮定から　$BD=\frac{1}{2}BC$
したがって　FE // BD，FE＝BD
1 組の向かい合う辺が平行で，その長さが等しいから，四角形 BDEF は平行四辺形である。

3 △ABC において
点 D は辺 AB の中点だから
AD：DB＝1：1　　仮定より DE // BC
三角形と線分の比より，
AE：EC＝AD：DB＝1：1
したがって，点 E は辺 AC の中点である。

4 15 cm

解説

1 (1) △AEC において中点連結定理より
EC＝2DF＝2×2＝4（cm）
(2) △AEC において中点連結定理より
EC // DG だから
BC：CG＝BE：ED＝1：1
(3) △BGD において中点連結定理より
DG＝2EC＝2×4＝8（cm）
FG＝DG−DF＝8−2＝6（cm）

4 右の図のように，DC に平行な AG をひき，EF との交点を H とすると，四角形 AHFD，HGCF はどちらも平行四辺形だから，

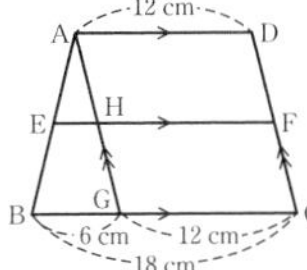

AD＝HF＝GC＝12 cm　　BG＝6 cm となる。
中点連結定理より $EH=\frac{1}{2}BG=3$ cm
EF＝EH＋HF＝3＋12＝15（cm）

p.78〜79 ステージ2

1 (1) $x=20$，$y=12$　(2) $x=6$，$y=10$
(3) $x=6$，$y=18$　(4) $x=10$，$y=\frac{18}{5}$

2 4 cm

3 8 cm

4 (1) $x=10$，$y=\frac{24}{5}$　(2) $x=\frac{72}{5}$，$y=40$
(3) $x=8$，$y=28$　(4) $x=8$，$y=4$

5 $x=21$，$y=\frac{63}{5}$

6 (1) 3 cm　(2) $\frac{7}{2}$ cm（3.5 cm）

①　$x=6$

②　$\frac{12}{5}$ cm

解説

1 (1) $10:x=8:16=1:2$ より　$x=20$
$y:24=8:16=1:2$ より　$y=12$
(2) $9:x=6:4=3:2$ より　$x=6$
$6:y=6:(6+4)=3:5$ より　$y=10$
ミス注意！ y を求めるとき，
DE：BC＝AE：EC ではない。
(4) $4:x=6:15=2:5$ より　$x=10$
$y:9=6:15=2:5$ より　$y=\frac{18}{5}$

2 AF：FC を平行線と線分の比から求めて，AC の長さを比例配分する。
四角形 ABCD は平行四辺形だから
AD＝BC，AD // EC より
AF：FC＝AD：CE＝BC：CE＝3：2
AF＋FC＝AC＝10 cm より
$CF=10\times\frac{2}{3+2}=4$（cm）

3 △ABC において，BC // DE より
AC：AE＝AB：AD＝18：12＝3：2
△ADC において，DC // FE より
AD：AF＝AC：AE＝3：2
AF＝x cm とすると，
$12:x=3:2$
$12\times2=3x$　　a:b=c:d ならば ad=bc
$x=8$

5 章

❹ (1) 右の図のように平行線をひいて，aをきめると

$a:(12-7)=6:(6+4)$

$a:5=3:5$

$5a=15\quad a=3$

よって　$x=3+7=10$

(2) $x:24=12:20=3:5$

$5x=24\times3\qquad x=\dfrac{72}{5}$

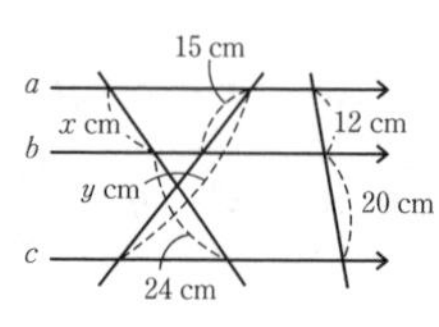

$15:y=12:(12+20)$

$\quad=3:8$

$15\times8=3y\qquad y=40$

ポイント

平行な補助線をひいて，平行四辺形や三角形の性質を利用するとわかりやすくなる場合がある。

❺ BC：FG＝AC：AG　$6:x=2:(2+5)$

$2x=6\times7\quad x=21$

DE：FG＝AD：AF　$y:21=3:(3+2)$

$5y=21\times3\quad y=\dfrac{63}{5}$

❻ (1) AD // BG より

AD：BG＝AF：FG＝1：1

よって　BG＝AD＝3 cm

(2) △AGC において中点連結定理から

$\mathrm{EF}=\dfrac{1}{2}\mathrm{GC}=\dfrac{1}{2}\times(10-3)=\dfrac{7}{2}$ (cm)

① $3:x=4:8=1:2$

$x=3\times2$

$x=6$

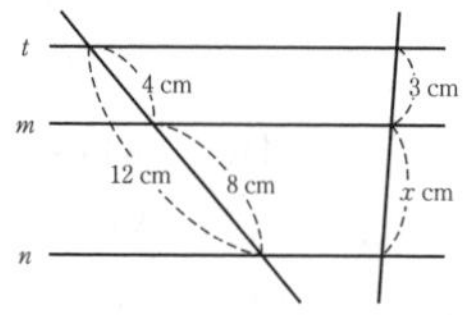

② △EAB ∽ △ECD で

AE：CE＝AB：CD＝6：4＝3：2

△ABC ∽ △EFC で EF＝x cm とすると

AB：EF＝AC：EC だから

$6:x=(3+2):2=5:2$

$5x=6\times2\quad x=\dfrac{12}{5}$

p.80〜81 ステージ1

❶ (1) **42 cm**　(2) **16：49**

(3) **66 cm^2**

❷ (1) **45 cm^2**　(2) **192 cm^3**

❸ (1) **500π cm^3**　(2) **3：5**

(3) **108π cm^3**

解説

❶ AD：AB＝8：(8＋6)＝4：7 より

△ADE と △ABC の相似比は 4：7 である。

(1) 相似な図形の周の長さの比は相似比に等しいので 4：7

△ABC の周の長さを x cm とすると

$24:x=4:7\qquad 24\times7=4x$

$x=42$

(2) 相似な図形の面積比は相似比の 2 乗になる。

$4^2:7^2=16:49$

(3) △ADE の面積を x cm^2 とすると

$98:x=49:16\qquad 98\times16=49x\qquad x=32$

四角形 DBCE の面積は △ADE と △ABC の面積の差だから　$98-32=66$ (cm^2)

❷ (1) P の表面積：Q の表面積

$=4^2:3^2=16:9$

Q の表面積を x cm^2 とすると

$80:x=16:9\qquad 80\times9=16x\qquad x=45$

(2) P の体積：Q の体積

$=4^3:3^3=64:27$

P の体積を x cm^3 とすると

$x:81=64:27\qquad 27x=81\times64\qquad x=192$

ポイント

相似な立体の表面積の比…相似比の 2 乗
相似な立体の体積比…相似比の 3 乗

❸ (1) $\dfrac{1}{3}\times\pi\times10^2\times15=500\pi$

(2) 水の入っている部分と容器の高さを比べると

$9:15=3:5$

(3) 水の体積：容器の容積

$=3^3:5^3=27:125$

水の体積を x cm^3 とすると

$x:500\pi=27:125$

$125x=27\times500\pi\qquad x=108\pi$

p.82〜83 ステージ2

1 (1) **4：9** (2) **2：3** (3) **50 cm²**

2 (1) **9：4** (2) **13：9**

3 (1) **1：4** (2) **1：8**

(3) **140π cm³**

4 **1：7：19**

5 **Sサイズのパイと L サイズのパイの相似比は 10：20＝1：2　面積比は 1：4　Sサイズ 3 個分と L サイズ 1 個分の面積比は 3：4 したがって，L サイズを 1 個買う方が得である。**

● ● ● ● ●

① **$\frac{9}{4}$ cm²**

② **12 cm**

③ **4 cm**

解説

1 (1)　AD // BC より ∠ADO＝∠CBO，∠DAO＝∠BCO で，2 組の角がそれぞれ等しいから △AOD ∽ △COB

AD：BC＝4：6 より相似比は 2：3

相似な図形の面積比は相似比の 2 乗になる。

$2^2：3^2＝4：9$

(2)　△AOD と △ABO は辺 OD，辺 BO を底辺とみると高さが等しいから，面積比は底辺の比である。

△AOD：△ABO＝DO：OB＝2：3

(3)　(2)と同様に，△AOD：△OCD＝2：3 より △ABO＝△OCD である。

△COB，△ABO の面積をそれぞれ x cm²，y cm² とすると，

(1)より 8：x＝4：9　$9\times8=4x$　$x=18$

(2)より 8：y＝2：3　$8\times3=2y$　$y=12$

$18+12\times2+8=50$ (cm²)

2 (1)　∠ABC＝∠ADB＝90°，∠BAC＝∠DAB（共通）で，2 組の角がそれぞれ等しいから △ABC ∽ △ADB

同様にして　△ABC ∽ △BDC

したがって　△ADB ∽ △BDC

AB：BC＝3：2 より相似比は 3：2

面積比は $3^2：2^2＝9：4$

(2)　△ABC＝△ADB＋△BDC だから

△ABC：△ADB＝(9＋4)：9＝13：9

3 OH の中点を M とすると，OM：OH＝1：2

(1)　相似比は 1：2

表面積の比は相似比の 2 乗　$1^2：2^2＝1：4$

(2)　体積比は相似比の 3 乗　$1^3：2^3＝1：8$

(3)　Q の体積＝もとの円錐の体積－P の体積だから，

もとの円錐の体積：Q の体積＝8：(8−1)

より，Q の体積を x cm³ とすると

$160\pi：x＝8：7$　$160\pi\times7=8x$　$x=140\pi$

4 相似な四角錐を考えると　P，P＋Q，P＋Q＋R となる。

相似比　AM：AN：AB＝1：2：3

体積比は相似比の 3 乗だから

$1^3：2^3：3^3＝1：8：27$

P：(P＋Q)：(P＋Q＋R)＝1：8：27 より

P：Q：R＝1：7：19

5 Sサイズ 3 個と L サイズ 1 個はどちらも 1800 円なので，多くの量が買える方が得だと考える。

① AD：BE＝3：2 より

△DAF：△BEF＝△DAF：6＝$3^2：2^2$

△DAF＝$\frac{27}{2}$ cm²

△ABF：△BEF＝AF：FE＝3：2 より

△ABF：6＝3：2

△ABF＝9 cm²

$\triangle ABO=\frac{1}{2}\triangle ABD=\frac{1}{2}\times\left(9+\frac{27}{2}\right)=\frac{45}{4}$ (cm²)

$\triangle AFO=\triangle ABO-\triangle ABF=\frac{45}{4}-9=\frac{9}{4}$ (cm²)

② 球 A と球 B の表面積の比が $9：1＝3^2：1$ より相似比は 3：1 である。球 A の半径を x cm とすると　$x：4＝3：1$　$x=4\times3=12$

③ 円錐の形のチョコレートで，

もとの円錐の体積：もらう円錐の体積＝8：1

体積比は相似比の 3 乗だから

$8：1＝2^3：1^3$ より　　相似比は 2：1

したがって求める長さを x cm とすると，

$8：x＝2：1$

$2x=8$

$x=4$

5 章

p.84〜85 ステージ3

1 (1) $\triangle ABC \backsim \triangle DCA$
3組の辺の比がすべて等しい。
(2) $\triangle ABC \backsim \triangle CBD$
2組の辺の比とその間の角がそれぞれ等しい。
(3) $\triangle ABC \backsim \triangle AED$
2組の角がそれぞれ等しい。

2 (1) $\triangle DBF$ と $\triangle FCE$ において
仮定から　$\angle DBF = \angle FCE = 60°$　……①
三角形の外角より
$\underset{60°}{\angle DBF} + \angle BDF = \angle DFC$
$\angle BDF = \angle DFC - 60°$
$\angle CFE = \angle DFC - 60°$
したがって，$\angle BDF = \angle CFE$　……②
①，②より2組の角がそれぞれ等しいから
$\triangle DBF \backsim \triangle FCE$
(2) $\frac{21}{2}$ cm（10.5 cm）

3 (1) $x = 6$　(2) $x = \frac{72}{5}$(14.4)
(3) $x = 4$，$y = 5$

4 (1) $x = \frac{15}{2}$(7.5)，$y = 6$
(2) $x = 12$，$y = 8$　(3) $x = 21$，$y = 9$

5 (1) BP：PO＝2：1　DQ：QO＝2：1
(2) 3：2　(3) 2：1　(4) 48 cm^2

6 (1) 9：25　(2) $\frac{27}{125}$ 倍

解説

1 (1) AB：DC＝20：12＝5：3
BC：CA＝25：15＝5：3
CA：AD＝15：9＝5：3
(2) AB：CB＝9：6＝3：2
BC：BD＝6：(9−5)＝6：4＝3：2
$\angle ABC = \angle CBD$（共通）
(3) $\angle BAC = \angle EAD$（共通）
$\angle ABC = \angle AED = 22°$

得点アップのコツ
それぞれの図形の特徴をよく見て，対応する辺や角を予想する。それぞれの辺の比や角の大きさを比べて，どの相似条件にあてはまるか考える。

2 (2) 折り返したので $\triangle ADE \equiv \triangle FDE$
AB＝AD＋DB＝FD＋DB
＝7＋8＝15（cm）　→正三角形の一辺の長さ
FC＝BC−BF＝15−3＝12（cm）
$\triangle DBF \backsim \triangle FCE$ だから
BF：CE＝DB：FC＝8：12＝2：3
CE＝x cm とすると　3：x＝2：3　$x = \frac{9}{2}$
$AE = AC - EC = 15 - \frac{9}{2} = \frac{21}{2}$（cm）
別解 $\triangle DBF \backsim \triangle FCE$ だから
DF：FE＝DB：FC＝8：12＝2：3
7：FE＝2：3　FE(＝AE)＝$\frac{21}{2}$ cm

3 (1) $(x+2):14 = 6:(6+4.5) = 4:7$
$7(x+2) = 14 \times 4$　$x+2 = 8$　$x = 6$
(2) EG＝a cm，GF＝b cm とすると，
$a:18 = 9:(9+6) = 3:5$　$a = \frac{54}{5}$
$b:9 = 6:(6+9) = 2:5$　$b = \frac{18}{5}$
$x = a+b = \frac{54}{5} + \frac{18}{5} = \frac{72}{5}$
(3) $x:6 = 6:9 = 2:3$　$x = 4$
AF：FG＝DF：FB＝DE：AB
＝6：9＝2：3 より　$6:(4+y) = 2:3$
$6 \times 3 = 2(4+y)$　$4+y = 9$　$y = 5$

4 (2) $(18-x):18 = (8-6):(12-6) = 1:3$
$3(18-x) = 18$　$18-x = 6$　$x = 12$
$4:y = (18-x):x$ より　$y = 8$

5 (1) 点Oは平行四辺形の対角線の交点だから，Oは AC の中点となる。
$\triangle CAB$ において CE＝EB，CO＝OA
中点連結定理より　OE // AB，OE＝$\frac{1}{2}$AB
これより　BP：PO＝AB：OE＝2：1
同様に，DQ：QO は $\triangle CAD$ において中点連結定理を利用する。
(2) $\triangle CDB$ において CF＝FD，CE＝EB
中点連結定理より BD：EF＝2：1＝6：3
(1)より (BP＋DQ)：(PO＋QO)＝2：1
したがって　BD：PQ＝3：1＝6：2
よって EF：PQ＝3：2

6 (1) 相似比　15：25＝3：5
底面積の比は相似比の2乗　$3^2:5^2 = 9:25$
(2) 体積比は相似比の3乗より水の体積と容器の容積の比は　$3^3:5^3 = 27:125$

6章 円

p.86〜87 ステージ1

❶ (1) 46°　(2) 70°　(3) 105°
(4) 44°　(5) 22°　(6) 120°

❷ 60°

❸ (1) x…110°，y…55°　(2) x…95°，y…50°
(3) x…60°，y…50°

❹

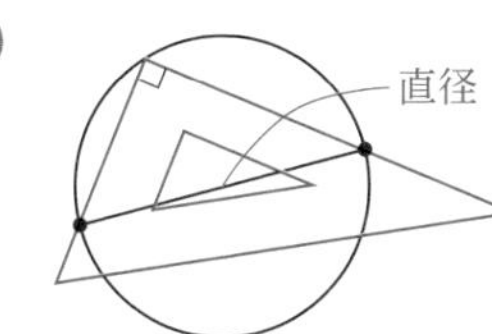

三角定規を直角が円周に接して，直角をはさむ2辺が円に交わるように置くとき，直角をはさむ2辺と円が交わる2つの点を線分で結ぶ。

解説

❶ 円周角の定理を活用する。

(2) $\angle x = 35° \times 2 = 70°$

(3) $\angle x = 210° \times \dfrac{1}{2} = 105°$

(4) $\angle AOB = 180° - (46° \times 2) = 88°$

(5) $180° - 2\angle x = 68° \times 2$　　$\angle x = 22°$

(6) $2\angle x = 360° - 120°$　　$\angle x = 120°$

❷ $\overset{\frown}{AB}$ の円周角だから　$\angle ADB = \angle ACB$
$\angle x$ は △AFC の ∠A の外角だから
$\angle x = \angle F + \angle C = 25° + 35° = 60°$

❸ 半円の弧に対する円周角は 90° である。

(1) $\overset{\frown}{BC}$ の円周角だから
$\angle BDC = \angle BAC = 35°$
△OAB は OA＝OB の
二等辺三角形だから
$\angle BAO = \angle ABO = 35°$
半円の弧の円周角だから
$\angle ABC = 90°$

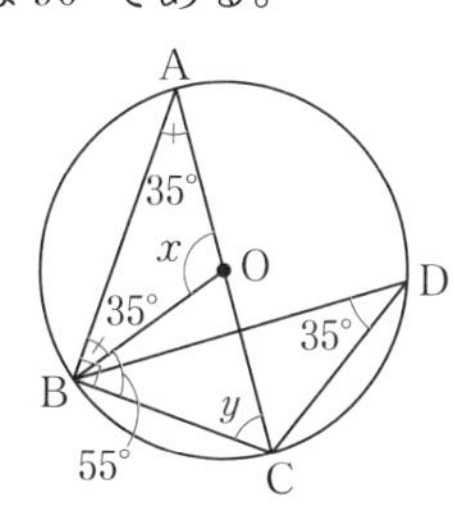

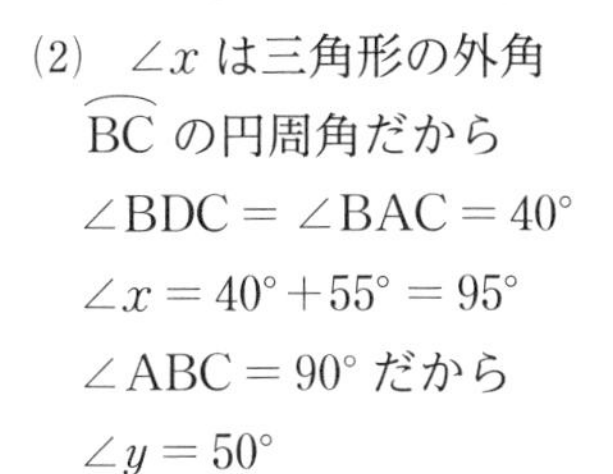

(2) $\angle x$ は三角形の外角
$\overset{\frown}{BC}$ の円周角だから
$\angle BDC = \angle BAC = 40°$
$\angle x = 40° + 55° = 95°$
$\angle ABC = 90°$ だから
$\angle y = 50°$

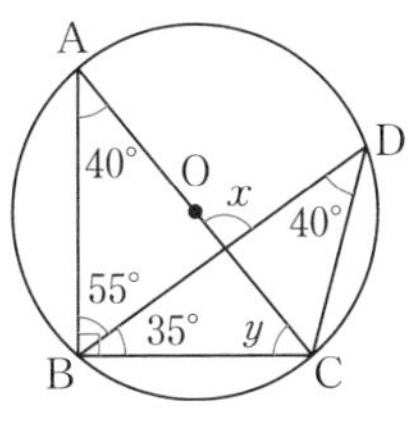

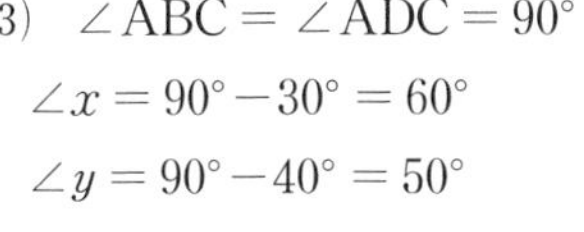

(3) $\angle ABC = \angle ADC = 90°$
$\angle x = 90° - 30° = 60°$
$\angle y = 90° - 40° = 50°$

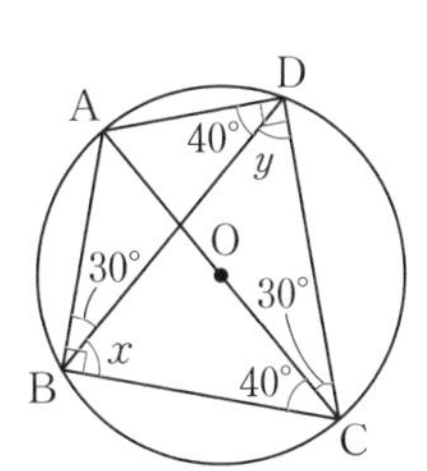

p.88〜89 ステージ1

❶ BC を結ぶ。
AB // CD より
$\angle ABC = \angle DCB$（錯角）
1つの円で，等しい円周角に対する弧は等しいから
$\overset{\frown}{AC} = \overset{\frown}{BD}$

❷ $\overset{\frown}{AB} = \overset{\frown}{DC}$ より
1つの円で，等しい弧に対する円周角は等しいから
$\angle ADB = \angle DAC$
△PAD において，2つの角が等しいから
二等辺三角形である。

❸ 60°

❹ ②

❺ $\angle EBD = \dfrac{1}{2}\angle ABC$

$\angle ECD = \dfrac{1}{2}\angle ACB$

仮定より $\angle ABC = \angle ACB$
よって $\angle EBD = \angle ECD$
2点B，Cが直線EDについて同じ側にあって
$\angle EBD = \angle ECD$ なので，
4点B，C，D，Eは1つの円周上にある。

解説

❸ 円周角の定理を利用する。
$\angle AEB + \angle CED$
$= 85° - 25° = 60°$
$\angle AEB = \angle CED$ より
$\angle AEB = 60° \div 2 = 30°$
$\angle AOB = 2\angle AEB$
$= 2 \times 30° = 60°$

❹ 円周角の定理の逆を利用する。

① $\angle CAD = 180° - (50° + 50° + 28°) = 52°$
$\angle CBD = 50°$
$\angle CAD \neq \angle CBD$ だから，1つの円周上にない。

② $\angle ACD = 180° - (50° + 105°) = 25°$
$\angle ABD = 25°$
$\angle ACD = \angle ABD$ だから，1つの円周上にある。

③ $\angle ACD = 85° - 60° = 25°$
$\angle ABD = 15°$
$\angle ACD \neq \angle ABD$ だから，1つの円周上にない。

6章

p.90〜91 ステージ1

1

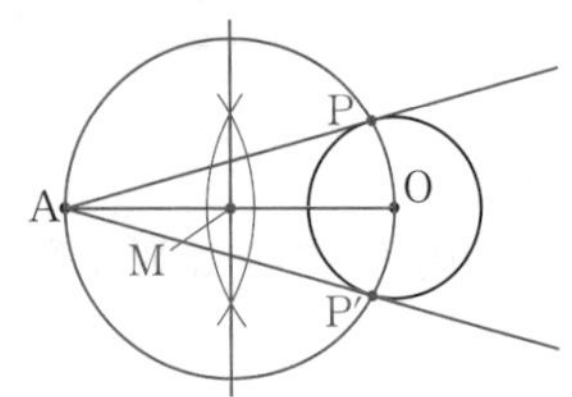

2 △ABP と △QBA において
仮定より $\overset{\frown}{AB}=\overset{\frown}{BC}$
1つの円で等しい弧に対する円周角は等しいから
∠APB＝∠QAB …① ∠B は共通 …②
①，②より，2組の角がそれぞれ等しいから
△ABP∽△QBA

3 (1) △ABP と △DCP において
$\overset{\frown}{BC}$ の円周角だから ∠BAP＝∠CDP …①
$\overset{\frown}{AD}$ の円周角だから ∠ABP＝∠DCP …②
①，②より，2組の角がそれぞれ等しいから
△ABP∽△DCP (2) 12 cm

4 △ADP と △CBP において
$\overset{\frown}{BD}$ の円周角だから ∠DAP＝∠BCP …①
∠P は共通…② ①，②より，2組の角が
それぞれ等しいから △ADP∽△CBP

解説

1 ① 線分 OA の垂直二等分線をひき，OA の中点 M をとる。
② 点 M を中心とし，線分 AM を半径とする円をかく。
③ 2つの円の交点をそれぞれ P，P′ とし，A と P，A と P′ をそれぞれ結ぶ。

3 (1) **別解** △ABP と △DCP において
$\overset{\frown}{BC}$ の円周角だから ∠BAP＝∠CDP …①
対頂角は等しいから ∠APB＝∠DPC …②
①，②より，2組の角がそれぞれ等しいから
△ABP∽△DCP
(2) △ABP∽△DCP より PA：PD＝PB：PC
PD＝x cm とすると
16：x＝12：9＝4：3 より $x=12$

4 **別解** △ADP と △CBP において
$\overset{\frown}{BD}$ の円周角だから ∠DAP＝∠BCP …①
$\overset{\frown}{AC}$ の円周角だから ∠ADC＝∠ABC
外角が等しいから ∠ADP＝∠CBP …②
①，②より，2組の角がそれぞれ等しいから
△ADP∽△CBP

p.92〜93 ステージ2

1 (1) x…114°，y…57° (2) x…130°，y…115°
(3) 19° (4) 28°
(5) x…65°，y…31° (6) x…84°，y…60°

2 (1) ㋐ EDC ㋑ DEC ㋒ 2組の角
㋓ ABE ㋔ DCE
(2) △BDP

3 (1) 72° (2) 72°

4 ㋐，㋒

5 対角線 AC，BD をひく。
△ABC と △DCB において
仮定より AB＝DC …①
∠ABC＝∠DCB …②
また BC は共通 …③
①，②，③より，2組の辺とその間の角が
それぞれ等しいから △ABC≡△DCB
したがって ∠BAC＝∠CDB
2点 A，D が直線 BC について同じ側にあって
∠BAC＝∠BDC だから，4点 A，B，C，D は1つの円周上にある。

線対称な図形の対応する辺や角は等しい。

● ● ● ● ●

① (1) 50° (2) 26° (3) 69°

② 54°

解説

1 円周角の定理などを利用して求める。
(1) $\angle x=57°\times2=114°$
$\overset{\frown}{AB}$ の円周角だから $\angle y$＝∠APB＝57°
(2) $\angle x=65°\times2=130°$
$2\angle y=360°-x=360°-130°$ $\angle y=115°$
(3) $\overset{\frown}{AB}$ の円周角だから ∠ACB＝55°
∠OCA＝∠OAC＝36° より
$\angle x$＝∠OCB＝55°－36°＝19°
(4) 半円の弧の円周角だから ∠DAC＝90°
$\overset{\frown}{BD}$ の円周角だから
$\angle x$＝∠BAD＝118°－90°＝28°
(5) 56°＝$\angle y$＋25° $\angle y$＝56°－25°＝31°
(6) $\overset{\frown}{CD}$ の円周角より ∠DBC＝24°
∠BDE の外角だから $\angle y$＝24°＋36°＝60°

2 (2) △ACP と △BDP において
$\overset{\frown}{DC}$ の円周角だから ∠PAC＝∠PBD …①
∠P は共通…② ①，②より，2組の角がそれぞれ等しいから △ACP∽△BDP

3 1つの円で，等しい弧に対する円周角は等しいことを利用する。

(1) $\overset{\frown}{BC}$，$\overset{\frown}{CD}$ の円周角は $180° \div 5 = 36°$

$\overset{\frown}{BD}$ の円周角は　$36° \times 2 = 72°$

(2) ∠BPC は △ABP の ∠P の外角だから

∠BPC ＝ ∠BAP＋∠ABP

＝ 36°＋36° ＝ 72°

4 ㋐ ∠BAC ＝ 93°－35° ＝ 58° ＝ ∠BDC

よって，1つの円周上にある。

㋑ ∠ACD ＝ 180°－(45°＋78°) ＝ 57°

∠ACD ≒ ∠ABD だから1つの円周上にない。

㋒ ∠BDC ＝ 180°－(53°＋74°) ＝ 53° ＝ ∠BAC

よって，1つの円周上にある。

㋓ ∠ACD ＝ 180°－(47°＋76°) ＝ 57°

∠ABD ≒ ∠ACD だから1つの円周上にない。

① (1) $\angle x = 180° - (35° + 95°) = 50°$

(2) $\overset{\frown}{AD}$ の中心角と円周角だから

∠AOD ＝ 2∠ACD ＝ 58°×2 ＝ 116°

三角形の内角と外角の性質より

$\angle x = 116° - 90° = 26°$

(3) EB ＝ EC より ∠EBC ＝ ∠ECB ＝ 37°

AB ＝ AD より

∠ABD ＝ ∠ADB ＝ ∠ACB ＝ ∠ECB ＝ 37°

∠BEC は △ABE の外角だから

$\angle x = 106° - 37° = 69°$

② 点Oと点C，Dを結ぶ。半径5cmの円周の長さは

$2\pi \times 5 = 10\pi$ (cm)

より，

$\angle COD = 360° \times \dfrac{2\pi}{10\pi}$

$= 72°$

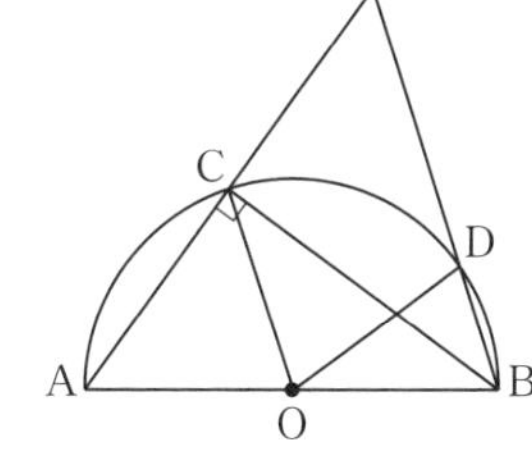

点Bと点Cを結ぶと $\overset{\frown}{CD}$ の円周角と中心角だから，$\angle CBD = \dfrac{1}{2}\angle COD = 72° \times \dfrac{1}{2} = 36°$

また，半円の弧の円周角だから，

∠ACB ＝ 90° より，△ECB の内角と外角の性質より，

∠CEB ＝ 90°－36° ＝ 54°

p.94〜95 ステージ3

1 (1) 52°　(2) 144°

(3) 38°　(4) 33°

(5) 47°　(6) 65°

2 (1) 36°　(2) 60°　(3) 65°

3 (1) x…36°，y…108°

(2) x…45°，y…100°

4

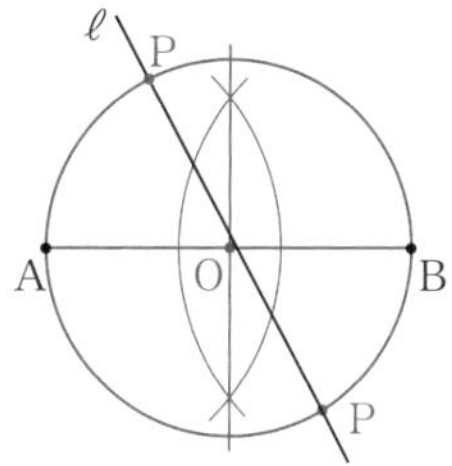

5 (1) △ABC は二等辺三角形だから

∠ABD ＝ ∠ACD　……①

△AB′D は △ABD を折り返した図形だから　∠ABD ＝ ∠AB′D　……②

①，②より，∠ACD ＝ ∠AB′D

2点C，B′ が直線 AD について同じ側にあって，∠ACD ＝ ∠AB′D だから，4点A，D，C，B′ は1つの円周上にある。

(2) △ADE と △B′CE において

$\overset{\frown}{DC}$ に対する円周角は等しいから

∠DAE ＝ ∠CB′E　……①

対頂角は等しいから

∠AED ＝ ∠B′EC　……②

①，②より，2組の角がそれぞれ等しいから

△ADE ∽ △B′CE

6 (1) $x = \dfrac{32}{5}$　(2) $x = 9$

7 (1) △AED，△BCD　(2) 3

解説

1 (3) ∠AOB＋13° ＝ 89°　∠AOB ＝ 76°

$\angle x = 76° \div 2 = 38°$

(5) ∠BOC ＝ 43°×2 ＝ 86°

$\angle x = (180° - 86°) \div 2 = 47°$

2 (1) AB は直径だから ∠ACB ＝ 90°

$\angle x = 180° - 90° - 54° = 36°$

(2) AB は直径だから ∠ACB ＝ 90°

∠ACD ＝ ∠ABD ＝ 30°

$\angle x = 90° - 30° = 60°$

6章

(3) $\angle DBC = 93° - 38° = 55° = \angle DAC$

4点A，B，C，Dは1つの円周上にある。

$\angle DCA = \angle DBA = 22°$

△DBCで　$\angle x = 180° - 55° - (38° + 22°) = 65°$

得点アップのコツ

(2)のように，大きさがわかっている角と求めたい角の間のつながりがわかりにくい場合，直角や等しい角ができるように補助線をひいてみる。
(3)のように，頂点が1つの円周上にあることに気づくと，円周角の性質を使うことができる問題もある。

3 (1) $\angle x = 180° \div 5 = 36°$

$\angle BDE = 2\angle x = 72°$

$\angle y = 36° + 72° = 108°$

(2) $\overset{\frown}{AD} = \overset{\frown}{BD}$ より $\angle ACD = \angle DCB = \angle x$

ABは直径だから $2\angle x = 90°$　$\angle x = 45°$

4 ①　線分ABの垂直二等分線をひき，ABの中点Oをとる。

②　点Oを中心とし，線分AOを半径とする円をかく。

③　円Oと直線ℓの2つの交点をPとする。

6 (1) △APC∽△DPBより

$4 : x = 5 : 8$　　$4 \times 8 = 5x$　　$x = \dfrac{32}{5}$

(2) △ADP∽△CBPより

$12 : x = 32 : 24 = 4 : 3$

$12 \times 3 = 4x$　　$x = 9$

7 (1) △BECと△AEDにおいて

∠BCE＝∠ADE（$\overset{\frown}{AB}$の円周角）

∠BEC＝∠AED（対頂角）

2組の角がそれぞれ等しいから相似である。

△BECと△BCDにおいて

∠BCE＝∠BDC（等しい弧の円周角）

∠Bは共通

2組の角がそれぞれ等しいから相似である。

(2) △BEC∽△BCDより

CE：DC＝CB：DB

CE＝xとすると，

$x : 6 = 4 : 8 = 1 : 2$

$2x = 6$

$x = 3$

7章 三平方の定理

p.96〜97 ステージ1

1 ㋐ c^2　　㋑ $a-b$

㋒ $\dfrac{1}{2}ab$　　㋓ a^2+b^2

2 (1) $x = 21$　　(2) $x = 5$

3 ㋐，㋒，㋔

解説

2 三平方の定理を利用してxの方程式をつくる。

(1) $x^2 + 20^2 = 29^2$

$x^2 = 841 - 400$

$x^2 = 441$

$x = \pm 21$

$x > 0$ だから　$x = 21$

(2) $12^2 + x^2 = 13^2$

$x^2 = 169 - 144$

$x^2 = 25$

$x = \pm 5$

$x > 0$ だから　$x = 5$

ミス注意! $x^2 = a^2 - b^2$ から $x = a - b$ としてはいけない。平方根の計算を思い出そう。

3 最も長い辺をc，他の2辺をa，bとして，$a^2 + b^2 = c^2$ が成り立つものを選ぶ。

㋐ $8^2 + 15^2 = 64 + 225 = 289$　$17^2 = 289$

よって　$8^2 + 15^2 = 17^2$

㋑ $10^2 + 8^2 = 100 + 64 = 164$

$(4\sqrt{10})^2 = 160$

㋒ $5.2^2 + 3.9^2 = 27.04 + 15.21 = 42.25$

$6.5^2 = 42.25$

よって　$5.2^2 + 3.9^2 = 6.5^2$

㋓ $(3\sqrt{2})^2 + (\sqrt{10})^2 = 18 + 10 = 28$

$(3\sqrt{3})^2 = 27$

㋔ $2^2 + \left(\dfrac{8}{3}\right)^2 = 4 + \dfrac{64}{9} = \dfrac{100}{9}$　$\left(\dfrac{10}{3}\right)^2 = \dfrac{100}{9}$

よって　$2^2 + \left(\dfrac{8}{3}\right)^2 = \left(\dfrac{10}{3}\right)^2$

㋕ $(\sqrt{2})^2 + (3\sqrt{2})^2 = 2 + 18 = 20$

$(2\sqrt{6})^2 = 24$

したがって，直角三角形は，㋐，㋒，㋔である。

p.98〜99 ステージ2

1 (1) 30　(2) $10\sqrt{2}$
(3) 6　(4) $3\sqrt{10}$
(5) $2\sqrt{3}$　(6) 1.5

2 (1) $x=3\sqrt{7}$, $y=6\sqrt{2}$
(2) $x=4$, $y=8$

3 $P+Q=R$

4 ㋑, ㋓, ㋕

5 (1) 10 cm　(2) $\angle BAC=90°$ の直角三角形

6 17 cm

7 (1) $AH^2=64-x^2$
(2) $AH^2=44+20x-x^2$
(3) $x=1$
(4) $AH=3\sqrt{7}$　面積 $15\sqrt{7}$

● ● ● ● ●

① ㋑, ㋔

② $2\sqrt{10}$ cm

解説

1 (1) $x^2=24^2+18^2$　$x^2=900$
$x=\pm30$　$x>0$ だから　$x=30$
(2) $23^2+x^2=27^2$
$x^2=729-529=200$
$x=\pm10\sqrt{2}$　$x>0$ だから $x=10\sqrt{2}$
(3) $x^2=(2\sqrt{5})^2+4^2$　$x^2=36$
$x=\pm6$　$x>0$ だから　$x=6$
(5) $(\sqrt{6})^2+x^2=(3\sqrt{2})^2$
$x^2=18-6=12$
$x=\pm2\sqrt{3}$　$x>0$ だから $x=2\sqrt{3}$

2 (1) $x^2+9^2=12^2$
$x^2=144-81=63$　$x>0$ だから $x=3\sqrt{7}$
$y^2=3^2+x^2=9+63$
$y^2=72$　$y>0$ だから $y=6\sqrt{2}$
(2) 四角形 AECD は長方形だから
$EC=AD=5$, $AE=DC=4\sqrt{3}$
$x=9-5=4$
$y^2=4^2+(4\sqrt{3})^2=16+48$
$y^2=64$　$y>0$ だから $y=8$

3 $P=\frac{1}{4}\pi a^2$, $Q=\frac{1}{4}\pi b^2$, $R=\frac{1}{4}\pi c^2$
三平方の定理より, $a^2+b^2=c^2$ だから
$P+Q=\frac{1}{4}\pi a^2+\frac{1}{4}\pi b^2=\frac{1}{4}\pi(a^2+b^2)=\frac{1}{4}\pi c^2$　($a^2+b^2=c^2$)
$=R$

4 最も長い辺を c, 他の 2 辺を a, b として,
$a^2+b^2=c^2$ が成り立つものを選ぶ。
㋐ $15^2+18^2=225+324=549$　$24^2=576$
㋑ $21^2+20^2=441+400=841$　$29^2=841$
㋒ $(\sqrt{6})^2+3^2=6+9=15$　$4^2=16$
㋓ $(2\sqrt{3})^2+(\sqrt{15})^2=12+15=27$　$(3\sqrt{3})^2=27$
㋔ $0.9^2+0.8^2=0.81+0.64=1.45$　$1.5^2=2.25$
㋕ $1^2+\left(\frac{4}{3}\right)^2=1+\frac{16}{9}=\frac{25}{9}$　$\left(\frac{5}{3}\right)^2=\frac{25}{9}$

5 (1) △ACP において　$AC^2=AP^2+CP^2$
$AC^2=8^2+6^2=100$　$AC=10$
(2) $BC^2=BQ^2+CQ^2$ より　$BC^2=325$
また, $AB^2=15^2=225$
$225+100=325$ より $AB^2+AC^2=BC^2$ が成り立つので, △ABC は BC を斜辺とする直角三角形である。

6 $CA=x$ cm とすると, $BC=x+7$ (cm)
$AB=BC+2=x+9$ (cm) と表され, 斜辺は AB
三平方の定理より　$(x+7)^2+x^2=(x+9)^2$
$x^2-4x-32=0$　$(x+4)(x-8)=0$
$x=-4$, $x=8$　$x>0$ より $x=8$
斜辺 AB の長さは　$8+9=17$ (cm)

7 (1)(2) AH と x を三平方の定理にあてはめる。
(3) $64-x^2=44+20x-x^2$
$-20x=-20$　$x=1$
(4) (1)より　$AH^2=64-x^2=64-1^2=63$
$AH>0$ より　$AH=3\sqrt{7}$
$\triangle ABC=\frac{1}{2}\times10\times3\sqrt{7}=15\sqrt{7}$

① 最も長い辺を c, 他の 2 辺を a, b として,
$a^2+b^2=c^2$ が成り立つものを選ぶ。
㋑ $3^2+4^2=9+16=25$　$5^2=25$
よって, $3^2+4^2=5^2$
㋔ $(\sqrt{3})^2+(\sqrt{7})^2=3+7=10$　$(\sqrt{10})^2=10$
よって, $(\sqrt{3})^2+(\sqrt{7})^2=(\sqrt{10})^2$

② △ABH において $AH^2+BH^2=AB^2$
$AH^2+4^2=5^2$　$AH^2=9$　$AH=3$ cm
AC と BD の交点を O とすると, O は BD の中点だから　$BO=(4+6)\div2=5$ (cm)
$OH=BO-BH=5-4=1$ (cm)
△AOH において　$AO^2=AH^2+OH^2$
$AO^2=3^2+1^2=10$　$AO=\sqrt{10}$　$AC=2\sqrt{10}$

p.100〜101 ステージ1

1 (1) $x=3$　(2) $x=5\sqrt{6}$
(3) $x=2\sqrt{2}$　(4) $x=5\sqrt{3}$

2 (1) $\sqrt{41}$ cm　(2) 48 cm^2

3 (1) 5　(2) $\sqrt{34}$

4 (1) $AB=2\sqrt{2}$，$BC=6\sqrt{2}$，$CA=4\sqrt{5}$
(2) $\angle B=90°$ の直角三角形

解説

1 45° の角や 60° の角をもつ直角三角形の辺の比を利用する。

(1) 重なっている部分の長さを a cm とすると
$14:a=2:1$　$2a=14$　$a=7$
$x+7=10$ より　$x=3$

(2) 重なっている辺の長さを a cm とすると
$5:a=1:\sqrt{3}$　$a=5\sqrt{3}$
$a:x=1:\sqrt{2}$　$5\sqrt{3}:x=1:\sqrt{2}$
$x=5\sqrt{6}$

(3) 重なっている辺の長さを a cm とすると
$4:a=1:\sqrt{2}$　$a=4\sqrt{2}$
$a:x=2:1$　$4\sqrt{2}:x=2:1$　$x=2\sqrt{2}$

(4) 重なっている辺の長さを a cm とすると
$5:a=1:1$　$a=5$
$a:x=1:\sqrt{3}$　$5:x=1:\sqrt{3}$　$x=5\sqrt{3}$

2 中心 O から AB にひいた垂線と AB との交点を H とする。

(1) AH = 5 cm
半径 OA = x cm とすると
$x^2=4^2+5^2=41$
$x>0$ より $x=\sqrt{41}$ (cm)

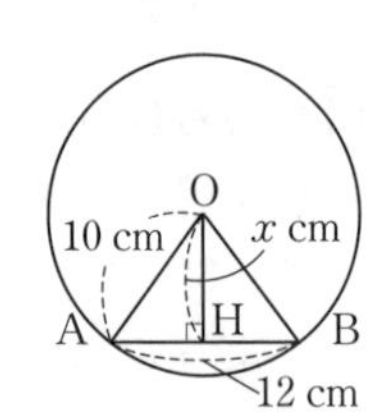

(2) AH = 6 cm
OH = x cm とすると
$x^2+6^2=10^2$　$x^2=64$
$x>0$ より $x=8$ (cm)

3 距離は直角三角形の斜辺の長さと考える。

(1) $AB^2=(4-1)^2+(5-1)^2=25$　$AB=5$

(2) $AB^2=\{2-(-3)\}^2+\{2-(-1)\}^2=34$
$AB=\sqrt{34}$

4 (1) $AB^2=(3-1)^2+(1+1)^2=8$　$AB=2\sqrt{2}$
$BC^2=(3+3)^2+(7-1)^2=72$　$BC=6\sqrt{2}$
$CA^2=(1+3)^2+(7+1)^2=80$　$CA=4\sqrt{5}$

(2) $AB^2+BC^2=8+72=80=CA^2$
三平方の定理の逆より，△ABC は辺 CA を斜辺とする ∠B が 90° の直角三角形。

p.102〜103 ステージ1

1 (1) $10\sqrt{2}$ cm　(2) $5\sqrt{6}$ cm　(3) $6\sqrt{3}$ cm

2 (1) $5\sqrt{2}$ cm　(2) $5\sqrt{7}$ cm
(3) $\dfrac{500\sqrt{7}}{3}$ cm^3　(4) $10\sqrt{2}$ cm
(5) $50\sqrt{2}$ cm^2　(6) $(200\sqrt{2}+100)$cm^2

3 (1) $6\sqrt{2}$ cm　(2) $4\sqrt{5}$ cm

解説

1 $d^2=a^2+b^2+c^2$ にあてはめて計算する。
(1) $8^2+10^2+6^2=200$ より　$\sqrt{200}=10\sqrt{2}$
(2) $5^2+5^2+10^2=150$ より　$\sqrt{150}=5\sqrt{6}$
(3) $6^2+6^2+6^2=108$ より　$\sqrt{108}=6\sqrt{3}$

2 (1) 1 辺が 10 cm の正方形の対角線の長さは
$AC:AB=\sqrt{2}:1$ より $AC=10\sqrt{2}$ (cm)
H は AC の中点だから　$AH=5\sqrt{2}$ (cm)

(2) 高さは OH の長さとなる。
△OAH は直角三角形だから
$OH^2=OA^2-AH^2=15^2-(5\sqrt{2})^2=175$
$OH>0$ より　$OH=5\sqrt{7}$ (cm)

(3) 体積 $=\dfrac{1}{3}\times$ 底面積 $\times$ 高さより
$=\dfrac{1}{3}\times10^2\times5\sqrt{7}=\dfrac{500\sqrt{7}}{3}$ (cm^3)

(4) △OBM は直角三角形だから
$OM^2=OB^2-BM^2=15^2-5^2=200$
$OM>0$ より　$OM=10\sqrt{2}$ (cm)

(5) $\dfrac{1}{2}\times10\times10\sqrt{2}=50\sqrt{2}$ (cm^2)

(6) $50\sqrt{2}\times4+10^2=200\sqrt{2}+100$ (cm^2)

3 (1) 右のような展開図の一部をかくと，ひもの長さが最も短くなるのは，正方形 HABG の対角線 AG となるときである。

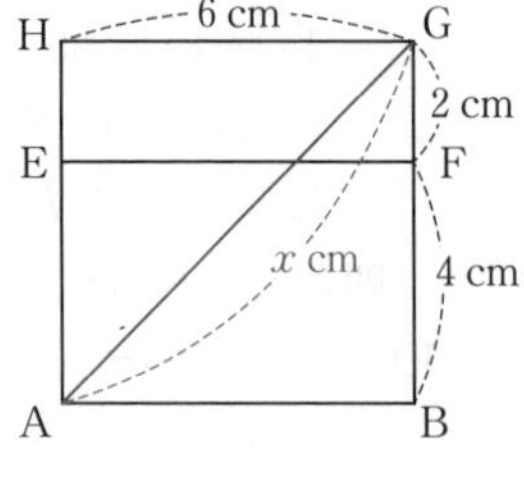

AG = x cm とすると
$x^2=6^2+6^2$　$x^2=72$
$x>0$ より $x=6\sqrt{2}$ (cm)

(2) 展開図の一部，長方形 EACG を考えるとひもの長さが最も短くなるのは，長方形 EACG の対角線 AG となるときである。
AG = x cm とすると
$x^2=8^2+4^2$　$x^2=80$
$x>0$ より $x=4\sqrt{5}$ (cm)

p.104〜105 ステージ2

❶ (1) $x=3$ (2) $x=3\sqrt{6}$ (3) $x=4\sqrt{3}$

❷ (1) $25\sqrt{3}$ cm^2 (2) 40 cm^2

❸ (1) 4 cm (2) $8\sqrt{3}$ cm^2

❹ (1) $3\sqrt{5}$ (2) $\sqrt{65}$ (3) $2\sqrt{5}$

(4) $\angle BAC=90°$ の直角三角形

❺ (1) $2\sqrt{14}$ cm (2) $10\sqrt{3}$ cm

❻ (1) 6 cm

(2) 高さ…$6\sqrt{3}$ cm 体積…$72\sqrt{3}\pi$ cm^3

❼ (1) $\sqrt{42}$ cm (2) $5\sqrt{5}$ cm

① (1) $9\sqrt{3}\pi$ cm^3 (2) 18π cm^2 (3) $6\sqrt{2}$ cm

解説

❶ (1) $\angle B=60°$ だから △ABC において

$AC : AB = 6\sqrt{3} : AB = \sqrt{3} : 1$ $AB=6$

△ABD において $AB : BD = 2 : 1$

$6 : x = 2 : 1$ $x=3$

(3) O から AB に垂線をひき，その交点を H とすると，△OAH は $\angle O=60°$ の直角三角形だから，$AO : AH = 2 : \sqrt{3}$ より $AH=2\sqrt{3}$

また，H は AB の中点だから $x=4\sqrt{3}$

❷ (1) 正三角形の 1 つの頂点から向かい合う辺に垂線をひくと，60° の角をもつ直角三角形 2 つに分けられ，斜辺の長さと垂線の長さの比は $2 : \sqrt{3}$ よって，正三角形の高さは $5\sqrt{3}$ cm

(2) A，D から辺 BC にそれぞれ垂線 AM，DN をひくと

$BM=CN=(13-7)\div 2=3$ (cm)

△ABM において

$AB^2=BM^2+AM^2$ だから

$5^2=3^2+AM^2$ $AM=4$ cm

よって，面積は $(7+13)\times 4\div 2=40$ (cm^2)

❸ (1) △ECF は EC = FC の直角二等辺三角形で，EC = x cm とすると，△ECF が 8 cm^2 だから $\frac{1}{2}x^2=8$ $x^2=16$ よって $x=4$(cm)

(2) △ECF は直角二等辺三角形だから

$EC : EF = 1 : \sqrt{2}$ より $EF=4\sqrt{2}$ (cm)

正三角形の 1 つの頂点から向かい合う辺に垂線をひくと，60° の角をもつ直角三角形 2 つに分けられ，斜辺の長さと垂線の長さの比は $2 : \sqrt{3}$

よって，正三角形の高さは $2\sqrt{6}$ cm である。

❹ (1) $AB^2=(2+4)^2+(2+1)^2=45$ $AB=3\sqrt{5}$

(2) $BC^2=(4+4)^2+\{-1-(-2)\}^2=65$ $BC=\sqrt{65}$

(3) $CA^2=(4-2)^2+(2+2)^2=20$ $CA=2\sqrt{5}$

(4) $AB^2+CA^2=45+20=65=BC^2$

三平方の定理の逆より，△ABC は辺 BC を斜辺とする $\angle BAC$ が 90° の直角三角形。

❺ $d^2=a^2+b^2+c^2$ にあてはめて計算する。

(1) $2^2+4^2+6^2=56$ より $\sqrt{56}=2\sqrt{14}$

(2) $10^2+10^2+10^2=300$ より $\sqrt{300}=10\sqrt{3}$

❻ (1) 底面の円の半径を x cm とすると，側面となる半円の弧の長さと底面の円周は等しいから

$2\pi\times 12\times\frac{1}{2}=2\pi x$ $x=6$ (cm)

(2) 円錐の母線は 12 cm ←展開図の半円の半径

円錐の高さを h cm とすると

$12^2=h^2+6^2$ $h^2=108$ $h>0$ より $h=6\sqrt{3}$

体積は $\frac{1}{3}\times\pi\times 6^2\times 6\sqrt{3}=72\sqrt{3}\pi$ (cm^3)

❼ (1) △EFM で $EM^2=4^2+1^2=17$

△AEM で $AM^2=EM^2+5^2=17+25=42$

$AM>0$ より $AM=\sqrt{42}$ (cm)

(2) AP＋PQ＋QH の長さが最も短くなるのは，右の展開図の一部で，長方形 AEHD の対角線 AH になるときである。

$AH^2=5^2+(4+2+4)^2=125$ $AH=5\sqrt{5}$ (cm)

① (1) 円錐 P の頂点を C，底面の中心を O とする。△CAO は $\angle A=60°$，$\angle O=90°$ の直角三角形で，CO は円錐 P の高さである。CA = 6 cm，AO = 3 cm より，$CO=3\times\sqrt{3}=3\sqrt{3}$ (cm)

円錐 P の体積は

$\frac{1}{3}\times\pi\times 3^2\times 3\sqrt{3}=9\sqrt{3}\pi$ (cm^3)

(2) 円錐 P の側面の展開図のおうぎ形の弧の長さは，底面の円周の長さと等しいから 6π cm

おうぎ形の中心角は $360°\times\frac{6\pi}{12\pi}=180°$ だから

側面積は $\pi\times 6^2\times\frac{180}{360}=18\pi$ (cm^2)

(3) ひもの長さが最も短くなるのは，側面の展開図で A と B を線分で結んだときである。このとき △CBA は直角二等辺三角形で，CA = CB = 6 cm だから $AB=6\times\sqrt{2}=6\sqrt{2}$ (cm)

p.106〜107 ステージ3

1 (1) $x=\sqrt{65}$　(2) $x=3$

2 ㋑，㋒，㋔

3 (1) $x=8\sqrt{2}$　(2) $x=6$

(3) $x=6-2\sqrt{3}$

4 (1) $4\sqrt{2}$ cm　(2) $4\sqrt{3}$ cm^2

(3) $8\sqrt{5}$ cm^2

5 $4\sqrt{5}$

6 (1) $8\sqrt{2}$ cm　(2) $x=2\sqrt{21}$

(3) $6\sqrt{5}$ cm

7 (1) $18\sqrt{2}\pi$ cm^3　(2) $9\sqrt{3}$ cm

8 13 cm

9 (1) $x=2\sqrt{14}$　(2) $x=13$

解説

1 (1) $x^2=4^2+7^2$　$x^2=65$　$x=\sqrt{65}$

(2) $(\sqrt{34})^2=5^2+x^2$　$x^2=9$　$x=3$

2 ㋐ $6^2+7^2=36+49=85$　$9^2=81$

㋑ $24^2+7^2=576+49=625$　$25^2=625$

よって　$24^2+7^2=25^2$

㋒ $2.4^2+1.8^2=5.76+3.24=9$　$3^2=9$

よって　$2.4^2+1.8^2=3^2$

㋓ $\left(\frac{1}{4}\right)^2+\left(\frac{1}{5}\right)^2=\frac{1}{16}+\frac{1}{25}=\frac{41}{400}$　$\left(\frac{1}{3}\right)^2=\frac{1}{9}$

㋔ $(\sqrt{11})^2+2^2=11+4=15$　$(\sqrt{15})^2=15$

よって　$(\sqrt{11})^2+2^2=(\sqrt{15})^2$

3 (1) 45° の角をもつ直角三角形だから

AC：BC $=\sqrt{2}:1$　$x:8=\sqrt{2}:1$　$x=8\sqrt{2}$

(2) 60° の角をもつ直角三角形だから

AB：AC $=2:1$　$12:x=2:1$　$x=6$

(3) △ABC は 45° の角をもつ直角三角形だから

AC：BC $=1:1$　よって　BC $=6$

△ADC は 60° の角をもつ直角三角形だから

AC：DC $=\sqrt{3}:1$　$6:\text{DC}=\sqrt{3}:1$

よって　DC $=2\sqrt{3}$　$x=6-2\sqrt{3}$

4 (1) 正方形は対角線で 2 つの直角二等辺三角形に分けられるから 1 辺の長さを x cm とすると

$x:8=1:\sqrt{2}$　$\sqrt{2}x=8$　$x=4\sqrt{2}$

(2) 正三角形の 1 つの頂点から向かい合う辺に垂線をひくと，60° の角をもつ直角三角形 2 つに分けられ，斜辺の長さと垂線の長さの比は $2:\sqrt{3}$

よって，この正三角形の高さは $2\sqrt{3}$ cm である。

面積は　$\frac{1}{2}\times4\times2\sqrt{3}=4\sqrt{3}$ (cm^2)

(3) A から辺 BC に垂線 AH をひくと，BH $=4$ ←HはBCの中点

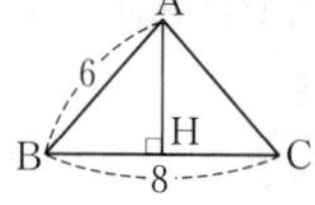

△ABH において

$\text{AB}^2=\text{BH}^2+\text{AH}^2$

$6^2=4^2+\text{AH}^2$　$\text{AH}^2=20$　$\text{AH}=2\sqrt{5}$ (cm)

面積は　$\frac{1}{2}\times8\times2\sqrt{5}=8\sqrt{5}$ (cm^2)

5 A$(-1,\ 1)$ ←$y=(-1)^2$

B$(3,\ 9)$ ←$y=3^2$

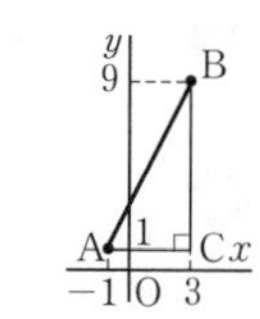

$\text{AB}^2=(3+1)^2+(9-1)^2$

$=4^2+8^2=80$

AB >0 より　AB $=4\sqrt{5}$

> **得点アップのコツ**
> 素因数分解などを活用して，平方根を求める計算を効率よく行う。

6 (1) O から弦 AB に垂線 OH をひくと，H は AB の中点で，OH $=2$ cm

△OAH において　$\text{OA}^2=\text{AH}^2+\text{OH}^2$

$6^2=\text{AH}^2+2^2$　$\text{AH}^2=32$　$\text{AH}=4\sqrt{2}$ (cm)

AB $=2$AH $=8\sqrt{2}$ (cm)

(2) △OAP において　$\text{OA}^2=\text{AP}^2+\text{OP}^2$

$10^2=x^2+4^2$　$x^2=84$　$x=2\sqrt{21}$

(3) $8^2+10^2+4^2=180$ より　$\sqrt{180}=6\sqrt{5}$ (cm)

7 (1) △PAO において　$\text{AP}^2=\text{AO}^2+\text{PO}^2$

$9^2=3^2+\text{PO}^2$　$\text{PO}^2=72$　$\text{PO}=6\sqrt{2}$ (cm)

体積は　$\frac{1}{3}\times\pi\times3^2\times6\sqrt{2}=18\sqrt{2}\pi$ (cm^3)

(2) 側面の展開図のおうぎ形の中心角を $x°$ とすると　$2\pi\times9\times\frac{x}{360}=2\pi\times3$　$x=120$

側面の展開図は右のようになり，糸の長さが最も短くなるのは線分 AA′ のとき。

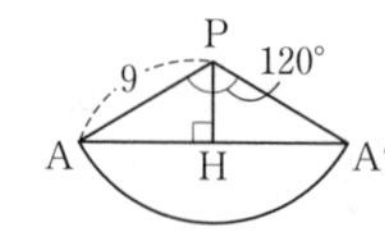

△PAH は 60° の角をもつ直角三角形だから

AP：AH $=2:\sqrt{3}$　$9:\text{AH}=2:\sqrt{3}$

$2\text{AH}=9\sqrt{3}$　$\text{AH}=\frac{9\sqrt{3}}{2}$ (cm)

AA′ $=2$AH $=9\sqrt{3}$ (cm)

> **得点アップのコツ**
> 立体の表面上の最短距離は展開図を使って考える。

8 折り返した図形だから △CBD ≡ △EBD
したがって，∠DBC = ∠FBD
AD // BC より　∠DBC = ∠FDB（錯角）
よって　∠FBD = ∠FDB だから
△FBD は FB = FD の二等辺三角形である。
FB = FD = x cm とすると，
AF = 18 − x（cm）
△ABF において $FB^2 = AB^2 + AF^2$
$x^2 = 12^2 + (18-x)^2$
$x^2 = 144 + (324 - 36x + x^2)$
$36x = 468$　　$x = 13$

9 (1) 右の図のように A から辺 BC に垂線 AH をひくと四角形 AHCD は長方形になるから

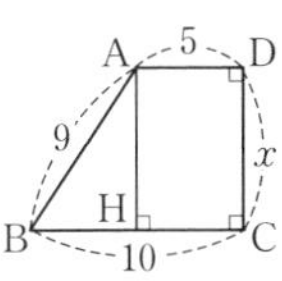

AH = DC = x cm，HC = AD = 5 cm
BH = BC − HC = 10 − 5 = 5（cm）
△ABH において　$AB^2 = BH^2 + AH^2$
$9^2 = 5^2 + x^2$　　$x^2 = 81 - 25 = 56$
$x > 0$ より　$x = 2\sqrt{14}$

(2) △ADB において　$AB^2 = AD^2 + DB^2$
$AB^2 = 4^2 + 6^2 = 52$　　$AB = 2\sqrt{13}$ cm
△BAC と △ADB において
BC は直径だから　∠BAC = 90°
よって　∠BAC = ∠ADB = 90°　…①
BD は接線だから　∠DBC = 90°
よって　∠ABC = 90° − ∠ABD
また，∠DAB = 180° − (90° + ∠ABD)
よって　∠DAB = 90° − ∠ABD
したがって　∠ABC = ∠DAB　…②
①，②より 2 組の角がそれぞれ等しいから
△BAC ∽ △ADB
よって　BC：AB = BA：AD
$x : 2\sqrt{13} = 2\sqrt{13} : 4$
$4x = 52$　　$x = 13$

得点アップのコツ
三平方の定理を利用するために，垂線などの補助線をひいて直角三角形をつくる。

8章 標本調査

p.108〜109 ステージ1

1 (1) 全数調査　(2) 標本調査
(3) 標本調査　(4) 全数調査
(5) 標本調査

2 約 10800 人

3 約 320 匹

4 約 100 個

解説

1 (1) 全校生徒に行うものである。
(2) 全員を調査するには手間がかかりすぎる。
(3) 全部調査すると売るものがなくなる。
(4) 全家庭を対象に行う調査である。
(5) 全有権者を調査するには費用がかかりすぎる。

2 無作為に抽出した 1000 人のうち，「毎日 1 時間以上勉強する」と回答した生徒が 815 人だから中学 1 年生全体のうち，毎日 1 時間以上勉強している人数を x 人とすると，
$13268 : x = 1000 : 815$　　$13268 \times 815 = 1000x$
$x = 10813.42$　→　10800

ポイント
無作為に抽出した標本と母集団では，全体の傾向は等しいと考える。

3 すくった金魚のうち，黒い金魚が 16 匹，赤い金魚が 10 匹だから，赤い金魚を入れたあとの池の中の金魚のうち，黒い金魚の数を x 匹とすると，
$x : 200 = 16 : 10$　　$10x = 16 \times 200$　　$x = 320$

4 取り出した 15 個のうち，赤玉が 5 個だから袋の中の赤玉の数を x 個とすると，
$300 : x = 15 : 5$　　$300 \times 5 = 15x$　　$x = 100$

p.110〜111 ステージ2

1 (1) 全数調査　(2) 標本調査
(3) 標本調査　(4) 全数調査
(5) 標本調査　(6) 全数調査

2 ㋒

3 (1) 1 日の利用者の 1764 人
(2) 100 人　(3) 約 4 割　(4) 約 700 人

4 約 32000 粒

5 (1) 24.3 語　(2) 約 3 万 4 千語

①(1) 母集団　ア　　標本　ウ
(2) およそ 15000 個

解説

❶(1) 入学希望者全員に行うものである。
(2) 全部調査すると売るものがなくなる。
(3) 全員を調査するには手間がかかりすぎる。
(4) 全家庭を対象に行う調査である。
(5) 全部調査すると売るものがなくなる。
(6) 全校生徒に行うものである。

ポイント

全数調査は，時間や手間や費用がかかる場合が多いので，全体の傾向がわかればよい調査の場合は標本調査を行うことが多い。

❷ 標本は母集団から無作為に（偶然による方法で，かたよりなく）取り出さなければならない。㋐，㋓では地域にかたよりが出る。㋑では学年にかたよりが出る。

❸(1)(2) 調査する対象となるもとの集団を母集団といい，母集団から取り出された一部を標本という。標本として取り出した資料の個数を標本の大きさという。
(3) 無作為に抽出した 100 人のうち，39 人が中学生だったから　$\frac{39}{100}=0.39$ → 4 割
(4) 利用者全体の 4 割が中学生だったと考えて
$1764\times0.4=705.6$ → 700 人

❹ 取り出したビーズは全部で $529+5=534$（粒），そのうち印をつけたビーズは 5 粒だったから，袋の中のビーズを x 粒とすると，
$x:300=534:5$　　$5x=534\times300$
$x=32040$ → 32000（粒）

ミス注意！ 1 回目に取り出して印をつけた 300 粒のビーズも，もとは袋にはいっていた。2 回目に取り出したビーズのうち，もとの袋にはいっていたビーズは，印がついていない 529 粒だけではない。

❺(1) $(27+16+29+18+21+42+23+15+30+22)\div10=24.3$
(2) この辞書のすべてのページに 24.3 語ずつ掲載されていると考えて
$24.3\times1400=34020$ → 34000 語

①(1) 母集団は性質を調べる集団全体のことで，標本は調査のために取り出した一部の資料。よって，母集団は箱に入っている全部のネジで，標本は無作為に取り出した 300 個のネジ。
(2) この箱に入っている全部のネジを x 個とすると　$x:600=300:12$　$12x=600\times300$
$x=15000$

p.112 ステージ3

❶(1) 標本調査　(2) 全数調査
(3) 全数調査　(4) 標本調査
❷(1) ㋐ 一部　㋑ 標本調査
(2) ㋒ 母集団　㋓ 標本　㋔ 標本の大きさ
❸ 約 2000 匹
❹(1) 5：8
(2) 約 500 個

解説

❶(1) 全員を調査するには手間がかかりすぎる。
(2) 全家庭を対象に行う調査である。
(3) 生徒全員に行うものである。
(4) 全部調査すると売るものがなくなる。

❸ 取り出した魚の数は全部で 200 匹，そのうち印のついた魚の数は 12 匹だから，養殖場の池の中にいるすべての魚の数を x 匹とすると，
$x:120=200:12$　　$12x=200\times120$
$x=2000$

ミス注意！ はじめにつかまえて印をつけた 120 匹の魚も，もともと池にいた。数日後につかまえた魚のうち，もともと池にいた魚は $200-12=188$（匹）ではない。

❹(1) 4 回の作業によって取り出した碁石の総数は，白石 75 個，黒石 45 個だから
$75:(75+45)=5:8$
(2) (1)より袋の中の白石と碁石全体の個数の比は 5：8 と考えられるから，袋の中の白石の数を x 個とすると，
$x:800=5:8$　　$8x=800\times5$　　$x=500$

別解 (1)で求めた比率を利用して，800 個の碁石を比例配分すると　　$800\times\frac{5}{8}=500$

定期テスト対策 得点アップ! 予想問題

p.114〜115 第1回

1 (1) $3x^2-15xy$
(2) $2ab+3b^2-1$
(3) $-10x+5y$ (4) $-a^2+9a$

2 (1) $2x^2+x-3$
(2) $a^2+2ab-7a-8b+12$
(3) $x^2-9x+14$ (4) x^2+x-12
(5) $y^2+y+\frac{1}{4}$ (6) $9x^2-12xy+4y^2$
(7) $25x^2-81$ (8) $16x^2+8x-15$
(9) $a^2+4ab+4b^2-10a-20b+25$
(10) $x^2-y^2+8y-16$

3 (1) x^2+16 (2) $-4a+20$

4 (1) $2y(2x-1)$ (2) $5a(a-2b+3)$

5 (1) $(x-2)(x-5)$ (2) $(x+3)(x-4)$
(3) $(m+4)^2$ (4) $(y+6)(y-6)$

6 (1) $6(x+2)(x-4)$
(2) $2b(2a+1)(2a-1)$
(3) $(2x+3y)^2$ (4) $(a+b-8)^2$
(5) $(x-4)(x-9)$
(6) $(x+y+1)(x-y-1)$

7 (1) 2401 (2) 2800

8 真ん中の整数を n とすると，3 つの続いた整数は $n-1$，n，$n+1$ と表される。
最も大きい数の平方から最も小さい数の平方をひいた差は
$(n+1)^2-(n-1)^2$
$=n^2+2n+1-(n^2-2n+1)$
$=n^2+2n+1-n^2+2n-1$
$=4n$
となり，真ん中の数の 4 倍になる。

9 2

10 $(20\pi a+100\pi)\,\mathrm{cm}^2$

解説

1 (4) $4a(a+2)-a(5a-1)$
$=4a^2+8a-5a^2+a=-a^2+9a$

得点アップのコツ

除法はわる式の逆数を用いて乗法になおして計算する。

2 (2) $(a-4)(a+2b-3)$
$=a(a+2b-3)-4(a+2b-3)$
$=a^2+2ab-7a-8b+12$
(9) $(a+2b-5)^2=(a+2b)^2-10(a+2b)+25$
$=a^2+4ab+4b^2-10a-20b+25$
(10) $(x+y-4)(x-y+4)$
$=\{x+(y-4)\}\{x-(y-4)\}$
$=x^2-(y-4)^2=x^2-(y^2-8y+16)$
$=x^2-y^2+8y-16$

3 (1) $2x(x-3)-(x+2)(x-8)$
$=2x^2-6x-(x^2-6x-16)=x^2+16$
(2) $(a-2)^2-(a+4)(a-4)$
$=a^2-4a+4-(a^2-16)=-4a+20$

6 (1) $6x^2-12x-48=6(x^2-2x-8)$
$=6(x+2)(x-4)$
(2) $8a^2b-2b=2b(4a^2-1)$
$=2b(2a+1)(2a-1)$
(3) $4x^2+12xy+9y^2$
$=(2x)^2+2\times 3y\times 2x+(3y)^2=(2x+3y)^2$
(4) $a+b=M$ とする。
$(a+b)^2-16(a+b)+64=M^2-16M+64$
$=(M-8)^2=(a+b-8)^2$
(5) $x-3=M$ とする。
$(x-3)^2-7(x-3)+6=M^2-7M+6$
$=(M-1)(M-6)$
$=(x-3-1)(x-3-6)=(x-4)(x-9)$
(6) $x^2-y^2-2y-1=x^2-(y^2+2y+1)$
$=x^2-(y+1)^2=(x+y+1)\{x-(y+1)\}$
$=(x+y+1)(x-y-1)$

7 (1) $49^2=(50-1)^2=50^2-2\times 1\times 50+1^2$
$=2500-100+1=2401$
(2) $7\times 29^2-7\times 21^2=7(29^2-21^2)$
$=7\times(29+21)\times(29-21)=7\times 50\times 8=2800$

9 2 つの続いた奇数を $2n-1$，$2n+1$（n は整数）とすると，
$(2n-1)^2+(2n+1)^2$
$=4n^2-4n+1+4n^2+4n+1=8n^2+2$
よって，8 でわった商は n^2，余りは 2 である。

10 $\pi(a+10)^2-\pi a^2=\pi(a^2+20a+100)-\pi a^2$
$=\pi a^2+20\pi a+100\pi-\pi a^2=20\pi a+100\pi$

p.116〜117 第2回

1 (1) ± 7 (2) 8 (3) 9 (4) 6

2 (1) $6>\sqrt{30}$ (2) $-4<-\sqrt{10}<-3$
(3) $\sqrt{15}<4<3\sqrt{2}$

3 $\sqrt{15}$，$\sqrt{50}$

4 (1) $4\sqrt{7}$ (2) $\dfrac{\sqrt{7}}{8}$

5 (1) $\dfrac{\sqrt{6}}{3}$ (2) $\sqrt{5}$

6 (1) 244.9 (2) 0.2449

7 (1) $4\sqrt{3}$ (2) 30 (3) $\dfrac{4\sqrt{3}}{3}$
(4) $-3\sqrt{3}$

8 (1) $-\sqrt{6}$ (2) $\sqrt{5}+7\sqrt{3}$ (3) $3\sqrt{2}$
(4) $9\sqrt{7}$ (5) $3\sqrt{3}$ (6) $\dfrac{5\sqrt{6}}{2}$

9 (1) $9+3\sqrt{2}$ (2) $1+\sqrt{7}$
(3) $21-6\sqrt{10}$ (4) $-9\sqrt{2}$
(5) 13 (6) $13-5\sqrt{3}$

10 (1) $4\sqrt{10}$ (2) $5-2\sqrt{5}$

11 (1) 8個 (2) $n=2$，6，7 (3) 3
(4) 28，63 (5) 7 (6) 2.72×10^4

解説

2 (2) $3^2=9$，$4^2=16$ より，$3<\sqrt{10}<4$
負の数は絶対値が大きいほど小さいので，
$-4<-\sqrt{10}<-3$
(3) $(3\sqrt{2})^2=18$，$4^2=16$ $\sqrt{15}<\sqrt{16}<\sqrt{18}$
より，$\sqrt{15}<4<3\sqrt{2}$

5 (2) $\dfrac{5\sqrt{3}}{\sqrt{15}}=\dfrac{5\sqrt{3}\times\sqrt{15}}{\sqrt{15}\times\sqrt{15}}=\dfrac{5\times3\times\sqrt{5}}{15}=\sqrt{5}$

別解 $\dfrac{5\sqrt{3}}{\sqrt{15}}=\dfrac{5}{\sqrt{5}}$ と先に約分してもよい。

6 (1) $\sqrt{60000}=100\sqrt{6}=100\times2.449=244.9$
(2) $\sqrt{0.06}=\sqrt{\dfrac{6}{100}}=\dfrac{\sqrt{6}}{10}=\dfrac{2.449}{10}=0.2449$

7 (3) $8\div\sqrt{12}=\dfrac{8}{\sqrt{12}}=\dfrac{8}{2\sqrt{3}}=\dfrac{4}{\sqrt{3}}=\dfrac{4\sqrt{3}}{3}$
(4) $3\sqrt{6}\div(-\sqrt{10})\times\sqrt{5}=-\dfrac{3\sqrt{6}\times\sqrt{5}}{\sqrt{10}}=-3\sqrt{3}$

8 (4) $\sqrt{63}+3\sqrt{28}=3\sqrt{7}+3\times2\sqrt{7}=9\sqrt{7}$
(6) $\dfrac{18}{\sqrt{6}}-\dfrac{\sqrt{24}}{4}=\dfrac{18\sqrt{6}}{6}-\dfrac{2\sqrt{6}}{4}$
$=3\sqrt{6}-\dfrac{\sqrt{6}}{2}=\dfrac{5\sqrt{6}}{2}$

9 (1) $\sqrt{3}(3\sqrt{3}+\sqrt{6})$
$=\sqrt{3}\times3\sqrt{3}+\sqrt{3}\times\sqrt{6}=9+3\sqrt{2}$
(2) $(\sqrt{7}+3)(\sqrt{7}-2)$
$=(\sqrt{7})^2+(3-2)\sqrt{7}+3\times(-2)$
$=7+\sqrt{7}-6=1+\sqrt{7}$
(4) $\dfrac{10}{\sqrt{2}}-2\sqrt{7}\times\sqrt{14}=5\sqrt{2}-14\sqrt{2}=-9\sqrt{2}$
(5) $(2\sqrt{3}+1)^2-\sqrt{48}$
$=12+4\sqrt{3}+1-4\sqrt{3}=13$
(6) $\sqrt{5}(\sqrt{45}-\sqrt{15})-(\sqrt{5}-\sqrt{3})(\sqrt{5}+\sqrt{3})$
$=15-5\sqrt{3}-(5-3)=13-5\sqrt{3}$

10 (1) $a+b=2\sqrt{5}$，$a-b=2\sqrt{2}$
$a^2-b^2=(a+b)(a-b)=2\sqrt{5}\times2\sqrt{2}=4\sqrt{10}$
別解 $a^2-b^2=(\sqrt{5}+\sqrt{2})^2-(\sqrt{5}-\sqrt{2})^2$
$=5+2\sqrt{10}+2-(5-2\sqrt{10}+2)=4\sqrt{10}$
(2) $4<5<9$ より，$2<\sqrt{5}<3$ だから，$\sqrt{5}$ の整数部分は 2 となる。よって，$a=\sqrt{5}-2$
$a(a+2)=(\sqrt{5}-2)(\sqrt{5}-2+2)$
$=(\sqrt{5}-2)\times\sqrt{5}=5-2\sqrt{5}$

11 (1) $4^2=16$，$(\sqrt{n})^2=n$，$5^2=25$ だから，
$16<n<25$
n は 17，18，19，20，21，22，23，24 の 8 個。
(2) n は自然数だから，$22-3n<22$ よって，
$\sqrt{22-3n}$ は $\sqrt{22}$ より小さいから，整数になるのは $\sqrt{0}$，$\sqrt{1}$，$\sqrt{4}$，$\sqrt{9}$，$\sqrt{16}$ のとき。
$22-3n=0$ のとき，n は自然数にならない。
$22-3n=1$ のとき，$n=7$
$22-3n=4$ のとき，$n=6$
$22-3n=9$ のとき，n は自然数にならない。
$22-3n=16$ のとき，$n=2$
(3) $48=2^4\times3$ だから，これをある自然数の 2 乗にするには，$2^4\times3$ に 3 をかければよい。
$2^4\times3\times3=(2^2\times3)^2=12^2$
(4) $63=3^2\times7$ だから，$n=7$，7×2^2，7×3^2，7×4^2，…であれば，根号の中の数が自然数の 2 乗になるので，$\sqrt{63n}$ は自然数になる。
$7\times2^2=28$，$7\times3^2=63$，$7\times4^2=112$，…だから，2 けたの n は 28 と 63
(5) $49<58<64$ より，$7<\sqrt{58}<8$
よって，$\sqrt{58}$ の整数部分は 7
(6) 有効数字は 2，7，2 の 3 つで，
$27200=2.72\times10000=2.72\times10^4$

p.118〜119 第3回

1 (1) ㋒　(2) ①…36，②…6

2 (1) $x=\pm3$　(2) $x=\pm\dfrac{\sqrt{6}}{5}$

(3) $x=10$，$x=-2$　(4) $x=\dfrac{-5\pm\sqrt{73}}{6}$

(5) $x=4\pm\sqrt{13}$　(6) $x=1$，$x=\dfrac{1}{2}$

(7) $x=-4$，$x=5$　(8) $x=1$，$x=14$

(9) $x=-5$　(10) $x=0$，$x=12$

3 (1) $x=-8$，$x=2$　(2) $x=\dfrac{-3\pm\sqrt{41}}{4}$

(3) $x=4$　(4) $x=2\pm2\sqrt{3}$

(5) $x=-5$，$x=3$　(6) $x=-3$，$x=2$

4 (1) $a=-8$，$b=15$　(2) $a=-2$

5 方程式 $x^2+(x+1)^2=85$

答え　-7，-6 と 6，7

6 10 cm

7 5 m

8 $(4+\sqrt{10})$ cm，$(4-\sqrt{10})$ cm

9 (4，7)

解説

1 (2) ①　12 の半分 6 の 2 乗を加える。

2 (1)〜(3)　平方根の考えを使って解く。

(2)　$25x^2=6$，$x^2=\dfrac{6}{25}$，$x=\pm\sqrt{\dfrac{6}{25}}=\pm\dfrac{\sqrt{6}}{5}$

(4)〜(6)　解の公式に代入して解く。

(5)　$(x-4)^2=13$ と変形して解いてもよい。

(7)　$(x+4)(x-5)=0$

$x+4=0$ または $x-5=0$

(8)〜(10)　左辺を因数分解して解く。

(10)　$x^2-12x=0$　　$x(x-12)=0$

$x=0$ または $x-12=0$

3 (1)　$x^2+6x=16$　　$x^2+6x-16=0$

$(x+8)(x-2)=0$，$x=-8$，$x=2$

(2)　$4x^2+6x-8=0$

両辺を 2 でわって，$2x^2+3x-4=0$

$$x=\frac{-3\pm\sqrt{3^2-4\times2\times(-4)}}{2\times2}=\frac{-3\pm\sqrt{41}}{4}$$

(3)　$\dfrac{1}{2}x^2=4x-8$，両辺に 2 をかけて，

$x^2=8x-16$，　$x^2-8x+16=0$

$(x-4)^2=0$，$x=4$

(4)　$x^2-4(x+2)=0$，$x^2-4x-8=0$

$$x=\frac{-(-4)\pm\sqrt{(-4)^2-4\times1\times(-8)}}{2\times1}$$

$$=\frac{4\pm\sqrt{48}}{2}=\frac{4\pm4\sqrt{3}}{2}=2\pm2\sqrt{3}$$

(5)　$(x-2)(x+4)=7$

$x^2+2x-8=7$，$x^2+2x-15=0$

$(x+5)(x-3)=0$，$x=-5$，$x=3$

(6)　$(x+3)^2=5(x+3)$

$x^2+6x+9=5x+15$，$x^2+x-6=0$

$(x+3)(x-2)=0$，$x=-3$，$x=2$

別解　$x+3=M$ とおいて解いてもよい。

4 (1)　3 が解だから，$9+3a+b=0$　…①

5 が解だから，$25+5a+b=0$　…②

①，②を連立方程式にして解くと，

$a=-8$，$b=15$

(2)　$x^2+x-12=0$ を解くと，$x=-4$，$x=3$

小さい方の解 $x=-4$ を $x^2+ax-24=0$ に代入して，$16-4a-24=0$，$a=-2$

5 $x^2+(x+1)^2=85$，$x^2+x-42=0$

$(x+7)(x-6)=0$，$x=6$，$x=-7$

6 もとの紙の縦の長さを x cm とすると，紙の横の長さは $2x$ cm になるから，$2(x-4)(2x-4)=192$

$x^2-6x-40=0$，$x=-4$，$x=10$，

$x-4>0$ より，$x>4$ だから，$x=10$

7 道の幅を x m とすると，

$(30-2x)(40-2x)=30\times40\times\dfrac{1}{2}$

$x^2-35x+150=0$，$x=5$，$x=30$

$30-2x>0$ より，$x<15$ だから，$x=5$

8 BP $=x$ cm のとき，△PBQ の面積が 3 cm² になるとする。

$\dfrac{1}{2}x(8-x)=3$

$x^2-8x+6=0$，$x=4\pm\sqrt{10}$

どちらも問題にあう。

9 P の x 座標を p とすると，y 座標は $p+3$

A$(2p,\ 0)$ より，OA $=2p$

OA を底辺としたときの △POA の高さは P の y 座標に等しいから，$\dfrac{1}{2}\times2p\times(p+3)=28$

$p^2+3p-28=0$，$p=-7$，$p=4$

$p>0$ より，$p=4$

P の y 座標は，$y=4+3=7$

p.120〜121 第4回

1 (1) $y=-2x^2$ (2) $y=-18$
(3) $x=\pm5$

2 右の図

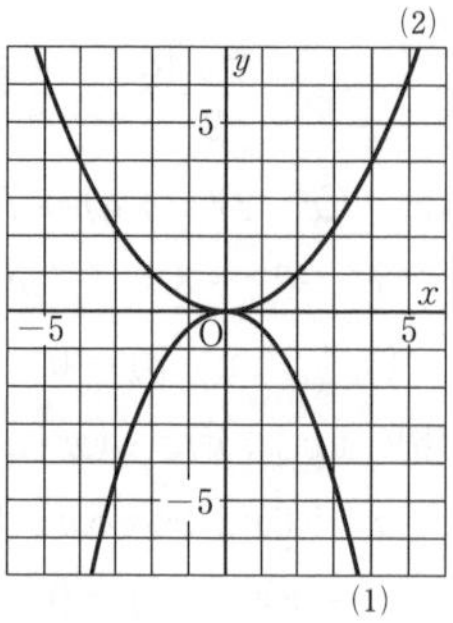

3 (1) ㋑, ㋔, ㋕
(2) ㋒
(3) ㋐, ㋒, ㋓
(4) ㋑

4 (1) $-2\leqq y\leqq 6$
(2) $0\leqq y\leqq 27$
(3) $-18\leqq y\leqq 0$

5 (1) -2 (2) -12 (3) 6

6 (1) $a=-1$ (2) $a=3,\ b=0$
(3) $a=3$ (4) $a=-\dfrac{1}{2}$ (5) $a=-\dfrac{1}{3}$

7 (1) $y=x^2$ (2) $y=36$
(3) $0\leqq y\leqq 100$ (4) 5 cm

8 (1) $a=16$ (2) $y=x+8$
(3) (6, 9)

解説

1 (1) $y=ax^2$ に $x=2$, $y=-8$ を代入して,
$-8=a\times2^2$, $a=-2$
(2) $y=-2\times(-3)^2=-18$
(3) $-50=-2x^2$, $x^2=25$, $x=\pm5$

3 (1) $y=ax^2$ で, $a<0$ となるもの。
(2) $y=ax^2$ で, a の絶対値が最も大きいもの。
(3) $y=ax^2$ で, $a>0$ となるもの。
(4) $y=ax^2$ のグラフと $y=-ax^2$ のグラフが x 軸について対称になる。

4 (1) $x=-3$ のとき, $y=2\times(-3)+4=-2$
$x=1$ のとき, $y=2\times1+4=6$
(2) x の変域に 0 をふくむから, $x=0$ のとき, $y=0$
-3 と 1 では -3 の方が絶対値が大きいから,
$x=-3$ のとき, $y=3\times(-3)^2=27$
(3) $x=0$ のとき, $y=0$
$x=-3$ のとき, $y=-2\times(-3)^2=-18$

5 (1) $y=ax+b$ の変化の割合は一定で a
(2) $\dfrac{2\times(-2)^2-2\times(-4)^2}{(-2)-(-4)}=\dfrac{-24}{2}=-12$
(3) $\dfrac{-(-2)^2-\{-(-4)^2\}}{(-2)-(-4)}=\dfrac{12}{2}=6$

6 (1) x の変域に 0 をふくみ, -1 と 2 では 2 の方が絶対値が大きいから, $x=2$ のとき $y=-4$ これを $y=ax^2$ に代入して,
$-4=a\times2^2$, $4a=-4$
(2) $x=-2$ のとき y は 18 にならないから,
$x=a$ のとき $y=18$ これを $y=2x^2$ に代入して,
$18=2a^2$, $-2\leqq a$ より, $a=3$
x の変域に 0 をふくむから, $b=0$
(3) $\dfrac{a\times3^2-a\times1^2}{3-1}=12$, $4a=12$
(4) $y=-4x+2$ の変化の割合は一定で -4
$\dfrac{a\times6^2-a\times2^2}{6-2}=-4$, $8a=-4$, $a=-\dfrac{1}{2}$
(5) A の y 座標は, $y=-2\times3+3=-3$
$y=ax^2$ に $x=3$, $y=-3$ を代入して,
$-3=a\times3^2$, $9a=-3$, $a=-\dfrac{1}{3}$

7 (1) Q は P の 2 倍の速さだから, $\text{BQ}=2x$
$y=\dfrac{1}{2}\times2x\times x=x^2$
(2) $y=6^2=36$
(3) x の変域は $0\leqq x\leqq 10$
$x=0$ のとき $y=0$, $x=10$ のとき $y=100$
(4) $25=x^2$, $x=\pm5$, $x>0$ より, $x=5$

8 (1) $y=\dfrac{1}{4}x^2$ に $x=8$, $y=a$ を代入して,
$a=\dfrac{1}{4}\times8^2=16$
(2) 直線②の式を $y=mx+n$ とおく。
A(8, 16) を通るから, $16=8m+n$
B(−4, 4) を通るから, $4=-4m+n$
2 つの式を連立方程式にして解くと,
$m=1$, $n=8$
(3) C(0, 8) より, $\text{OC}=8$
$\triangle\text{OAB}=\triangle\text{OAC}+\triangle\text{OBC}$
$=\dfrac{1}{2}\times8\times8+\dfrac{1}{2}\times8\times4=48$
$\triangle\text{OBC}=16$ で, $\triangle\text{OAB}$ の面積の半分より小さいから, 点 P は①のグラフの O から A までの部分にある。点 P の x 座標を t とすると,
$\triangle\text{OCP}=\dfrac{1}{2}\triangle\text{OAB}$ より,
$\dfrac{1}{2}\times8\times t=\dfrac{1}{2}\times48$, $t=6$

p.122〜123 第5回

1 (1) **2：3**　(2) **9 cm**　(3) **115°**

2 (1) **△ABC ∽ △DBA**
2 組の角がそれぞれ等しい。
$x=5$
(2) **△ABC ∽ △EBD**
2 組の辺の比とその間の角がそれぞれ等しい。
$x=15$

3 **△ABC と △CBH において,**
∠ACB ＝ ∠CHB ＝ 90°　…①
∠B は共通　…②
①, ②より, 2 組の角がそれぞれ等しいから,
△ABC ∽ △CBH

4 (1) **△PCQ**　(2) **$\frac{8}{3}$ cm**

5 (1) **$x=\frac{24}{5}$**　(2) **$x=6$**　(3) **$x=\frac{18}{5}$**

6 (1) **1：1**　(2) **3 倍**

7 (1) **$x=9$**　(2) **$x=2$**　(3) **$x=10$**

8 (1) **$x=6$**　(2) **$x=12$**

9 (1) **20 cm^2**
(2) **相似比 3：4, 体積比 27：64**

解説

1 (1) 対応する辺は AB と PQ だから, 相似比は,
AB：PQ ＝ 8：12 ＝ 2：3
(2) 相似比は 2：3 だから,
BC：QR ＝ 2：3　6：QR ＝ 2：3
(3) 相似な図形の対応する角は等しいから,
∠A ＝ ∠P ＝ 70°, ∠B ＝ ∠Q ＝ 100°
四角形の内角の和は 360° だから,
∠C ＝ 360° −(70° ＋100° ＋75°) ＝ 115°

2 (1) ∠BCA ＝ ∠BAD, ∠B は共通だから,
△ABC ∽ △DBA
AB：DB ＝ BC：BA より, 6：4 ＝ $(4+x)$：6
$4(4+x)=36$, $x=5$
(2) BA：BE ＝ (18＋17)：21 ＝ 5：3
BC：BD ＝ (21＋9)：18 ＝ 5：3
よって, BA：BE ＝ BC：BD　また, ∠B は共通だから, △ABC ∽ △EBD
AC：ED ＝ BA：BE ＝ 5：3 より, 25：x ＝ 5：3,
$5x=75$
$x=15$

4 (1) ∠B ＝ ∠C ＝ 60°　…①
∠APC は △ABP の外角だから,
∠APC ＝ ∠B＋∠BAP ＝ 60° ＋ ∠BAP
また, ∠APC ＝ ∠APQ＋∠CPQ
＝ 60° ＋ ∠CPQ
よって, ∠BAP ＝ ∠CPQ　…②
①, ②より, 2 組の角がそれぞれ等しいから
△ABP ∽ △PCQ
(2) PC ＝ BC−BP ＝ 12−4 ＝ 8 (cm)
(1)より △ABP ∽ △PCQ だから,
BP：CQ ＝ AB：PC より
4：CQ ＝ 12：8 ＝ 3：2　3CQ ＝ 8　CQ ＝ $\frac{8}{3}$ cm

5 (1) DE：BC ＝ AD：AB より
x：8 ＝ 6：(6＋4) ＝ 3：5
$5x=24$　$x=\frac{24}{5}$
(2) AD：DB ＝ AE：EC より
12：x ＝ 10：(15−10) ＝ 2：1
$2x=12$　$x=6$
別解 AD：AB ＝ AE：AC より
12：$(12+x)$ ＝ 10：15 ＝ 2：3
$2(12+x)=36$　$12+x=18$　$x=6$
(3) AE：AC ＝ DE：BC より
x：6 ＝ 6：10 ＝ 3：5　$5x=18$　$x=\frac{18}{5}$

6 (1) △CFB で, G は辺 CF の中点, D は辺 CB の中点だから, 中点連結定理より,
DG // BF
△ADG で, EF // DG より,
AF：FG ＝ AE：ED ＝ 1：1
(2) △ADG で, 中点連結定理より,
EF ＝ $\frac{1}{2}$DG, DG ＝ 2EF
△CFB で, 中点連結定理より
DG ＝ $\frac{1}{2}$BF, BF ＝ 2DG

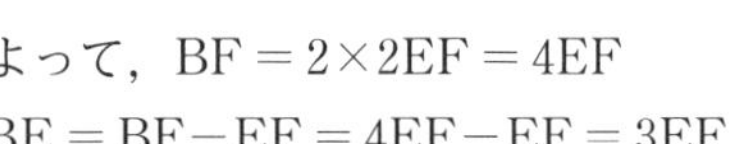

よって, BF ＝ 2×2EF ＝ 4EF
BE ＝ BF−EF ＝ 4EF−EF ＝ 3EF

得点アップのコツ
中点連結定理では, 線分の長さの比が 1：2 であることと, 線分どうしが平行であることが同時にいえるので, 問題にあわせて必要な方を用いること。

[7] (1)　$15:x=20:12=5:3$

$5x=45$　　$x=9$

(2) $x:4=3:(9-3)=1:2$　$2x=4$　$x=2$

(3)　右の図のように点A～Fを定め，Aを通りDFに平行な直線をひいて，BE，CFとの交点をそれぞれP，Qとする。四角形APEDと四角形AQFDは平行四辺形になるから，

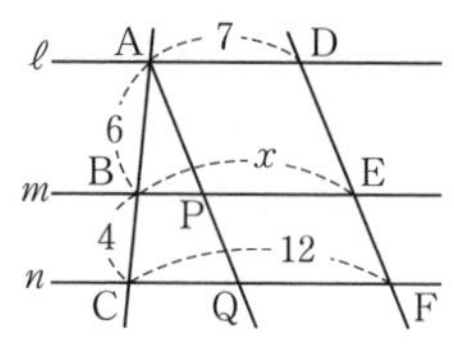

$PE=QF=AD=7$

$BP=x-7$，$CQ=12-7=5$

△ACQで，$BP:CQ=AB:AC$

$(x-7):5=6:(6+4)=3:5$

$5(x-7)=15$，$x=10$

[8] (1)　$\triangle ABE \backsim \triangle DCE$だから

$BE:CE=AB:DC=10:15=2:3$

△BDCで，$EF:CD=BE:BC$

$x:15=2:(2+3)=2:5$，$5x=30$，$x=6$

(2)　AMとBDの交点をPとする。

$\triangle APD \backsim \triangle MPB$より，

$DP:BP=AD:MB=2:1$

$DP:BD=2:(1+2)=2:3$

$x:18=2:3$　$3x=36$，$x=12$

[9] (1)　Bの面積を$x\,\text{cm}^2$とする。相似な図形の面積比は相似比の2乗に等しいから，

$125:x=5^2:2^2$，$125:x=25:4$

$25x=125\times4$，$x=20$

(2)　相似な立体の表面積の比は相似比の2乗に等しい。$9:16=3^2:4^2$だから，PとQの相似比は$3:4$

相似な立体の体積比は相似比の3乗に等しいから，PとQの体積比は，$3^3:4^3=27:64$

得点アップのコツ

立体では，相似比がわからなくても，表面積の比，体積比のどちらかがわかれば，相似比を求めることができる。

p.124～125　第6回

[1] (1)　**50°**　(2)　**52°**　(3)　**119°**

(4)　**90°**　(5)　**37°**　(6)　**35°**

[2] (1)　**70°**　(2)　**47°**　(3)　**60°**

(4)　**76°**　(5)　**32°**　(6)　**13°**

[3] **∠BOCは△ABOの外角だから，**

∠BAC＋45°＝110°，∠BAC＝65°

よって，∠BAC＝∠BDC　2点A，Dが直線BCについて同じ側にあって　∠BAC＝∠BDCなので，4点A，B，C，Dは1つの円周上にある。

[4]

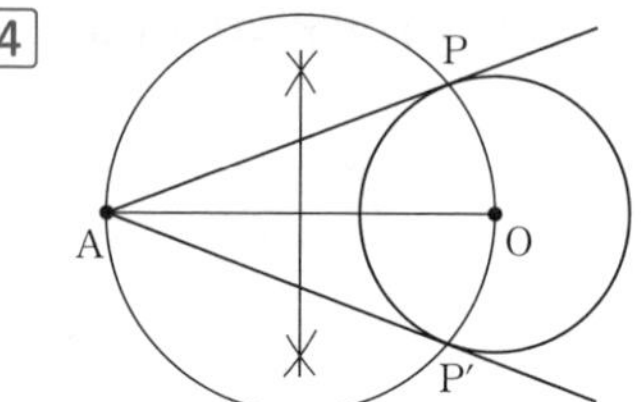

[5] **△BPCと△BCDにおいて，**

$\overset{\frown}{AB}=\overset{\frown}{BC}$より，∠PCB＝∠CDB　…①

共通な角だから，∠PBC＝∠CBD　…②

①，②より，2組の角がそれぞれ等しいから，

$\triangle BPC \backsim \triangle BCD$

[6] (1)　$x=\dfrac{24}{5}$　(2)　$x=5$　(3)　$x=3$

解説

[1] (1)　$\angle x=\dfrac{1}{2}\angle AOB=\dfrac{1}{2}\times100°=50°$

(2)　$\angle x=2\angle BAC=2\times26°=52°$

(3)　$\angle x=\dfrac{1}{2}\times(360°-122°)=119°$

(4)　BCは直径だから，$\angle x=90°$

(5)　$\overset{\frown}{CD}$の円周角だから，$\angle CAD=\angle CBD$

よって，$\angle x=37°$

(6)　$\overset{\frown}{BC}=\overset{\frown}{CD}$より，$\angle BAC=\angle CAD$

よって，$\angle x=35°$

[2] (1)　$\angle OAB=\angle OBA=16°$

$\angle OAC=\angle OCA=19°$

$\angle BAC=16°+19°=35°$

$\angle x=2\angle BAC=2\times35°=70°$

(2)　$\angle OBC=\angle OCB=43°$

$\angle BOC=180°-43°\times2=94°$

$\angle x=\dfrac{1}{2}\angle BOC=\dfrac{1}{2}\times94°=47°$

(3) $\angle$BPC は $\triangle$OBP の外角だから，

$\angle BOC+10°=110°$，$\angle BOC=100°$

$\angle BAC=\dfrac{1}{2}\angle BOC=\dfrac{1}{2}\times 100°=50°$

$\angle$BPC は $\triangle$APC の外角でもあるから，

$\angle x+50°=110°$，$\angle x=60°$

(4) $\overset{\frown}{BC}$ の円周角だから，$\angle BAC=\angle BDC=55°$，

$\angle x$ は $\triangle$ABP の外角だから，

$\angle x=21°+55°=76°$

(5) AB は直径だから，$\angle ACB=90°$

$\angle BAC=180°-(90°+58°)=32°$

$\overset{\frown}{BC}$ の円周角だから，$\angle x=\angle BAC=32°$

(6) $\angle$ABC は $\triangle$BPC の外角だから，

$\angle ABC=\angle x+44°$

$\overset{\frown}{BD}$ の円周角だから，$\angle BAD=\angle BCD=\angle x$

$\angle$AQC は $\triangle$ABQ の外角だから，

$(\angle x+44°)+\angle x=70°$，$2\angle x=26°$，$\angle x=13°$

4 ① 線分 OA の垂直二等分線をひき，OA の中点 M をとり，M を中心として，線分 AM を半径とする円をかく。

② 2つの円の交点をそれぞれ P，P′ とし，A と P，A と P′ をそれぞれ結ぶ。

6 (1) $\angle DAP=\angle BCP$，$\angle ADP=\angle CBP$ より

$\triangle ADP \backsim \triangle CBP$ だから

PD：PB＝DA：BC

$x:4=6:5$　$5x=24$　$x=\dfrac{24}{5}$

(2) $\angle PAD=\angle PCB$，$\angle$P は共通より

$\triangle PAD \backsim \triangle PCB$ だから

PA：PC＝PD：PB

$(x+13):(9+6)=6:x$

$x(x+13)=90$，$x^2+13x-90=0$

$(x+18)(x-5)=0$，$x=-18$，$x=5$

$x>0$ より，$x=5$

(3) $\angle DBC=\angle ABD$，$\angle DCE=\angle ABD$ より

$\angle DBC=\angle DCE$，$\angle$D は共通より

$\triangle DBC \backsim \triangle DCE$ だから

BD：CD＝CD：ED

$(x+1):2=2:1$　$x+1=4$　$x=3$

得点アップのコツ

$\triangle ABE \backsim \triangle DCE$ も成り立つが，辺の長さがわからないので，x が求められない。相似な図形がいくつかあっても，辺の長さがわかるものを選ぶ。

p.126〜127 第7回

1 (1) $x=\sqrt{34}$　(2) $x=7$　(3) $x=4\sqrt{2}$　(4) $x=4\sqrt{3}$

2 (1) ○　(2) ×　(3) ○　(4) ○

3 (1) $5\sqrt{2}$ cm　(2) $9\sqrt{3}$ cm^2　(3) $h=2\sqrt{15}$

4 (1) $\sqrt{58}$　(2) $6\sqrt{5}$ cm　(3) $4\sqrt{3}$ cm　(4) $6\sqrt{10}\pi$ cm^3

5 (1) $x=5$　(2) $x=2\sqrt{3}+2$　(3) $x=30$

6 (1) $9^2-x^2=7^2-(8-x)^2$　(2) $3\sqrt{5}$

7 3 cm

8 表面積 $(32\sqrt{2}+16)$ cm^2，体積 $\dfrac{32\sqrt{7}}{3}$ cm^3

9 (1) 6 cm　(2) $2\sqrt{13}$ cm　(3) 18 cm^2

解説

1 (3) $x:8=1:\sqrt{2}$　$\sqrt{2}x=8$　$x=4\sqrt{2}$

(4) $x:6=2:\sqrt{3}$　$\sqrt{3}x=12$　$x=4\sqrt{3}$

2 (3) $(\sqrt{10})^2+(3\sqrt{6})^2=10+54=64$　$8^2=64$

得点アップのコツ

3つの辺のうち，最も長い辺を c，他の2辺を a，b として，$a^2+b^2=c^2$ が成り立てば直角三角形である。

3 (1) 対角線の長さを x cm とすると

$5:x=1:\sqrt{2}$　$x=5\sqrt{2}$

(2) 正三角形の高さを x cm とすると

$6:x=2:\sqrt{3}$　$2x=6\sqrt{3}$　$x=3\sqrt{3}$

よって，面積は $\dfrac{1}{2}\times 6\times 3\sqrt{3}=9\sqrt{3}$ (cm^2)

(3) BH＝2　$h^2+2^2=8^2$

$h^2=60$　$h=\sqrt{60}=2\sqrt{15}$

4 (1) $AB^2=\{-2-(-5)\}^2+\{4-(-3)\}^2$

$=3^2+7^2=58$

(2) O から AB に垂線 OH をひくと

$AH^2+6^2=9^2$　$AH^2=45$　$AH=3\sqrt{5}$ cm

$AB=2AH=2\times 3\sqrt{5}=6\sqrt{5}$ (cm)

(3) AM の長さを x cm とすると

$x^2+4^2=8^2$　$x^2=48$　$x=\sqrt{48}=4\sqrt{3}$

(4) 円錐の高さを h cm とすると

$3^2+h^2=7^2$　$h^2=40$　$h=\sqrt{40}=2\sqrt{10}$

体積は，$\dfrac{1}{3}\times\pi\times 3^2\times 2\sqrt{10}=6\sqrt{10}\pi$ (cm^3)

5 (1) 右の図において

DH＝4，HC＝3 だから

$x^2=3^2+4^2=25$　$x=5$

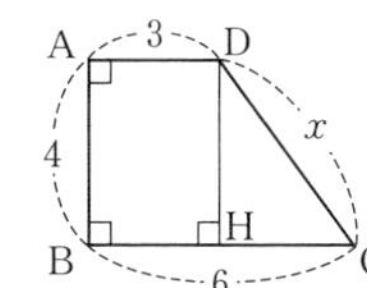

(2) △ADC において

$4 : DC = 2 : 1 \quad 2DC = 4 \quad DC = 2$

$4 : AD = 2 : \sqrt{3} \quad 2AD = 4\sqrt{3} \quad AD = 2\sqrt{3}$

△ABD において　$AD : BD = 1 : 1$ だから

$BD = 2\sqrt{3} \quad x = BD + DC = 2\sqrt{3} + 2$

(3) C から DB に垂線 CH をひくと △DCH において

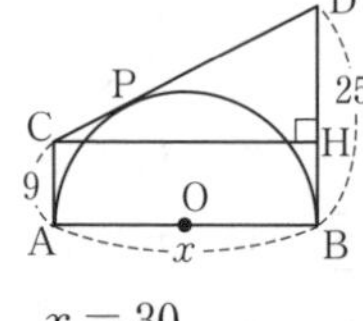

$CD^2 = CH^2 + DH^2$

$(9+25)^2 = x^2 + (25-9)^2$

$34^2 = x^2 + 16^2 \qquad x^2 = 900 \qquad x = 30$

6 (1) △ABH と △AHC において三平方の定理を利用して AH^2 を x の式で表す。

(2) (1)の方程式を解くと

$81 - x^2 = 49 - (64 - 16x + x^2) \quad x = 6$

$6^2 + AH^2 = 9^2 \qquad AH^2 = 45 \qquad AH = 3\sqrt{5}$

7 $CE = x$ cm とすると，折り返しているから $BE = DE = 8 - x$ と表せる。

△DEC において $x^2 + 4^2 = (8-x)^2$

$x^2 + 16 = 64 - 16x + x^2 \qquad 16x = 48 \qquad x = 3$

8 A から BC に垂線 AP をひくと $BP = 2$

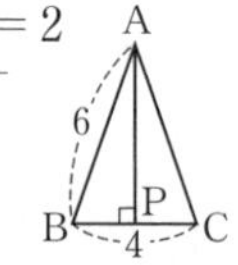

$AP^2 + 2^2 = 6^2 \quad AP^2 = 32 \quad AP = 4\sqrt{2}$

$△ABC = \frac{1}{2} \times 4 \times 4\sqrt{2} = 8\sqrt{2}$

表面積は，$8\sqrt{2} \times 4 + 4 \times 4 = 32\sqrt{2} + 16$ (cm^2)

BD と CE の交点を H とすると　$BH = 2\sqrt{2}$

△ABH で $AH^2 + (2\sqrt{2})^2 = 6^2 \quad AH = \sqrt{28} = 2\sqrt{7}$

体積は，$\frac{1}{3} \times 4^2 \times 2\sqrt{7} = \frac{32\sqrt{7}}{3}$ (cm^3)

9 (1) △MBF で　$MF^2 = 2^2 + 4^2 = 20$

△MFG で　$MG^2 = MF^2 + 4^2 = 20 + 16 = 36$

(2) 右の展開図の一部の MG が求める長さである。

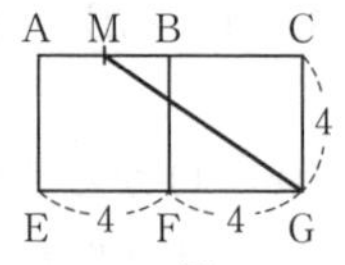

△MGC で

$MG^2 = (4+2)^2 + 4^2 = 52$

(3) $FH = \sqrt{2}\ FG = 4\sqrt{2}$

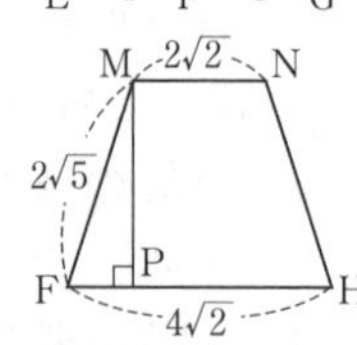

$MN = \sqrt{2}\ AM = 2\sqrt{2}$

M から FH に垂線 MP をひくと

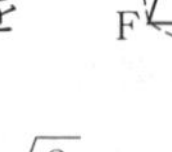

$FP = (4\sqrt{2} - 2\sqrt{2}) \div 2 = \sqrt{2}$

△MFP で　$MP^2 + (\sqrt{2})^2 = (2\sqrt{5})^2$

$MP^2 = 18 \qquad MP = \sqrt{18} = 3\sqrt{2}$

求める面積は，$\frac{(2\sqrt{2} + 4\sqrt{2}) \times 3\sqrt{2}}{2} = 18$ (cm^2)

p.128 第8回

1 (1) ×　(2) ×　(3) ○　(4) ×

2 (1) **ある工場で昨日作った5万個の製品**

(2) **300個**　(3) **約1000個**

3 **約700個**

4 **約440個**

5 (1) **15.7語**

(2) **約14000語**

解説

1 調査の対象となる集団全部を調査するのが全数調査，集団の一部を調査し，集団全体を推定するのが標本調査である。

(1)(2) 全部調査すると売るものがなくなる。

(3) 入学者全員に行うものである。

(4) 全員を調査するには手間がかかりすぎる。

2 (1)(2) 調査する対象となるもとの集団を母集団といい，母集団から取り出された一部を標本という。標本として取り出した資料の個数を標本の大きさという。

(3) 取り出した300個のうち，不良品が6個だから，全体の不良品の数を x 個とすると，

$50000 : x = 300 : 6$

$50000 \times 6 = 300x$

$x = 1000$

3 袋の中にはいっている玉の数を x 個とすると，

$x : 100 = (23+4) : 4$

$4x = 2700$

$x = 675$

ミス注意! はじめに取り出して印をつけた100個の玉も，もともと袋の中にあった。2回目に取り出した玉のうち，もとの袋にはいっていた玉は，印のついていない23個だけではない。

4 袋の中の白い碁石の数を x 個とすると，

$(x+60) : 60 = 50 : 6$

$6(x+60) = 60 \times 50$

$x + 60 = 500$

$x = 440$

5 (1) $(18+21+15+16+9+17+20+11+14+16) \div 10 = 157 \div 10 = 15.7$

(2) この辞書のすべてのページに15.7語ずつのっていたと考えて

$15.7 \times 900 = 14130 \rightarrow 14000$ 語

6 5 4 3 2 1
D C B A

教科書ワーク 数学 特別ふろく②

無料ダウンロード

定期テスト対策問題

こちらにアクセスして，表紙カバーについているアクセスコードを入力してご利用ください。
https://www.kyokashowork.jp/ma11.html

1 実力テスト

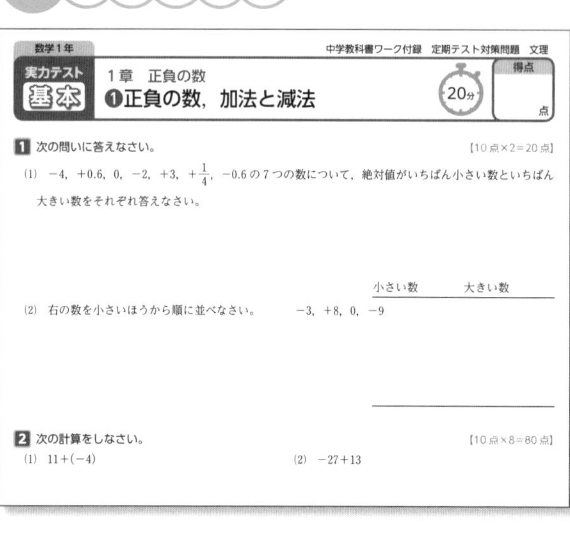

数学1年　中学教科書ワーク付録　定期テスト対策問題　文理

実力テスト 基本　1章　正負の数　❶正負の数，加法と減法　20分　得点　点

1 次の問いに答えなさい。　【10点×2=20点】

(1) -4，$+0.6$，0，-2，$+3$，$+\frac{1}{4}$，-0.6 の7つの数について，絶対値がいちばん小さい数といちばん大きい数をそれぞれ答えなさい。

小さい数　大きい数

(2) 右の数を小さいほうから順に並べなさい。　-3，$+8$，0，-9

2 次の計算をしなさい。　【10点×8=80点】

(1) $11+(-4)$　(2) $-27+13$

基本・標準・発展の３段階構成で無理なくレベルアップできる！

数学1年　中学教科書ワーク付録　定期テスト対策問題　文理

実力テスト 発展　1章　正負の数　❶正負の数，加法と減法　30分　得点　点

1 次の問いに答えなさい。　【20点×3=60点】

(1) 右の数の大小を，不等号を使って表しなさい。　$-\frac{1}{2}$，$-\frac{1}{3}$，$-\frac{1}{5}$

数学1年　中学教科書ワーク付録　定期テスト対策問題　文理

実力テスト 標準　1章　正負の数　❶正負の数，加法と減法　25分　得点　点

1 次の問いに答えなさい。　【10点×2=20点】

(1) 絶対値が3より小さい整数をすべて求めなさい。

(2) 数直線上で，-2 からの距離が5である数を求めなさい。

2 次の計算をしなさい。　【10点×8=80点】

(1) $-6+(-15)$　(2) $-\frac{2}{5}-\left(-\frac{1}{2}\right)$

2 観点別評価テスト

観点別評価にも対応。苦手なところを克服しよう！

解答用紙が別だから，テストの練習になるよ。

数学1年　中学教科書ワーク付録　定期テスト対策問題　文理

第1回　観点別評価テスト　●答えは，別紙の解答用紙に書きなさい。　40分

主体的に学習に取り組む態度

1 次の問いに答えなさい。

(1) 交換法則や結合法則を使って正負の数の計算の順序を変えることに関して，正しいものを次から1つ選んで記号で答えなさい。

ア　正負の数の計算をするときは，計算の順序をくふうして計算しやすくできる。
イ　正負の数の加法の計算をするときだけ，計算の順序を変えてもよい。
ウ　正負の数の乗法の計算をするときだけ，計算の順序を変えてもよい。
エ　正負の数の計算をするときは，計算の順序を変えるようなことをしてはいけない。

(2) 電卓の使用に関して，正しいものを次から1つ選んで記号で答えなさい。

ア　数学や理科などの計算問題は電卓をどんどん使ったほうがよい。
イ　電卓は会社や家庭で使うものなので，学校で使ってはいけない。
ウ　電卓の利用が有効な問題のときは，先生の指示にしたがって使ってもよい。

思考力・判断力・表現力等

3 次の問いに答えなさい。

(1) 次の各組の数の大小を，不等号を使って表しなさい。

① $-\frac{3}{4}$，$-\frac{2}{3}$　② $-\frac{2}{3}$，$\frac{1}{4}$，$-\frac{1}{2}$

(2) 絶対値が4より小さい整数を，小さいほ…順に答えなさい。

(3) 次の数について，下の問いに答えなさい。

$-\frac{1}{4}$，0，$\frac{1}{5}$，1.70，$-\frac{13}{5}$，$\frac{7}{4}$

① 小さいほうから3番目の数を答えなさい。

② 絶対値の大きいほうから3番目の数を答え…さい。

思考力・判断力・表現力等

4 次の問いに答えなさい。

(1) 次の数量を，文字を使った式で表しなさい。

解答用紙（第1回 観点別評価テスト）

大問	観点	得点	評価	評価基準の目安
❶〜❷	主体的に学習に取り組む態度	/25		A…20点以上 B…6〜19点 C…0〜5点
❸〜❹	思考力・判断力・表現力等	/25		A…20点以上 B…6〜19点 C…0〜5点
❺〜❽	知識・技能	/50		A…20点以上 B…6〜19点 C…0〜5点

中学教科書ワーク

定期テスト対策

スピードチェック

教科書の公式&解法マスター

数学 3年

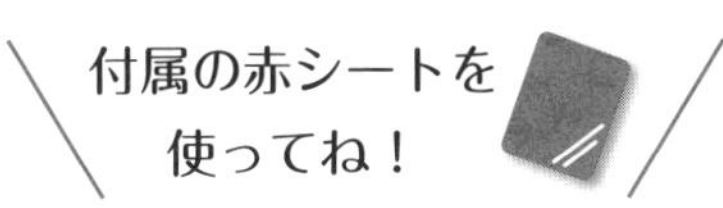

日本文教版

「スピードチェック」は取りはずして使用できます。

スピードチェック

教科書 p.12～24

1章　式の展開と因数分解

1節　式の展開

☑ 1　(単項式)×(多項式)は，分配法則 $a(b+c)=ab+$〔 ac 〕を使って計算する。 **例** $2a(x+3y)=$〔 $2ax+6ay$ 〕
(多項式)×(単項式)は，分配法則 $(a+b)c=ac+$〔 bc 〕を使って計算する。 **例** $(a-4b)\times 3x=$〔 $3ax-12bx$ 〕

☑ 2　(多項式)÷(単項式)は，除法を乗法になおして計算する。
$(a+b)\div c=(a+b)\times\dfrac{1}{〔\ c\ 〕}$ **例** $(2ab+6bc)\div 2b=$〔 $a+3c$ 〕

☑ 3　単項式と多項式，または多項式と多項式の積の形でかかれた式を，単項式の和の形にかき表すことを，もとの式を〔 展開 〕するという。
(多項式)×(多項式)は，$(a+b)(c+d)=ac+$〔 ad 〕$+bc+$〔 bd 〕のように計算する。 **例** $(a+2)(b-3)=ab-$〔 $3a$ 〕$+$〔 $2b$ 〕-6

☑ 4　$(x+a)(x+b)$ の展開は，
$(x+a)(x+b)=x^2+($〔 $a+b$ 〕$)x+$〔 ab 〕を使う。
例 $(x+2)(x+3)=x^2+(2+3)x+2\times 3=x^2+$〔 5 〕$x+$〔 6 〕
例 $(x+3)(x-5)=x^2+(3-5)x+3\times(-5)=x^2-$〔 2 〕$x-$〔 15 〕

☑ 5　$(x+a)^2$ の展開は，$(x+a)^2=x^2+$〔 $2a$ 〕$x+$〔 a 〕^{2} を使う。
例 $(x+4)^2=x^2+2\times 4\times x+4^2=x^2+$〔 8 〕$x+$〔 16 〕
$(x-a)^2$ の展開は，$(x-a)^2=x^2-$〔 $2a$ 〕$x+$〔 a 〕^{2} を使う。
例 $(x-7)^2=x^2-2\times 7\times x+7^2=x^2-$〔 14 〕$x+$〔 49 〕

☑ 6　$(x+a)(x-a)$ の展開は，$(x+a)(x-a)=$〔 x 〕$^2-$〔 a 〕^{2} を使う。
例 $(x+8)(x-8)=x^2-8^2=x^2-$〔 64 〕

☑ 7　$(a+b+c)(a+b+d)$ の展開は，$a+b=M$ とおきかえる。
例 $(a+b+6)(a+b-6)$ の展開は，$a+b=M$ とすると，
$(M+6)(M-6)=M^2-36=(a+b)^2-36=$〔 $a^2+2ab+b^2$ 〕-36

1章　式の展開と因数分解

2節　因数分解
3節　文字式の活用

1　1つの多項式がいくつかの単項式や多項式の積の形に表せるとき，そのそれぞれの式を，もとの多項式の〔 因数 〕といい，多項式をいくつかの因数の積の形に表すことを，もとの多項式を〔 因数分解 〕するという。因数分解は，式の〔 展開 〕を逆にみたものである。

2　多項式の各項に共通な因数があるときは，それをかっこの外にくくり出す。

$ma+mb+mc=$〔 m 〕$(a+b+c)$

例 $4ax+6bx+8cx=$〔 $2x$ 〕$(2a+3b+$〔 $4c$ 〕$)$

3　$x^2+(a+b)x+ab$ の因数分解は，

$x^2+(a+b)x+ab=(x+$〔 a 〕$)(x+$〔 b 〕$)$ を使う。

例 $x^2+4x-12=x^2+(6-2)x+6\times(-2)=(x+$〔 6 〕$)(x-$〔 2 〕$)$

例 $x^2-5x-24=x^2+(3-8)x+3\times(-8)=(x+$〔 3 〕$)(x-$〔 8 〕$)$

4　$x^2+2ax+a^2$ の因数分解は，$x^2+2ax+a^2=(x+$〔 a 〕$)^2$ を使う。

例 $x^2+12x+36=x^2+2\times6\times x+6^2=(x+$〔 6 〕$)^2$

$x^2-2ax+a^2$ の因数分解は，$x^2-2ax+a^2=(x-$〔 a 〕$)^2$ を使う。

例 $4x^2-12x+9=(2x)^2-2\times3\times2x+3^2=(2x-$〔 3 〕$)^2$

5　x^2-a^2 の因数分解は，$x^2-a^2=(x+$〔 a 〕$)(x-$〔 a 〕$)$ を使う。

例 $16x^2-81y^2=(4x)^2-(9y)^2=(4x+$〔 $9y$ 〕$)(4x-$〔 $9y$ 〕$)$

6　$ax^2+abx+ac$ の因数分解は，まず共通な因数 a をくくり出す。

例 $2x^2+4x-6=2(x^2+2x-3)=2(x+$〔 3 〕$)(x-$〔 1 〕$)$

7　同じ式を1つの文字とみて公式を使う因数分解。

例 $(x+y)^2-2(x+y)-8$

$=M^2-2M-8$　　← $x+y$ を M とする。

$=(M+2)(M-4)$

$=(x+y+2)(x+y-4)$　　← M を $x+y$ にもどす。

スピードチェック

2章　平方根

1節　平方根

1 ある数 x を 2 乗すると a になるとき，すなわち，$x^2=$〔 a 〕であるとき，x を a の〔 平方根 〕という。正の数 a の平方根は 2 つあり，〔 絶対値 〕が等しく，〔 符号 〕は異なる。0 の平方根は〔 0 〕だけである。

例 64 の平方根は，$8^2=64$，$(-8)^2=64$ より，〔 8 〕と〔 -8 〕

例 0.09 の平方根は，$0.3^2=0.09$，$(-0.3)^2=0.09$ より，〔 0.3 〕と〔 -0.3 〕

2 正の数 a の 2 つの平方根のうち，正の方を $\sqrt{a}$，負の方を $-\sqrt{a}$ と表し，まとめて〔 $\pm\sqrt{a}$ 〕と表す。また，$\sqrt{0}=0$ とする。

例 15 の平方根を根号を使って表すと，〔 $\pm\sqrt{15}$ 〕

例 0.8 の平方根を根号を使って表すと，〔 $\pm\sqrt{0.8}$ 〕

3 a が正の数のとき，$\sqrt{a^2}=$〔 a 〕，$-\sqrt{a^2}=$〔 $-a$ 〕

例 $\sqrt{49}$ を根号を使わずに表すと，$\sqrt{49}=$〔 7 〕

例 $-\sqrt{0.81}$ を根号を使わずに表すと，$-\sqrt{0.81}=$〔 -0.9 〕

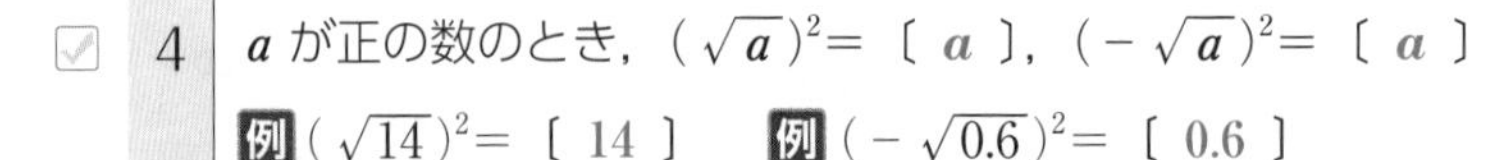

4 a が正の数のとき，$(\sqrt{a})^2=$〔 a 〕，$(-\sqrt{a})^2=$〔 a 〕

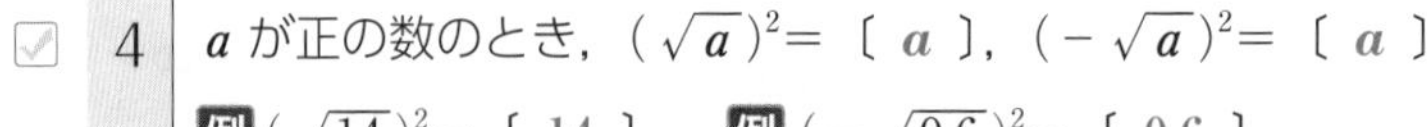

例 $(\sqrt{14})^2=$〔 14 〕　例 $(-\sqrt{0.6})^2=$〔 0.6 〕

5 a，b が正の数で，$a<b$ ならば $\sqrt{a}$〔 $<$ 〕$\sqrt{b}$

例 4 と $\sqrt{15}$ の大小を調べると，$4^2=16$，$(\sqrt{15})^2=$〔 15 〕で，
16 >〔 15 〕だから，$\sqrt{16}$〔 $>$ 〕$\sqrt{15}$　すなわち　4〔 $>$ 〕$\sqrt{15}$

6 a を整数，b を 0 でない整数とするとき，$\frac{a}{b}$ のように表すことができる数を〔 有理数 〕といい，分数で表すことのできない数を〔 無理数 〕という。

例 $\sqrt{2}$ や $\sqrt{3}$，円周率 π は，〔 無理数 〕である。

7 小数第何位かで終わる小数を〔 有限小数 〕といい，どこまでも限りなく続く小数を〔 無限小数 〕という。また，いくつかの数字を決まった順にくり返す無限小数を〔 循環小数 〕という。

例 $\frac{5}{7}$ を循環小数で表すと，$\frac{5}{7}=0.7142857142857\cdots\cdots=$〔 $0.\dot{7}1428\dot{5}$ 〕

教科書 p.51 ~ 64

2章　平方根

2節　根号をふくむ式の計算

1 a，b が正の数のとき，$\sqrt{a}\times\sqrt{b}=\sqrt{a\times〔\ b\ 〕}$，$\dfrac{\sqrt{a}}{\sqrt{b}}=\sqrt{\dfrac{〔\ a\ 〕}{b}}$

例 $\sqrt{3}\times\sqrt{7}=\sqrt{3\times7}=〔\ \sqrt{21}\ 〕$　例 $\dfrac{\sqrt{30}}{\sqrt{6}}=\sqrt{\dfrac{30}{6}}=〔\ \sqrt{5}\ 〕$

例 $\sqrt{3}\times\sqrt{12}=\sqrt{3\times12}=\sqrt{36}=〔\ 6\ 〕$　例 $\dfrac{\sqrt{48}}{\sqrt{3}}=\sqrt{\dfrac{48}{3}}=\sqrt{16}=〔\ 4\ 〕$

2 a，b が正の数のとき，$a\sqrt{b}=\sqrt{a^2\times〔\ b\ 〕}$，$\sqrt{a^2b}=〔\ a\ 〕\sqrt{b}$

例 $2\sqrt{3}$ を $\sqrt{a}$ の形に表すと，$2\sqrt{3}=\sqrt{2^2\times3}=〔\ \sqrt{12}\ 〕$

例 $\sqrt{45}$ を $a\sqrt{b}$ の形に表すと，$\sqrt{45}=\sqrt{3^2\times5}=〔\ 3\sqrt{5}\ 〕$

例 $\sqrt{2}=1.414$ として，$\sqrt{200}$ の値を求めると，

$\sqrt{200}=\sqrt{10^2\times2}=10\sqrt{2}=10\times1.414=〔\ 14.14\ 〕$

3 分母を根号のない形にすることを，分母を〔 有理化 〕するという。

a，b が正の数のとき，$\dfrac{\sqrt{a}}{\sqrt{b}}=\dfrac{\sqrt{a}\times〔\ \sqrt{b}\ 〕}{\sqrt{b}\times\sqrt{b}}=\dfrac{〔\ \sqrt{ab}\ 〕}{b}$

例 $\dfrac{\sqrt{3}}{\sqrt{2}}$ の分母を有理化すると，$\dfrac{\sqrt{3}}{\sqrt{2}}=\dfrac{\sqrt{3}\times〔\ \sqrt{2}\ 〕}{\sqrt{2}\times\sqrt{2}}=\dfrac{〔\ \sqrt{6}\ 〕}{2}$

例 $\dfrac{5}{2\sqrt{3}}$ の分母を有理化すると，$\dfrac{5}{2\sqrt{3}}=\dfrac{5\times〔\ \sqrt{3}\ 〕}{2\sqrt{3}\times\sqrt{3}}=\dfrac{〔\ 5\sqrt{3}\ 〕}{6}$

4 a が正の数のとき，$m\sqrt{a}+n\sqrt{a}=(m+〔\ n\ 〕)\sqrt{a}$

例 $4\sqrt{2}+3\sqrt{2}=(4+3)\sqrt{2}=〔\ 7\ 〕\sqrt{2}$

a が正の数のとき，$m\sqrt{a}-n\sqrt{a}=(〔\ m\ 〕-n)\sqrt{a}$

例 $5\sqrt{3}-7\sqrt{3}=(5-7)\sqrt{3}=〔\ -2\ 〕\sqrt{3}$

5 根号をふくむ式の計算では，分配法則 $a(b+c)=ab+〔\ ac\ 〕$ が使える。

例 $\sqrt{2}(\sqrt{3}+2\sqrt{5})=\sqrt{2}\times\sqrt{3}+\sqrt{2}\times2\sqrt{5}=〔\ \sqrt{6}\ 〕+2〔\ \sqrt{10}\ 〕$

6 根号をふくむ式の計算では，乗法公式 $(x+a)^2=x^2+〔\ 2a\ 〕x+〔\ a\ 〕^2$，

$(x+a)(x+b)=x^2+(〔\ a+b\ 〕)x+〔\ ab\ 〕$ などが使える。

例 $(\sqrt{3}+\sqrt{5})^2=(\sqrt{3})^2+2\times\sqrt{5}\times\sqrt{3}+(\sqrt{5})^2=〔\ 8\ 〕+2〔\ \sqrt{15}\ 〕$

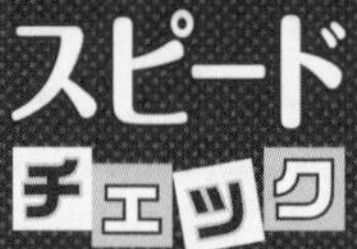

3章　2次方程式

1節　2次方程式 (1)

1　2次方程式を成り立たせる文字の値を，その2次方程式の〔 解 〕といい，
2次方程式の解をすべて求めることを，その2次方程式を〔 解く 〕という。

例 1，2，3のうち，2次方程式 $x^2-4x+3=0$ の解は，〔 1，3 〕

例 -1，-2，-3 のうち，2次方程式 $x^2+4x+4=0$ の解は，〔 -2 〕

2　2つの数や式 A，B について，$A\times B=0$ ならば〔 A 〕$=0$ または〔 B 〕$=0$

2次方程式 $(x-a)(x-b)=0$ を解くと，$x=$〔 a 〕，$x=$〔 b 〕

例 $(x-3)(x+8)=0$ を解くと，$x=$〔 3 〕，$x=$〔 -8 〕

例 $x^2-2x-8=0$ を解くと，$(x+2)(x-4)=0$ より，$x=$〔 -2 〕，$x=$〔 4 〕

3　$x(x-a)=0$ を解くと，$x=0$ または $x-a=0$ より，$x=$〔 0 〕，$x=$〔 a 〕

例 $x(x-7)=0$ を解くと，$x=$〔 0 〕，$x=$〔 7 〕

例 $x^2+6x=0$ を解くと，$x(x+6)=0$ より，$x=$〔 0 〕，$x=$〔 -6 〕

4　$(x-a)^2=0$ を解くと，$x-a=0$ より，$x=$〔 a 〕

例 $(x-5)^2=0$ を解くと，$x=$〔 5 〕

例 $x^2+8x+16=0$ を解くと，$(x+4)^2=0$ より，$x=$〔 -4 〕

5　$x^2-a=0$ を解くと，$x^2=a$ より，$x=\pm$〔 $\sqrt{a}$ 〕

例 $x^2-7=0$ を解くと，$x^2=7$ より，$x=\pm$〔 $\sqrt{7}$ 〕

$ax^2-b=0$ を解くと，$ax^2=b$ で $x^2=\dfrac{b}{a}$ より，$x=\pm\sqrt{\dfrac{〔\ b\ 〕}{a}}$

例 $9x^2-16=0$ を解くと，$9x^2=16$ で $x^2=\dfrac{16}{9}$ より，$x=\pm\dfrac{〔\ 4\ 〕}{3}$

6　$(x+m)^2=n$ を解くと，$x+m=\pm\sqrt{n}$ より，$x=$〔 $-m$ 〕$\pm$〔 $\sqrt{n}$ 〕

例 $(x-2)^2=3$ を解くと，$x-2=\pm\sqrt{3}$ より，$x=$〔 2 〕$\pm$〔 $\sqrt{3}$ 〕

7　$x^2+bx+c=0$ の形をした2次方程式は，(〔 x 〕$+$▲$)^2=$●の形に
変形すれば，平方根の考えを使って解くことができる。

例 $x^2+6x-1=0$ を解くには，$x^2+6x+9=1+9$ と変形して，
$(x+3)^2=10$ より，$x=$〔 -3 〕$\pm$〔 $\sqrt{10}$ 〕

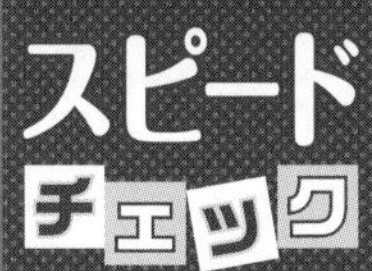

教科書 p.76 ～ 83

3章　2次方程式
1節　2次方程式 (2)
2節　2次方程式の活用

1 2次方程式の解は，次の解の公式を使って求めることができる。

2次方程式 $ax^2+bx+c=0$ の解は，$x=\dfrac{-b\pm\sqrt{b^2-〔\ 4ac\ 〕}}{〔\ 2a\ 〕}$

例 $x^2-5x+3=0$ の解は，$x=\dfrac{-(-5)\pm\sqrt{(-5)^2-4\times1\times3}}{2\times1}=\dfrac{5\pm〔\ \sqrt{13}\ 〕}{2}$

例 $2x^2+3x-1=0$ の解は，$x=\dfrac{-3\pm\sqrt{3^2-4\times2\times(-1)}}{2\times2}=\dfrac{-3\pm〔\ \sqrt{17}\ 〕}{4}$

2 解の公式の根号の中の b^2-4ac の値が 0 のときは，
その2次方程式の解の個数は，〔 1つ 〕になる。

例 $x^2+6x+9=0$ の解は，$x=\dfrac{-6\pm\sqrt{6^2-4\times1\times9}}{2\times1}=〔\ -3\ 〕$

例 $4x^2-12x+9=0$ の解は，$x=\dfrac{-(-12)\pm\sqrt{(-12)^2-4\times4\times9}}{2\times4}=〔\ \dfrac{3}{2}\ 〕$

3 $x^2+ax+b=0$ の解が $x=p$ のとき，$p^2+ap+b=0$ が成り立つ。

例 $x^2-ax+6=0$ の解の1つが2であるとき，a の値ともう1つの解は，
$2^2-a\times2+6=0$ より，$a=〔\ 5\ 〕$　　よって，$x^2-5x+6=0$ だから，
$(x-2)(x-3)=0$ より，もう1つの解は，$x=〔\ 3\ 〕$

4 2次方程式を利用して解く文章題では，何を x で表すか決めて，
等しい数量の関係から〔 2次方程式 〕をつくる。その2次方程式を
解いて，解が問題に〔 あう 〕かどうかを調べる。

5 例 2つの自然数があって，その差は6で，積は112になる。
小さい方の数を x として，2次方程式をつくると，〔 $x(x+6)=112$ 〕
これを解くと，$(x+14)(x-8)=0$ となるから，$x>0$ より，$x=〔\ 8\ 〕$

6 例 1辺 x cm の正方形の4すみから1辺2cm の正方形を切り取り，
容積 72 cm^3 の箱をつくった。このことから，2次方程式をつくると，
〔 $2(x-4)^2=72$ 〕　これを解くと，$(x-4)^2=36$ で，$x>4$ より，$x=〔\ 10\ 〕$

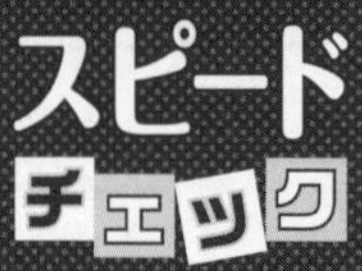

教科書 p.90 ～ 93

4章　関数 $y=ax^2$

1節　関数 $y=ax^2$(1)

1 y が x の関数で，$y=ax^2$ と表されるとき，y は x の〔 2乗に比例 〕するという。
2乗に比例する関数 $y=ax^2$ で，定数 a を〔 比例定数 〕という。
例 半径が x cm の円の面積を y cm^2 とすると，
$y=$〔 π 〕x^2 と表されるから，y は〔 x の2乗 〕に比例する。
例 底面の半径が x cm，高さが 5 cm の円柱の体積を y cm^3 とするとき，
y を x の式で表したときの比例定数は，$y=$〔 5π 〕x^2 より，〔 5π 〕

2 y が x の2乗に比例するとき，x の値が m 倍になると，
それに対応する y の値は〔 m^2(m の2乗) 〕倍になる。
例 y が x の2乗に比例するとき，
x の値が4倍になると，対応する y の値は〔 16 〕倍になり，
x の値が $\frac{1}{3}$ 倍になると，対応する y の値は〔 $\frac{1}{9}$ 〕倍になる。

3 例 $y=3x^2$ について，$x=4$ のときの y の値は，$y=3\times4^2$ より，$y=$〔 48 〕
例 $y=-2x^2$ について，$y=-18$ のときの x の値は，
$-18=-2x^2$ より，$x^2=9$ だから，$x=$〔 3 〕，$x=$〔 -3 〕

4 y が x の2乗に比例するとき，比例定数 a は，$y=ax^2$ より，
$x=$〔 1 〕のときの y の値に等しい。
例 y が x の2乗に比例し，$x=1$ のとき $y=4$ であるとき，
この関数の比例定数 a は，$4=a\times1^2$ より，$a=$〔 4 〕

5 y が x の2乗に比例するとき，この関数の式は，
比例定数を a として $y=$〔 a 〕x^2 と表すことができる。
例 y が x の2乗に比例し，$x=2$ のとき $y=12$ である関数は，$y=ax^2$ に
$x=2$，$y=12$ を代入して，$12=a\times2^2$　$a=3$ より，$y=$〔 3 〕x^2
例 y が x の2乗に比例し，$x=3$ のとき $y=-45$ である関数は，$y=ax^2$ に
$x=3$，$y=-45$ を代入して，$-45=a\times3^2$　$a=-5$ より，$y=$〔 -5 〕x^2

4章　関数 $y=ax^2$

1節　関数 $y=ax^2$(2)
2節　関数の活用

1 関数 $y=ax^2$ のグラフは，
〔 原点 〕を通り，〔 y 〕軸について対称な曲線。
$a>0$ のとき，〔 上 〕に開き，〔 x 〕軸の上側。
$a<0$ のとき，〔 下 〕に開き，〔 x 〕軸の下側。
a の絶対値が大きいほど，
開き方は〔 小さく 〕なり，〔 y 〕軸に近づく。
$y=ax^2$ のグラフと $y=-ax^2$ のグラフは，〔 x 〕軸について対称である。

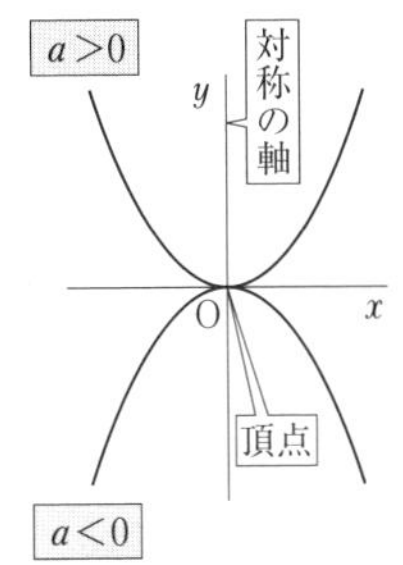

2 例 $y=4x^2$ のグラフは，〔 上 〕に開いた形で，x 軸の〔 上側 〕にある。
例 $y=-3x^2$ のグラフは，〔 下 〕に開いた形で，x 軸の〔 下側 〕にある。
例 $y=3x^2$ のグラフは，$y=-2x^2$ のグラフより開き方は〔 小さい 〕。

3 関数 $y=ax^2(a>0)$ で，x の値が増加するとき，
$x<0$ の範囲では，y の値は〔 減少 〕する。
$x>0$ の範囲では，y の値は〔 増加 〕する。
また，$x=0$ のとき，y は〔 最小 〕値0をとる。

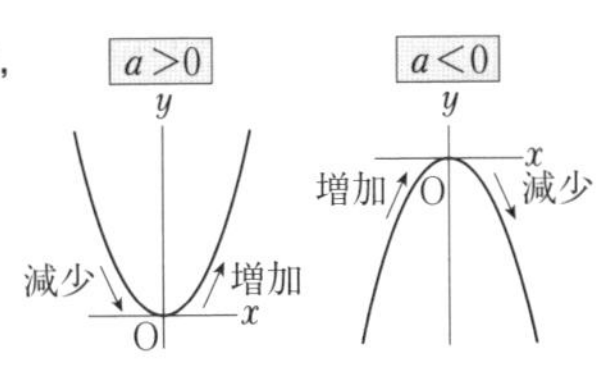

4 例 関数 $y=5x^2$ で，$x<0$ では，x の値が増加すると y の値は〔 減少 〕する。
例 関数 $y=-4x^2$ で，$x<0$ では，x の値が増加すると y の値は〔 増加 〕する。

5 x の変域から y の変域を求めるときは，グラフをかいて，
y の値の〔 最大 〕値と〔 最小 〕値を求めればよい。
例 関数 $y=-2x^2$ について，x の変域が $1 \leqq x \leqq 3$ のときの y の変域は，
$x=1$ のとき $y=-2$，$x=3$ のとき $y=-18$ より，〔 $-18 \leqq y \leqq -2$ 〕

6 関数 $y=ax^2$ では，（〔 変化の割合 〕）$=\dfrac{(y\text{ の増加量})}{(x\text{ の増加量})}$
例 関数 $y=3x^2$ で，x の値が1から4まで増加するときの変化の割合は，
$\dfrac{(y\text{ の増加量})}{(x\text{ の増加量})}=\dfrac{3\times4^2-3\times1^2}{4-1}=\dfrac{48-3}{3}=$〔 15 〕

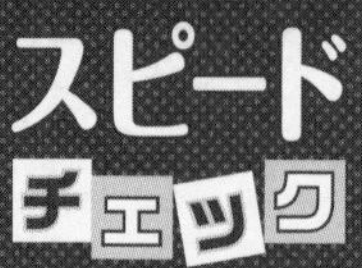

教科書 p.124 ~ 137

5章　相似な図形

1節　相似な図形

☑	1	2つの図形があって，一方の図形を拡大または縮小したものと，他方の図形が合同であるとき，この2つの図形は〔 相似 〕であるという。 例 1辺の長さが6cmと8cmの2つの正方形は，相似であるといえ〔 る 〕。
☑	2	四角形ABCDと四角形EFGHが〔 相似 〕であることを， 記号∽を使って，〔 四角形ABCD 〕∽〔 四角形EFGH 〕と表す。 相似の記号∽を使うときは，対応する〔 頂点 〕を同じ順に書く。 例 四角形ABCD∽四角形EFGHであるとき， ∠Bに対応する角は，〔 ∠F 〕　辺ADに対応する辺は，〔 辺EH 〕
☑	3	相似な図形では，対応する線分の長さの〔 比 〕は等しく， 対応する角の大きさは〔 等しい 〕。 例 △ABC∽△DEFで，AB＝12cm，DE＝20cmのとき， △ABCと△DEFの相似比は，12：20　すなわち〔 3：5 〕
☑	4	2つの三角形は，〔 3 〕組の辺の比が すべて等しいとき，相似である。 例 AB：DE＝AC：DF＝〔 BC 〕：〔 EF 〕 のとき，△ABC∽△DEFとなる。 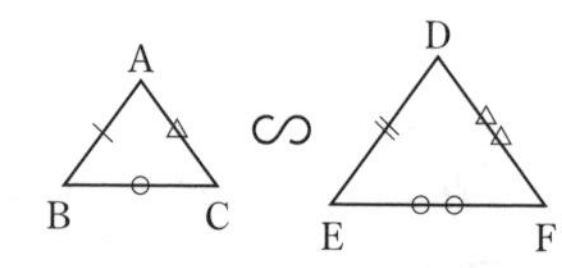
☑	5	2つの三角形は，2組の辺の比と〔 その間 〕 の角がそれぞれ等しいとき，相似である。 例 AB：DE＝BC：EF，∠〔 B 〕＝∠〔 E 〕 のとき，△ABC∽△DEFとなる。 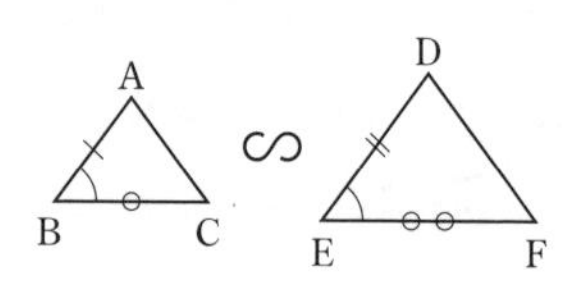
☑	6	2つの三角形は，〔 2 〕組の角が それぞれ等しいとき，相似である。 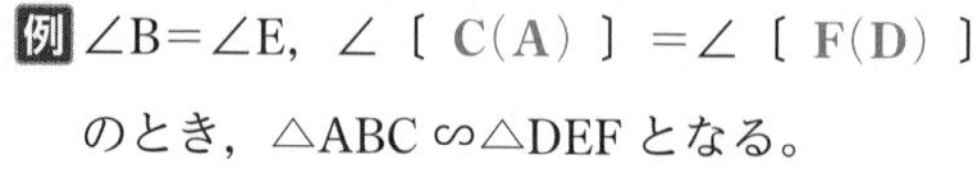 例 ∠B＝∠E，∠〔 C(A) 〕＝∠〔 F(D) 〕 のとき，△ABC∽△DEFとなる。 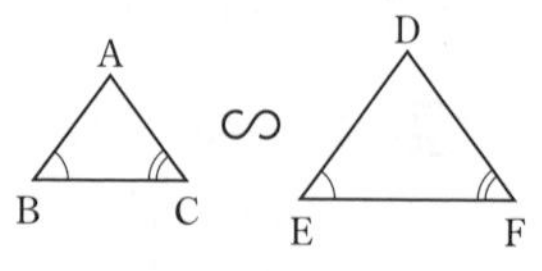

教科書 p.138 ~ 146

5章　相似な図形

2節　平行線と線分の比

1 △ABC の辺 AB，AC 上の点をそれぞれ D，E とするとき，
DE//BC ならば，AD：AB＝AE：〔 AC 〕
DE//BC ならば，AD：AB＝DE：〔 BC 〕
DE//BC ならば，AD：DB＝AE：〔 EC 〕
AD：AB＝AE：AC ならば，DE//〔 BC 〕
AD：DB＝AE：EC ならば，DE//〔 BC 〕

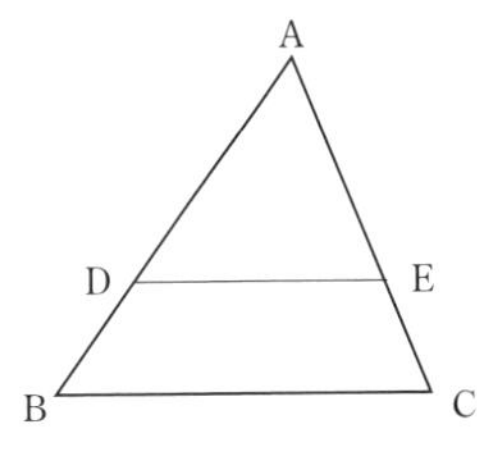

2 例 △ABC の辺 AB，AC 上の点 D，E で DE//BC のとき，
△ADE と△ABC は，相似にな〔 る 〕。
AD：DB＝2：1 なら，AE：EC＝〔 2：1 〕
AD：DB＝2：1 なら，DE：BC＝〔 2：3 〕

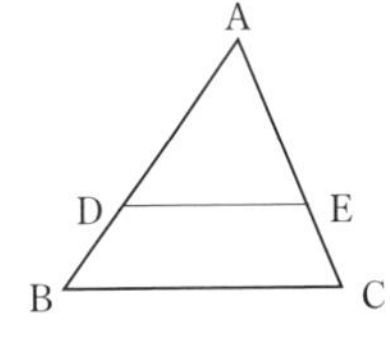

3 例 △ABC の辺 AB，AC 上の点をそれぞれ D，E とするとき，
AD：AB＝AE：AC＝1：3 のとき，DE〔 // 〕BC
AD：DB＝AE：EC＝1：2 のとき，DE〔 // 〕BC

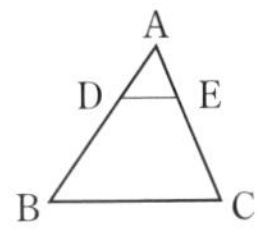

4 平行な 3 つの直線 a，b，c が直線 ℓ とそれぞれ A，B，C で交わり，直線 m とそれぞれ D，E，F で交われば，AB：BC＝DE：〔 EF 〕
すなわち，いくつかの平行線に 2 直線が交わるとき，対応する線分の長さの〔 比 〕は等しい。

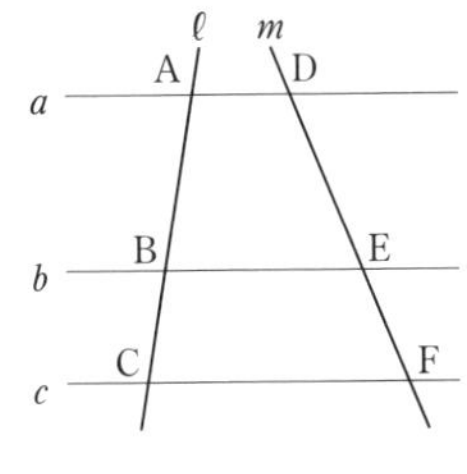

5 △ABC の 2 辺 AB，AC の中点をそれぞれ M，N とすると，MN//〔 BC 〕，MN＝$\frac{1}{2}$〔 BC 〕
すなわち，三角形の 2 辺の中点を結ぶ線分は，残りの辺に〔 平行 〕で，長さはその〔 半分 〕である。

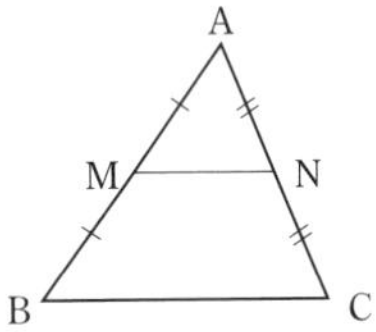

例 四角形 ABCD の辺 AB，BC，CD，DA の中点を E，F，G，H とすると，四角形 EFGH の形は，〔 平行四辺形 〕になる。

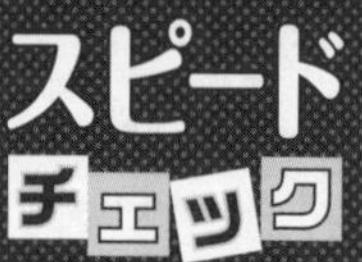

教科書 p.147 ～ 154

5章　相似な図形

3節　相似な図形の面積比と体積比

1 相似な2つの多角形で，
その相似比が $m:n$ ならば，
周の長さの比は〔 $m:n$ 〕，
面積比は〔 $m^2:n^2$ 〕

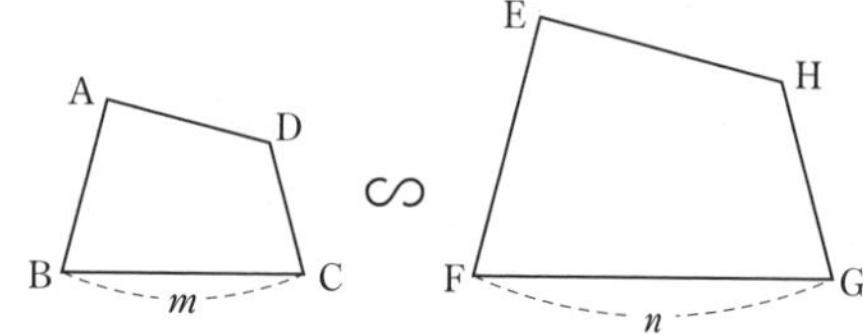

すなわち，相似な平面図形では，周の長さの比は〔 相似比 〕に等しく，
面積比は相似比の〔 2乗 〕に等しい。

2 **例** △ABC ∽△DEF で，その相似比が 3：4，△ABC の周の長さが 27 cm，
△ABC の面積が 18 cm^2 のとき，
△DEF の周の長さは〔 36 cm 〕，
△DEF の面積は〔 32 cm^2 〕

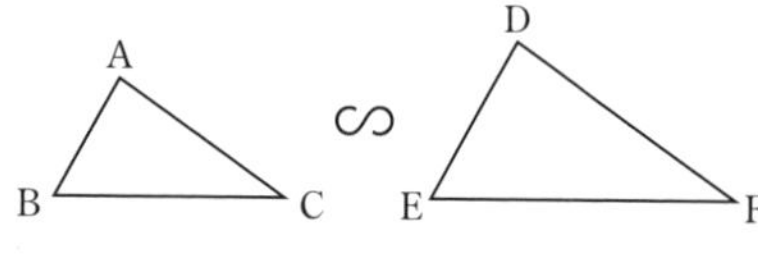

3 **例** 半径 5 cm の円と半径 7 cm の円で，
円周の長さの比は〔 5：7 〕，
面積比は〔 25：49 〕

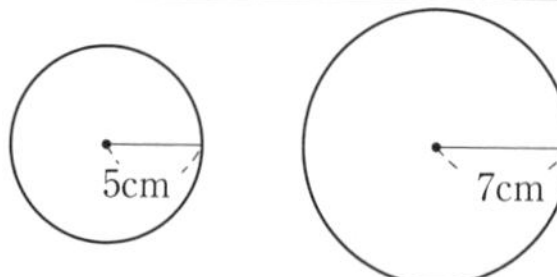

4 相似な2つの立体で，
その相似比が $m:n$ ならば，
表面積の比は〔 $m^2:n^2$ 〕，
体積比は〔 $m^3:n^3$ 〕

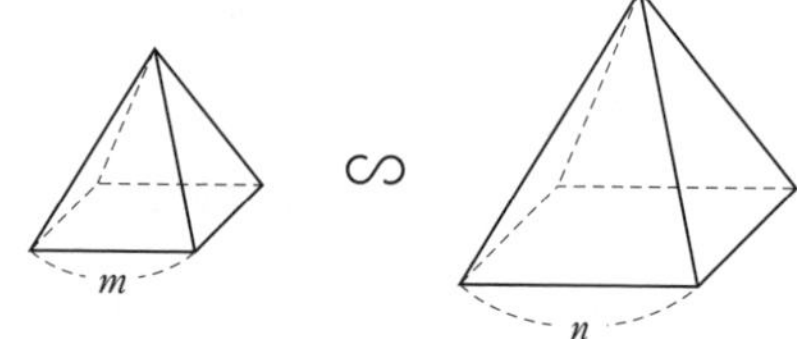

すなわち，相似な立体では，表面積の比は相似比の〔 2乗 〕に等しく，
体積比は相似比の〔 3乗 〕に等しい。

5 **例** 右の図の円柱 P と円柱 Q は相似で，その相似比が 1：2 であり，
円柱 P の表面積が 24π cm^2，
円柱 P の体積が 16π cm^3 のとき，
円柱 Q の表面積は〔 96π cm^2 〕，
円柱 Q の体積は〔 128π cm^3 〕

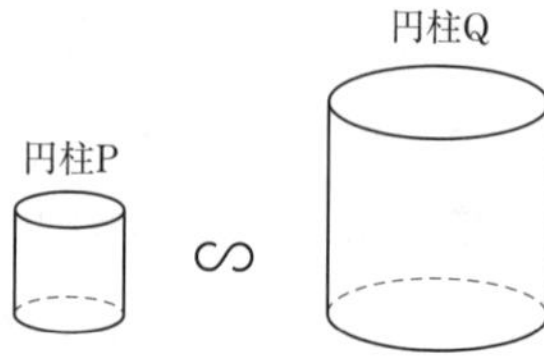

教科書 p.160 ~ 172

6章　円

1節　円周角と中心角

1	1つの弧に対する円周角の大きさはすべて〔 等しく 〕，その弧に対する中心角の大きさの〔 半分 〕である。すなわち，右の図で，∠APB＝〔 $\frac{1}{2}$ 〕∠AOB 
2	**例** 円Oで，弧ABに対する中心角が140°のとき，弧ABに対する円周角の大きさは，〔 70° 〕 **例** 円Oで，弧ABに対する円周角が140°のとき，弧ABに対する中心角の大きさは，〔 280° 〕 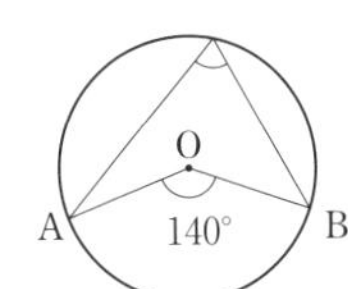
3	半円の弧に対する円周角は〔 直角 〕であり，右の図で $\overset{\frown}{AB}$ に対する円周角の大きさが〔 90° 〕ならば，弦ABはその円の〔 直径 〕である。 **例** 右の図で，∠ABP＝〔 50° 〕 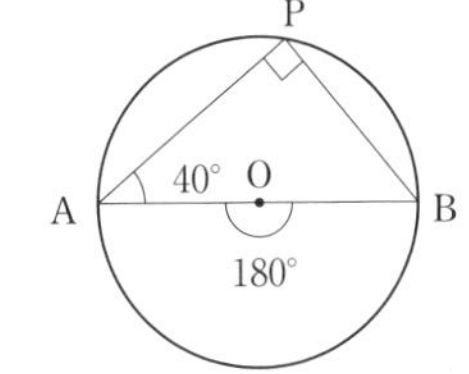
4	1つの円で，等しい弧に対する円周角は等しい。 1つの円で，等しい円周角に対する弧は等しい。 **例** 右の図で，$\overset{\frown}{AB}=\overset{\frown}{CD}$ のとき，∠APB＝〔 20° 〕，∠AOB＝〔 40° 〕 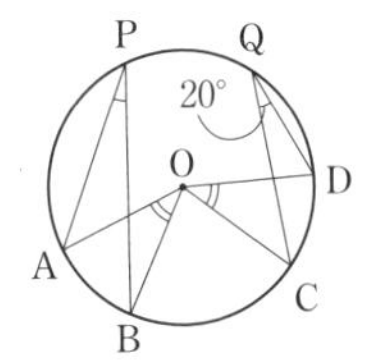
5	2点P，Qが直線ABについて同じ側にあって∠APB＝∠〔 AQB 〕ならば，4点A，B，P，Qは1つの円周上にある。 **例** 右の図で，∠BPQ＝〔 30° 〕ならば，4点A，B，P，Qは1つの円周上にある。 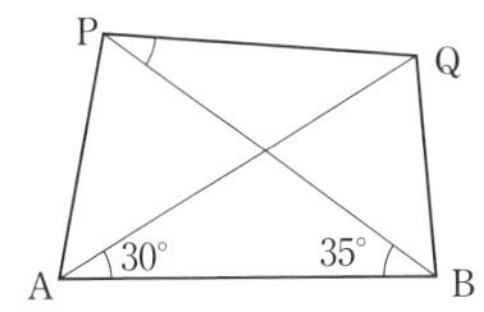
6	円外の1点から，その円にひいた2本の接線の長さは等しい。 **例** 右の図で，円Oの半径 x cmは，$(5-x)+(12-x)=13$ より，$x=$〔 2 〕(cm) 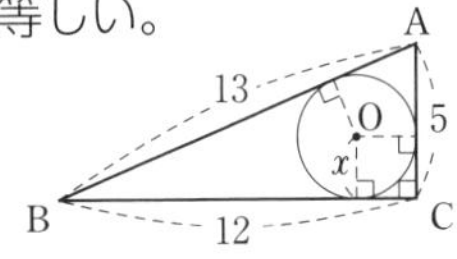

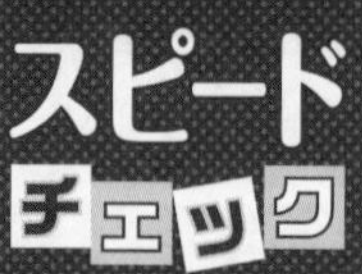

教科書 p.178 ~ 185

7章　三平方の定理

1節　三平方の定理
2節　三平方の定理の活用 (1)

1　直角三角形の直角をはさむ2辺の長さを a，b，斜辺の長さを c とすると，$a^2+b^2=$〔 c 〕^{2}
すなわち，∠C＝90° の直角三角形 ABC では，
$BC^2+CA^2=$〔 AB 〕^{2}

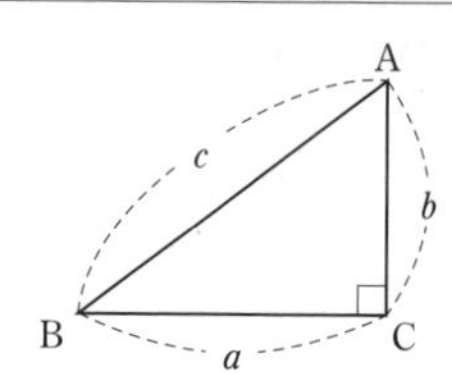

2　直角三角形で，3辺の長さについて，2辺の長さがわかっていて，残りの1辺の長さを求めるには，〔 三平方 〕の定理を使う。

例 直角をはさむ2辺が3cm，4cm の直角三角形で，
斜辺の長さは，〔 5cm 〕

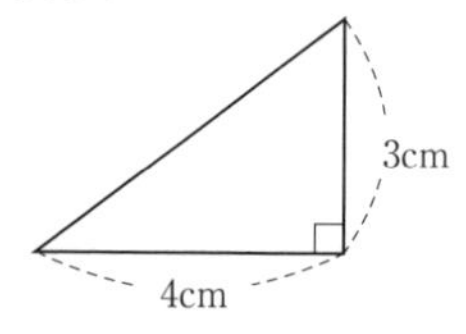

例 斜辺が10cm，他の1辺が8cm の直角三角形で，
残りの1辺の長さは，〔 6cm 〕

3　3辺の長さが a，b，c の三角形で $a^2+b^2=c^2$ ならば，
その三角形は長さ〔 c 〕の辺を斜辺とする直角三角形である。
すなわち，△ABC で $BC^2+CA^2=AB^2$ が成り立つならば，
△ABC は ∠〔 C 〕＝90° の直角三角形である。

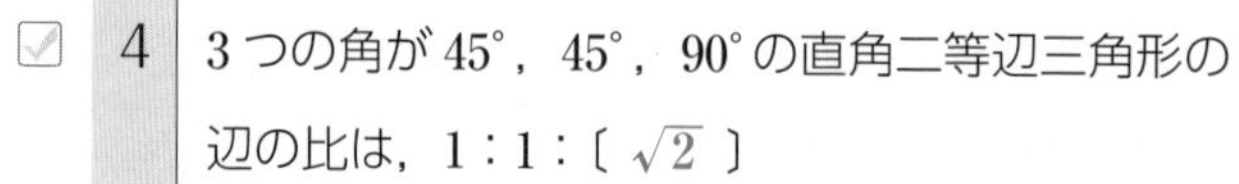

例 3辺の長さが2cm，$\sqrt{3}$ cm，$\sqrt{7}$ cm の
三角形は，直角三角形で〔 ある 〕。

4　3つの角が45°，45°，90° の直角二等辺三角形の
辺の比は，1：1：〔 $\sqrt{2}$ 〕

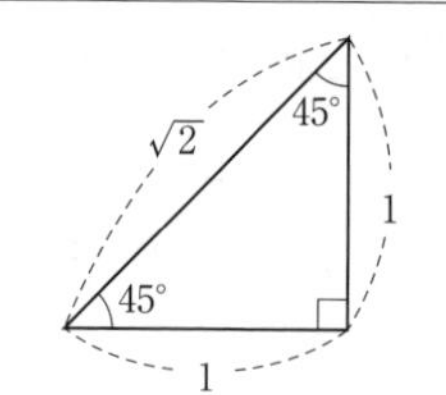

例 直角をはさむ2辺が2cm の直角二等辺三角形の
斜辺の長さは，〔 $2\sqrt{2}$ 〕cm

5　3つの角が30°，60°，90° の直角三角形の
辺の比は，1：$\sqrt{3}$：〔 2 〕

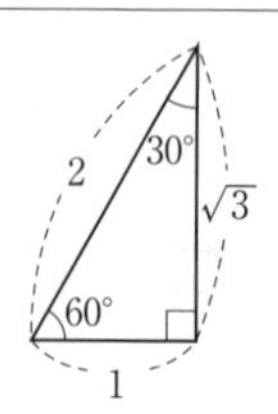

例 1つの鋭角が30°，斜辺が4cm の直角三角形の
残りの2辺の長さは，〔 2 〕cm，〔 $2\sqrt{3}$ 〕cm

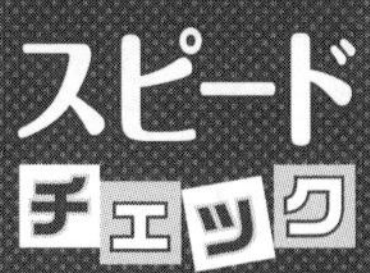

教科書 p.184 ～ 194

7章　三平方の定理

2節　三平方の定理の活用 (2)

1 例 1 辺が 1 cm の正方形の対角線の長さ $a$cm は，

$1^2+1^2=a^2$ より，$a=$〔 $\sqrt{2}$ 〕(cm)

例 縦が 1 cm，横が 2 cm の長方形の対角線の長さ

$a$cm は，$1^2+2^2=a^2$ より，$a=$〔 $\sqrt{5}$ 〕(cm)

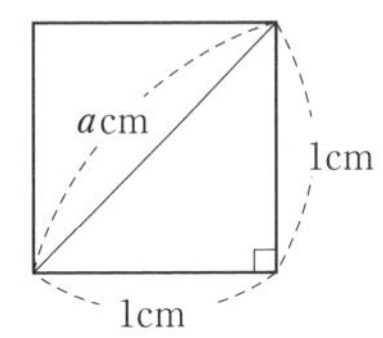

2 例 1 辺が 2 cm の正三角形の高さ $h$cm は，

$1^2+h^2=2^2$ より，$h=$〔 $\sqrt{3}$ 〕(cm)

例 底辺が 2 cm，残りの 2 辺が 3 cm の

二等辺三角形の高さ $h$cm は，

$1^2+h^2=3^2$ より，$h=$〔 $2\sqrt{2}$ 〕(cm)

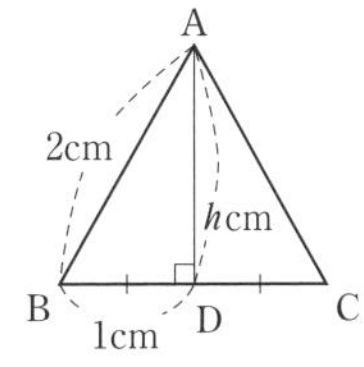

3 例 半径が 2 cm の円の中心 O から 4 cm の距離に

点 A があるとき，接線 AP の長さは，

$\mathrm{AP}=\sqrt{4^2-2^2}=$〔 $2\sqrt{3}$ 〕(cm)

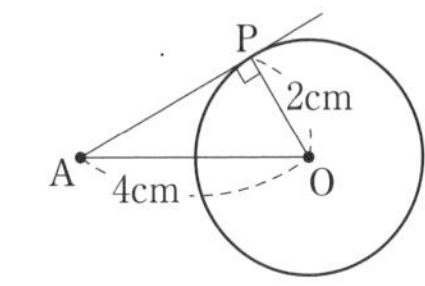

4 例 原点 O と点 A(4，−3) の間の距離は，

$\mathrm{OA}=\sqrt{4^2+(-3)^2}=$〔 5 〕

例 2 点 B(1，2)，C(3，5) 間の距離は，

$\mathrm{BC}=\sqrt{(3-1)^2+(5-2)^2}=$〔 $\sqrt{13}$ 〕

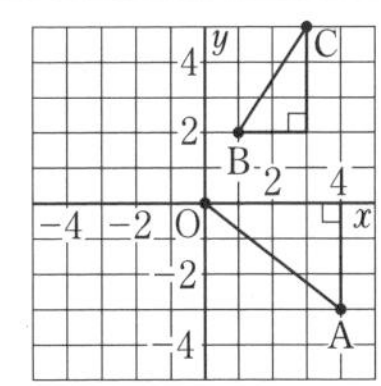

5 例 1 辺が 2 cm の立方体の対角線の長さ $a$cm は，

$a=\sqrt{2^2+2^2+2^2}=$〔 $2\sqrt{3}$ 〕(cm)

例 縦が 1cm，横が 2 cm，高さが 3 cm の

直方体の対角線の長さ $a$cm は，

$a=\sqrt{1^2+2^2+3^2}=$〔 $\sqrt{14}$ 〕(cm)

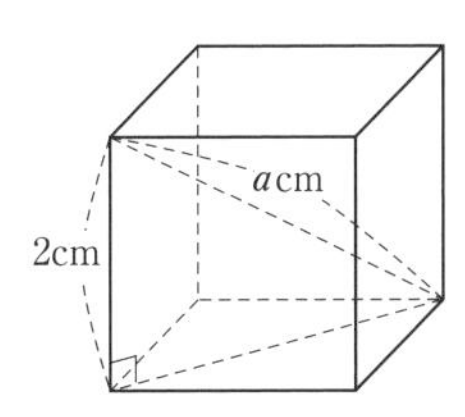

6 例 底面の半径が 6 cm，母線の長さが 10 cm の

円錐の高さ $h$cm は，

$h=\sqrt{10^2-6^2}=$〔 8 〕(cm)

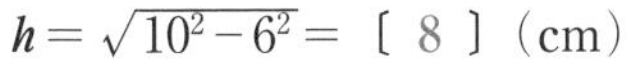

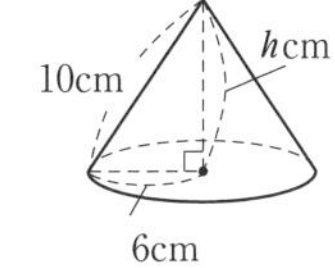

スピードチェック

8章　標本調査

1節　標本調査

1 調査対象のすべてをもれなく調べることを〔 全数調査 〕という。
これに対して，調査対象の全体から一部を取り出して調べた結果をもとに，全体の傾向や性質を推定することを〔 標本調査 〕という。

例 中学校での健康診断では，ふつう〔 全数 〕調査が行われる。

例 缶詰の中身の品質検査では，ふつう〔 標本 〕調査が行われる。

2 標本調査を行うとき，調査する対象となるもとの集団を〔 母集団 〕という。
また，調査するために母集団から取り出された一部を〔 標本 〕といい，標本にふくまれる値の個数を〔 標本の大きさ 〕という。
さらに，母集団から標本をかたよりなく取り出すことを，〔 無作為に 〕抽出するという。

例 ある県の中学生 56473 人から，1000 人を選び出して意識調査を行った。
この調査の母集団は〔 ある県の中学生 56473 人 〕，
標本は〔 選び出された 1000 人 〕，標本の大きさは〔 1000 〕。

3 例 ある工場で，無作為に 150 個の製品を選んで調べたところ，不良品が 2 個あった。この工場で 30000 個の製品を作るとき，
およそ何個の不良品が出るか推定すると，
標本における不良品の割合は，$\frac{2}{150}=\frac{1}{75}$ と考えられるから，
出る不良品の個数は，$30000\times\frac{1}{75}=$〔 400 〕(個)と推定できる。

4 例 箱の中にあたりくじとはずれくじが合わせて 120 本入っている。
これをよくかき混ぜて 8 本取り出したところ，あたりくじが 2 本あった。
この箱の中には，あたりくじがおよそ何本入っているか推定すると，
標本におけるあたりくじの割合は，$\frac{2}{8}=\frac{1}{4}$ と考えられるから，
箱の中のあたりくじの本数は，$120\times\frac{1}{4}=$〔 30 〕(本)と推定できる。